Parto Teherani-Krönner

Human- und kulturökologische Ansätze zur Umweltforschung

Ein Betrag zur Umweltsoziologie

Parto Teherani-Krönner

Human- und kultur-ökologische Ansätze zur Umweltforschung

Ein Beitrag zur Umweltsoziologie mit einer Fallstudie zur Grundwasserbelastung mit Nitrat, zur Problemperzeption und Gülleregulierung im Landkreis Vechta

DUV Springer Fachmedien Wiesbaden GmbH

Die Deutsche Bibliothek — CIP-Einheitsaufnahme

Teherani-Krönner, Parto:
Human- und kulturökologische Ansätze zur Umweltforschung : ein Beitrag zur Umweltsoziologie : mit einer Fallstudie zur Grundwasserbelastung mit Nitrat, zur Problemperzeption und Gülleregulierung im Landkreis Vechta / Parto Teherani-Krönner. — Wiesbaden : Dt. Univ.-Verl., 1992
(DUV : Sozialwissenschaft)
Zugl.: Berlin, Technische Univ., Diss., 1990

D 83

ISBN 978-3-8244-4098-6 ISBN 978-3-663-14614-8 (eBook)
DOI 10.1007/978-3-663-14614-8

Ursprünglich erschienen bei Deutscher Universitäts-Verlag GmbH, Wiesbaden 1992.

Satz: Angelika Zierer-Kuhnle, Berlin

Inhalt

Einleitung

1. Umweltprobleme: Eine Herausforderung an Gesellschaft und Gesellschaftstheorien

Ökologische Krisen sind auch Krisen der Gesellschaft (Lachenmann 1990), sie weisen auf ein gestörtes Verhältnis zwischen Natur und Kultur hin. Die Genese eines solchen Konflikts im Beziehungsgefüge der Menschen mit ihrer natürlichen wie sozialen Umwelt wird nicht nur im Rahmen naturwissenschaftlicher Ökologieforschung zu ermitteln sein, sondern bedarf der Einbeziehung sozialwissenschaftlicher Ansätze, um sowohl die anthropogene Verursachung als auch die gesellschaftlichen Lösungsmöglichkeiten zu reflektieren. Dies gilt gleichermaßen für ökologische Belastungen in den »fortgeschrittenen Industrieländern« wie in Ländern der Dritten Welt.

So begegnen wir auf sehr unterschiedlichen Stufen technologischer Entwicklung Eingriffen in ökologische Kreisläufe, die eine Gefahr für die Sicherung der Lebensgrundlage der Menschen darstellen. Hierzu zwei Beispiele zur Tierhaltung (domestizierte Natur) in verschiedenen Regionen.

> »In Hirtengesellschaften, in denen Tierhaltung die Hauptbeschäftigung ist, werden Tiere vorwiegend als Kapital (Bank) betrachtet; eine Vergrößerung der Herde kommt einem Zinsertrag gleich. Tiere zu haben, bedeutet auch Liquidität. In diesen Kulturen erfüllt das Tier über die rein ökonomische Funktion hinaus auch eine soziale und emotionelle/kulturelle Funktion. So wird die soziale Stellung der Besitzer und damit ihr Prestige von der Anzahl ihrer Tiere bestimmt. Die Herden sind deshalb meist größer, als für die Selbstversorgung notwendig wäre. Dies kann eine Überweidung der vorhandenen Fläche zur Folge haben, die auf Grenzstandorten eine Gefahr für die Umwelt darstellt. Es kommt zum Schwund der Grasnarbe und des Humus sowie zu einer Zerstörung der ohnehin geringen Krümelverbauung, wobei die Anfälligkeit für Winderosion stark ansteigt.« (Bick u. a. 1983: 111)

Das Problem fortschreitender Desertifikation in der Sahelzone wird mit Überweidung wachsender Viehbestände, die ein Statussymbol darstellen, erklärt. Rinder, die auf individueller Ebene zur Sicherung der Existenzgrundlage dienen, verursachen auf regionaler Ebene starke Belastungen der Weideflächen. Im Rahmen der Modernisierungstheorien werden - aus einem eurozentrischen Blickwinkel - Entwicklungsprobleme in Ländern der Dritten Welt, auch ökologische, auf Rückständigkeit oder Irrationalität der dort lebenden Bevölkerung zurückgeführt und nicht aus dem kulturellen Kontext erklärt und verstanden (vgl. Lachenmann 1990: 27 ff.).

Doch müssen wir nicht erst nach Afrika schauen, um ökologische, sozioökonomische und soziokulturelle Zusammenhänge zu erkennen, die zu irreversiblen Umweltschäden führen. Nur gelingt es anscheinend eher, Wechselwirkungen und Zusammenhänge, insbesondere aber die Bedeutung soziokultureller Normen in anderen Gesellschaften aufzuzeigen, so zum Beispiel auf die Symbolik der Herden in Afrika hinzuweisen, als diese aus dem Selbstverständnis im eigenen Kulturraum heraus wahrzunehmen (Douglas 1966/1976: 28).

Am Beispiel einer Fallstudie im Landkreis Vechta (vgl. Teil C dieser Arbeit) läßt sich aufzeigen, wie über den Import von Futtermitteln eine regional konzentrierte Tierhaltung ermöglicht wurde, die ökologische Kreisläufe erheblich stört. Das Zurückbleiben der Stallabfälle - Gülle, ein Gemisch aus Kot- und Harnausscheidungen der Tiere - führt in diesem Raum zur Überdüngung landwirtschaftlicher Flächen. Die hohen Stickstoffgaben, die auf sandigen, sorptionsschwachen Böden dieser Region leicht in tiefere Bodenschichten ausgewaschen werden, bewirken eine Steigerung der Nitratwerte im Grundwasser, das zur Trinkwasserversorgung der Bevölkerung dient. Nitrat im Trinkwasser wird als gesundheitliches Risiko eingestuft.

Können wir nicht auch in diesem Fall - analog zu dem Beispiel aus Afrika - feststellen, daß durch Anstieg der Tierbestände in einem Raum zwar keine Überweidung, wohl aber eine Überdüngung der Flächen erfolgt, die eine Gefahr für die Umwelt und Gesundheit darstellt? Auch in diesem nördlichen Kulturraum ist das Ansehen eines Landwirts nicht unabhängig von seinen Tierbeständen, der Tierart, der Stallhaltung, dem Grad der Modernisierung des Betriebs und anderen Statussymbolen.

Doch wer würde Landwirten in diesen belasteten Regionen Rückständigkeit oder irrationales Handeln unterstellen? Gerade Landwirten in Vechta, einer Region mit dem höchsten Stand der technologischen Entwicklung auf dem Gebiet der Tierproduktion (Windhorst 1989), kann weder Rückständigkeit noch instrumentelle Irrationalität ihres Wirtschaftens vorgehalten werden. In Vechta wird auf einzelbetrieblicher Ebene durch Intensivierung und Rationalisierung eine Produktionssteigerung erreicht, die weitgehend den Kriterien einer zweckrationalen Wirtschaftsführung entspricht, nur sind die Folgen für die Umwelt dabei nicht ins Kalkül einbezogen (vgl. Teil C dieser Arbeit).

Ökologische, ökonomische und soziokulturelle Zusammenhänge spielen in diesem niedersächsischen Landkreis, genauso wie in der Sahelzone von Afrika, eine wichtige Rolle zum Verstehen gesellschaftlichen Handelns im Bereich der Tierhaltung. Dabei ist die Tierhaltung nur ein Beispiel, das auch auf andere Wirtschaftsbereiche übertragen werden könnte. Es mangelt, wie aus den beiden exemplarischen Fällen zu entnehmen ist, an einer ökologische Folgen des Handelns einbeziehenden Rationalität, die über eine zweckrationale Handlungsorientierung auf individueller Ebene hinausgeht, auf kollektiver Ebene auf Ressourcenschutz zielt und ein ausgewogenes Arrangement zwischen Natur und Kultur anstrebt. Diese bisher vernachlässigte Dimension des Handelns in bezug auf die Naturumwelt wurde im Prozeß der Modernisierung und technologischen Entwicklung zunächst bis weit in dieses Jahrhundert entweder nicht registriert oder weitgehend ignoriert; sie erfuhr aber auch im Rahmen gesellschaftswissenschaftlicher Theorieansätze keine Beachtung. Jedoch stellt das kulturelle Arrangement mit der Natur die Lebensgrundlage menschlicher Gesellschaften dar, das auf dem jeweiligen Stand technologischer Entwicklung und Gesellschaftsstruktur immer wieder in modifizierter Form neu zu definieren und zu gestalten ist.

Soziologische Theorien haben sich auf die Erklärung und Untersuchung gesellschaftlicher Prozesse »sui generis« (Durkheim) konzentriert und dabei die Natur-Umwelt, aus der und in der sich die Gesellschaft konstituiert, ausgeblendet. Natur wurde als eine unerschöpfbare Ressource betrachtet und behandelt, die es technisch-instrumentell zu bezwingen galt. Entsprechend dieser soziokulturellen Orientierung der Gesellschaft sind soziologische Kategorien des Handelns wie zweckrationales (Weber) oder instrumentales und kommunikatives Handeln (Habermas) entwickelt worden. Soziologische Theorien der Interaktion und Kommunikation sind *aökologisch*.

Doch mit der Technikentwicklung als Herrschaftsinstrument steigen sowohl die Gefahren als auch die Kenntnisse über Risiken der Zerstörung der Lebensgrundlage der Menschen. Zumindest seit dem »Stillen Frühling« (Carson 1962/1987), den Prognosen des »Club of Rome« (Meadows u. a. 1972) und »Global 2000« (1980) sind Umweltprobleme gesellschaftspolitisch nicht mehr zu ignorieren. Ökologische Bewegungen haben sich - zumindest in einigen Ländern - zu artikulationsstarken Kräften formiert. Im Alltagshandeln sind Zeichen von Wandlungsprozessen zu registrieren, der Umwelt wird ein institutioneller Rahmen durch Gründung von Umweltorganisationen bis zur Etablierung von Umweltministerien zugebilligt.

Solche soziokulturellen Prozesse auf der Struktur- und Handlungsebene sind daher auch in der Soziologie zu reflektieren. Trotz einer über zwanzigjährigen Umweltdiskussion und der unbestreitbaren Relevanz von Umweltbelastungen für die Gesellschaft und ihre Gesellschaftsentwürfe hat sich bisher noch keine Umweltsoziologie etabliert: entweder weil die Kombination von Ökologie und Soziologie als Neuland erscheint und bestehende Gesellschaftstheorien für die neu aufgekommenen Fragen keine adäquaten Konzepte bereitstellen oder weil zunächst kaum Anknüpfungspunkte in den Wissenschaftstraditionen erkannt wurden. Die Soziologie kann an ihrem bisherigen Instrumentarium festhalten oder dem Tatbestand Rechnung tragen, daß ihre Kategorien und ihre Begrifflichkeiten aus der Analyse gesellschaftlicher Konflikte vergangener Dekaden stammen und daher einer Überprüfung bedürfen. Max Weber schreibt:

> »Aber irgendwann wechselt die Farbe: die Bedeutung der unreflektiert verwendeten Gesichtspunkte wird unsicher, der Weg verliert sich in der Dämmerung. Das Licht großer Kulturprobleme ist weiter gezogen. Dann rüstet sich auch die Wissenschaft, ihren Standpunkt und ihren Begriffsapparat zu wechseln und aus der Höhe des Gedankens auf den Strom des Geschehens zu blikken.« (Weber 1904/1988: 214)

Die aufgetretenen ökologischen Belastungen und Risiken im Bereich der Tier- und Pflanzenwelt, in den Umweltmedien Wasser, Boden, Luft in allen Erdteilen bis zur Biosphäre sind als räumliche und essentielle Erweiterung von Kulturproblemen anzusehen. Sie stellen eine Herausforderung an Gesellschaften und an Theoriekonstrukte zum Verstehen kultureller Prozesse dar, die nach Weber einen entsprechenden Wandel im Begriffsapparat erfordern.

In ihren Beiträgen zur Umweltsoziologie verweisen Buttel, Catton und Dunlap auf die Abstinenz ökologischer Dimensionen in theoretischen Ansätzen der Soziologie. Sie plädieren für eine neue Humanökologie »New Human Ecology« (Catton/Dunlap 1978, 1980) und stellen die Forderung nach einem grundlegenden Paradigmenwechsel vom »Dominant Western Worldview« (DWW) und »Human Exemptionalism Paradigm« (HEP) zum »New Ecological Paradigm« (NEP) auf (vgl. Tabelle A 3, S. 119, Catton/Dunlap 1980: 34). Doch damit wird die gesamte Tradition der abendländischen Wissenschaft in Frage gestellt. Auch im Sammelband »Humanökologie. Grundlagen präventiver Umweltpolitik« (Glaeser 1989) geht es in mehreren Artikeln - wenn auch nicht so radikal wie bei Catton und Dunlap - um ein neues Paradigma im Rahmen sozialwissenschaftlicher Umweltforschung.

In dem vorliegenden Buch wird nicht in erster Linie ein neues Paradigma gefordert, sondern darauf hingewiesen, daß es sowohl aus der Tradition der naturwissenschaftlich-biologischen Ökologieforschung als auch in sozialwissenschaftlichen Theorien positive Anknüpfungspunkte gibt, die Bausteine zur Errichtung des Fundaments einer sich formierenden Umweltsoziologie bieten. Die im Rahmen dieser Arbeit aufgegriffenen Ansätze liegen allerdings nicht im »mainstream« natur- und sozialwissenschaftlicher Forschung, sondern stehen bislang eher im Schatten etablierter Fachdisziplinen. Mit einem bewußten Rückgriff auf Grenzgänger unterschiedlicher Fachdisziplinen sowohl im Bereich der Ökologie als auch der Soziologie und Anthropologie werden Peripherien dieser Fachdisziplinen ins Zentrum gerückt und beleuchtet. Dabei kann angesichts der Fülle neuer Themen und unbearbeiteter Fragen nur selektiv vorgegangen werden.

2. Ziele der Arbeit

2.1 Ein Beitrag zur Umweltsoziologie

Um einen Beitrag zur Umweltsoziologie zu leisten, wird auf Pionierarbeiten, die auch in der Umweltdiskussion wenig Beachtung gefunden haben, zurückgegriffen, zum Beispiel die Bedeutungslehre in der Ökologie, die durch Jakob von Uexküll Anfang dieses Jahrhunderts gegründet wurde, oder die Humanökologie der Chicagoer Schule, die lange Zeit in Vergessenheit geraten ist, und auf den Kulturkern-Ansatz von Steward, den Begründer der Kulturökologie. Durch das Aufgreifen bisher vernachlässigter Paradigmen und Betrachtungsweisen ist es möglich, neue Perspektiven der Umweltforschung und erste Ansätze der Umweltsoziologie zu erschließen. Nicht ein neues Paradigma, sondern das Verknüpfen bestehender, aber wenig beachteter Ansätze im Bereich der ökologischen Forschung ist das Anliegen dieser Arbeit.

2.2 Verbindung zwischen Theorie und Empirie

Die vorliegende Arbeit hat sowohl eine empirische als auch eine theoretische Orientierung und zielt auf ein analytisches Konzept zur Untersuchung kulturökologischer Wandlungsprozesse. Theoretische Modelle der Mensch-Umwelt-Beziehung werden aufgegriffen und im Hinblick auf ihre Erklärungskraft für praktische Konfliktsituationen im Umweltbereich eruiert. Die empirische Feldforschung im Bereich der Agrarumweltpolitik hat zur Selektion und Überprüfung theoretischer Modelle beigetragen und den Anstoß zu methodologischen und theoretischen Reflexionen gegeben.

2.3 Aufzeigen ökologischer und soziokultureller Wechselwirkungen

Auf der Grundlage empirischer Erkenntnisse und theoretischer Modelle wird ein kulturökologisches Handlungsmodell skizziert, das einen konzeptionellen Rahmen zur Analyse des Zusammenspiels ökologischer und soziokultureller Bedingungen gesellschaftlichen Handelns bietet. Damit wird ein methodischer Zugang zur Ermittlung von Handlungsspielräumen für kulturelle Wandlungsprozesse erschlossen.

2.4 Einführung einer der Umweltsoziologie adäquaten Handlungskategorie

Durch Ergänzung bestehender Handlungstypologien der Soziologie - instrumentales und kommunikatives Handeln - wird in Anbetracht reziproker Umweltbezüge des Handelns und mit Blick auf ökologische Folgen eine der (wachsenden) Bedeutung dieser Handlungsdimension entsprechende Kategorie gesellschaftlichen Handelns - akkommodatives Handeln - im Rahmen sozialwissenschaftlicher Umweltforschung umrissen.

Die vorliegende Arbeit erhebt nicht den Anspruch, bereits gesellschaftliche Lösungen ökologischer Probleme zu präsentieren; vielmehr werden theoretische Bezüge hergestellt, auf empirischer Ebene Zusammenhänge aufgezeigt und ein methodisches Konzept zu ihrer Analyse erstellt. Es geht dabei um das Verstehen von Wechselwirkungen und Bedingungen gesellschaftlichen Handelns, der Handlungsorientierung der Akteure und um die Ermittlung von Handlungsspielräumen eines kulturökologischen Wandels.

3. Aufbau und methodische Vorgehensweise

Für die praktische Durchführung eines solchen Vorhabens werden zum einen theoretische Ansätze der natur- und sozialwissenschaftlichen Ökologieforschung und zum anderen empirische Befunde einer regionalen Fallstudie im Landkreis Vechta hinzugezogen. Im Teil A dieser Arbeit geht es um ökologische Modelle aus dem Bereich der Naturwissenschaften, aber auch um human- und kulturökologische Beiträge der Sozialwissenschaften. Aus diesen unterschiedlichen Ansätzen werden theoretische Modelle, Begriffe und Konzepte der Umweltforschung aufgegriffen und kombiniert, um ein kulturökologisches Forschungsinstrumentarium für empirische Untersuchungen zu konstruieren.

Ein paradigmatisch wertvoller Beitrag zur Umweltsoziologie wird in der Bedeutungslehre von Jakob von Uexküll (1913) im Rahmen seiner biologischen Ökologie gesehen (Teil A I), der methodologisch dem interpretativen Paradigma (Wilson 1978) der Sozialwissenschaften und der Phänomenologie sehr nahe steht. Gegenüber qualitativen Ansätzen der Sozialforschung (Teil B) hat die subjektbezogene Umweltlehre im Bereich der Biologie - mit der Komplementarität von Subjekt und Objekt, der Merkwelt und Wirkwelt im Funktionskreis von Uexküll - den Vorteil, daß sie sich nicht nur auf soziale Interaktion und Kommunikation - Individuum/Gesellschaft bzw. ego/alter - bezieht, sondern auch um die Naturumwelt erweitert werden kann und auf physikalisch-physiologischen Erkenntnissen aufbaut.

Mit einem Rückgriff auf die Humanökologie bei Robert E. Park (Park/Burgess 1921/1969) wird zwischen gesellschaftlichen und kulturellen Prozessen der Mensch-Umwelt-Beziehung (»accommodation«) in Abgrenzung zu biologischen Prozessen der Anpassung (»adaptation«) sowohl inhaltlich als auch auf der begrifflichen Ebene unterschieden (Teil A II). Aufgrund der bisherigen Mißachtung dieser Begriffsklärung seitens der späteren Human-, Sozial- und auch der Kulturökologie wurde ein wichtiger inhaltlicher Aspekt der Humanökologie der Chicagoer Schule verdrängt. Die Verwendung des Begriffs »Anpassung« hat immer wieder zu Mißverständnissen und Fehlinterpretationen bisheriger sozialwissenschaftlicher Umwelt- und Ökologieforschung geführt (vgl. auch Eisel 1989b sowie Arbeiten im Rahmen der Sozialökologie [Teil A II] und Kulturökologie [Teil A III]). Mit dem Aufgreifen des Begriffs »Akkommodation«, der im Verlauf dieser Arbeit durch aktuelle Bezüge inhaltlich noch spezifiziert wird, läßt sich ein Schlüsselbegriff der Umweltsoziologie anvisieren (Teil B).

Schließlich bietet der Kulturkern-Ansatz von Julian H. Steward (1955/1972) Perspektiven zur Untersuchung der Wechselwirkungen zwischen Natur und Kultur in Abgrenzung zu umweltdeterministischen und kulturalistischen Ansätzen. Die Kulturökologie entwirft einen konzeptionellen Rahmen zur Durchführung empirischer Untersuchungen der Gesellschaft unter Einbeziehung naturräumlicher Gegebenheiten sowie materieller als auch immaterieller Bereiche der Kultur (Teil A III).

In Teil B dieser Arbeit wird unter Rückgriff auf abstrakte Modelle der Human- und Kulturökologie sowie eines raumbezogenen Planungskonzepts in Kombination mit handlungstheoretischen Ansätzen der Soziologie ein kulturökologisches Handlungsmodell skizziert. Der in diesem Abschnitt erarbeitete Ansatz dient der Ermittlung von Handlungsspielräumen, die auf umweltschonende Produktion und Nutzung natürlicher Ressourcen zielen. Hierzu werden in Anlehnung an die Elemente des Kulturkerns von Steward drei Erfahrungsbereiche gesellschaftlichen Handelns herausgearbeitet, die sich auf den Austausch mit der natürlichen wie sozialen Umwelt beziehen. Der kulturökologische Handlungsspielraum berücksichtigt naturräumliche, sozialstrukturelle und kulturnormative Restriktionen und Potentiale. Zur Durchführung empirischer Untersuchungen wird ein analytisches Untersuchungsinstrumentarium mit methodischen Anleitungen entwickelt.

Das kulturökologische Handlungsmodell in Teil B ist Kernstück und Bindeglied dieser Arbeit. Mit Bezug auf vorangegangene theoretische Modelle und begriffliche Abgrenzungen werden Beiträge zur Umweltsoziologie formuliert und methodische Überlegungen für die Durchführung empirischer Untersuchungen vorgelegt, die zur Fallstudie im Landkreis Vechta (Teil C) überleiten. Diese wurde als Implementationsstudie eines agrarumweltpolitischen Programms durchgeführt. Sie bietet aufschlußreiche Informationen zum Zusammenspiel ökologischer Belastungen und kultureller Entwicklungsprozesse.

Anknüpfend an einigen empirischen Befunden im Landkreis Vechta wird abschließend in Teil D der theoretische Ansatz kulturökologischer Handlungsspielräume konkretisiert. Dieser Abschnitt stellt eine zusammenfassende Betrachtung empirischer Erkenntnisse und theoretischer Ansätze in Richtung auf eine Umweltsoziologie dar.

Der dieser Arbeit zugrundeliegende Forschungsprozeß ist stark empirisch geleitet. Ausgangspunkt für theoretisch-methodologische Überlegungen zur Untersuchung der Wechselwirkungen von Natur und Kultur waren sowohl Erfahrungen mit Projekten in Ländern der Dritten Welt als auch Feldforschungen in der Bundesrepublik zur Umweltregulierung im Agrarsektor am Beispiel der Grundwasserbelastung und der Güllereguliérung. Der klassische Aufbau der Abschnitte - theoretische Ansätze (Teil A), methodische Vorgehensweise (Teil B), empirische Fallstudie (Teil C) - entspricht nicht der Chronologie des realen Forschungsverlaufs, der ja nicht nach einem vorgegebenen Schema, sondern eher im Wechselspiel entstanden ist. Die Form der Darstellung dient der Strukturierung und Systematisierung theoretischer Modelle, methodischer Ansätze und empirischer Recherchen, wobei die Untersuchung zum Landkreis Vechta als *eine* exemplarische Fallstudie unter anderen durchgeführten Regionalstudien zur Verdeutlichung der Ziele dieser Arbeit und der Wechselwirkungen zwischen Natur und Kultur ausgewählt wurde. Durch die weitgehend offene Untersuchungsmethode im Forschungsfeld - entsprechend dem Ansatz einer »grounded theory« (Strauss 1978) - enthüllten sich meine Recherchen im Raum Vechta und Umgebung als überraschendes ethnologisches Erlebnis.[1]

1 Die einzelnen Abschnitte sind weitgehend in sich geschlossen. Den eher empirisch interessierten Leserinnen und Leser wird zunächst die Lektüre von Teil C empfohlen.

Teil A

Theoretische Ansätze zur Untersuchung der Mensch-Umwelt-Beziehung

I. Zwei Blickrichtungen der Ökologie: Biologische Modelle der Organismus-Umwelt-Beziehung

Die Ökologie wird als Studium von Beziehungen aller Lebewesen untereinander und zu ihrer unbelebten und belebten Umgebung bezeichnet. Sie wird vorwiegend als naturwissenschaftliche Fachdisziplin aufgefaßt, wie beispielsweise dem mehrbändigen Lehrprogramm »Ökologie und ihre biologischen Grundlagen« der Universität Tübingen, Institut für Chemische Pflanzenphysiologie, zu entnehmen ist (Universität Tübingen 1982-1985). Nach einer Einführung in die Chemie, Biologie, Genetik und Evolution wird das Forschungsgebiet der Ökologie in zwei Teilgebieten behandelt. Zum einen geht es um Ökosysteme: allgemeine Grundlagen, aquatische und terrestrische Ökosysteme; zum anderen werden auf dem Gebiet der Zivilisationsökologie Themen wie Wasser- und Energieversorgung, Land- und Forstwirtschaft, Stadt als Lebensraum sowie Natur- und Landschaftsschutz aufgegriffen. Eingeleitet wird das Lehrprogramm mit dem Thema »Biosphäre als globaler Lebensraum« und mit der »Autökologie«, das ist die Abhängigkeit der Einzelorganismen von Umweltfaktoren wie Temperatur, Wasser, Licht usw. Die Überleitung zum Ökosystem erfolgt über das Thema Populationen. Fragen der Bevölkerungsentwicklung und Welternährung werden als Bindeglied zwischen der Betrachtung von Ökosystemen und der Zivilisationsökologie behandelt.

Ein so umfassendes Themengebiet kann im Rahmen der vorliegenden Arbeit nur selektiv betrachtet werden, wobei die Auswahl aus einer sozialwissenschaftlichen Perspektive erfolgt. Zwar ist die Ökologie weitgehend ein Terrain, das von Naturwissenschaftlern, insbesondere Biologen, besetzt ist, jedoch werden die Rolle des Menschen und der kulturelle Einfluß der Gesellschaft auf die Umwelt (Zivilisationsökologie) immer deutlicher anerkannt und auch von naturwissenschaftlich orientierten Ökologen selbst hervorgehoben (Dünckmann u. a. 1983, Haber 1983). Die Beziehung zwischen Ökologie und Kultur ist ein nicht mehr zu ignorierender Tatbestand. Damit gewinnt die Betrachtung der Ökologie aus einer sozialwissenschaftlichen Perspektive ihre Bedeutung und Berechtigung. Zur Klärung der wissenschaftlichen Grundlage und Annahme sowie der Forschungsansätze soll zunächst die Entstehungsgeschichte und Entwicklung dieses naturwissenschaftlichen Forschungsgebiets betrachtet werden. Dies wird auch für die noch zu behandelnden, eher sozialwissenschaftlich orientierten Ansätze der Human- und Kulturökologie aufschlußreich sein. Damit soll der Blick für eine bisher wenig beachtete Differenzierung theoretisch-methodischer Konzepte zur Erforschung der Ökologie geschärft werden.

Beachtenswert ist, daß es gerade in den Naturwissenschaften im Bereich der biologischen Grundlagenforschung von Organismus-Umwelt-Beziehungen Ansätze gibt, die es ermöglichen, zwei grundlegend verschiedene Modelle zu konstruieren. Neben dem sogenannten »objektiven« Ansatz kann ein sich selbst als »subjektive Biologie« bezeichnendes Konzept in der Umweltforschung ausfindig gemacht werden. Diese unterschiedlichen Modelle der naturwissenschaftlich-biologisch orientierten Ökologie werden im folgenden aufgegriffen, ohne auf die Differenzierungen innerhalb der einzelnen Forschungsansätze einzugehen. Damit kann die Ökologie in zwei zum Teil gegensätzliche Modelle zum Erklären und Verstehen der Organismus-Umwelt-Beziehungen eingeordnet werden:

1. Ökologie-Modell 1: Beziehungslehre

   Dieser Ansatz unterstreicht die *Beziehung* der Organismen zu ihrer Umwelt. Er soll daher als Beziehungslehre gekennzeichnet werden, wobei die Materie zum objektivierbaren Gegenstand der Untersuchung erklärt wird.

2. Ökologie-Modell 2: Bedeutungslehre

   Dieser Forschungsansatz betont die unterschiedliche *Bedeutung* der Eigenschaften der Umwelt für jeden Organismus (für jedes Individuum und jede Art); daher sei er als Bedeutungslehre aufgeführt. Der Bedeutungslehre wird wegen der geringen Beachtung, die sie unter Natur- und Sozialwissenschaftlern bei der Rezeption naturwissenschaftlicher Forschungsmethoden erfahren hat, im folgenden mehr Aufmerksamkeit geschenkt, um ihren (möglichen) Beitrag für die zukünftige Umweltforschung zu erkennen und einschätzbar zu machen.

1. Ökologie-Modell 1

1.1 Beziehungslehre

Die erste Begriffsdefinition wird Haeckel (1866) zugeschrieben:

> »Unter Oecologie verstehen wir die gesamte Wissenschaft von den Beziehungen des Organismus zur umgebenden Aussenwelt, wohin wir im weitesten Sinn alle Existenzbedingungen rechnen können.« (Haeckel 1866: 286)[1]

Die Ökologie definiert sich somit als Beziehungslehre aller Organismen zu ihrer umgebenden Außenwelt und damit Umwelt. Es sind die Wechselwirkungen, Austauschprozesse und Kreisläufe, die von primärem Interesse sind und nicht die Analyse und Zergliederung in einzelne Elemente.

Zwar wurde dieser Ansatz im Rahmen biologisch-naturwissenschaftlicher Forschung vor mehr als einem Jahrhundert begründet, eine größere Anerkennung und Beachtung findet er aber erst in jüngster Zeit.

> »Die Ökologie führte lange Zeit eher ein Schattendasein als Teildisziplin der Biologie in Gestalt der Pflanzenökologie und der Tierökologie. Nennenswerte methodische und thematische Erweiterungen gab es in den Jahrzehnten nach Haeckel praktisch nicht.« (Huber 1989: 57)

Eine methodische Erklärung für die verzögerte Entfaltung dieser Forschungsdisziplin könnte in den Erläuterungen Habers zum Lehrprogramm »Ökologie und ihre biologischen Grundlagen« (Heft 4) gesehen werden:

> »Die biologische Forschung war lange Zeit auf die Ebene des Organismus ausgerichtet, hat von hier aus 'abwärts' die tieferen Ebenen analytisch erschlossen und eine starke Spezialisierung veranlaßt. Der Weg 'aufwärts' zu den überindividuellen Ebenen ist erst etwa seit 1880 zögernd, planmäßig und mit steigender Intensität etwa seit 1930 beschritten worden.« (Haber 1983: 2)

Unterschieden wird in der Ökologie zwischen den Lebewesen an einem Ort und den unbelebten Umweltelementen wie Lichtteilchen, Nährstoffmolekülen, Regentropfen usw. Die unbelebten Umweltbestandteile, die ortsgebunden sind, werden mit dem Begriff »Biotop« (Lebensort, -raum) und die Gesamtheit aller Lebewesen in einem Raum wird als »Biozönose« (Lebensgemeinschaft) bezeichnet (Haber 1983: 7 f.). Interessant ist der

---

1 Haeckel ist nicht nur als Gründer der Ökologie zu erwähnen, er hat auch die Darwin'sche Evolutionstheorie, die 1859 erschien, auf den Menschen übertragen. »Die konsequente Anwendung der Evolutionstheorie auf den Menschen, d. h. seine Einbeziehung in das Tierreich und seine Verknüpfung mit dem Affen als dem nächsten Verwandten, erfolgte zuerst durch HAECKEL und HUXLEY (beide 1863).« (Dünckmann u. a. 1983: 78)

häufige Gebrauch von Ausdrücken wie »Gemeinschaft« oder auch »Pflanzensoziologie« auf dem Gebiet der Ökologie, die eher den Sozialwissenschaften zuzuordnen und aus diesem Bereich entliehen sind.

1.2 Objektive Betrachtung der Umwelt

In der naturwissenschaftlich betrachteten Ökologie nach dem Modell 1 geht es darum, die Welt aus der Perspektive eines objektiven Beobachters zu erfassen und zu erklären. Die Ökologie ist ein Teilgebiet aus der Stufenfolge der Materie, wie sie durch ein Schema von Miller (1975), verändert von Haber (1983), als linear aufsteigende Stufenfolge, vom Elementarteilchen zum Universum, dargelegt wird (vgl. Abbildung A 1). In dieser Abfolge von Ebenen umfaßt das Arbeitsgebiet der Ökologie den Abschnitt zwischen Organismus und Biosphäre. Das Gesellschaft-Umwelt-System ist ein Glied in dieser Kette, das auf Ökosystemkomplex oder Kulturlandschaft folgt und unterhalb der Biosphäre eingeordnet wird.

Zur Abbildung A 1 folgende Anmerkungen:

- Da die Ökologie auch den Bereich des Gesellschaft-Umwelt-Systems mitumfaßt, ist ersichtlich, daß das Handeln der Menschen, eingebettet in Umweltbezügen, ökologisch relevant ist und dementsprechend auch in der Forschung und politischen Praxis Beachtung verdient.
- Ferner ist aus dieser Abbildung zu ersehen, daß das Forschungsgebiet der Ökologie ein sehr breites Wissenschaftsspektrum eröffnet, das fast alle Wissenschaftsdisziplinen der Natur-, aber auch der Sozialwissenschaften tangiert.
- Eine solche stufenweise Abfolge von Organisationsebenen der Materie versetzt Wissenschaftler/innen in eine quasi außerplanetarische Position, von der aus die Welt betrachtet und untersucht wird.

Dieser hier linear-hierarchisch dargestellte Aufbau ließe sich auch als Radius eines Kreises vorstellen, womit ein Bild ineinander geschachtelter konzentrischer Kreise zu zeichnen wäre. Eine als Kreis dargestellte Visualisierung hätte den Vorteil, die Eindimensionalität der Linie (Zeit) zugunsten der Mehrdimensionalität der Kugel (Raum) aufzuheben. Auch Haber betont die Bedeutung von *Raum* und *Zeit* für das Gebiet der Ökologie.

Abbildung A 1 Stufenfolge der Organisationsebenen der Materie, als Ganzheit aufgefaßt

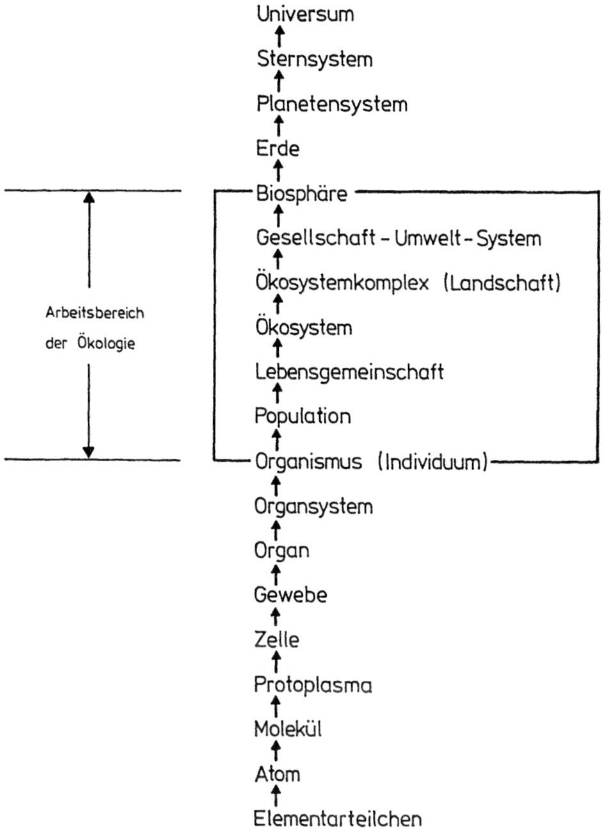

Quelle: Miller 1975, verändert durch Haber 1983: 3

Bereits das Ökosystem als eine Stufe in der Abfolge der Ebenen wird als außerordentlich verwickelt zusammengesetztes Gebilde gesehen, dessen Erfassung und Abgrenzung Mühe bereitet.

> »Leicht erfaßbar sind die Individuen (Organismen), insbesondere höhere Pflanzen, als Hauptbestandteile; doch ihr Zusammenwirken in Zeit und Raum, das erst das Ökosystem ausmacht, ist oft nur unter Schwierigkeiten erkennbar. Sie hängen damit zusammen, daß das Ökosystem eine *überindividuelle* Organisation oder Ganzheit darstellt und wir mehr gewohnt sind, mit individuellen Ganzheiten, den Organismen, umzugehen.« (Haber 1983: 2)

Dies mag dazu beigetragen haben, daß sich die Ökologie nach ihrer Gründung Mitte des 19. Jahrhunderts nur schwer etablieren konnte. Kennzeichnend für diese relativ neue Wissenschaft ist die ganzheitliche und dadurch komplexe Betrachtungsweise, die sie sich selbst zur Aufgabe gemacht hat. Die Ökologie folgt dem Grundsatz, »daß kein erforschbarer Gegenstand für sich und beziehungslos existiert, sondern eine 'Ganzheit' darstellt, die aus Ganzheiten besteht und wiederum Bestandteil einer übergeordneten Ganzheit ist« (Haber 1983: 2).

Ziel ist, Zusammenhänge und Gesetze der Struktur und Funktion auf und zwischen den Stufen zu erkennen, wobei Gesetze der nächstfolgenden Ebene nicht durch die Summe der Eigenschaften von Einzelteilen der untergeordneten Ebene zu erschließen sind. Es geht dabei um die Erfassung der emergenten Eigenschaften der jeweiligen Ebene, was von Haber als Ganzheit beschrieben wird. Verbindungen zwischen den Elementen der jeweiligen Stufen werden auch als vernetzte Systeme dargestellt (Tischler 1955, Odum 1980, Vester 1978/1983), die in den Natur- und Sozialwissenschaften zur Modellierung komplexer Zusammenhänge verwendet werden.

Mit dem in der ökologischen Forschung dringlich gewordenen Ganzheitskonzept, das von Egler (1970, vgl. Haber 1983: 4) als eines der »großartigsten und schöpferischsten naturwissenschaftlichen Konzepte« apostrophiert wird, möchte sich Haber jedoch nicht zu weit in die philosophischen (oder gar metaphysischen) Dimensionen eines solchen Ansatzes begeben. So meint Haber zum Ganzheitskonzept:

> »Es läuft freilich stets Gefahr, in seiner Bedeutung überschätzt oder gar zu einer Glaubenslehre (Holismus) erhoben zu werden. Daher sei ausdrücklich darauf hingewiesen, daß es hier hauptsächlich zur Verdeutlichung bestimmter allgemeiner Zusammenhänge beschrieben und verwendet wird. Insofern ist es eine nützliche und wichtige Ergänzung zu analytischen und quantifizierenden Betrachtungsweisen und bewahrt den ökologischen Forscher davor, sich in einer rein zahlenmäßigen Erfassung der Erscheinungen zu verlieren oder sich mit bloßer Analyse zu begnügen.« (Haber 1983: 4)

1.3 Zur methodischen Vorgehensweise

Wichtig ist das Eingeständnis seitens einiger Ökologen, daß dem Aufzeichnen von Gesetzmäßigkeiten im Ökosystem Grenzen gesetzt sind, obgleich dies immer wieder versucht wird (vgl. auch Exkurs A I 5).

> »Im Gegensatz zu einem unbelebten System spielt sich zwischen den Elementen eines Ökosystems ständig etwas ab, das durchaus nicht immer vorhersehbar ist.« (Haber 1983: 6)

Zur methodischen Vorgehensweise der Untersuchung von Ökosystemen werden zunächst die Wechselwirkungen zwischen lediglich zwei Elementen betrachtet, da nicht alle Bereiche des Ökosystems gleichzeitig beobachtet und untersucht werden können.

Nach Odum (1980) können bei einer »Zwei-Arten-Biozönose« folgende Typen der Beziehungen und Wechselwirkungen ausgemacht werden, die aus der folgenden Tabelle A 1 zu entnehmen sind. Sofern es zu einer Beziehung zwischen einer Population A und einer Population B kommt, werden sie in zwei größere Kategorien eingeteilt:

- symbiotische Beziehungen oder Wechselwirkungen (Kommensalismus, Kooperation, Mutualismus)
- antagonistische Beziehungen oder Wechselwirkungen (Wettbewerb, Antibiose, Prädation, Parasitismus) (vgl. Haber 1983: 31 ff.).

Methodisch zumindest sollen damit die wichtigsten Beziehungen von A zu B herausgegriffen und spezifiziert werden, um Gewichtungen vorzunehmen und nicht nur ein »Alles-hängt-mit-allem-zusammen« zu bescheinigen. Daher werden Eigenschaften, die von existentieller Bedeutung für A oder B sind, analysiert.

In der Reduktion der Beziehungen auf nur zwei Arten können aber auch Fehleinschätzungen entstehen: So kann A für B positiv sein, nicht aber in Anwesenheit oder Abwesenheit von C. Eventuell ist es nicht möglich, ohne Berücksichtigung von C die Beziehungen von A zu B zu bestimmen. Ein solcher Fall wird beispielhaft für Laboruntersuchungen von Mischkulturen zweier Arten Pantoffeltierchen dargelegt, die nach gewisser Zeit zur Dezimierung einer Art führten.

> »In natürlichen Biozönosen dürfte dieses Prinzip jedoch nur in gedämpfter Weise wirken, da ihm die Artenzahl und -vielfalt widersprechen.« (Haber 1983: 38)

Tabelle A 1 *Möglichkeiten der Beziehungen zwischen zwei Populationen A und B einer Biozönose und ihre Wirkung auf beide*

Beschreibung der Beziehung	Wirkung auf die Populationen A oder B: wenn die Beziehung zustandekommt:		wenn die Beziehung nicht zustandekommt oder unterbrochen wird:		Typ der Beziehung oder Wechselwirkung	
	bei A	bei B	bei A	bei B		
Keine Population wirkt auf die andere	0	0	0	0	Neutralismus	
A und B hemmen sich direkt oder indirekt	-	-	0/+	0/+	Wettbewerb	Antagonismen
A wird gehemmt, B nicht	-	0	0/+	0	Antibiose	Antagonismen
A wird gefördert und ist davon abhängig, B wird gehemmt, doch auf lange Sicht gefördert	+	-/(+)	-	0/+	"Biophagie" (Prädation und Parasitismus)	Antagonismen
A wird gefördert und ist davon z.T. abhängig, B nicht betroffen	+	0	(-)/0	0	Kommensalismus	
A und B werden gefördert, sind aber nicht davon abhängig	+	+	0	0	Kooperation	Symbiosen
A und B werden gefördert und sind davon abhängig	+	+	-	-	Mutualismus	Symbiosen

+ fördernde Wirkung, - hemmende Wirkung, 0 ohne Wirkung

Quelle: Odum 1980, nach Haber 1983: 33

Die Beziehung von A zu B in einem Ökosystem ist demnach nicht wie in einem Labor festlegbar, sondern bleibt in Abhängigkeit von der diese Populationen umgebenden Umwelt. Ferner werden dabei in einem linearen Gedankenmodell die Situation zu erfassen versucht und Rahmenbedingungen als konstant behandelt, genauso wie Eigenschaftsmerkmale von A und B. Aus pragmatischen Gründen wird daher folgende Arbeitsstrategie befolgt:

> »In der Forschungspraxis wird gewöhnlich ein bestimmter Ökosystem-Bestandteil zum Ausgangs- oder Mittelpunkt der Untersuchung gemacht ... Vielfach ist der Mensch oder die menschliche Gesellschaft (Population) das *Bezugsobjekt*, und zwar aus zweifachem Anlaß: Der Mensch ist einmal Bestandteil vieler Ökosysteme und von ihnen abhängig, zum anderen zugleich auch Erschaffer, Lenker und Zerstörer von Ökosystemen.« (Haber 1983: 8; Hervorhebung P T-K)

Demzufolge ist der Mensch - die Gesellschaft oder Population - mehr als nur »*Bezugsobjekt*«, vielmehr ist er *Subjekt* im Gesellschaft-Umwelt-System, dem im Rahmen der Umweltforschung Rechnung zu tragen ist. Aus der Perspektive des Ökologen Uexküll müßte an dieser Stelle daher auch eher »Bezugssubjekt« stehen. Dies wird im Ökologie-Modell 2 explizit thematisiert. Wenn das Gesellschaft-Umwelt-System Bestandteil ökologischer Forschung ist, dann sind natur-, sozial- und kulturwissenschaftliche Forschungstraditionen tangiert, die ineinander übergreifen und zu Überlappungen führen. Damit entstehen Schwierigkeiten in der Abgrenzung der Forschungsdisziplinen, was sich auch konkret bei der humanökologischen Tagung in Wien im Jahr 1975 bemerkbar machte (Knötig 1976).

Die sozial- und kulturwissenschaftliche Komponente der Ökologie wird nicht nur von sozialwissenschaftlichen Forschungsdisziplinen betont, sondern auch von biologisch orientierten Forschern anerkannt. Die Rolle des Menschen im Ökosystem und der Einfluß der Gesellschaft auf die Umwelt können nicht mehr übersehen werden, wobei Tragweite und Begrenztheit des Ökologie-Modells 1 in die Menschheitsgeschichte selbst verortet und mit der Entstehung des Homo sapiens markiert werden.

> »Bis zum Tier-Mensch-Übergangsfeld verlief die Evolution des Menschen prinzipiell gleich wie bei anderen Organismen . . .
>
> Von dieser Phase an spielt bei der Evolution des Menschen ein neuer Faktor eine Rolle: Die Durchsetzung einer Menschenpopulation innerhalb eines bestimmten Lebensraums hängt jetzt stark mit *kulturellen* Faktoren (nicht nur im traditionellen Sinne: kulturell ist in diesem Zusammenhang z. B. die Entwicklung von Organisationsformen des Zusammenlebens, aber auch von Werkzeugen etc.) zusammen. Damit tritt zur Selektion aufgrund genetischer Merkmale ein neuer Einfluß hinzu, der den ersten zwar nicht völlig verdrängt, aber doch zur Folge hat, daß die folgende Entwicklung nicht unter naturwissenschaftlichen Aspekten allein verstanden werden kann.« (Dünckmann u. a. 1983: 87)

Damit eröffnet sich das Feld sozial- und kulturwissenschaftlicher Forschung in der Ökologie, die zum Thema der Human-, insbesondere aber auch der Kulturökologie geworden ist. Die innerhalb der Gesellschaft (Subjekt, Gesellschaft, Kultur) entwickelte Wissenschaft über die Natur ist selbst Bestandteil der Beziehung zwischen Individuum und Umwelt und damit Thema der Ökologie. Doch ehe die mehr sozialwissenschaftlichen Ansätze der Human- und Kulturökologie behandelt werden, soll noch das durch Uexküll repräsentierte Ökologie-Modell 2 thematisiert werden.

2. Ökologie-Modell 2

2.1 Bedeutungslehre

Bereits um die Jahrhundertwende führte Jakob von Uexküll (1864 - 1944) experimentelle Untersuchungen zur Organismus-Umwelt-Beziehung im Bereich der Tierwelt durch.[2] Seine naturwissenschaftlichen Arbeiten waren stets von philosophischen Fragestellungen geleitet, die er als Grundlage seiner subjektbezogenen Forschung in der Biologie zur Identifizierung von Eigenschaften der Umwelt und für eine differenzierte Betrachtung der Subjekt-Objekt-Beziehung ansah. Die von Uexküll entwickelte Bedeutungslehre hält ihre Verbindung - im Gegensatz zum Ökologie-Modell 1 - zur Soziologie und Philosophie aufrecht, da sie für ihn von allgemeiner epistemologischer Bedeutsamkeit waren.

Deutlich und mit einer Vielzahl von Beispielen aus der Biologie arbeitet Uexküll die Selektivität der Wahrnehmung von den Lebewesen (den Tieren wie den Menschen) heraus und betont die unterschiedlichen Eigenschaften und Funktionen, die die Umwelt für das jeweilige Subjekt hat. Dabei behandelt er in seinen Untersuchungen Tiere als Subjekt, was ihn gegenüber anderen Ansätzen in der Biologie und Zoologie auszeichnet.

Raum und Zeit spielen, wie auch im Ökologie-Modell 1, für den hier darzulegenden Ansatz eine entscheidende Rolle. Sie werden als abstrakte philosophische Kategorien aufgegriffen, in die Biologie eingeführt und konkretisiert. So schreibt Uexküll:

> »Ohne ein lebendes Subjekt kann es weder Raum noch Zeit geben. Damit hat die Biologie endgültig Anschluß an die Lehre KANTS gewonnen, die sie in der Umweltlehre durch Betonung der entscheidenden Rolle der Subjekte naturwissenschaftlich ausbeuten will«. (Uexküll/Kriszat 1933/1956: 30)

---

2 1926 wurde Jakob von Uexküll Leiter des neu gegründeten Instituts für Umweltforschung der Universität Hamburg, an dem auch Kriszat von 1929 bis 1935 tätig war. Ihre gemeinsame Veröffentlichung »Streifzüge durch die Umwelten von Tieren und Menschen« (1933) wurde 1956 wieder aufgelegt. Da der Text von Uexküll, das Bildmaterial von Kriszat zusammengestellt wurde, wird inhaltlich nur auf Uexküll Bezug genommen, der Vollständigkeit wegen im weiteren Quellennachweis jedoch beide erwähnt. Thure von Uexküll (Sohn Jakob von Uexkülls) hat diesen Band nochmals 1970 bei Fischer herausgegeben. Die folgenden Ausführungen und Zitate beziehen sich auf Jakob von Uexküll, es sei denn, sie sind mit Th. von Uexküll gekennzeichnet.

Um das Prinzip einer auf Subjekte hin entwickelten Umweltlehre zu verdeutlichen, nimmt er die »Blume« als Demonstrationsbeispiel. Die Blume tritt in den Umwelten - in der Wahrnehmung - der Ameise, der Zikadenlarve, der Kuh und eines pflückenden Mädchens mit unterschiedlicher Bedeutung auf. Ein und dasselbe Objekt - Blume - zeigt sich in verschiedenen Umwelten als jeweils anderer Gegenstand.

> »Wer sich nur ein wenig mit den Umwelten der Tiere beschäftigt hat, wird nie auf den Gedanken kommen, den Gegenständen eine Eigengesetzlichkeit zuzuschreiben, die sie unabhängig von den Subjekten macht. Denn hier ist die Wandelbarkeit der Objekte das oberste Gesetz. Ein jeder Gegenstand ändert sich von Grund auf, wenn er in eine andere Umwelt versetzt wird. Ein Blütenstengel, der in unserer Umwelt der Träger einer Blume ist, wird in der Umwelt der Schaumzikade zu einer mit Flüssigkeit gefüllten Röhre, aus der die Zikade die Flüssigkeit, die sie zur Erbauung ihres aus Schaumbläschen bestehenden Hauses benötigt, herauspumpt.
> Der gleiche Blütenstengel wird für die Ameise zu einem aufstrebenden Steg, der ihr Heimatnest mit ihrem Jagdgebiet in der Blume verbindet. Für die weidende Kuh wird der Blütenstengel zu einem kleinen Teil ihrer wohlschmekkenden Nahrung, die sie kauend in ihr breites Maul schiebt.« (Uexküll 1936/1949: 12)

Uexkülls Schlußfolgerung aus der exemplarischen Betrachtung der Blume lautet:

> »Ich habe gezeigt, wie der gleiche Gegenstand, in vier verschiedene Umwelten versetzt, vier verschiedene Bedeutungen annimmt und jedes Mal seine Eigenschaften von Grund auf ändert.
> Dies ist nur dadurch zu erklären, daß sämtliche Eigenschaften der Dinge im Grunde nichts anderes sind als Merkmale, die ihnen vom Subjekt aufgeprägt werden, zu dem sie in Beziehung treten.« (Uexküll/Kriszat 1933/1956: 154)

Nach Uexküll gibt es keine Eigenschaften der Dinge »an sich«, sondern nur Merkmale, die sich erst aus der Perspektive von Subjekten entfalten und in ihrer Beziehung zur Umwelt Bedeutung erlangen. Diese Form der Wahrnehmung und Betrachtungsweise findet er auch bei Goethe wieder:

> *»Wäre nicht das Auge sonnenhaft,*
> *die Sonne könnt' es nie erblicken.«*[3]

---

3 Goethe wird nicht nur als Klassiker der deutschen Literatur, sondern auch als Naturphilosoph gewürdigt (Böhme 1981). Hinzufügen möchte ich zu diesem Vers Goethes eine Anmerkung, die mir aus meinem eigenen Sprachraum bekannt ist. In der persischen Lyrik gibt es viele Beispiele einer solchen philosophisch-poetischen Betrachtungsweise, die sich bis heute noch »sprichwörtlich« erhalten hat. So lautet eine zur Redewendung gewordene Antwort auf die bewundernde Aussage »Sie sehen heute sehr schön aus!« wie folgt: »Es sind *Ihre* Augen, die mich schön sehen!« In seiner späteren Schaffensperiode legt Goethe im »West-östlichen Diwan« Zeugnis über die inspirierende Kraft ab, die er von der persischen Dichtung, insbesondere Hafez, erfahren hat (vgl. Wohlleben 1989).

Für Uexküll ist der Himmel ein Erzeugnis des Auges. Augenlose Lebewesen kennen weder einen Himmel noch eine Sonne (Uexküll/Kriszat 1933/1956: 145).

2.2 Differenzierung der Umwelt: Merkwelt und Wirkwelt bei Jakob von Uexküll

Auf einer Reihe von experimentellen Untersuchungen gründet Uexküll seine »subjektive Biologie« mit einer differenzierten Betrachtung der Umwelt. Zu seinem Beispiel mit der Blume führt er aus:

> »Damit ist aber bereits das Tor erschlossen, das zu den Umwelten führt, denn alles, was ein Subjekt merkt, wird zu seiner *Merkwelt*, und alles, was es wirkt, zu seiner *Wirkwelt*. Merkwelt und Wirkwelt bilden gemeinsam eine geschlossene Einheit, die *Umwelt*.« (Uexküll/Kriszat 1933/1956: 22)

Demnach gibt es für Uexküll »Umwelt« nur in der Form spezifischer Umwelten der jeweiligen Lebewesen. Auch Tiere als Subjekt und diese im Zusammenhang mit ihren Umwelten, die wiederum miteinander in Bezug stehen, zu sehen, ist Grundlage seiner Bedeutungslehre.

Abbildung A 2 Schema des Funktionskreises bei Jakob von Uexküll

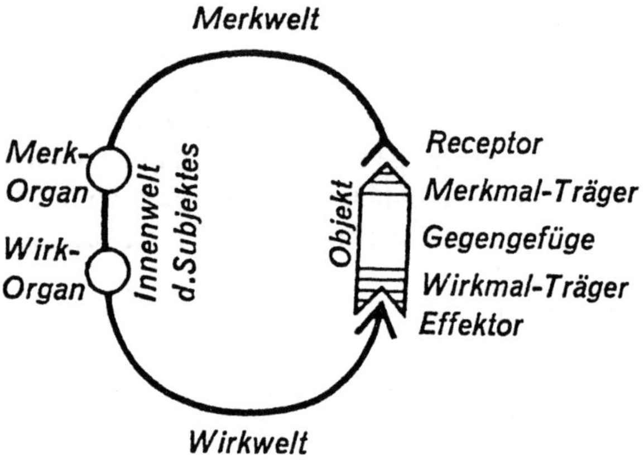

Quelle: Uexküll/Kriszat 1933/1970: 11

Uexküll geht es darum, Merkzeichen der Subjekte und Reize der Objekte als komplementär zu behandeln (Uexküll/Kriszat 1933/1970: 12). Daneben unterscheidet er zwischen Bedeutungsempfänger und Bedeutungsträger. Die Reziprozität zwischen Subjekt und Objekt bzw. zwischen Subjekt und Umwelt wird über Bedeutungsträger bzw. Symbole vermittelt, die nur im Wechselspiel und aufeinander bezogen aufgeschlüsselt werden können (Uexküll/Kriszat 1933/1970: 170 f.).

Die Trennlinie zwischen Merkwelt und Wirkwelt können wir uns in Abbildung A 2 als eine horizontale Achse vorstellen, die durch Subjekt und Objekt verläuft. Subjekt und Objekt haben gleichermaßen an diesen Welten teil, es ist ihre Reziprozität, die die Umwelt konstituiert (vgl. auch Th. von Uexküll 1970: XXXVI).

Jakob von Uexküll will physikalische, physiologische oder chemische Gesetze nicht abstreiten, sie dienen ihm als Grundlage der Umweltlehre. Doch mit seiner Bedeutungslehre will Uexküll über diese Gesetzmäßigkeiten hinaus. Zur Merkwelt und Wirkwelt der Zecke zum Beispiel schreibt er:

> »Zweifellos handelt es sich hierbei um drei einander ablösende Reflexe, die immer durch objektiv feststellbare physikalische resp. chemische Wirkungen ausgelöst werden. Wer sich aber mit dieser Feststellung begnügt und annimmt, das Problem dadurch gelöst zu haben, beweist nur, daß er das wirkliche Problem gar nicht gesehen hat. Nicht der chemische Reiz der Buttersäure steht in Frage, ebensowenig wie der (durch die Haare ausgelöste) mechanische Reiz, noch der Temperaturreiz der Haut, sondern allein die Tatsache, daß unter den Hunderten von Wirkungen, die von den Eigenschaften des Säugetierkörpers ausgehen, nur drei zu Merkmalträgern für die Zecke werden, und warum gerade diese drei und keine anderen?
>
> Wir haben es nicht mit einem Kräfteaustausch zwischen zwei Objekten zu tun, sondern es handelt sich um die Beziehungen zwischen einem lebenden Subjekt und seinem Objekt, und dies spielt sich auf einer ganz anderen Ebene ab, nämlich zwischen dem Merkzeichen des Subjekts und dem Reiz des Objekts.« (Uexküll/Kriszat 1933/1970: 12)

Auch in der neueren Umweltforschung gibt es Modelle, die zwischen einer

- organismus-orientierten Betrachtungsweise und eincr
- beobachter-orientierten Betrachtungsweise

differenzieren.

»Im Rahmen der organismus-orientierten Betrachtungsweise kann man zwischen der *wahrgenommenen Umwelt* (perceptual environment), der *wirksamen Umwelt* (effective environment) und schließlich der *totalen Wirklichkeit* (total reality) unterscheiden.« (Anderson, zit. in Bargatzky 1986: 87)

Bargatzky führt aus, daß die wahrgenommene Umwelt jenen Elementen entspricht, die der Organismus wahrnimmt; die wirksame Umwelt entspricht jenen Elementen, die auf den Organismus einwirken, ob er sie nun wahrnimmt oder nicht. Die totale Wirklichkeit bezeichnet schließlich alle Elemente, die überhaupt entdeckbar bzw. erschließbar sind, ob sie nun auf den Organismus einwirken oder nicht (vgl. Bargatzky 1986: 87). Die Parallelität zum Uexküll'schen Ansatz ist zwar unverkennbar, jedoch wird Uexküll in Bargatzkys Arbeit nicht erwähnt. Dennoch lassen sich sowohl in den Ausführungen als auch in den Termini Ähnlichkeiten zur Bedeutungslehre entdecken, die in Tabelle A 2 zusammengestellt sind. In Anlehnung an Uexküll hat Knötig das Begriffspaar ökologische Potenz und ökologische Valenz im Bereich der Humanökologie definiert (vgl. Knötig 1976: 22 ff. und 1978: 19 ff.).

Tabelle A 2 *Differenzierung der Umwelt nach Uexküll, Anderson und Knötig*

Uexküll:	Merkwelt	Wirkwelt	Umwelt
Anderson:	perceptual environment	effective environment	total reality
Knötig:	ökologische Potenz	ökologische Valenz	Umwelt

Alle drei Begriffskombinationen beinhalten eine subjektbezogene Betrachtungsweise, wobei Bargatzky in seiner Arbeit zur Kulturökologie betont, daß der Begriff »Umwelt« ein »Relationsbegriff« ohne feste inhaltliche Bestimmung ist (Bargatzky 1986: 88 ff.).

2.3 Subjektbezogene Betrachtung der Umwelt

Aus den zu Beginn des 20. Jahrhunderts entstandenen Arbeiten von Uexküll läßt sich entnehmen, daß er der Biologie und den Naturwissenschaften ihren Anspruch auf »objektive Weltsicht« streitig macht, indem er die subjektive Wahrnehmung aller Lebewesen - der Tiere und der Menschen -, denen er spezifische Merk- und Wirkwelten zuordnet, betont. Mit seinen experimentellen Untersuchungen und Beobachtungen im Bereich der Biologie und Zoologie konkretisiert er eine Bedeutungslehre, mit der er sich im Bereich der Ökologie Geltung verschafft, aber auch auf Kritik stößt. Die Reziprozität (Wechselwirkung) der Subjekt-Umwelt-Beziehung ist erkenntnistheoretischer Art und nicht auf ein bestimmtes empirisches Feld (zum Beispiel der Zoologie) begrenzt. Sie wird bei Uexküll zum Prinzip der Umweltforschung und seiner Bedeutungslehre, die sich bewußt vom Ökologie-Modell 1 absetzt. Seine aus der naturwissenschaftlichen Forschung gewonnenen Erkenntnisse stellen sich als eine Provokation für Befürworter einer »konventionellen objektiven Welt« dar, von der sich der Ansatz einer »subjektiven Biologie«, wie Uexküll seine Arbeit bezeichnet, absetzt.

In seinem Werk »Nie geschaute Welten. Die Umwelt meiner Freunde« (1936/1949) geht Uexküll auf verschiedene Umwelten und Epochen ein und verallgemeinert sein erkenntnistheoretisches Konzept:

> »Da die Sinnessphären der einzelnen Menschen sich in allen Grundzügen gleichen, gleichen sich auch die Gegenstände in ihren verschiedenen Umwelten.
>
> Daraus hat man den voreiligen Schluß gezogen, die Gegenstände seien für sich allein bestehende Wirklichkeiten, die auch unabhängig von den Subjekten ihr eigenes Dasein führen. Es wird kaum einen gebildeten Menschen geben, der nicht bereit ist, darauf zu schwören, daß die gleiche Sonne, der gleiche Mond und die gleichen Sterne auf alle Lebewesen herabscheinen - anstatt vorsichtigerweise zu urteilen, daß die Gestirne in gleicher Weise nur in den Umwelten unserer Mitmenschen auftreten. Auch diese Behauptung ist nicht korrekt, denn wenn kleine Kinder nach dem Mond greifen, so ist das ein Beweis dafür, daß ihr Mond, der an ihrem Kinderhorizont in einer Entfernung von kaum acht Metern steht, nicht derselbe ist wie der unsrige. Der Horizont, der für uns Erwachsene in einer Entfernung von ungefähr sechs Kilometern die sichtbare Welt abschließt, ist erst durch vielfältige Erfahrungen allmählich so weit hinausgeschoben worden. Wir haben es nach und nach gelernt, bekannte Gegenstände nicht mehr klein, sondern fern zu sehen.« (Uexküll 1936/1949: 11)

Lernprozesse gehören für Uexküll in den Bereich der Merkwelt des Menschen; für Uexküll ist die Bedeutungslehre für Tiere wie für Menschen als biologische Art gleichermaßen gültig.

> »Nachdem mich ein jahrzehntelanges Studium darüber belehrt hatte, daß es keine allen Tieren gemeinsame objektive Welt gibt, sondern daß jedes Tier in seiner ihm allein zugehörigen Umwelt lebt, konnte ich mich der Erkenntnis nicht mehr verschließen, daß die Lehren von der konventionellen Welt, in der alle Menschen wie auf einer gemeinsamen Bühne ihre Lebensrolle spielen, falsch ist. Auch für jeden Menschen müssen wir seine Spezialbühne aufsu-

chen, um seine Handlungen zu *verstehen*.« (Uexküll 1936/1949: 17; Hervorhebung P T-K)[4]

Uexküll geht es damit um das Verstehen des Handelns der Menschen (Akteure), denen er gesonderte Bühnen zuerkennt, auf denen sie agieren. Der Uexküll'sche »verstehende Ansatz« rückt damit sehr nah in den Bereich sozialwissenschaftlicher Forschungsansätze und wendet sich vom üblichen Verständnis naturwissenschaftlicher Umweltforschung ab. Diese Gleichsetzung der Tier-Umwelt-Beziehung zur Mensch-Umwelt-Beziehung wird dann auch von Portmann kritisiert, der auf eine Trennung tierischer Artwelten als gesonderte Sphäre pocht, das Wort »Umwelt« getrennt von menschlichen Gegensätzen des Weltbildes halten möchte und die Übertragungen der Erkenntnisse aus der Tierwelt auf den Menschen als »temperamentvollen Durchbruchsversuch« Uexkülls zurückweist (Portmann 1956: 11). Dabei ist jedoch zu berücksichtigen, daß das gesamte Werk von Uexküll auf erkenntnistheoretischen Grundlagen der Philosophie *und* der Soziologie aufbaut, was im folgenden noch erläutert wird.

2.4 Der methodische Ansatz der Bedeutungslehre

Zwar ist der Ansatz von Uexküll in erster Linie ein naturwissenschaftlich-biologischer, doch haben seine Überlegungen nicht nur durch Kant und Goethe (Naturphilosophie), sondern auch aus der Soziologie Anregungen erfahren. Die unterschiedliche Perzeption der Umwelt, die Betrachtung des Waldes zum Beispiel, die Uexküll bei Sombart in seinem Buch »Vom Menschen« aufnimmt, bildet dann den Ausgangspunkt, um die Blume in die Umwelten verschiedener Tiersubjekte zu versetzen. So zitiert Uexküll den Soziologen Werner Sombart:

> »Es gibt keinen *Wald* als objektiv fest bestimmte Umwelt, sondern es gibt nur einen Förster-, Jäger-, Botaniker-, Spaziergänger-, Naturschwärmer-, Holzleser-, Beerensammler- und einen Märchenwald, in dem Hänsel und Gretel sich verirren.« (Sombart, zit. in Uexküll/Kriszat 1933/1956: 108)

---

4 Aus den Unterschieden der Artwelt leitet Uexküll ein erkenntnistheoretisches Prinzip - Zweifel an einer objektiven Welt - ab. In der Verallgemeinerung und Übertragung dieses Prinzips auf die individuelle Lebenswelt von Menschen ist es jedoch nicht nur die Biologie, sondern insbesondere auch die Philosophie (Kant) und Soziologie (Sombart) seiner Zeit, die ihn zu diesem Ansatz inspiriert haben (vgl. auch die Ausführungen in A I 2.4).

Aus heutiger Sicht erfährt der Wald ergänzenden Symbolgehalt; es gibt für Naturschützer den durch sauren Regen gefährdeten »sterbenden« und bei Ausrodung insbesondere der Regenwälder einen die Biosphäre »gefährdenden« Wald. Angesichts einer so mannigfaltigen Realität - entsprechend der Wandelbarkeit der Bedeutung und Umweltwahrnehmung - dürfte klar sein, daß die Umwelt nicht über eine ausschließliche Perspektive naturwissenschaftlich »objektiver Wissenschaft« eingefangen werden kann. Uexkülls Schlußfolgerung aus der Betrachtung verschiedener Umweltbedeutungen des Waldes ist insbesondere aus methodischer Sicht von Interesse:

> »Die Bedeutung des Waldes wird vertausendfacht, wenn man seine Beziehungen nicht auf menschliche Subjekte einschränkt, sondern auch die Tiere hinzunimmt.
>
> Doch hat es keinen Zweck, sich an der übergroßen Zahl von Umwelten zu berauschen, die im Wald enthalten sind. Viel lehrreicher ist es, einen typischen Fall herauszugreifen, um in das Beziehungsgewebe der Umwelten einen Blick zu tun.« (Uexküll/Kriszat 1933/1956: 108)

Eben daraufhin entwickelt er sein Beispiel mit der Blume in den vier verschiedenen Umwelten.

Damit wird deutlich, daß es Uexküll nicht um eine subjektivistische Betrachtungsweise und eine Vervielfachung der Umwelten geht, sondern um Gesetzmäßigkeiten und Regelmäßigkeiten, die ihm das Aufzeigen eines erkenntnistheoretischen Prinzips unterschiedlicher Merk- und Wirkwelten ermöglichen. Mit der Konstruktion eines typischen Falls abstrahiert er von individuellen Schattierungen; dies dürfte auch für die von ihm aufgezeigte subjektive Wahrnehmung gültig sein. Insofern geht es ihm um verallgemeinerbare Erkenntnis, die sich nicht nur auf die individuelle Wahrnehmung und Differenzierung bezieht, sondern um die Erfassung subjektbezogener klassifizierbarer Wahrnehmungsfähigkeiten, um damit verallgemeinerbare Typisierungen der Weltsicht oder Merkwelt zu bestimmen. Daher erscheint es auch gerechtfertigt, die bei Uexküll gefundene »subjektive Biologie« - wie er selbst seinen Ansatz als Gegenmodell zur »objektiven Biologie« klassifiziert - als eine »subjektbezogene Umweltlehre« zu bezeichnen.

Uexküll bemüht sich, eine subjektbezogene (relationale) ökologische Betrachtung zu begründen und als ein allgemeines Prinzip der Umweltlehre auszuweisen. Seine Arbeit läßt sich als »verstehender« (phänomenologischer) Ansatz in der Biologie umschreiben. Insofern ist es nicht richtig, seine Leistung als unangemessene Übertragung von naturwissenschaftlichen Erkenntnissen aus der Tierwelt auf die Menschen und ihre Umwelt(en) abzulehnen. Vielmehr können wir bei Uexküll eine durch sozialwissenschaftliche Modelle beeinflußte naturwissenschaftliche Forschung der Ökologie beobachten, die er selbst nach einer Reihe von Experimenten und Untersuchungen im Bereich der Zoologie als erkenntnistheoretisches Prinzip wieder auf die Mensch-Umwelt-Beziehung zurückführt. Bei Uexküll sind die Übergänge zwischen seiner naturwissenschaftlichen Forschung in der Biologie und seiner (phänomenologisch sozialwissenschaftlichen) Betrachtung der Mensch-Umwelt-Beziehung im Rahmen der Ökologie fließend. So leitet er seine Theoreme für die Zoologie aus den Geistes- und Sozialwissenschaften (Philosophie: Kant; Soziologie: Sombart) ab. Seine Erkenntnisse aus den Untersuchungen in der Tierwelt wiederum benutzt er als Erklärung für allgemeine Prinzipien der Umweltlehre. Sie sind auch für menschliche Subjekte gültig.

Demnach ist die Mensch-Umwelt-Reziprozität gekennzeichnet durch die (begrenzten) Wahrnehmungsfähigkeiten des Subjekts Mensch, die seine Lernfähigkeit mitumfassen, und durch das dynamische Wechselspiel zwischen Merkwelt und Wirkwelt seiner Umwelt.

3. Lehren aus den Ökologie-Modellen 1 und 2

3.1 Schlußfolgerungen aus der Beziehungslehre

Zunächst können die Lehren, die aus dem Ökologie-Modell 1 zu gewinnen sind, wie folgt zusammengefaßt werden:

1. Die Ökologie ist die Lehre von den Beziehungen zwischen Organismen (Individuen) und ihrer Umwelt.
2. Sie ist gekennzeichnet durch eine ganzheitliche Betrachtungsweise, die Zusammenhänge und Kreisläufe zu erfassen versucht.
3. Die sehr komplizierten Prozesse innerhalb eines Systems stoßen auf erkenntnismäßige Schwierigkeiten, da Wechselwirkungen im vollen Umfang nicht überschaubar und vorhersehbar sind.

4. Das Arbeitsgebiet der Ökologie umfaßt in der Stufenfolge der Materie, die von Elementarteilchen zum Universum aufsteigt, den Abschnitt zwischen Organismus bis zur Biosphäre.
5. Methodisch wird das komplexe Gefüge eines Ökosystems vereinfacht durch die Analyse der Beziehung zwischen zwei Elementen A und B analysiert, da nicht alle Einflußfaktoren gleichzeitig beobachtet und untersucht werden können.
6. Kontroverse Standpunkte bestehen über eines der zentralen Themen der Ökologie: Entstehung und Entwicklung von Ökosystemen. Umstritten sind die Sukzessionstheorie und das Klimax-Konzept in der »idealisierten« Vorstellung eines finalen Zustands der Natur in Harmonie und Gleichgewicht (vgl. A I 5 Exkurs: Zum Klimax-Konzept der Ökologie).

Das Ökologie-Modell 1 bzw. die Haeckel'sche Umweltlehre folgt der Vorstellung einer »objektiven« Erkenntnismöglichkeit und dem geläufigen Bild der exakten (wertfreien) Wissenschaft, das den Naturwissenschaften zugesprochen wird. Dieser wissenschaftstheoretische Ansatz ist immer mehr zum Vorbild und Ziel wissenschaftlichen Arbeitens überhaupt geworden, und zwar nicht nur für die Natur-, sondern auch für die Sozialwissenschaften. Die Weltanschauung des 19. Jahrhunderts beschreibt Uexküll als mechanistische Welle, da sie dem Thema Maschine gewidmet ist.

Die Ökologie nach dem Haeckel'schen Modell 1 geht davon aus, daß es sich nicht nur um eine analytische Betrachtung und Zergliederung handelt, sondern um die Bestimmung von Zusammenhängen der Organismen zueinander und zu ihrer Umwelt. Doch die ganzheitliche Betrachtung soll nicht zum Holismus führen (vgl. Haber 1983: 4). Auch wird an der objektiven Erkenntnismöglichkeit der Beziehungen und Prozesse nicht gezweifelt, sondern daran festgehalten. Da das Forschungsgebiet der Ökologie als eine Stufenfolge des Aufbaus der Materie dargelegt wird, werden Beziehungszusammenhänge in ihrer materialisierten Form (Energiefluß, Artenbestand und Populationsentwicklung) zum Forschungsgegenstand erklärt.

Methodisch wird aus einem komplexen Beziehungsgefüge zunächst eine Zwei-Elemente-Konstellation herauskristallisiert und auf die Frage des Fortbestands (Existenz, Wachstum der Population) hin untersucht. In einem multivariablen System können aber binärlogische Verknüpfungen zu Fehlschlüssen führen und scheitern. Auch können Prozesse im Ökosystem nicht in Laboruntersuchungen simuliert werden. Der erkenntnismäßigen Erfassung von Prozessen im Ökosystem sind Grenzen gesetzt.

3.2 Schlußfolgerungen aus der Bedeutungslehre

Auch bei Uexküll geht es um das Erfassen von Merkmalsausprägungen (Eigenschaften) der Organismen in ihrer biologischen Ausstattung. Seine Untersuchungen über das Leben von Organismen, Tieren und Menschen sind zunächst auf einer objektiv erfaßbaren materiellen Ebene der Physiologie von Mensch und Tier angesiedelt. So geht Uexküll zum Beispiel von der Physiologie des menschlichen Auges aus, um auf der Grundlage der Sehelemente (Stäbchen und Zapfen) in der Netzhaut, deren Funktion für das Sehvermögen des Menschen bekannt sind, die Wahrnehmungs- bzw. Sehfähigkeit der Tiere zu bestimmen.

Von einer mechanistischen Betrachtung der Tiere genauso wie von einer Psychologisierung von Tierseelen jedoch distanziert sich Uexküll. Bei der Bestimmung der Eigenschaftsmerkmale der Tiere, die er erst sinnvoll im Zusammenhang mit der Umwelt und den Wechselwirkungen zu anderen Arten oder den Objekten zu spezifizieren für möglich hält, bedarf es daher immer auch der Berücksichtigung der Auswirkungen der Umwelt auf das Subjekt, um dessen Eigenschaftsbestimmungen es jeweils geht. Diese Reziprozität bildet dann auch die Grundlage seiner Funktionskreise. Das Schema des Funktionskreises von Uexküll enthält Elemente der Wirk- und Merkwelt, die ineinander übergreifen und gemeinsam das Objekt-Subjekt-Umwelt-Schema darstellen.

Einige Lehren aus dem Ökologie-Modell 1 sind auch im Ökologie-Modell 2 wiederzufinden, wie die Aussagen über:

1. Organismus-Individuum-Umwelt-Beziehung
2. ganzheitlicher Ansatz
3. Unvorhersehbarkeit der Entwicklung.

Gemeinsamkeiten der Ökologie-Modelle 1 und 2 liegen in der Betrachtung und Untersuchung der Organismus-(Individuum-)Umweltbeziehung. Sie werden aber aus einer völlig unterschiedlichen Perspektive betrachtet und untersucht. Diese Beziehung ist für Uexküll ein subjektgeleiteter aktiver Austausch autonomer Individuen, die nicht Objekt der Untersuchung, sondern Subjekt im Interaktionsprozeß sind. Seine Umweltlehre geht nicht von einer eindeutigen Eigenschaftsbestimmung der Objekte, d. h. objektiven Erkenntnis der Prozesse in Raum und Zeit aus, da Umweltbedingungen für ihn je nach Art und Individuum unterschiedlich und nur aus der Perspektive der Subjekte bestimmbar sind. Seine paradigmatische Abgrenzung liegt im Aufzeigen der unterschiedlichen subjektabhängigen Umwelten, die in der Reziprozität von Merk- und Wirkwelten aufzunehmen sind.

Abgrenzungen zwischen den Modellen sind insbesondere auf methodischer Ebene und in den Grundannahmen und Prämissen des Forschungsansatzes zu verzeichnen. Im Ökologie-Modell 1 geht es darum, Beziehungen von A und B im Ökosystem mit all ihren Differenzierungen in ein klares Schema einzuordnen, inwiefern sie

(a) fördernd, also positiv,
(b) hemmend, also negativ, oder
(c) neutral und damit nicht existent sind,

wie dies aus der Tabelle A 1 (S. 32) zu entnehmen ist.

Im zweiten Modell jedoch geht es darum, zunächst einmal klarzustellen, daß die Beziehungen und Eigenschaften der Umwelt nur in Abhängigkeit von den Subjekten auf der Grundlage ihrer Wahrnehmungskapazität Bedeutung erlangen und zu bestimmen sind. Merkmale der Objekte sind subjektabhängig und verändern sich, je nachdem, welches Subjekt handelt bzw. betroffen ist und aus welchem Blickwinkel eine Bewertung stattfindet. Diese Bewertung wiederum variiert je nach Eigenschaftsmerkmalen der Individuen (Merkwelt) und Eigenschaften der anderen Individuen oder Objekte und deren Signalen (Symbole) in Abhängigkeit von der Perzeption und Wahrnehmung der Subjekte. Dabei werden die Eigenschaftsbestimmungen, die sich insbesondere auf die Population und ihren Fortbestand richten, nicht vorweggenommen oder auf bestimmte Merkmalskategorien a, b, c wie im Modell 1 festgelegt. Die Beziehungsbestimmungen aus der Tabelle A 1 von Odum (1980) sind weiterhin gekennzeichnet durch die Fragestellung des Überlebens und Vermehrens im Sinne der biologischen Evolution (Darwin).

Diese Frage stellt sich so gar nicht im Modell 2. Merkmalskategorien werden in der Uexküll'schen Umweltlehre nicht festgelegt, sondern selbst zum Gegenstand der biologisch-ökologischen Untersuchung erklärt. Umwelteigenschaften werden erst in Abhängigkeit von den Eigenschaften der Subjekte relevant. So sind Geräusche, Klänge oder Eigenschaften wie hell und dunkel, aber auch die Farbwahrnehmung oder gar Düfte abhängig von der Wahrnehmungskapazität und damit der Merkwelt der Subjekte. Die Eigenschaftsmerkmale der Umwelt sind nicht vorab in ein klassifikatorisches Schema eingefaßt. Die Vielfältigkeit und Komplexität reduziert sich entsprechend der Selektion der Organismen. Wirkwelten und Merkwelten greifen in den Funktionskreisen ineinander über und bilden fast unbegrenzte Eigenschaftspaletten der Umweltbeziehungen. Diese werden als wichtige Komponenten zur Erfassung der Reziprozität zwischen Subjekt und Objekt/Subjekt und damit der Umwelt aufgegriffen und nicht auf die Frage, ob und wie sich eine Population im »Kampf ums Überleben« in einem Ökosystem bewährt und sich den anderen Populationen gegenüber existentiell verhält, reduziert und eingeschränkt.

Zum einen sind die Merkmalskategorien des Modells 2 weiter gefaßt und offener, zum anderen geht der Ansatz von wechselnden Perspektiven aus. Das Ökologie-Modell 1 hingegen unternimmt seine Betrachtung aus einer quasi außerplanetarischen Perspektive (vgl. Abbildung A 1) mit einem festen objektiven Standpunkt. Hingegen ist das Ökologie-Modell 2 mit der Frage befaßt, welche Eigenschaften einer Art oder eines Objekts für andere Subjekte bedeutungsvoll sind.

Beziehungen zwischen A und B, wie sie von Odum aufgenommen werden, können in ein Ökologie-Modell 2 miteinfließen. Das Uexküll'sche Umweltmodell verharrt nicht auf einem objektiven Standpunkt zur Festlegung der Umwelteigenschaften; hingegen ist dem Ökologie-Modell 1 der Anspruch objektiver Erkenntnis auf der Grundlage naturwissenschaftlicher Gesetze inhärent, auch wenn Unsicherheiten in der Bestimmung von Prozessen und Entwicklungen im Ökosystem zugegeben werden.

Damit ist das Modell 1 zunächst einmal darum bemüht, prinzipielle Aussagen über die Beziehung (Überleben) von zwei Populationen A und B zu formulieren. Im Ökologie-Modell 2 ist der Blick auf ein Objekt X (Blume) gerichtet, und die Frage lautet: Welche Bedeutung hat X für die Subjekte A, B, C und D? Dabei wird im Modell der Funktionskreise auch von einer Variabilität und Dynamik der Eigenschaftsbestimmungen und ihres Wandels in Zeit und Raum ausgegangen, wohingegen im Modell 1 die Beziehungen weitgehend konstant gehalten werden.

Es wird damit deutlich, daß den Ökologie-Modellen 1 und 2 verschiedene Paradigmen zugrunde liegen und daß das Forschungsgebiet der Ökologie aus unterschiedlichen Perspektiven angegangen wird. Durch ihre unterschiedlichen Zugänge können die Ökologie-Modelle auch in methodischer Hinsicht von Interesse sein. Gerade eine subjektbezogene Ökologie dürfte wichtig für sozialwissenschaftliche, insbesondere soziologische Recherchen werden (vgl. auch Teil B 3.2.2 und Teil D).

4. Beziehung der Ökologie zu den Geistes- und Sozialwissenschaften

Sowohl die Naturwissenschaften als auch die Sozialwissenschaften beanspruchen gewissermaßen Urheberrechte im Bereich der ökologischen Forschung. So verweist unter anderem Huber (1989) auf den eigentlich eher sozialwissenschaftlichen Ursprung der naturwissenschaftlichen Erkenntnis in der Biologie, insbesondere der Ökologie, die auch begrifflich in Anlehnung an die »Ökonomie der Natur« und quasi als »Biowirtschaft« konzipiert wurde.

> »Diese Definition der Ökologie als eine Art 'Naturhauswirtschaft' oder Lehre vom 'Angebots- und Nachfrage-Stoffwechsel der Natur' entspricht deutlich dem aufgeklärt-rationalen, aber auch mechanistischen Wissenschaftsdenken des 18. und 19. Jahrhunderts. Es bedeutet - scheinbar paradoxerweise - nichts anderes, als daß hier eine naturwissenschaftliche Disziplin nach dem Muster einer gesellschaftswissenschaftlichen Disziplin modelliert wird, die Ökologie nach dem Muster der Ökonomie, gleichsam als Biowirtschaft.« (Huber 1989: 57)

Ähnliches wird auch für die Darwin'sche Artenlehre von Eisermann konstatiert:

> »In der Auseinandersetzung mit dem Sozialdarwinismus hat man späterhin törichterweise zumeist einseitig das Gewicht auf den damit vollzogenen angeblichen 'Einbruch der Naturwissenschaften' in die Sozialwissenschaften gelegt und darüber übersehen, daß *Darwin* nach seinem eigenen, in seinem zum meistgelesenen wissenschaftlichen Buch des 19. Jahrhunderts gewordenen Hauptwerk 'On the Origin of Species by Means of Natural Selection' (1859) niedergelegten Eingeständnis, nur die Anwendung der Theorien des Soziologen, Ökonomen und Bevölkerungswissenschaftlers *Robert Malthus* (1766-1834) auf das Reich der Natur anstrebte: 'It is the doctrine of Malthus applied with manifold force to the whole animal and vegetable kingdom.'« (Eisermann 1962/1974: 353)

Dem Werk von Odum (1975) wie dem naturwissenschaftlich-technischen Ergebnis von heute, so Huber (1989), wird die nationalökonomische Herkunft von gestern nicht mehr angesehen.

Solche Tendenzen machen sich jedoch, wie bereits dargelegt, auch in der Sukzessionstheorie und im Klimax-Konzept der Ökologie bemerkbar. Theorien sind dann eher durch Idealvorstellungen geleitet als durch empirische Befunde generiert - eine Feststellung, die gerade auf diesem Gebiet nicht so leicht vermutet und von Naturwissenschaftlern weitgehend auch abgestritten wird. Denn hier sind durchaus philosophisch-kulturell geformte Gedankenmodelle im biologischen Gewand anzutreffen, und zwar in Teiltheorien genauso wie in allgemein formulierten Entwicklungslinien der Sukzession. Aus epistemologischer Sicht unterliegen Naturwissenschaften wie Sozialwissenschaften kulturell geprägten Weltanschauungen und Prämissen, die in den unterschiedlichen Disziplinen, also auch in der Ökologie, zu sehr verschiedenen Ansätzen - wie den Modellen 1 und 2 - führen können.

Ein die Beziehung der Biologie bzw. der Naturwissenschaften zu den Geistes- und Sozialwissenschaften reflektierender Ansatz ist in den Arbeiten Jakob von Uexkülls zu finden: gerade weil er eine Ökologie gegründet hat, die sich als Entgegnung zur »objektiven Naturwissenschaft« versteht. Uexküll wird in einigen ökologisch orientierten Arbeiten als Sonderfall erwähnt (Weizsäcker 1972, Knötig 1978, Meyer-Abich 1979b, Huber 1989), er hat jedoch eine Außenseiterposition, insbesondere auch in seiner eigenen Disziplin. Dieses frühe Werk zur Ökologie bietet in seiner Spezifizierung der Umwelt die Möglichkeit einer genaueren Betrachtung der Subjekt- und Objektbeziehungen, deren Tragweite, auch in methodischer Hinsicht, für human- und kulturökologische Ansätze noch nicht hinreichend erkannt ist.

Für die Umweltforschung bietet das Werk Jakob von Uexkülls ein Gegengewicht zum absoluten Anspruch der klassischen naturwissenschaftlichen Betrachtung der Umwelt. Hervorzuheben ist, daß sich diese Gegenposition nicht etwa in den Sozial- und Geisteswissenschaften, sondern in der biologischen Forschung selbst entfaltet. Die Beziehung der Uexküll' schen Arbeit zur Philosophie, insbesondere zu Kant, wurde bereits er wähnt. Mit der subjektbezogenen Betrachtung der Lebewesen und der Spezifizierung von Raum und Zeit wird ein Anschluß an die Philosophie

Kants gesucht (vgl. Uexküll/Kriszat 1933/1956: 30). In in einem gemeinsamen Aufsatz mit Woltereck heißt es:

> »Wenn man auch nicht sagen kann, daß die Biologie die direkte Fortsetzung der Lehren Kants darstellt - denn die Biologie ist eine Naturwissenschaft -, so bietet doch seine 'Kritik der reinen Vernunft' dem Biologen ein überreiches Arsenal an Kenntnissen, die er für seine Forschungen verwerten kann.« (Uexküll/Woltereck 1931/1980: 311 f.)

Das Besondere der Bedeutungslehre von Uexküll ist, daß jene Prozesse, die als geschichtlich in der kulturellen Ausstattung der Menschen im Unterschied zur Tierwelt von seiten der Geistes- und Sozialwissenschaften hervorgehoben werden und methodisch wie wissenschaftstheoretisch auf Abgrenzung zu den Naturwissenschaften formuliert wurden (wie sie nach Dilthey, insbesondere von Husserl in der Phänomenologie und Hermeneutik, und in der Wissenssoziologie von Mannheim bis Berger und Luckmann behandelt werden), auch im Ökologie-Modell 2 anzutreffen sind. Dies geschieht dadurch, daß Uexküll in seiner biologischen Forschung Tiere selbst als Subjekt behandelt. Damit wird der Unterschied zwischen Individuen, so auch zwischen Tier und Mensch, zumindest methodisch auf einer höheren Abstraktionsebene der Bestimmung von Verbindungen und Beziehungen zur Umwelt aufgehoben, da den Tieren auch Subjekteigenschaften zuerkannt und sie nicht nur als Objekt der Forschung, der Ausnutzung und Ausbeutung angesehen werden. Aus dieser Subjekteigenschaft des Tieres heraus entwickeln sich dann auch ganz neue Perspektiven der Betrachtung der Welt und der Umwelten, insbesondere aber auch der Bedeutung von Subjekt und Objekt für einander, da ihre Eigenschaften nur in Relation zueinander entfaltet und bestimmbar werden.

Das, was Uexküll über die Wahrnehmung der Umwelt, die Wirkwelt und die Merkwelt, zu differenzieren vermochte, dürfte auch für die aktuelle Umweltforschung als eine Bereicherung anzusehen sein. Sein Ansatz und seine Arbeiten wurden über lange Zeit kaum rezipiert und gewürdigt, sondern eher verdrängt.

> »Ein (weiterer ...) unheilvoller Effekt der nicht verarbeiteten Geistesgeschichte ist wohl die weitgehende Ausklammerung ökologischer, umweltbezogener Denkweisen in der Biologie bis in das vergangene Jahrzehnt hinein. Jakob von Uexküll (z. B. mit seinem 1909 erschienenen Buch 'Umwelt und Innenwelt der Tiere') blieb wissenschaftlich ziemlich isoliert und hatte wenig Wirkung.« (Weizsäcker 1972: 9)

Uexküll's Außenseiterposition kann auch damit zusammenhängen, daß seine Gedanken weder in die dominante Lehre der Naturwissenschaften noch in die der Sozialwissenschaften paßten. Seine direkten Angriffe sowohl auf den Positivismus als auch seine Kritik am Materialismus erschwerten die Rezeption seiner Werke für beide Lager.

Die folgenden Zitate sollen nur beispielhaft seine (zum Teil polemischen) Auseinandersetzungen mit seinen Kritikern veranschaulichen, denen er analog zur Farbblindheit »Bedeutungsblindheit« vorwirft, ohne an dieser Stelle auf die Kontroversen einzugehen, die das Thema einer gesonderten Betrachtung wären.

Eine Gegenposition zu den Materialisten formuliert Uexküll im Kapitel »Fortschritt« des Buches »Streifzüge durch die Umwelten von Tieren und Menschen«:

> »Nein! die Konstanz der Materie, auf die die Materialisten pochen, ist keine solide Basis für eine umfassende Weltanschauung.
>
> Viel besser begründet als die Konstanz der Objekte ist die Konstanz der Subjekte. Aber die Subjekte bestehen doch auch aus Materie, werden die Materialisten einwerfen. Das ist richtig - aber die Materie der Körper, die den Subjekten eignet, muß von Generation zu Generation neu aufgebaut werden...
>
> Jedes in Aktion gesetzte Reizkörperchen greift als differenzierter Impuls in das Protoplasma seiner Zelle strukturbildend ein.
>
> Die formbildenden Melodien, die auf diese Weise Struktur gewinnen, entnehmen ihre Motive den formbildenden Melodien anderer Subjekte, denen sie auf ihren Lebensbühnen begegnen werden.« (Uexküll/Kriszat 1933/1970: 166/167)

Damit wird bei Uexküll die Subjekt-Objekt-Beziehung auch explizit auf Subjekt-Subjekt-Beziehungen als Teil der Umwelt erweitert, nachdem er zunächst seine Erkenntnisse aus einem Modell der Tier-Umwelt-Beziehung gewonnen hat.

Zum Darwinismus nimmt Jakob von Uexküll eine kritische Haltung ein.

> »Nach Darwin war die Annahme von Handlungen der Natur überhaupt untersagt, es gab nur noch technische oder chemische Prozesse.« (Uexküll, zit. in Th. von Uexküll 1980: 61)

Gegen die Positivisten schreibt er:

> »Als nun gar die Naturwissenschaften die konventionelle Welt zum Rang der alleinigen Weltbühne erhoben hatten, verloren die Subjekte ihre persönlichen Umweltbühnen und verwandelten sich zu Objekten, die den sogenannten ewigen Naturgesetzen folgen mußten, die Chemie und Physik aufgestellt hatten.« (Uexküll 1936/1949: 173 f.)

Wir finden bei Uexküll eine Distanzierung vom Fortschrittsgedanken, die sich Anfang des Jahrhunderts in der Zivilisationskritik niederschlägt (vgl.

auch Park/Burgess 1921/1969, Teil A II und Spengler 1923/1979). Uexkülls Kritik richtet sich auf den Determinismus, der mit dem Anspruch objektiver Wissenschaft einhergeht. Seine diesbezüglichen Reflexionen rükken nah an wissenssoziologische Ansätze (Mannheim 1936, Berger/Luckmann 1980) sowie an den Relativismus in der Kulturanthropologie und in den Sozialwissenschaften, wie sie von Mannheim in »Ideologie und Utopie« besprochen werden. Auch Mannheim geht davon aus, daß es bei der Betrachtung und Berücksichtigung anderer Wahrnehmungsprozesse entsprechend der kulturellen Ausprägung nicht darum geht, den Relativismus, sondern den Relationismus als Beziehungszusammenhang zu verstehen (»relativism« und »relationism« = Beziehung; vgl. Mannheim 1936: 78).

Was Uexküll in seiner Umwelt- und Bedeutungslehre vermittelt, ist ein Prozeß immerwährender Wechselwirkung und Reziprozität. Der biologische Ansatz von Uexkülls zur Erfassung der Wirklichkeit, so ist festzustellen, hat von seinen erkenntnistheoretischen Prämissen her mit der Wissenssoziologie, wie sie beispielsweise von Berger/Luckmann (1980) in ihrer Arbeit »Die gesellschaftliche Konstruktion der Wirklichkeit« gezeigt wurde, eine größere Verwandtschaft und Affinität als mit dem Ökologie-Modell 1, wie es von Haber als Stufenfolge der Materie dargestellt wird. Sein aus der Philosophie und Soziologie inspirierter Ansatz rückt mehr in die Nähe der Phänomenologen und distanziert sich eher vom »typisch« naturwissenschaftlichen Vorgehen, an dem sich das Ökologie-Modell 1 anlehnt. Die starke Betonung der Reziprozität zwischen Subjekt-Objekt bzw. auch Subjekt-Subjekt läßt sich in der sozialwissenschaftlichen Forschung, insbesondere in neuerer Zeit unter Vertretern des symbolischen Interaktionismus und der Ethnomethodologie, wiedererkennen.

Für die empirische Sozialforschung und die Gegenüberstellung von quantitativen und qualitativen Methoden - dies sei an dieser Stelle vorweggenommen - lassen sich ähnliche Differenzierungen vornehmen. So kann das Ökologie-Modell 1 dem »normativen Paradigma« und das Ökologie-Modell 2 dem »interpretativen Paradigma« (Wilson 1978 und Teil B 3.2) zugeordnet werden. Kennzeichnend für das normative Paradigma ist das Bemühen, Gesetze der Gesellschaft analog zu den Naturwissenschaften - im vorliegenden Fall dem Ökologie-Modell 1 entsprechend - zu erforschen. Demnach erfolgt die Annäherung an die soziale Wirklichkeit im Idealfall durch einen »neutralen Beobachter« mit der grundlegenden

Annahme objektiver Erkenntnismöglichkeit. So wurde auch in den Sozialwissenschaften eine Annäherung an Ansätze und Arbeitsmethoden der Naturwissenschaften vorgenommen. Im Sinne dieser Forschungstradition wurden mit Hilfe analytischer Verfahren und mit quantitativen Methoden und Statistiken die Erfassung sozialer Prozesse und die Formulierung von Gesetzmäßigkeiten analog zu den Naturwissenschaften angestrebt. Diese Vorgehensweise hat nach dem Zweiten Weltkrieg ein besonderes Gewicht in der empirischen Sozialforschung erlangt.

Vorbild für quantitative Methoden sind Modelle, die sich in Anlehnung an eine »objektive« Umweltforschung entwickelt haben. Das interpretative Paradigma und qualitative Methoden der Sozialforschung können in der »subjektbezogenen Umweltlehre« (Modell 2) neue Impulse bekommen (vgl. Teil B 3.2.2 und Teil D). Diese Parallelität zwischen den Ökologie-Modellen und den methodischen Ansätzen naturwissenschaftlicher und sozialwissenschaftlicher Forschung bietet der Soziologie einen kaum erprobten Zugang zur Ökologie und zu den Naturwissenschaften.

Dabei liegt für eine Umweltsoziologie, die ökologische Probleme aufzunehmen beabsichtigt, ein Vorteil der Uexküll'schen Umweltlehre gegenüber den unter dem interpretativen Paradigma (Wilson) einzugruppierenden Ansätzen darin, daß Beziehungen nicht nur auf Kommunikation und Interaktion (unter den Menschen), also zwischen Individuen und der sozialen Umwelt und damit der Gesellschaft, thematisiert werden, sondern die Reziprozität zur Naturumwelt einbezogen werden kann. Die Bezugsgröße ist die subjektgeleitete selektive Wahrnehmung und Bedeutung der Umwelt(en), die ihre Eigenschaften in ihrer subjektgeleiteten Symbolik entfalten. Diese Reflexivität und Relationalität nimmt Uexküll (als individuelle Bühne) in ein sehr breites Umweltkonzept auf. Die Umwelt ist für Uexküll unter Berücksichtigung der zeitlichen Dimension sowohl eine soziale als auch eine alle Elemente des Raums umfassende Welt, die der Mensch durch seine Wirkwelten und (spezifischen) Merkwelten aufzunehmen vermag. Es sind Ausstrahlungen der sozialen und natürlichen Umwelt, die aufgrund der Eigenschaften des Menschen Bedeutung erlangen und ihn zu prägen vermögen. Im Funktionskreis wirken die jeweiligen Impulse umweltkonstituierend. In der Bedeutungslehre von Uexküll geht es in der Mensch-Umwelt-Beziehung darum, das Handeln der Menschen im Austausch zu anderen Subjekten und Objekten der Umwelt im Kontext von Raum und Zeit aus dem Blickfeld der jeweiligen Bühnen, auf denen sie agieren, zu verstehen. Eine auf Uexkülls Prinzipien der Wahrnehmung (der physikalischen und physiologischen Grundlagen) aufbauende Umweltsoziologie wäre eine in die Naturumwelt eingebettete, verstehende Soziologie (vgl. Teil B 2.2).

Dort, wo im Konzept des Ökologie-Modells 1 die philosophischen oder gar metaphysischen Fragestellungen gescheut werden (vgl. Haber zum Holismus), unterbricht Uexküll den Gedankengang zur Ontologie und Transzendenz nicht. Für ihn ist in letzter Konsequenz die Natur selbst Subjekt.[5] Damit rückt Uexküll in die Tradition der Naturphilosophie (vgl. Böhme 1981 und Meyer-Abich 1979a und b, Altner 1979), deren infinite Fragestellungen nicht im Zuge verifizierbarer empirischer Forschung und Erkenntnis zu beantworten sind und in den Bereich der Philosophie und Ethik gelangen. Uexkülls Umweltlehre, insbesondere seine Reflexionen über Zeit und Raum als philosophische Kategorien (die er selbst in den Bereich der Metaphysik transzendiert), mögen ein Grund mehr dafür sein, warum seine Lehre im Rahmen der »naturwissenschaftlichen Forschung« und über weite Strecken auch in den Sozialwissenschaften wenig Beachtung gefunden hat.

> »Es gibt nicht nur die Mannigfaltigkeiten von Raum und Zeit, in denen sich die Dinge ausbreiten können. Es gibt noch die Mannigfaltigkeit der Umwelten, in der sich die Dinge in immer neuen Formen wiederholen ...« (Uexküll/Kriszat 1933/1956: 158)

Auch wenn diese Überlegungen von Uexküll als nicht verifizierbar von der wissenschaftlichen Forschung abgelehnt werden, können dennoch seine an konkreten empirischen Untersuchungen in der Biologie entwickelten Erkenntnisse für die Umweltforschung Bestand haben. Sein differenzierter Ansatz ist methodologisch wie wissenschaftstheoretisch beachtenswert. Das Ökologie-Modell 2 bietet neue Perspektiven der Umweltforschung, da nicht nur von »einer objektiven« Umwelt ausgegangen wird, die den Untersuchungsrahmen (die Welt) determiniert. Damit können Menschen mit ihrer kulturellen Ausstattung und Geschichte, die ihre Merkwelten und Funktionskreise mitprägen, im Rahmen der Bedeutungslehre Problemperzeption, Problemdefinition und Lösungsmöglichkeiten diskursiv angehen. Veränderungen im Umweltbereich sind dann Bestandteil der Reflexivität von Subjekt und Objekt bzw. Gegenstand ökologischer Untersuchungen.

---

5 Zur Diskussion von »Natursubjekt« seit Schelling vgl. Böhme 1981.

Zwar beinhaltet das Ökologie-Modell 1 auch anthropogene Einflüsse (Faktoren), ohne jedoch auf Veränderungen der Subjekte in ihrer Wahrnehmungs- und Merkwelt eingehen zu können, die statisch und konstant gedacht werden. Subjekte werden in der Uexküll'schen Umwelt als aktiv und modifizierende autonome Einheiten gesehen, die nicht nur reagieren, sondern durch Eigenaktivität selektiv wahrnehmen. Schließlich ist das Ökologie-Modell 2 auch als Ergänzung zum Modell 1 der Ökologie denkbar und kann somit Aufnahme in die Umweltforschung finden. Die Tragweite und Erklärungskraft dieser unterschiedlichen Ansätze der Umweltforschung können erst am empirischen Beispiel überprüft werden. Eventuell lassen sich einige Sachverhalte und Aspekte besser durch das Ökologie-Modell 1 analysieren, andere durch das zweite Modell erfassen und zugänglich machen (vgl. Teil D).

5. Exkurs: Zum Klimax-Konzept der Ökologie

5.1 Entstehung von Ökosystemen

Zur Entstehung von Ökosystemen wird zwischen der Besiedelung eines bisher unbelebten Ortes der Erde (primäre Sukzession) und der Umwandlung eines bestehenden Ökosystems, dessen Stabilität durch äußere Einwirkungen aufgehoben wurde (sekundäre Sukzession), unterschieden. Beide Prozesse, die in der Vegetationskunde beobachtet und als Sukzession bezeichnet wurden, entstanden um die Jahrhundertwende. Sie sind später zu einer umfassenden Sukzessionstheorie erweitert worden.

Danach ist Sukzession eine gerichtete, d. h. voraussagbare Änderung im Artenbestand und in der Struktur der Vegetation, die einen bestimmten Standort besiedelt. Den raschwüchsigen »Pionierarten« der ersten Besiedlungsphase folgen artenreiche Stadien mit großer Vielfalt, die als Zwischenstufen aufgefaßt zu einem Endstadium überleiten. Das Endstadium wird mit den Standortbedingungen im Einklang stehend angesehen und als Klimax bezeichnet. In diesem Abschlußstadium wird von höchstmöglicher Ordnung und Stabilität gesprochen, die erhalten bleibt, solange die äußeren Bedingungen sich nicht ändern (Haber 1983: 66).

Demnach befassen sich Sukzessionstheorien, die in der Klimax ein ausgereiftes Endstadium sehen, mit der Entstehung von Ökosystemen.

Die zunächst in der ökologischen Forschung entwickelten Modelle von Pflanzengemeinschaften wurden auf das gesamte Ökosystem, also auch auf die Biozönose, übertragen und mit weiteren Beobachtungen und Analogieschlüssen angereichert (Odum, nach Haber 1983). Obgleich bei der Stufenfolge der Organisationsebenen der Materie (vgl. Abbildung A 1, Haber 1983: 2 ff.) dargelegt wurde, daß es nicht möglich sei, von Subsystemeigenschaften auf Systemeigenschaften bzw. Ganzheiten zu schließen, weil emergente Eigenschaften jeder Stufe einer gesonderten Betrachtung bedürfen, erfolgen Analogieschlüsse, die nach den vorangegangenen aufgestellten Regeln eigentlich nicht gültig wären oder sein dürften.

5.2 Probleme der Agrar-Ökosysteme

Wichtig sind Beobachtungen der Sukzession im Hinblick auf die agrarische Produktion und Ernährungssituation von Menschen. Klimax-Ökosysteme - worunter insbesondere Wälder mit den entsprechenden Biozönosen eingruppiert werden (Wald-Klimax) - sind aufgrund ihrer langsameren Wachstumsperiode und Stabilität für eine ständige ertragreiche Nutzung als Lieferant von Nahrungsmitteln nicht geeignet. Zur Ernährung der Menschen werden vorwiegend Arten aus den frühen, raschwachsenden Sukzessionsstadien gewonnen. Die meisten Nutzpflanzen und -tiere sind aus den sogenannten Zwischenstufen der Sukzession hervorgegangen und gezüchtet worden. Sie entstammen nicht den Klimax-Phasen, was sich auf die Stabilität von Agrar-Ökosystemen auswirkt.

> »It is rather amazing that, in great many instances, organisms which man most desires to perpetuate are members of early seral rather than of late seral or climax stages. Thus, most game birds, many fresh-water game fish, and many of the most valuable timber trees thrive best in what are, actually, temporary communities.« (Odum 1959, zit. in Drouin 1989: 22, Fußnote 36)

Agrar-Ökosysteme sind demnach in sich nicht stabil, da sie zum einen frühen oder mittleren Sukuzessionsstadien entsprechen oder entstammen, zum anderen weil Reinbestände (Monokulturen) stets durch Konkurrenten, Prädatoren, Parasiten und damit durch Invasion anderer Arten gefährdet sind.

> »Agrar-Ökosysteme stabil zu erhalten, bedeutet also ständiges Verhindern der Sukzession und damit ständige Abwehr der natürlichen Gegenspieler. Das bedarf ständiger Eingriffe von außen, die aber definitionsgemäß gerade immer wieder neue Sukzessionsstöße geben müssen.« (Haber 1983: 72)

Daher sind Monokulturen, wie sie in der industriellen Agrarproduktion weltweit als »grüne Revolution« propagiert und durchgesetzt wurden, besonders labile, anfällige, immer wieder zur Abwehr gegen andere Arten bestimmte Ökosysteme, die ständig Invasionen und Sukzessionen vermeiden und Artenvielfalt abblocken müssen, um einen »natürlichen Verlauf« zum Klimax-Stadium zu verhindern.

Nach Haber erkannten Landwirte als Erschaffer und Pfleger der Agrar-Ökosysteme schon frühzeitig, daß durch jährliche Entnahme von Stoffen die Produktivität herabgesetzt wird und durch Stoffzufuhr von außen ausgeglichen werden muß.

> »Die Pflege der Nutzpflanzen von der Bodenbearbeitung über die Ansaat bis zur Bekämpfung von Wildkräutern und Schädlingen bedeutet Einbringung weiterer Energie- und Stoffmengen in das Agrar-Ökosystem von außen, d. h. *zusätzlich* zu den hier verfügbaren Faktoren wie Sonnenstrahlung, Niederschläge oder durch Destruenten freigesetzte Substanzen. Nur diese zusätzliche Zufuhr erhält Existenz und Produktivität des Agrar-Ökosystems aufrecht ...« (Haber 1983: 75)

Dabei bleiben Auswirkungen solch massiver Eingriffe sowohl auf das Agrar-Ökosystem als auch auf das gesamte Ökosystem bis zur Biosphäre nicht aus.

> »Da ... mit allen diesen Eingriffen Neben- und Nachwirkungen verbunden sind, die meist proportional mit der Stärke der Eingriffe zunehmen, ist die mit hohem Aufwand angestrebte Stabilität der Agrar-Ökosysteme ständig z. B. durch Bodenerosion oder -verdichtung, Düngerauswaschung, unerwünschte Stoffrückstände gefährdet, zumal sie oft auch von den Belastungen betroffen sind, die von Techno-Ökosystemen ausgehen.« (Haber 1983: 78)

Das besagt jedoch nicht, daß ohne diese menschlichen Eingriffe das Stadium der Klimax überall erreichbar sei und dabei einen gleichförmigen, voraussehbaren Verlauf nimmt.

5.3 Klimax: Ein umstrittenes Konzept

Das Klimax-Konzept wird, Haber zufolge, nur für die sogenannten gemäßigten Zonen als gültige Regel bestätigt. Doch auch hierzu gibt es unterschiedliche Einschätzungen unter den Ökologen. Das hängt damit zusammen, daß auf der einen Seite die ökologische Forschung sich dazu bekennt, daß der Formulierung von vorhersehbaren Entwicklungen und dem Aufzeigen von Gesetzmäßigkeiten des Ökosystems Grenzen gesetzt sind.

Auf der anderen Seite aber ist das Bemühen erkennbar, gerade solche Gesetzmäßigkeiten aufzudecken, zu formulieren und theoretisch zu verankern.

Zwar lassen sich gewisse Rhythmen zum Beispiel in der Sukzession, der Neubesiedlung und Gründung eines Ökosystems bis zur Klimax, dem Zustand relativer Stabilität im Bestand des Systems, aufzeigen, wie dies von einigen Ökologen beschrieben wird. Margalef (1968, nach Haber 1983) spricht von einem Prozeß der »Reifung« im Ökosystem, Odum (1969) verwendet sogar für die Erreichung der Klimax einen Ausdruck wie »Strategien«, was im Sinne eines bewußten, zielgerichteten Ablaufs verstanden werden könnte; jedoch sind für Prozesse in der Entwicklung von Ökosystemen gesetzmäßige Verläufe nicht unumstritten. Die Klimax-Lehre wird dann auch von Drury und Nisbet oder Colinvaux kritisiert und der unterstellte planmäßige Ablauf im Ökosystem mit eher zufälligen individuellen Reaktionen der beteiligten Organismen erklärt (vgl. Haber 1983: 66 ff. und Trepl 1987: 145 ff.). Dies entspricht auch der Aussage, daß die biologische Evolution nicht nach Zielen strebt (Dünckmann u. a. 1983: 65). Demnach dürfte es nicht möglich sein, zukünftige Entwicklungen, zum Beispiel klimatische Veränderungen, in ihrer Dynamik im Ökosystem genau zu bestimmen oder vorauszusagen.

Dennoch bleiben nach Haber Entstehung und Veränderung von Ökosystemen eine Erfahrungstatsache. Strittig hingegen sind der Verlauf und das zur Gesetzmäßigkeit erhobene Stadienschema mit der Fixierung auf einen Endzustand, wobei die Richtung der Veränderung in den Sukzessionstheorien und dem Klimax-Konzept quasi vorgegeben ist. Trotz einiger Einschränkungen bezüglich der diesen Theorien inhärenten Aussagen, zum Beispiel über hohe Vielfalt in den Zwischenstadien der Sukzession, wird das Stadium der Klimax als erreicht betrachtet, wenn sich keine neuen Arten mehr ansiedeln und eine Konsolidierung wie in der Wald-Klimax stattfindet.

Die Kritik richtet sich auf die Vorstellung von Klimax als »finale Gruppierung« im Evolutionsprozeß. Dabei werden folgende Einwände geltend gemacht:

1. Die Beständigkeit ist eine Frage der zeitlichen Perspektive des Menschen, auch die sogenannten stabilen Ökosysteme sind einem ständi-

gen Wandel unterworfen (Drouin 1989: 17). Im Klimax-Konzept wird eine Vision von Stabilität geschaffen (vgl. ebenda: 8).

2. Wälder, die das Klimax-Stadium erreichen, können nicht als ewig gedacht werden. Das würde bedeuten, das Klimax-Stadium als materielle Entität und nicht als Konzept zu behandeln, das Modell mit der Realität zu verwechseln (Drouin 1989: 17).

3. Nach Gleason sind Migration und Selektion durch das Milieu die ausschlaggebenden Komponenten für die Aufrechterhaltung eines gewissen Zustands der Stabilität. Solange diese beiden Faktoren beständig bleiben, ist die Pflanzengemeinschaft stabil, bis eine Veränderung eintritt: entweder die Migration einer neuen Art oder Spezies oder durch Selektionsmechanismen im Ökosystem.

   »Climax vegetation represents a stage at which effective change have ceased, although their resumption at any future time may again initiate a new series of successions.« (Gleason 1926, zit. in Drouin 1989: 21, Fußnote 22)

4. Es stellt sich die Frage, wie sich die Sukzession mit einer Vorstellung von Klimax (Stillstand) verträgt. Drouin verweist darauf, daß das Klimax-Konzept so etwas wie die Vorstellung eines heranwachsenden Organismus vermittelt, vergleichbar der Adoleszenz des Menschen (vgl. auch Trepl 1987: 146). Nur enden die meisten Konzepte dann auf diesem »höchsten« Reifungsgrad und beschreiben das Erwachsenenstadium als stabile und beständige Endstufe.

Ein Ergebnis der Untersuchungen der Biologen Hutchinson und Wollack »Studies on Connecticut Lake Sediments . . .« (1940), die später von Lindemann (1940) aufgegriffen wurde, lautet: «. . . the lake, through the internal activity of its biocenosis, is continually approaching a condition when it ceases to be a lake«.[6]

Den Untersuchungen von Hutchinson und Wollack über »Conntecticut Lake« zufolge sind es endogene Prozesse in der Biozönose, die zum »Tod des Sees« führen. Prozesse im Sediment des Sees erweisen sich als Wegbereiter und Grundlage für die Entstehung des Waldes. Hierin findet die Klimax-Theorie, nach Drouin, ihren konsequentesten, aber auch höchst paradoxen Ausdruck:

6 Hutchinson/Wollack, Am. Jour. Sc. n. 238, 1940, S. 493-517, in: Lindemann 1942: 412, zit. in Drouin 1989: 12, Fußnote 34.

Die Finalität ist demnach nicht ein Zustand höchster Stabilität und Reife, sondern das Ende des Ökosystems selbst. Das Endstadium (Klimax) liegt nicht in einer beständigen Stabilität, sondern, wie aus der Beschreibung zu schlußfolgern wäre, in der Selbstauflösung.

Übertragen auf den Wald würde das bedeuten, daß auch er nach der Erreichung eines gewissen Stadiums der Entwicklung relativer Stabilität wiederum untergehen kann - es sei denn, aquatische Ökosysteme und terrestrische Ökosysteme verliefen nach grundsätzlich anderen Mustern und Regeln. Ökosystementwicklungen könnten dann nicht verallgemeinerbar sein. Wenn aber vom Verlauf aquatischer Ökosysteme auf Entwicklungen in terrestrischen Ökosystemen geschlossen werden kann, dann endet die Stufenfolge der Sukzession nicht auf irgendeinem Höchststand an Stabilität in der Natur, sondern entwickelt sich - wenn auch in relativ großen Zeiträumen - weiter, und der Eigendynamik der Biozönose und des Ökosystems folgend, führen diese Prozesse zur Selbstauflösung bzw. münden in neue Ökosysteme.

5. Nach Trepl bieten Annahmen und Aussagen zur Klimax keinen konsistenten Ansatz. Whittaker verweist auf die Inkonsistenz der Theoriebildung zur Sukzession und den mehr als 30 verschiedenen Klimax-Begriffen. Hierzu schreibt Trepl:

   »Diese Unzulänglichkeiten lägen in einer Vorstellung von der Klimaxgesellschaft als fixer Einheit, und es sei relativ gleichgültig, ob man *eine* Gesellschaft (Monoklimax) oder *mehrere diskrete* Gesellschaften (Polyklimax) als Endglied der Sukzession annimmt.« (Trepl 1987: 174)

   Als Gegenströmung zu Klimax-Theorien, die mehr oder weniger deutlich in »organismische« Vorstellungen oder nach Clements in die Idee eines »Superorganismus« münden, hat sich das »individualistische« Konzept herausgebildet.

   »Die vermeintlich natürlichen Einheiten erweisen sich als ungreifbar, als etwas, dessen Zusammensetzung sich fortwährend ändert: ein Konglomerat von Einzelteilen. Es kann nicht sein, daß die Gesellschaft eine 'Ganzheit' ist, deren Teile wie Organe für das Ganze funktionieren und auf dasselbe angewiesen sind. Sie sind vielmehr in der Lage - das zeigt die großräumige Betrachtung -, sich nicht nur mit dem zu vereinigen, was auf kleinem Raum immer oder doch mit einiger Regelmäßigkeit mit ihnen zusammen vorkommt. Die Teile sind unabhängig voneinander im Raum verteilt, sie können auch für sich existieren und relativ frei Kombinationen eingehen.« (Trepl 1987: 155 f.)

6. In verschiedenen Kritiken der Klimax-Konzepte werden deren idealistische Annahmen (vgl. Drouin 1989) und ideologische Gehalte (vgl.

Trepl 1987) angesprochen. Zum einen haben Beschreibungen von stabilen Ökosystemen einen »idealistischen » Zug, zum anderen ist zu berücksichtigen, daß jene in die Nahrungskette des Menschen einbezogene Tier- und Pflanzenarten den Zwischenstadien der Sukzession entnommen sind. Damit stellen sich alle Aktivitäten zur Ernährung und Versorgung der Menschen quasi als ein Aufhalten des vermeintlichen Fortgangs der Natur »wider die Natur« dar. In einem solchen Modell ist der Mensch Störfaktor. Das Klimax-Konzept wird dann auch von Drouin als Nostalgie der von Menschen unberührten Natur entziffert (Drouin 1989: 18). Doch der Mensch ist selbst Teil der Natur und nicht zuletzt Schöpfer von Modellvorstellungen und Theorien über die Natur und das Ökosystem:

> »Regarded as an exceptionally powerful biotic factor which increasingly upsets the equilibrium of preexisting ecosystems and eventually destroy them, at the same time forming new ones of very different nature, human activity finds its proper place in ecology.« (Transley 1935, zit. in Drouin 1989: 21, Fußnote 31)
>
> »Compris comme une abstraction nécessaire, le climax prend place parmi d'autre fictions théoriques analogues.« (Drouin 1989: 18)

Mit dem Klimax-Konzept läßt sich innerhalb der Biologie bzw. der Ökologie eine Parallelität zu chiliastischen Vorstellungen in den sozial- und geisteswissenschaftlichen Disziplinen darstellen, die im Zuge der Aufklärung entstanden sind und das abendländische Weltbild bestimmt haben. Der Glaube an die Zukunft, Hoffnungen in den grenzenlosen Fortschritt und in die Herrschaft des Menschen über die Natur, gepaart mit optimistischen Visionen über das Reich der Freiheit haben sozialwissenschaftliche Theorien des 18. und 19. Jahrhunderts bis in die Gegenwart geprägt (vgl. Blochs »Prinzip Hoffnung«). Eine Vorstellung von Natur im Gleichgewicht und Stadien höchster Ordnung ist aufgrund einer Reihe von Untersuchungen als transitorische Phasen eines umfassenderen Prozesses anzusehen, dessen Reichweite die Phantasie nicht nur des Homo oeconomicus, sondern auch jene des Homo ecologicus (Immler 1989, Hickel 1989) nicht zu erfassen vermag. Die dargelegten Forschungsergebnisse mögen aufgrund ihrer desillusionierenden Inhalte immer wieder verdrängt worden sein, sie stellen jedenfalls Gegenpositionen zu Fortschrittsideologien dar und brechen mit der Illusion einer in Harmonie befindlichen Natur.

II. Rückblick auf die Humanökologie

1. Zur Entstehungsgeschichte der Humanökologie

Gleich der Ökologie, die schon im 19. Jahrhundert durch Haeckel (1866) ihre Begriffsbildung erfahren hat, kann auch die Humanökologie, die im Zuge der neuen Umweltdiskussion an Bedeutung gewinnt, auf ältere Begriffsbestimmungen zurückblicken. So wurde bereits zu Anfang des 20. Jahrhunderts der Begriff »human ecology« - Humanökologie - im Bereich (der Sozialwissenschaften, insbesondere) der Soziologie geprägt. Dabei geht es darum, Möglichkeiten und Grenzen der Humanökologie in ihren theoretischen und methodischen Ansätzen für empirische Untersuchungen der Mensch-Umwelt-Beziehungen und der Durchführung von Fallstudien bei Vorliegen von konkreten Umweltbelastungen, zum Beispiel in einer Region, kennenzulernen. Ich unterteile die Humanökologie in zwei zeitliche Perioden:

1. *Humanökologie 1*

Sie entstand in der ersten Hälfte dieses Jahrhunderts (1914 - 1940) in den USA und führte zu einer eigenständigen soziologischen Forschungsrichtung »human ecology«, die jener Tradition zuzurechnen ist, die unter dem Namen ihrer Gründungsstätte als »Chicagoer Schule« bekannt wurde. Das konkrete Forschungsfeld konzentrierte sich auf Entwicklungsprozesse in räumlich abgrenzbaren städtischen Gebieten.

2. *Humanökologie 2*

Sie ist zeitlich eher in die zweite Hälfte dieses Jahrhunderts einzuordnen und eine erst in Ansätzen vorhandene, weitgehend (noch) nicht etablierte Forschung. Sie knüpft an die Ökologiediskussion an, die seit Ende der sechziger, Anfang der siebziger Jahre durch das Bekanntwerden von Belastungen der Natur (Carson 1962/1987, Meadows u. a. 1972) immer wieder für neue Schlagzeilen sorgt, bereits zu sozialen Bewegungen und politischen Aktionen geführt und institutionalisierte Formen im Bereich des Umweltschutzes angenommen hat.[1] Die Humanökologie 2 zeichnet sich

1 Zur Diskussion einer »new human ecology« vgl. Teil A III und Buttel 1987.

dadurch aus, daß sie sich weder räumlich, zum Beispiel Stadt, Land oder Staaten, noch thematisch auf bestimmte Grenzen oder Fachdisziplinen festlegen läßt, sondern die Vernetzung globaler, fachübergreifender Probleme formuliert (vgl. Knötig 1976).

Die Humanökologie der Chicagoer Schule hingegen war auf die Untersuchung des städtischen Lebens in den USA konzentriert. Es waren zunächst Reporter und Journalisten, die über turbulente und dramatische Szenen des Großstadtlebens im Amerika der Jahrhundertwende berichteten: Armut und Kriminalität, Minoritäten, Marginalisierung und Gettobildung, unterschiedliche Ethnien und religiöse Gruppen waren Begleiterscheinungen des zunächst sich als Chaos darbietenden Lebens wachsender Großstädte in den USA. Chicago gehörte mit zu den Zentren, die eine Vielzahl von Menschen, zum Beispiel Schwarze aus den Südstaaten und anderen Teilen des Landes wie auch Emigranten, bereits im 19. Jahrhundert angezogen hatten. René König berichtet nach einem Dokument des Jahres 1830, daß Chicago zunächst als Hort der Ganoven, der Gangster, der Mafia und Halunken verschrien war, bevor es sich als Hochburg sozialwissenschaftlicher (soziologischer) Forschung einen Namen machte (König 1978: 56 f.).

Es dürfte nicht unwichtig sein, daß Robert Ezra Park, der als Gründer der »human ecology« betrachtet wird, jahrelang als Journalist tätig war, bevor er 1914 einen Ruf als Professor für Soziologie an der Universität von Chicago erhielt. Park hatte zunächst Philosophie und Psychologie studiert, bevor er von Simmel in Berlin in die Soziologie und von Knapp in Straßburg in Wirtschaftsgeschichte eingeführt wurde. 1904 promovierte er in Heidelberg mit einer Arbeit über »Masse und Publikum« (vgl. Bernsdorf 1969/1980, Band 1). Vor und nach seinem Aufenthalt in Europa hatte er bereits viele Artikel über das städtische Leben in den Wochenendausgaben von Zeitungen veröffentlicht. In der Einleitung zu seinem Buch »Human Community« heißt es:

> »I found that the Sunday Paper was willing to publish anything so long as it concerned the local community and was interesting. I wrote about all sorts of things and became in this way intimately aquainted with many different aspects of city life. I expect that I have actually covered more ground, tramping about in cities in different parts of the world, than any other living man. Out of all this I gained, among other things, a conception of the city, the community, and the region, not as geographical phenomenon merely, but as a kind of social organism.« (Park, zit. in Hughes 1952: 5)

Das rapide Bevölkerungswachstum in den Metropolen brachte bis dahin unbekannte soziale Probleme mit sich, denen die administrative Verwaltung und Politik kaum gewachsen waren. Soziale Konflikte und Phänomene des Großstadtlebens wurden zu einer Herausforderung für die Sozialwissenschaften bzw. die Soziologie. Das Besondere an den Anfängen der »human ecology« in den zwanziger Jahren war das Bemühen, in den Wirren der städtischen Agglomeration Regelmäßigkeiten aufzuzeigen und diese im Zusammenhang mit Raum und Zeit zu konkretisieren (vgl. König 1978: 56 ff.).

Burgess erkannte aufgrund seiner Untersuchungen der Stadt Chicago, daß sich das städtische Leben vom Kern aus in konzentrischen Kreisen mit jeweils spezifischen Funktionen ausbreitet. Der Kampf um die wirtschaftlichen Zentren mit steigenden Bodenpreisen und die Besetzung der Stadtteile durch Gruppen mit besonderen Merkmalen ließen eine Reihe von Regelmäßigkeiten entdecken. Bezogen auf Chicago schreibt Louis Wirth in seiner Dissertation zum Thema Getto:

> »Each racial and cultural group tends to settle in the part of the city which, from the point of view of rents, standards of living, accessibility, and tolerance, makes the reproduction of the Old World life easiest. In the course of the invasion of these tides of immigrants the Ghetto has become converted from the outskirts of an overgrown village to the slum of a great city in little more than one generation. The Jews have successively displaced the Germans, the Irish, and the Bohemians, and have themselves been displaced by the Poles and the Lithuanians, the Italians, the Greeks, the Turks, and finally the Negro.« (Wirth 1927, zit. in König 1978: 62)

Doch auch in anderen Großstädten Nordamerikas konnten ähnliche Prozesse beobachtet werden.

> »In the history of New York the significance of the name Harlem has changed from Dutch to Irish to Jewish to Negros.« (J. W. Johnson, zit. in Park 1925/1952: 19)

Die zeitweilige Homogenität der Bewohner in einigen Stadtteilen, die dem einzelnen Areal ein besonderes Gesicht verlieh, verlief unabhängig von administrativen Bezirksgrenzen - obwohl nicht geplant und dirigiert -, dennoch nach einem bestimmten Muster. Die zum Teil heftigen Auseinandersetzungen, die sich im Zuge dieser Umwälzungen ergaben, wurden als Kampf um territoriale Ansprüche auch in Analogie zu Prozessen in der Biologie - Invasion, Sukzession und Klimax - beschrieben und die sich so herausgebildeten Stadtteile als »natural areas« bezeichnet.

Zu beachten ist, daß »natural« im Angelsächsischen, insbesondere aber in den USA, zum Teil mit anderen Konnotationen verbunden ist, als es das deutsche Wort »natürlich« vermuten läßt. So bedeutet zum Beispiel »naturalize« (einbürgern) das Heimischwerden, das historisch für die Vereinigten Staaten eine wichtige Rolle beim Aufbau des Staatswesens gespielt hat und für das Zusammenbringen der verschiedenen Ethnien und nationalen Gruppen bedeutend wurde. Hierzu gibt es direkte Erläuterungen von Park und Burgess, die allerdings in der Rezeption dieser Arbeiten nicht erwähnt werden.

> »Naturalization, which in its original sense means the process by which a person is made 'natural', that is, familiar and at home in a strange social milieu, is a term used in America to describe the legal process by which foreigner acquires the rights of citizenship. Naturalization, as a social process, is naturally something more fundamental than the legal ceremony of naturalization. It includes accommodation to the folkways, the mores, the conventions, and the social ritual (*Sittlichkeit*).« (Park/Burgess 1921/1969: 666)

Park, seine Schüler und Anhänger bzw. Mitarbeiter, wie Burgess, McKenzie, Wirth und andere, die eine Vielzahl von Beobachtungen wie Konkurrenzkampf, aber auch Nachbarschaftsbeziehungen, Interaktions- und Kommunikationsformen gesammelt und aufgezeichnet hatten und deren Gesetzmäßigkeiten zu erfassen suchten, bezeichneten ihre Forschung als »human ecology«. Die Bezeichnung taucht auch in anderen Disziplinen auf, so zum Beispiel in der Geographie bei Barrows: »Geography as Human Ecology« (1922; vgl. auch McKenzie 1934/1968: 47). In dem soziologischen Lehrbuch von Park und Burgess »Introduction to the Science of Sociology« wurde bereits 1921 »human ecology« im Rahmen theoretischer Ansätze in die Soziologie eingeführt und erläutert. Dieses umfangreiche Werk, das noch zwanzig Jahre nach seinem Erscheinen als Standardwerk unter amerikanischen Studenten kursierte, wurde auch als »Grüne Bibel« bezeichnet.

> »The *Introduction to the Science of Sociology* rapidly came to represent the Chicago school of sociology wherever sociology was taught or debated.« (Janowitz 1969: VI)

Von Joas wird die Soziologie der Chicagoer Schule in einem Zeitraum von 1880 bis 1940 eingeordnet (vgl. Joas 1988: 419). Park ist zu den Vertretern dieser soziologischen Schule zu rechnen, die bis zum Zweiten Weltkrieg als führend in den USA galt. Vorgänger von Park war William Isaac Thomas. Seine gemeinsame Arbeit mit Florian Znaniecki »The Polish Peasant in Europe and America« (1918) ist auch in methodischer Hinsicht ein Standardwerk insbesondere der biographischen Methode und der qualitativ empirischen Sozialforschung geblieben. Das früher von Thomas herausgegebene Sammelwerk »Source Book für Social Origins, Ethnological Materials, Psychological Standpoints Classified and Annotated Bibliographies for the Interpretation of Sevage Society« (1907/1909) kann als Wegbereiter der »Grünen Bibel« von Park und Burgess sowie der Humanökologie angesehen werden. Beide Sammelwerke in einem Umfang von jeweils ca. 1 000 Seiten entstanden Anfang des Jahrhunderts mit einem Abstand von etwa zehn Jahren. Sie sollten einen Überblick über Theorieansätze und didaktische Grundlagen für das Studium der Kultur- und Sozialwissenschaften (Soziologie) geben. Ähnlichkeiten bestehen im Aufbau und in der Struktur dieser Sammelbände, jedoch mit dem Unterschied, daß sich die frühe Arbeit von Thomas auf Leben und Kultur in nichtindustrialisierten Gesellschaften bezieht, wohingegen in der »Grünen Bibel« von Park und Burgess Beiträge zu soziologischen Theorien und Kategorien zusammengestellt werden, um darauf aufbauend Entwicklungen in den USA, insbesondere Fragen der Amerikanisierung, behandeln zu können. Gemeinsam ist beiden Sammelwerken die Suche nach Gesetzmäßigkeiten der kulturgeschichtlichen Entwicklung.[2]

Aufbauend auf diesen Grundlagenwerken hat die »human ecology« somit eine starke soziologische Tradition, die an frühere Arbeiten der Chicagoer Schule anknüpft und sie durch Anregungen aus der Ökologie zu einer eigenständigen Forschungsrichtung weiterentwickelt. Der von Park und seinen Kollegen ins Leben gerufene Forschungsansatz behandelt Zusammenlebensformen in amerikanischen Großstädten in den Anfängen des 20. Jahrhunderts als empirisches Beobachtungsfeld. Die Humanökolo-

2 Im Sammelband von Thomas »Sourcebook for Social Origins« sind Arbeiten aus dem Bereich der Ethnologie und Anthropologie mit sowohl umweltdeterministischen als auch kulturalistischen Ansätzen vertreten (vgl. Abschnitt A III dieser Arbeit). Die Beiträge beginnen mit einem Abschnitt über »Die Beziehung der Gesellschaft zur Umwelt« und führen über Erziehung - Technologie - Kunst und Ornamente - Magie, Religion, Mythen - zum Abschlußkapitel über soziale Organisation, Moral und Staat. Die »Grüne Bibel« von Park und Burgess, die einen stärkeren Lehrbuchcharakter hat, bietet neben der Einführung am Ende jedes Kapitels einen Fragenkatalog zur Diskussion. Park/Burgess beginnen ihr Sammelwerk mit einem Kapitel über Soziologie und die Sozialwissenschaften und stellen in 14 Kapiteln Themen wie menschliche Natur (»human nature«) - Gesellschaft und Gruppe - Isolation - soziale Kontakte und Integration - Konkurrenz, Konflikt, Akkommodation und Assimilation vor und behandeln schließlich Themen wie kollektives Verhalten und Fortschritt.

gie als raumbezogene Untersuchung gesellschaftlicher Prozesse ist daher von ihrer Entstehungsgeschichte her betrachtet in erster Linie eingebettet in sozialphilosophische Theorien und Fragen zum kulturellen und sozialen Wandel und - vom empirischen Anwendungsgebiet her gesehen - Stadtsoziologie bzw. Großstadtökologie. Hierzu schreibt Hawley im Vorwort zum Buch von McKenzie: »The urban studies and human ecology were two sides of the same coin.« (Hawley 1968: XI) Diese auf das Untersuchungsgebiet bezogene Äußerung besagt jedoch nicht, aus welch einem Amalgam die Münze geprägt ist.

Linde (1970) und König (1978) datieren die Humanökologie (Sozialökologie) der »Chicagoer Schule« zwischen den Jahren 1914 und 1939 bzw. 1940. Diese zeitliche Bestimmung mag damit zusammenhängen, daß Park 1914 an die Universität von Chicago kam; McKenzie, dem die erste Definition der Humanökologie zugeschrieben wird, war zunächst nur ein Anhänger der »human ecology«, wurde dann aber zu einer ihrer Leitfiguren, obwohl er über den größten Zeitraum seiner wissenschaftlichen Tätigkeit nicht in Chicago lebte. McKenzie starb im Jahre 1940. Die gemeinsame Publikation von Park, Burgess und McKenzie »The City« 1925/1967 wird in vielen Arbeiten, die diese Forschungsrichtung beschreiben, als »Grundsteinlegung« gewürdigt (Hawley, Hughes, König, Linde u. a.), die früher erschienene »Grüne Bibel« aber vernachlässigt.

Unerwähnt bleibt - auch unter deutschsprachigen Autoren -, daß Park gerade in seinem grundlegenden Aufsatz »The City: Suggestions for the Investigation of Human Behaviour in the Urban Environment«[3] zur Hervorhebung der Bedeutung seiner Forschung über die Stadt sich gleich in seiner Einleitung auf Oswald Spengler beruft und aus dessen Arbeit

3 Die erste Fassung dieser Arbeit war bereits 1916 im »American Journal of Sociology« erschienen. Der von Park aufgestellte Fragenkatalog zur Durchführung von empirischen Studien liest sich wie eine Anleitung zur ethnologischen und anthropologischen Untersuchung, mit dem Unterschied, daß es sich hierbei nicht um die Beobachtung von Phänomenen innerhalb eines Stammes oder unter einer Inselbevölkerung handelt, sondern die Untersuchung sich auf den Wirkungskreis einer Stadt bezieht. In der Tat wurden in den folgenden Jahren umfangreiche Untersuchungen zur Entwicklung der Städte in den USA durchgeführt und dabei Fragen, die Park bereits in diesem Aufsatz »The City« aufgestellt hatte, aufgegriffen. Allerdings bleiben die durchgeführten Untersuchungen bei den ersten Fragen stecken, die sich auf demographische Daten und die lokale Verteilung der Bevölkerung beziehen; zu den komplizierteren Fragestellungen des »moral order«, der Kommunikation und Interaktion drangen die nachfolgenden Arbeiten nicht durch.

»Untergang des Abendlandes« in der englischen Übersetzung zitiert. Die Passage im Originaltext bei Spengler lautet:

> »Es ist eine ganz entscheidende und in ihrer vollen Bedeutung nie gewürdigte Tatsache, daß alle großen Kulturen Stadtkulturen sind. Der höhere Mensch des zweiten Zeitalters ist ein *städtebauendes Tier*. Dies ist das eigentliche Kriterium der 'Weltgeschichte', das sie von der Menschengeschichte überhaupt aufs schärfste abhebt - *Weltgeschichte ist die Geschichte des Stadtmenschen*. Völker, Staaten, Politik und Religion, alle Künste, alle Wissenschaften beruhen auf *einem* Urphänomen menschlichen Daseins: der Stadt.« (Spengler 1923/1979: 661)[4]

Mit diesem Zitat von Spengler möchte Park die Bedeutung der Untersuchung sozialer Prozesse in einer »Stadt« als geronnene, konzentrierte Kultur- bzw. Weltgeschichte unterstreichen, wo Interaktions- und Kommunikationsbeziehungen innerhalb einer Gemeinde (»community«) zeitgemäß zu studieren seien. Dabei wurden ältere Konzepte der Gemeindesoziologie (vgl. auch Arensberg 1962/1974: 82 ff.) auf die Untersuchung des städtischen Lebens übertragen.[5]

In den weiteren Abschnitten seines Artikels über die Stadt tauchen immer wieder Anmerkungen auf, die auf deutschsprachige Quellen bis hin zur Wiedergabe von deutschen Redewendungen wie »Stadt Luft macht frei« (Park 1916/1952: 22; Anmerkung: Schreibweise entspricht dem Originaltext bei Park) zurückgehen. Doch in der deutschsprachigen Rezeption der Arbeiten zur »human ecology« werden diese Anmerkungen Parks übergangen und ihre Einbettung in theoretische und methodische Ansätze der Chicagoer Schule vernachlässigt. Weit häufiger wird auf die große Beeinflussung der Stadtökologie durch die naturwissenschaftliche Forschung, speziell der Evolutionstheorien, verwiesen, wie dies zum Beispiel bei Hawley hervorgehoben wird:

> »Warum sich der Begriff 'Ökologie', der derselben Wurzel entstammt wie das Wort 'Ökonomie' und unter dem man gemeinhin die Erforschung der Beziehungen zwischen Organismen und ihrer Umwelt versteht, im soziologischen

---

4 Spengler unterscheidet zwischen »Welt als Geschichte« und »Welt als Natur« (Spengler 1923/1979: 579). Unter einem ersten Zeitalter versteht Spengler die prähistorische Periode von Tertiär und Diluvium: »... und wir finden diesseits den Menschen vor als fertig ausgebildeten Typus, mit Sitte, Mythos, Kunst, Schmuck, Technik vertraut und von einem Körperbau, der sich seitdem nicht merklich verändert hat.« (ebenda, S. 593)

5 Park selbst war interessiert am Einfluß der Presse zur Meinungsbildung und untersuchte zum Beispiel die Reichweite der Tagespresse in metropolitanen Regionen (Park 1933/1952: 210-222).

> Denken eingebürgert hat, dies festzustellen ist Sache historischer Nachforschungen ... Zunächst einmal beeinflußte die großartige Leistung der biologischen Evolutionstheorie die sich entfaltende Soziologie grundlegend, was ein dauerhaftes Interesse der Soziologie für die Biologie zur Folge hatte.« (Hawley 1962/1974: 51)

Dies aber bedeutet, daß es sich dabei nicht um eine Besonderheit der »human ecology« allein handelt, deren Zusammenhänge von Hawley als noch ungeklärte Sache historischer Forschung dargestellt werden. Bereits bei Park und Burgess gibt es Verweise auf die Beziehung zwischen Evolutionstheorie und Soziologie (Park/Burgess 1921/1969: 7). Park beschreibt die Beeinflussung Darwins durch Malthus und die Übernahme einer »sociological idea within the biological realm«, indem er auf Thomsons Arbeit »Darwinism and Human Life« aus dem Jahre 1911 verweist:

> »It is interesting to note that it was the application to organic life of a sociological principle - the principle, namely, of 'competitive co-operation' - that gave Darwin the first clue to the formulation of his theory of evolution.« (Park 1936/1952: 146)

Auch sind Arbeiten über die stufenweise Entwicklung der menschlichen Gesellschaft, wie sie bereits bei Condorcet und Comte entworfen wurden, älter als die biologische Evolutionstheorie Darwin'scher Provenienz. Bezogen auf den Einfluß biologischer Modelle bedeutender aber dürfte sein, daß Park und Burgess sich gegenüber der Evolutionstheorie, speziell der Arbeit von Darwin, eher distanziert verhalten, was im folgenden durch ihre begriffliche Abgrenzung zu verdeutlichen ist. Ähnlich zurückhaltend ist auch ihre Einstellung zum Fortschritt »progress«, dessen immanent positive Bewertung (Werturteil) sie nicht ohne weiteres teilen (vgl. Park/Burgess 1921/1969: 953 ff. und Ausführungen zum Fortschritt, S. 953 ff.). Da die letzten Abschnitte der »Grünen Bibel« Janowitz zufolge, dem Herausgeber der dritten Auflage von 1969, auf Park zurückgehen, wird diese Tendenz mehr Park als Burgess zuzuschreiben sein.

Mit den stadtökologischen Untersuchungen wurde eine aufklärerische und reformerische Intention verfolgt, um die Verurteilung der Unterprivilegierten und Armen, die »Opfer des Fortschritts« waren, aufzuheben. Sie stellte den Versuch dar, diese höchst verwickelten Prozesse realistisch zu beschreiben und methodisch zu beobachten, um auf der Suche nach den spezifischen Ursachen der geschilderten Erscheinungen eine größere Zielsicherheit in ihrer Überwindung zu erreichen (König 1978: 57). Somit wurde diese Forschung in ihren Anfängen durch ein großes sozialpolitisches

Engagement ihrer Gründer getragen, die sich mit Fragen der Diskriminierung von Ethnien, insbesondere auch der schwarzen Bevölkerung und deren Integration in die amerikanische Gesellschaft, und der Bewahrung regionaler Autonomie befaßten. Park war als langjähriger engster Mitarbeiter des schwarzen Reformers Booker T. Washington wie kein zweiter Weißer seiner Zeit, so heißt es bei Joas, in die Probleme der Schwarzen Amerikas eingedrungen (vgl. Joas 1988: 432). Diese konkreten Gesellschaftsproblemen zugewandte soziologische Forschung dürfte charakteristisch für die Soziologie der Jahrhundertwende in den Vereinigten Staaten sein. Der Pragmatismus der Chicagoer Schule wird nach Joas als originär amerikanische Komponente ausgewiesen, die nicht als simple Übernahme oder Abklatsch der europäischen Soziologie unterschätzt werden sollte (Joas 1988: 427 f.).

Den Verlauf der Chicagoer Schule schildert Joas in seinem Aufsatz »Symbolischer Interaktionismus« (1988). Nach einer Phase der Verdrängung und des Geltungsverlusts, nicht zuletzt durch Parsons, und die darauf folgend stark systemtheoretischen Ansätze der Soziologie in den USA und in der deutschen Soziologie zeichnet er Verästelungen und neuere Richtungen auf, in die sich diese soziologische Schule aufgespalten und fortentwickelt hat. Angeführt werden von Joas Blumers »Symbolischer Interaktionismus« und Hughes Arbeiten zur Berufs- und Arbeitssoziologie aus der Tradition der Chicagoer Schule, wobei neuere Arbeiten von Anselm Strauss und Schriften jüngerer Autoren zum »negotiated order approach« als zukunftsweisender Ansatz für die Soziologie hervorgehoben werden (Joas 1988).

Zwar erwähnt Joas den Beitrag von Park zur Chicagoer Schule in seinem Aufsatz, der insgesamt auf eine Neubewertung dieser soziologischen Forschungstradition zielt, dem humanökologischen Ansatz jedoch schenkt er dabei keine besondere Beachtung. Die Humanökologie, Arbeiten von Park, seiner Mitarbeiter und Schüler werden pauschal damit abgetan, sie seien ethnozentrisch, verfolgten deterministische Stadienschemata und gingen von evolutionistischen Annahmen aus (vgl. Joas 1988: 434 sowie die Ausführungen im Abschnitt A II 3.3). Zum einen wirft er der Humanökologie ihre theoretischen Annahmen vor, zum anderen bemängelt er die Abstinenz theoretischer Generalisierung. Außerdem kritisiert er den methodischen Ansatz, der im Rahmen humanökologischer Stadtuntersuchungen verfolgt wurde.

»Was dadurch zustande kam, ist ein fast literarisch anziehendes Mosaik anschauungsgesättigter Studien des Großstadtlebens - nicht eine über Hypothesenprüfung oder theoretische Generalisierung methodisch voranschreitende Sozialwissenschaft.« (Joas 1988: 435)

Eine weniger deduktive, sondern eher induktive Vorgehensweise mit tentativer Hypothesengenerierung ist jedoch kennzeichnend auch für den symbolischen Interaktionismus und die Ethnomethodologie, die auf der Chicagoer Schule aufbauen und deren Verdienste herauszustellen Joas bemüht ist. Unabhängig von den verschiedenen Untersuchungsgebieten und empirischen Forschungsfeldern sind Leistungen der Chicagoer Schule auf dem Gebiet der Entwicklung von Methoden der empirischen Sozialforschung - dem Methodendualismus qualitativer wie quantitativer Ansätze - von bleibender Bedeutung für die Soziologie und für sozialwissenschaftliche Untersuchungen.

Die von Park ins Leben gerufene Humanökologie dürfte gerade durch ihren schon früh erkannten Bezug zur Ökologie (»ecological order«) und deren Einbeziehung in sozialwissenschaftliche Konzepte einer genaueren Betrachtung wert sein. Doch hat sie in der bisherigen soziologischen Diskussion eher ein Schattendasein geführt. Diesem Aspekt werden die folgenden Abschnitte gewidmet sein.

Hinweise zur Entstehungsgeschichte der Humanökologie wurden deshalb angeführt, da sie das Fundament dieser sozialwissenschaftlichen, speziell soziologischen Forschungstradition mit einem starken Bezug zur Umwelt darstellen. Aufbauend auf dem sozialpsychologischen Pragmatismus und geleitet durch konkrete Probleme der Veränderungen in Umwelt und Gesellschaft sind hier die Wurzeln zu theoretischen Überlegungen und konkrete Anleitungen zur empirischen Erfassung der Mensch-Umwelt-Beziehung anzutreffen. Humanökologie kann als Wegbereiter zu einer Untersuchung über ökologische und soziokulturelle Prozesse angesehen werden. Sie ist unter dem Aspekt relevant, wie die deutlich zutage tretenden Umweltbelastungen gesellschaftlich und politisch (planerisch) anzugehen sind.

2. Anmerkungen zur Definition von Humanökologie

Die Bezeichnung »human ecology« erfährt nach 1920 eine relativ schnelle Diffusion in anderen Wissenschaftsdisziplinen, so zum Beispiel der Geographie und der Bevölkerungswissenschaft, die sogar eine stärkere Kontinuität in der Fortführung dieses Begriffes aufweisen können, der Humanökologie aber jeweils eine fachspezifische Ausprägung verleihen. Damit wird die originär soziologische Tradition der Humanökologie häufig vernachlässigt oder gar ignoriert, was zum Teil auch mit der Umbenennung des Begriffs in den deutschsprachigen Texten zusammenhängt. Hierzu ein Beispiel aus einer jüngst veröffentlichten Arbeit »Humanökologie: Grundlagen präventiver Umweltpolitik« (Glaeser 1989):

> »Der Übergang von der Pflanzen- und Tierökologie zur Menschenökologie vollzog sich, vor allem im angelsächsischen Bereich, ab den zwanziger und dreißiger Jahren dieses Jahrhunderts. Die Wortschöpfung 'human ecology' findet sich z. B. bei dem Chicagoer Geographen H. H. BARROW in einer Rede aus dem Jahre 1922 (vgl. RUPPERT 1976, S. 43).« (Huber 1989: 58)

> »Humanökologie in diesem Sinne ist Epidemiologie, ist Sozialmedizin, ist ein Stück beschreibende Ethnologie und Anthropologie, ist vor allem aber demographische und geographische Populationsökologie. Auch vielen modernen, schon weit ins Soziologische hineingetriebenen Ansätzen, wie z. B. dem von Paul R. Ehrlich, liegt schwerpunktmäßig dieser Populationsaspekt zugrunde (EHRLICH 1975). Ökologie, nach einer verbreiteten Definition von Ramón Margalef aus dem Jahre 1968, bleibt immer noch Biologie, nämlich 'Biologie von Ökosystemen'. Der Mensch gilt in dieser Sicht als das höchstentwickelte Tier und Humanökologie noch als eine Art Menschenzoologie (FRIEDGOOD 1972).« (ebenda, S. 58)

Diese Vorwürfe mögen zwar für eine Reihe von Arbeiten, die sich später der Bevölkerungsentwicklung, den Siedlungsformen, Raumnutzungs- und Bodennutzungsformen usw. gewidmet haben, zutreffen (vgl. Huber 1989: 55 f.), für den engeren Bereich der soziologischen Humanökologie zur Gründungszeit der Chicagoer Schule aber ist eine solche pauschalisierende Verurteilung nicht gerechtfertigt. Huber geht in seiner Rückschau auch gar nicht auf die soziologischen Arbeiten zur Humanökologie der Chicagoer Schule von Park, Burgess und McKenzie ein, sondern überspringt diese einfach und verweist nur auf den Chicagoer Geographen Barrow, der die Humanökologie als Grundlage für das Fach Geographie einführen wollte. Die im engeren Sinne soziologischen Arbeiten dieser Zeitperiode finden bei den Autoren (dieses mehr sozialwissenschaftlich konzipierten Sammelbandes) kaum Beachtung. Dabei ist die soziologische Dimension der Humanökologie keine neue Erscheinung, sondern ihre Grundlage (vgl. Duncan 1959).

2.1 Umbenennung von »human ecology« in »Sozialökologie«

Zunächst ist anzumerken, daß der Begriff »Humanökologie« in der (deutschsprachigen) soziologischen Literatur kein gängiger Begriff ist; in vielen Lehrbüchern tritt er nicht einmal in Erscheinung. Somit könnte angenommen werden, daß die Suche nach einer Definition vergebens sei. Doch der Sachverhalt wird durchaus behandelt und beschrieben, nur taucht er unter einem anderen Begriff auf. Im *Handbuch der empirischen Sozialforschung* von König (1962/1974) wird diesem Thema zwar ein recht umfangreiches Kapitel gewidmet, aber unter der Bezeichnung »Sozialökologie« aufgenommen. In dem übersetzten Text von Hawley heißt es:

> »Der Begriff 'Sozialökologie' taucht in der soziologischen Literatur erstmals in dem von *Robert E. Park* und *Ernest W. Burgess* 1921 herausgegebenen Werk *'An Introduction to the Science of Sociology'* auf. Ihm folgte kurz darauf (1925) ein kleines Buch unter dem Titel 'The City', in dem die ersten drei Aufsätze in systematischer Weise sowohl die theoretische Bedeutung als auch die praktische Anwendung der ökologischen Betrachtungsweise auf die Untersuchung der menschlichen Gesellschaft behandeln.« (Hawley 1962/1974: 51)

Von einer »social ecology«, was einer wörtlichen Übersetzung von »Sozialökologie« gleich käme, ist aber bei Park, Burgess und McKenzie gar nicht die Rede, sondern nur von »human ecology«, also »Humanökologie«. Duncan (1969/1972) bezeichnet den Begriff »Sozialökologie« auch als Pleonasmus.[6] Mit dieser Umbenennung findet zum Teil auch eine ge-

6 Hierzu einige Anmerkungen aus einer Fußnote des Aufsatzes von Mackensen »Ökologische Aspekte der Stadtplanung«: »Die Erwartung, den Ausdruck 'Human Ecology' mit 'Sozialökologie' zu übersetzen, bereitete Amos H. Hawley und seinem Berater O. D. Duncan anläßlich des Artikels für das HES (Handbuch der empirischen Sozialforschung) theoretische Schwierigkeiten: der deutsche Ausdruck erweckte in ihnen (wie ich in persönlichen Gesprächen erfuhr) eben gerade die Befürchtung, die ökologische Terminologie könnte als Naturanalogie für Gesellschaftsvorgänge mißverstanden werden, während es sich doch eben um nichts anderes handeln sollte als um eine Ökologie des Menschen (neben der Pflanzen- und Tierökologie), die selbstverständlich seine gesellschaftliche Organisation einzubeziehen habe, aber sich in der Untersuchung sozialer Beziehung nicht erschöpfe. Duncan hatte sich in seinem Artikel für WSB (Wörterbuch der Soziologie, Bernsdorf) dem deutschen Sprachgebrauch deshalb auch nicht gebeugt, sondern ihn im Gegenteil scharf verurteilt.« (Mackensen 1978: 173)

wisse Inhaltsbestimmung statt, denn nach Linde (1970) wird zwischen Humanökologie und der Sozialökologie eine Entwicklungslinie der Chicagoer Schule - von einem zunächst biologisch-ökologischen Modell zu einem später auch soziale und kulturelle Aspekte berücksichtigenden Ansatz - gezeichnet, die entlang der Hauptwerke von Park, Park/Burgess und McKenzie nicht nachzuvollziehen ist. Eher ist es zu einem Reduktionismus auf räumliche Beziehungen gekommen, wohingegen bei Park und Burgess von Anfang an Humanökologie eine Interaktion ökologischer, sozialer und kultureller bzw. normativer Ordnungen umfaßte. Zumindest ist es verwunderlich, daß der »human ecology« im »Handbuch der empirischen Sozialforschung«, diesem Standardwerk der Soziologie (insbesondere Band 4), bei seiner Umbenennung nicht einmal eine Fußnote gewidmet wird. Dabei wird entweder nur von Ökologie oder von Sozialökologie gesprochen. Der Terminus »Sozialökologie« hat sich in den deutschsprachigen Texten mittlerweile so verfestigt, daß auch in den Übersetzungen der Werke von McKenzie oder Hawley und anderen Autoren der Begriff »Sozialökologie« verwendet wird, obgleich im Originaltitel »human ecology«, also »Humanökologie«, steht (vgl. Aufsätze von McKenzie und Hawley u. a. in Atteslander/Hamm 1974). Auch im Sonderheft der Kölner Zeitschrift für Soziologie und Sozialpsychologie (KZfSS 29/1988) vermeidet Musil die Bezeichnung Humanökologie wegen einer »heutzutage meist biologischen Interpretation« (Musil 1988: 19 [Fußnote], Friedrichs 1977: 28).

Um eine Entscheidung über die eine oder andere Bezeichnung treffen zu können, die ja wohl auch zwischen Duncan und Hawley umstritten war, scheint es notwendig, auf die Quellen zurückzublicken, um Begriffsdefinitionen rekonstruieren zu können und damit einhergehende inhaltliche Bestimmungen zu prüfen. Dabei ist festzustellen, daß die Gründer der Chicagoer Schule einen sehr breiten Ansatz für die Ökologie menschlicher Gesellschaften vor Augen hatten, für den sie die Bezeichnung »human ecology« bzw. Humanökologie verwandten, auch wenn dieser Ansatz in der deutschsprachigen Rezeption gern als »Sozialökologie« vereinnahmt wird.[7] Die Soziologen der Chicagoer Schule verwendeten den Begriff »human ecology«, also Humanökologie - wohlwissend, daß dieser Begriff

7 Die Bezeichnung »Sozialökologie« wurde von René König, als Herausgeber des HES, favorisiert und schließlich entsprechend entschieden (mündliche Mitteilung von Mackensen 1989).

auch in anderen Wissenschaftsdisziplinen, in denen der Mensch in seiner Beziehung zur Umwelt untersucht wird, von Bedeutung ist. Darüber hinaus fordern sie in ihrem Lehrbuch »Introduction to the Science of Sociology« geradezu dazu auf, durch die Lektüre der Arbeiten anderer Disziplinen, etwa der Psychologie, der Ethnologie, der Anthropologie, der Geographie oder der Bevölkerungswissenschaften, Anregungen zur Durchführung soziologischer Untersuchungen zu gewinnen (Park/Burgess 1921/1969: 718 ff.). Dabei gab es, nach Duncan, eine eher zufällige Verbindung zwischen Demographie und Soziologie an US-amerikanischen Universitäten, insbesondere der Universität von Chicago, die eine Brücke zwischen einem biologischen und einem sozialen Verständnis menschlichen Handelns schlug, »die in anderen Ländern von der Soziologie nicht in gleicher Weise vermittelt wurden und als Einheit verstanden werden« (Mackensen 1978: 173). Die wissenschaftsüberschreitenden Ansätze der Chicagoer Schule, wie sie von Mackensen hervorgehoben werden, waren bedingt durch die offenkundigen Probleme, mit denen die städtischen Lebensverhältnisse in Amerika konfrontiert waren und für die planerische Lösungen gesucht wurden. So konnten sich die Forscher auch nicht auf bestimmte Disziplinen zurückziehen (vgl. hierzu Mackensen 1978: 160 f.).

Festzustellen ist, daß der Begriff »Sozialökologie« in seiner späteren Anwendung auch eine Verengung der Perspektive hervorbrachte, die der Realität konkreter Probleme der Mensch-Umwelt-Beziehung nicht gerecht werden konnte und kann. So wurde das gesamte Beziehungsnetz einer »human ecology« fast ausschließlich auf seine »humanen« Komponenten zugespitzt. In diesem Zusammenhang spricht Mackensen von einem Widerstand der Soziologen, der es ihnen lange Zeit nicht erlaubte, ihren konventionellen akademischen Themenhorizont zu überschreiten.

2.2 Nur ein Übersetzungsdilemma?

Wie aber wird nun der in »Sozialökologie« umgetaufte Begriff definiert? In der deutschen Übersetzung des Artikels von Hawley können wir lesen:

> »Die erste formale Definition des Gegenstandes der <u>Sozialökologie</u> als 'eine Untersuchung der räumlichen und zeitlichen Beziehungen menschlicher Lebewesen, wie sie durch die selektiven, distributiven und <u>adaptiven</u> Kräfte der Umwelt bewirkt werden', gab *Roderick D. McKenzie* (1925).« (Hawley 1962/1974: 52; Unterstreichungen P T-K)

Diese Definition findet sich nun in einer Reihe von späteren Arbeiten zur Humanökologie bzw. Sozialökologie wieder. Bei Linde klingt das Zitat von McKenzie, das er als ein Programm der »human ecology« bezeichnet, ähnlich als »Untersuchung der räumlichen und zeitlichen Beziehungen menschlicher Lebewesen, wie sie durch die auslesenden, verteilenden und *anpassenden* Kräfte der Umgebung beeinflußt oder bewirkt werden« (Linde 1970: Sp. 3007; Hervorhebung P T-K). Wie aber lautet nun der englische Text?

Im Originaltext von McKenzie »The Ecological Approach to the Study of the Human Community«, abgedruckt im »American Journal of Sociology« (1924), und im Beitrag zur Arbeit »The City« (1925), abgedruckt in dem Sammelband »On Human Ecology« (1968), wird ein als vorläufig angesehener Vorschlag zur Beschreibung der Humanökologie unterbreitet. Der englische Text klingt dann auch etwas anders. Dabei stellt der Autor zunächst die Definition der Ökologie für Pflanzen und Tiere aus der »Encyclopedia Americana« (New York 1923) vor, und zwar als:

> »... that phase of biology that considers plants and animals as they exist in nature, and studies their interdependence, and the relation of each kind and individual to its environment« (McKenzie 1924/1968: 3).

Diese Begriffsbestimmung sieht McKenzie allerdings für den Bereich der Humanökologie als nicht angemessen an. Der vollständige Passus im Originaltext, aus dem die Übersetzungen der Definition übernommen werden, lautet danach wie folgt:

> »This definition is not sufficiently comprehensive to include all the elements that logically fall within the range of human ecology. In the absence of any precedent let us tentatively define human ecology as a study of the spatial and *temporal*[8] relations of human beings as affected by the selective, distributive and *accommodative* forces of the environment.« (McKenzie 1924/1968: 3 f.; Hervorhebungen P T-K)

Neben der Bemerkung, daß es sich dabei um eine zeitlich begrenzte historische (temporale) - zyklische Bewegung - Beziehung handelt, die in einer Fußnote erläutert wird, möchte ich noch auf eine weitere - zunächst haar-

8 Die diesbezügliche Fußnote, die - im übrigen auch bei den in Anführungszeichen gesetzten übersetzten Zitaten - einfach weggelassen wird, lautet: »As indicated later on in this paper, ecological formations tend to develop in cyclic fashion. A period of time within which a given ecological formation develops and culminates is the time period for that particular formation. The length of these time periods may be ultimately measured and predicted, hence the inclusion of the temporal element in the definition.« (McKenzie 1924/1968: 4, Fußnote 2)

spalterisch erscheinende - Abweichung in den deutschsprachigen Fassungen aufmerksam machen. Es handelt sich dabei um die Übersetzung von »accommodative forces« im Originaltext (McKenzie) in »adaptive Kräfte« (Hawley) bzw. »anpassende Kräfte« (Linde). Auffallend ist, daß im englischen Text ein Terminus wie »adaptive forces« nicht verwendet wurde, obgleich es ja dieses entsprechende Wort im Englischen gibt.

Ich möchte nun behaupten und im folgenden den Beweis antreten, daß McKenzie dies ganz bewußt unterläßt, und zwar weil es diesbezüglich eine sehr differenzierte Betrachtungsweise unter den Gründern der Humanökologie der Chicagoer Schule gab. Denn Park und Burgess widmen dem Begriff »accommodation« ein umfangreiches Kapitel in ihrer »Grünen Bibel«, dem Sammelwerk »Introduction to the Science of Sociology« (1921). Daher erscheint es angebracht, ihre Ausführungen zu beachten und nicht einfach zu übergehen. Es wird zu klären sein, ob eine Übersetzung von »accommodative« in »adaptiv« gerechtfertigt ist oder welche Definition von »accommodation« vorzunehmen wäre.

3. Akkommodation: Ein Schlüsselbegriff der Humanökologie

Durch die Unterscheidung zwischen »accommodation« und »adaptation«[9] findet meines Erachtens eine weitreichende inhaltliche Weichenstellung statt, die auch die theoretischen Fundamente einer soziologischen Humanökologie bestimmt. Zunächst sei auf die ursprüngliche Einführung des Begriffs »accommodation« im Rahmen der Humanökologie der Chicagoer Schule verwiesen (vgl. Teil B: Akkommodatives Handeln). Dieser Rückblick auf Arbeiten, die Anfang des Jahrhunderts entstanden sind, wird aufschlußreich sein für die Beziehung der Humanökologie zur Ökologie von Pflanzen und Tieren und zu den biologischen Modellen. Denn ganz so unreflektiert wollten zumindest die Gründer der Chicagoer Schule der Humanökologie die biologischen Modelle nicht auf menschliche Gesellschaften übertragen, wie es ihnen so häufig unterstellt und in einigen Arbeiten durch Analogiebegriffe nahegelegt wird. Die Humanökologie entwickelte sich zwar in Anlehnung, aber auch in Abgrenzung zur Bioöko-

9 Der Ausdruck »to adapt« wird im angelsächsischen Sprachgebrauch als Verb »anpassen« verwendet, der Terminus »adaptation« drückt den Sachverhalt substantivisch, also als »die Anpassung« aus.

logie und zu ihren Modellen, was häufig übersehen und nicht differenziert betrachtet wird. Daher wurde der Begriff »Humanökologie« in deutschsprachigen Texten vermieden und durch »Sozialökologie« ersetzt.

3.1 Zu den Begriffen »adaptation« und »accommodation«

Bei Park und Burgess führte die Kritik an der Übertragung von ökologischen Prozessen auf die menschliche Gesellschaft zur Spezifizierung der Begriffe »accommodation« und »adaptation« sowie auch zu der Behandlung von Themen wie Konsens und Konflikt als soziale Kategorien in Abgrenzung zu biologischen Prozessen, Begriffen und Modellen. Mit der Distanzierung vom Begriff »adaptation«, der für Park und Burgess zu eng mit der Biologie, insbesondere aber auch mit Darwins Evolutionstheorie verknüpft ist, kreieren sie grundlegende Kategorien einer primär soziologischen Humanökologie in Abgrenzung zur Ökologie der Pflanzen und Tiere. Die Evolutionstheorie hat für Park und Burgess sogar den Beigeschmack einer Modeerscheinung, von der sie sich bewußt absetzen wollen.

> »The term *adaptation* came into vogue with Darwin's theory of the origin of species by natural selection. This theory was based upon the observation that no two members of a biological species or of a family are ever exactly alike. ... The individuals best fitted to live under the conditions of life which the environment offered, survived and produced the existing species. The others perished and the species which they represented disappeared ... Adaptations were the variations which had been in this way selected and transmitted.
>
> The term *accommodation* is a kindred concept with a slightly different meaning. The distinction is that adaptation is applied to organic modifications which are transmitted biologically, while accommodation is used with reference to changes in habit, which are transmitted, or may be transmitted, sociologically, that is, in the form of social tradition.« (Park/Burgess 1921/1969: 663)

Betont werden damit die besonderen Eigenschaften und Fähigkeit der Menschen in der Auseinandersetzung mit der sozialen und natürlichen Umwelt, die sie »accommodation« nennen.[10]

---

10 In der »Grünen Bibel« werden unter dem Kapitel »Accommodation« Themen wie (a) forms of accommodation, (b) subordination and superordination, (c) conflict and accommodation, (d) competition, status, and social solidarity ... behandelt. Hierbei beziehen sie sich auf Texte von Simmel, Coser und anderen (vgl. Park/ Burgess 1921/1969: 663-733).

Aufschlußreich in diesem Zusammenhang ist die sehr genaue Abgrenzung zwischen den Begriffen:

(a) »adaptation« = Anpassung qua Vererbung im Bereich der Biologie und

(b) »accommodation« = Akkommodation die Fähigkeit des Menschen in der kulturellen Auseinandersetzung mit der Umwelt, die über Lernprozesse sozial erworben, über Traditionen weitergegeben wird und durch Aneignung zustandekommt.

Dabei werden zwei Modelle von Beziehungen zur Umwelt unterschieden:

> »In view of modern biological theory and discussion, two modes of adaptation should be distinguished: (a) adaptation through variation (hereditary); (b) adaptation through modification (acquired). For the functional adjustment of the individual to its environment [(b) above] J. Mark Baldwin has suggested the term 'accommodation,' recommending that adaptation be confined to the structural adjustments which are congenital and heredity [(a) above]. The term 'accommodation' applies to any acquired alteration of function resulting in better adjustment to environment and to the functional changes which are thus effected.« (Dictionary of Philosophy and Psychology, zit. in Park/Burgess 1921/1969: 663 f.)

Weiter wird ausgeführt:

> »The term accommodation, while it has a limited field of application in biology, has a wide and varied use in sociology. All the social heritages, traditions, sentiments, culture, technique, are accommodations - that is, acquired adjustments that are socially and not biologically transmitted. They are not a part of the racial inheritance of the individual, but are acquired by the person in social experience. The two conceptions are further distinguished in this, that adaptation is an effect of competition, while accommodation, or more properly social accommodation, is the result of conflict.« (ebenda, S. 663 f.)

Damit ist »accommodation« eine soziokulturelle Kategorie, wohingegen »adaptation« auf das Gebiet der Biologie eingeschränkt wird. Wichtig ist, daß der Terminus »Anpassung« oder »adaptation« dem Individuum oder der Art eine passive Rolle zuschreibt und entsprechend dem biologischen Evolutionsmodell von einer »natürlichen Auslese« und der Vererbung ausgeht, wohingegen »accommodation« den Individuen bzw. der Gruppe eine aktive Funktion bei der Formierung, Gestaltung und Veränderung der Umwelt zuspricht. Aufbauend auf soziokulturellen Traditionen sind Formen der Auseinandersetzung der Menschen mit ihrer Umwelt durch Wechselwirkung, Interaktion und Kommunikation Bestandteil eines auf Modifikation und Abstimmung angelegten Arrangements, das mit dem

Begriff »accommodation« durch die soziologisch orientierte Humanökologie gefaßt wird.

Unter Beachtung dieser Ausführungen, die im Zusammenhang mit dem Begriff »accommodation« stehen und bei Park und Burgess erläutert werden, wird ersichtlich, daß dieser Terminus ein für die Humanökologie feststehender soziologischer Fachausdruck mit semantischer wie theoretisch konzeptioneller Tragweite ist. Ein auf diese Weise definierter Begriff sollte nicht einfach in »adaptation« umbenannt werden, ohne auf die damit verbundenen inhaltlichen Bestimmungen und Konsequenzen einzugehen, insbesondere da »accommodation« explizit von »adaptation« abgegrenzt worden ist. Auch ist nicht einzusehen, warum angesichts der Verwendung so zahlreicher Fremdwörter und Ausdrücke in der deutschen Sprache, wie übrigens auch in dem oben angegebenen Zitat, nicht auch »akkommodative Kräfte« stehen soll. Es wäre daher ratsam - in Ermangelung eines eindeutig »deutschen« Ausdrucks -, vorläufig den Begriff »Akkommodation« zu übernehmen, auch wenn er zunächst nicht alltäglich und gebräuchlich erscheint.

Lexikalisch ist die Verwendung dieses Wortes durchaus angebracht. »Akkommodation« nach dem Duden (Fremdwörterbuch, Bd. 5, 1966) bedeutet:

1. Anpassungsfähigkeit, besonders des Auges an die Entfernung
2. Angleichung des katholischen Ritus an Vorstellungswelten und Lebensgewohnheiten der Einheimischen.

Ferner wird akkommodieren erläutert als: »veralt. für angleichen, anpassen; sich mit jmdm. über etwas einigen, sich vergleichen«, was den Ausführungen von Park und Burgess recht nahe kommt.

Da der Begriff Akkommodation (in der Soziologie) nicht geläufig ist, kann dies Anlaß für genauere Recherchen geben, um den Sinn dieses Wortes mit seinen Differenzierungen und inhaltlichen Bestimmungen, die es in sich birgt, auch zu registrieren. Der Sache des leichteren Verständnisses hat jedenfalls die Übersetzung in »anpassende« oder »adaptive Kräfte« nicht gedient, sondern eher zu Mißverständnissen und Fehlinterpretationen geführt. Es erscheint nun geradezu paradox, daß eine Umbenennung der Humanökologie in Sozialökologie in der Absicht vorgenommen wird, sich von biologischen Modellen zu trennen, die angebotene begriffliche Differenzierung und Distanzierung zu biologischen Prozessen jedoch übergangen wird. Das immer wieder aufgeführte Zitat von McKenzie ist damit schlichtweg lexikalisch, viel wichtiger aber noch durch das Übergehen eines - nicht erkannten oder unterschlagenen - soziologischen (humanökologischen) Fachausdrucks, falsch übernommen worden.

Festzuhalten bleibt, daß der Begriff »adaptation« = Adaption oder Anpassung ins Reich der Biologie und der Ökologie der Pflanzen und Tiere versetzt wird. Der Fachterminus »accommodation« = Akkommodation hingegen ist den Sozialwissenschaften, der Soziologie, insbesondere der »human ecology« - Humanökologie -, zuzurechnen und vorbehalten.

Daher erscheint es angebracht, bei der häufig zitierten Übersetzung der Definition von McKenzie, wie auch bei der Rezeption und Beurteilung der Humanökologie (Sozialökologie), diese Differenzierung zu beachten, da sie von theoretisch konzeptioneller Bedeutung ist. Es ist beachtenswert, daß an diesem einen Begriff fast das gesamte theoretische Konzept von Park und Burgess aufgefächert werden kann. Das nährt den Verdacht, daß hinter der Unterschlagung des Terminus »accommodation« mehr zu vermuten ist als ein Übersetzungsfehler. Diese Abweichung wäre dann mit einer einfachen Korrektur der begrifflichen Übersetzung nicht begradigt.

Um die Tragweite des ausgeschalteten Terminus »Akkommodation« zu ermessen, sind im folgenden noch weitere Erläuterungen zu diesem Begriff aufzunehmen. Hierzu gehören auch Ausführungen zur Humanökologie in Abgrenzung zu biologischen Modellen. Doch zuvor ist auf die Beziehung bzw. Nähe zu biologischen Modellen und die Verwendung von Analogiebegriffen einzugehen. Einer der Gründe, weshalb der Begriff Sozialökologie anstelle von »Humanökologie« verwendet wurde und wird, ist, daß letzterer biologisch bzw. biologistisch sei.

3.2 Analogie zu biologischen Modellen

3.2.1 Verweis auf Modelle in der Biologie

Für die Humanökologie wurden die biologischen Erkenntnisse der Ökologie - die Beziehungslehre zwischen Organismus und Umwelt - zur Anregung bei der Untersuchung der Umweltbeziehung menschlicher Gesellschaften. Die Analogien zu den Tier- und Pflanzengemeinschaften erfolgten aber auch mit bewußter Abgrenzungen zur Humanökologie. Die Entwicklung von Lebensgemeinschaften (im Stadtteil) wurde zum Teil quasi wie bei einer Biotopuntersuchung genau beobachtet. Dabei galt es Regelmäßigkeiten in der Entwicklung städtischer Agglomerationen mit Erkenntnissen aus der Tier- oder Pflanzenökologie in Verbindung zu bringen und hierbei auf Parallelen zu verweisen. Insbesondere die Sukzessionstheorie und das Klimax-Konzept der Ökologie (vgl. Teil A I 5: Exkurs) standen bei einigen stadtökologischen Untersuchungen Pate.

Die Beobachtungen von Burgess über die Entwicklung der Stadtteile in Chicago, die er in Form konzentrischer Kreise beschrieben hat, wurden zum Vorbild für später nachfolgende Stadtuntersuchungen (Harris/Ullman 1945, zit. in Rose/Glazer/Glazer 1982: 366 ff.)

Zur methodischen Vorgehensweise empfiehlt McKenzie mit Verweis auf Forschungsmethoden in der Ökologie eine Trennung zwischen Untersuchungen über Interaktionen unter den Organismen und einer Analyse der Beziehungen zur Umwelt.

> »It is convenient in any type of ecological research to separate the organism-environment relation from the organism-organism relation. This is invariably done by the investigators of plant and animal communities. Likewise in the human field, the ecologist distinguishes between man's relation to the land on the one hand, and his relations to his fellowmen on the other.« (McKenzie 1924/1968: 104)

Recht deutlich kommen Analogiebegriffe bei McKenzie vor (McKenzie 1924/1968: 14 f.). Er verweist auf Pflanzengemeinschaften und spricht von Segregation und Zusammenschluß, die auch bei menschlichen Gemeinschaften das Ergebnis von Invasionsprozessen sind.

> »The resistance to invasion depends upon the type of the invader together with the degree of solidarity of the present occupants.« (McKenzie 1924/1968: 15)

Zwar wird ein Ausdruck wie »Invasion« auch in der Ökologie bzw. bei einer Biotopuntersuchung angewandt, ein Begriff wie »Solidarität« jedoch bleibt stark sozial kollektiv geprägt und ist nur schwer auf biologische Prozesse übertragbar.

Durch den Verweis auf die Biologie und auf bestimmte Prozesse, wie sie in der Pflanzenökologie beschrieben sind, versucht die Humanökologie ihre entdeckten Gesetzmäßigkeiten zu bekräftigen bzw. zu legitimieren, indem sie auf ähnliche Prozesse in der Natur verweist. Die Grundaussage lautet: Die Entwicklung der Gesellschaft im Prozeß der Industrialisierung und Verstädterung folgt bestimmten Mustern. Um diese Regelhaftigkeit zu demonstrieren, wurde auf Entwicklungen in der Natur - den angenommenen Gesetzen der Ökologie von Pflanzen und Tieren, nämlich die Sukzession und das Klimax-Konzept - verwiesen. Dabei soll nicht unerwähnt bleiben, daß in der Pflanzensoziologie - wie auch in der Biologie bis hin zur Evolutionstheorie - Begriffe wie Pflanzengemeinschaften nicht selten aus dem Bereich der Sozialwissenschaften entliehen sind (vgl. Teil A und Exkurs A I 5).

In seinem Aufsatz aus dem Jahre 1924 betont McKenzie vor allem die Analogien zwischen den Prozessen in der Biologie bzw. der Ökologie und den sozialen Prozessen innerhalb der Gesellschaft. Seine Anmerkung in einer Fußnote besagt:

> »Although the actions of individuals may be designed and controlled, the total effect of individual action is neither designed nor anticipated.« (McKenzie 1924/1968: 5)
>
> »Reformers try in vain to induce the young people to remain on the farms or in their native villages, little realizing that they are working in opposition to the general principles of the ecological order.« (McKenzie 1924/1968: 11)

In jenen Arbeiten, die in starker Analogie zu den biologischen Modellen konzipiert wurden, durchlaufen die Invasionen - entsprechend der Sukzessionstheorie der Ökologie - drei Stufen. Die erste Phase wird durch brutale Konkurrenz gekennzeichnet. Ihr folgt eine transitorale Phase des Ausbaus und der Konsolidierung. Schließlich mündet dieser Prozeß in das Stadium der Reife, der Ruhe bzw. der Klimax mit Vorstellungen von Gleichgewicht und Harmonie.

> »The general effect of the continuous processes of invasions and accommodations is to give to the developed community well-defined areas, each having its own peculiar selective and cultural characteristics.« (McKenzie 1924/1968: 17)

Für diese Räume wurde dann der Begriff »natural area« verwendet und geprägt (vgl. S. 63).

3.2.2 Forderung nach statistischen Ermittlungen

Prozesse, die zur Entstehung der beobachteten »natural areas« führten, waren durch harte Konkurrenz unter Zuwanderern und Immigranten geprägt. Die Vorstellung war, daß nach einer Phase starker Unruhe und

Umwälzung sich die Lage auch wieder beruhigt und stabilisiert. Doch um solchen konfliktreichen Prozessen und Spannungen im städtischen Leben entgegentreten zu können, sollten zunächst Bevölkerungsbewegungen und -entwicklungen beobachtet werden.[11] Hierzu wurde die Forderung nach genauerem Datenmaterial gestellt, um darauf aufbauend sozialplanerische Aktivitäten zu entfalten. So plädiert McKenzie in seinem Aufsatz »Demography, Human Geography, and Human Ecology« (1934/1968) für die Errichtung von statistischen Büros in allen regionalen Ballungszentren der USA.

> »Inasmuch as ecological research must take account of the movements of products and people and the spatial shifts of institutions and services, its progress depends upon the development of statistical data from which indices of these processes may be established.
>
> In conclusion I should like to suggest the advisability of establishing a central statistical bureau in each large regional community in the United States.« (McKenzie 1934/1968: 46)

Eine solche Forderung wurde realisiert. In fast allen größeren Städten in den Vereinigten Staaten wurde ein umfangreiches Datenmaterial über alle möglichen Erscheinungen des städtischen Lebens zusammengestellt. Die in diesem Sinne weitergeführte Humanökologie wird dann auch wie folgt kritisiert:

> »Auf dem bis dahin entwickelten Gebiet der Humanökologie werden zwar schon komplexe gesellschaftliche Phänomene betrachtet, jedoch fast ausschließlich durch die Brille der Natur- und Ingenieurwissenschaften; zumindest wird fast nur das naturwissenschaftlich und technisch Relevante an diesen Phänomenen betrachtet.« (Huber 1989: 58)

Bei einer selektiven Auswahl von Arbeiten mag eine solche Umschreibung und Beurteilung zutreffen, zumindest wenn die vorwiegend statistisch orientierten Arbeiten hinzugezogen werden. Da geht es um Datenerhebung, Planung und Koordinierung der Stadtverwaltung und die Erweiterung einer »city planning« zur »regional planning« usw., wie es im »The Rise of Metropolitan Communities« beschrieben wird (McKenzie 1933/1968). Mit Hilfe der ermittelten Daten sollte eine Grundlage für politisch-administrative Regulierungen geschaffen werden.

---

11 Ähnlich konfliktgeladene Situationen wie seinerzeit in den Vereinigten Staaten haben sich aufgrund der Einwanderungswelle aus den Ostblockländern, insbesondere mit dem Zustrom von Bürgern aus der (ehemaligen) Deutschen Demokratischen Republik in die Bundesrepublik 1989/1990, ergeben.

3.2.3 Kritik aus den eigenen Reihen

Bei den vorgebrachten Angriffen auf die zahlreichen statistischen Arbeiten sollte nicht übersehen werden, daß es diesbezüglich auch eine starke Kritik aus den eigenen Reihen der Humanökologen gab.

Park selbst (1939/1952a) wendet sich gegen eine zu mechanistisch verstandene Humanökologie und bringt seinen Unmut über die Flut von statistischen Untersuchungen über nordamerikanische Städte zum Ausdruck. In einigen statistischen Arbeiten wurden abenteuerliche Korrelationen hergestellt und nicht nach den Ursachen der Phänomene geforscht, sondern voluntaristisch so etwas wie eine Skala zur Bemessung von Lebensqualität festgelegt.

Park kritisiert insbesondere den Ansatz einer vergleichenden Untersuchung von 310 nordamerikanischen Städten:

> »Thus it appears from Professor Thorndike's analysis of the statistics that Negros, poverty, large families and churches are indices of a low grade community. On the other hand, dentists, cigar stores, home ownership and low birthrate are, - I am choosing a few samples at random - indices of a high grade community. I believe, as Professor Thorndike seems to, that the connection of these different items or communal traits is a little mystifying and deserves, therefore, more investigation than a statistician, without going out of his laboratory, is likely to give them.« (Park 1939/1952a: 125)

Sein grundsätzlicher Einwand betrifft die Festlegung von »the general goodness of life« - Lebensqualität - durch bestimmte Indikatoren.

> »The divising and application of a scale or a standard for measuring excellence, or goodness or anything so subjective and imponderable as value is always, it seems a ticklish affair. For one thing the indices, by which a value is measured, tend to be identified with the things they measure. Thus, as in the case of the intelligence tests, so 'the goodness of life' comes to be identified with the indices of goodness, that is to say with bath tubs, telephones, radios, etc. . . .« (Park 1939/1952a: 124)

Park geht es um das Erkennen der Zusammenhänge, um eine verstehende Soziologie und nicht um die normative Festlegung von Werten, wie dies in der von ihm kritisierten Arbeit geschieht. Dabei unterstreicht er die subjektive Wahrnehmung von Individuen und Gruppen (vgl. auch das Umweltmodell von Uexküll und die noch folgenden Ausführungen in Teil B).

»However, values are notoriously subjective and personal and even in America, where most everything else is standardized, individuals and even communities have their own peculiar notions of what is essential to the good life.« (Park 1939/1952a: 122)[12]

Damit läßt die Humanökologie der Chicagoer Schule, sofern wir uns auf Park als seinen Gründer stützen, auch phänomenologische Züge erkennen. Park selber fordert im Rahmen humanökologischer Forschung auch die Erhebung von statistischen Daten, nur bei der Erklärung der Zusammenhänge kommt es ihm darauf an, daß der subjektive Faktor bei der Untersuchung von sozialen Phänomenen (»moral order«) nicht vernachlässigt wird. Es ist darauf zu verweisen, daß in der Chicagoer Schule seinerzeit quantitative und qualitative Methoden als integraler Bestandteil einer sozialwissenschaftlichen Untersuchung angesehen, als ergänzend entwikkelt und angewandt wurden, sich jedoch nicht gegenseitig ausgeschlossen haben. Bei methodischen Überlegungen zur konkreten Durchführung von humanökologischen Untersuchungen sei daher auf den Methodendualismus der frühen Chicagoer Schule (Hopf/Weingarten 1979) und auch auf Park verwiesen.

Somit gab es frühe Arbeiten im Bereich der Humanökologie, die trotz des (amerikanischen) Pragmatismus einen breiten theoretischen Ansatz mit Bezug auf die Soziologie hatten. Dieser Forschungsschwerpunkt wurde jedoch weniger intensiv verfolgt. Dadurch ist es zu einer Dominanz instrumenteller Betrachtungsweisen und einer eher quantitativen, stark planungsorientierten Ausrichtung der Humanökologie gekommen, die die philosophischen und wissenschaftstheoretischen Ansätze der Gründerzeit der Chicagoer Schule verdrängte (vgl. auch Duncan 1959).

Zu den sehr starken Analogien zur Biologie schreibt später Hawley:

»If those analogies appear to have been construed too literally on occasion, it may have been because the rawness and turbulence of life in rapidly growing American cities in the early part of the century seemed to strike a closer par-

12 Übrigens ein Problem, das später dann auch in extremer Form in Modernisierungstheorien zum Vorschein kam. Bei der Erfassung von Lebensbedingungen in Entwicklungsländern wurden kulturfremde Indikatoren nach dem »American Way of Life« als Meßskala angesetzt. Dies führte dann auch zu sogenannten »Gap-Theorien«, wobei Länder der Dritten Welt per definitionem als defizitäre Gesellschaften, unter Mißachtung gewachsener Sozialstrukturen und ökologisch angepaßter Wirtschaftsformen, betrachtet wurden (vgl. Teherani-Krönner 1989a).

allel to the struggle for existence in nature than was manifested in maturer cities of a later date.« (Hawley 1968: XII)[13]

Daß es solche Analogien gab, ist nicht abzustreiten, kritisiert wird aber eine ausschließlich biologistische Interpretation der Humanökologie, der es vor allem darauf ankam, die menschliche Gesellschaft in ihrer Auseinandersetzung mit der Umwelt und ihren Organisationsformen zu analysieren und zu verstehen. Die Parallelen zu biologischen Modellen werden schließlich von Hawley im Vorwort zur Arbeit von McKenzie als übertriebene Dramatisierung dargestellt.

»But McKenzie was fully aware of the limitations of analogical reasoning, as indicated by his frequent reminders of the uniqueness of man among other forms of life. He found bio-ecological analogies useful sometimes for the purpose of stating a problem and sometimes as a means of dramatizing his presentations of findings.« (Hawley 1968: XII)

Auf die Grenzen solcher Analogien, wie sie von Humanökologen selbst aufgezeichnet werden, wird im folgenden Kapitel noch gesondert zu verweisen sein.

---

13 Es ist aber auch daran zu erinnern, daß der Kampf um territoriale Ansprüche nicht nur eine Erscheinung des städtischen Lebens in Nordamerika war, worauf Hawley verweist. Die Zeit von 1914 bis 1940, also zwischen den beiden Weltkriegen, koinzidiert mit der Entstehungsphase der Humanökologie. Sie war als sozialwissenschaftliche Disziplin mit Problemen konfrontiert, die nicht im Rahmen traditioneller Forschungsdisziplinen zu analysieren und zu lösen waren. Krieg, Kampf und Konkurrenz erschütterten die gesamte damalige Welt. Diese Probleme waren nicht auf großstädtische Räume begrenzt. Für die Entwicklung sozialwissenschaftlicher Theoriebildung konnten diese weltpolitischen und -wirtschaftlichen Ereignisse nicht ohne Einfluß bleiben. Der Krieg hat auch die ökonomische Entwicklung in Nordamerika in besonderer Weise durch wirtschaftliche Rezession beeinträchtigt und erschüttert. »The metropolitan community, at least until the advent of the depression of 1929, offered an increasing variety of jobs as well as more steady employment. It also offered a wider variety of economic and cultural services. It took on more and more the aspects of a coherent economic and cultural state, more realistic in many ways than the existing political states.« (McKenzie 1933/1968: 301)

3.3 Distanzierung zu biologischen Prozessen

3.3.1 Abgrenzung zur Ökologie von Pflanzen und Tieren

Neben den Analogien zu biologischen Modellen und den zum Teil stark raumbezogenen statistischen Ermittlungen mit konkret planerischen Konzepten gab es auch theoretische Ansätze, die bewußt Abgrenzungen zu den biologischen Prozessen und Modellen vornahmen. Park kritisiert nicht nur die Statistiker, sondern wendet sich auch in seiner gemeinsam mit Burgess herausgegebenen »Grünen Bibel« bereits deutlich gegen eine einfache Übertragung biologischer Modelle, zum Beispiel der Evolutionstheorie im Bereich der Humanökologie. Dies ist dann auch der Grund für eine begriffliche Klarstellung und Abgrenzung zwischen »adaptation« und »accommodation« mit der Anmerkung »... the environment transforms the animal, while man transforms the environment« (Park/Burgess 1921/1969: 718), das es im Bereich der Humanökologie zu beachten gilt.

Auch McKenzie, der selbst Analogien zu biologischen Modellen konstruiert hatte, zieht an anderer Stelle eine scharfe Trennungslinie zwischen der Bioökologie und der Humanökologie. Er verweist in einer Reihe von späteren Arbeiten auf spezifische Merkmale einer Humanökologie in Abgrenzung zur Tier- und Pflanzenökologie.[14] Gegenüber seiner früheren Arbeit in »The City« mit Park und Burgess (1925/1967) unterstreicht er in seinem Aufsatz von 1936 »The Ecology of Institutions« dann auch mehr die Unterschiede:

> »Stated in general terms, plant and animal communal types are related to conditions imposed by the physical environment, whereas human communal types are more closely associated with the characteristics of the cultural setting.
>
> The human ecologist, therefore, unlike his fellow workers in the biological sciences, must always take cognizance of the culture complex in which the symbiotic relations manifest themselves. And since culture is a more dynamic and variable factor than physical environment the task of the human ecologist is much more complicated than that of the plant or animal ecologists.« (McKenzie 1936/1968: 104)

---

14 Einer seiner wichtigsten Beiträge hierzu wurde wenig beachtet. Darin unterstreicht er, daß eine Akkommodation zwischen den Menschen und ihrer Umwelt nicht mit der Umweltbeziehung von Pflanzen und Tieren gleichzusetzen ist. Aus diesem Grund bedarf es einer eigenständigen »human ecology«, denn die Mensch-Umwelt-Beziehung ist von anderer Qualität.

Bei seinen längeren Aufenthalten im Pazifischen Raum mußte McKenzie feststellen, daß es zwischen chinesischen und amerikanischen Dörfern beträchtliche Unterschiede gab, obgleich die Umweltbedingungen verblüffend ähnlich waren (McKenzie 1936/1968: 103). Naturräumliche Ähnlichkeiten konnten die sehr verschiedenen Lebensweisen nicht erklären. Diese Erfahrungen mögen zu einer stärkeren Betonung der Kultur in seinen späteren Arbeiten geführt haben.

Zwar schreibt Hawley, daß der Begriff »Umwelt« in der Humanökologie bei McKenzie nur noch auf die Kategorie Raum reduziert wurde (Hawley 1962/1974: 74). Dies jedoch ist meines Erachtens eine zu reduktionistische Betrachtungsweise und Simplifizierung des humanökologischen Ansatzes bei McKenzie. Denn McKenzie bemüht sich um einen disziplinübergreifenden Ansatz der Mensch-Umwelt-Beziehung. Ihm geht es um das Erkennen einer bio-sozialen Einheit, eines Zusammenhangs, der durch die spezialisierten Wissenschaftsdisziplinen in seiner Ganzheit nicht erfaßt worden ist.

McKenzies Vorstellungen über die Aufgaben einer humanökologischen Forschung, in Abgrenzung zu anderen Wissenschaftsdisziplinen, lassen sich recht deutlich in seinen beiden Aufsätzen »The Ecology of Institutions« (1936) und »Demography, Human Geography, and Human Ecology« (1934) erkennen:

- Zum einen wird eine Differenzierung zwischen der Humanökologie zur Bioökologie von Pflanzen und Tieren vorgenommen;
- zum anderen geht es um eine Abgrenzung bzw. Ergänzung zu den raumbezogenen Wissenschaftsdisziplinen der Geographie und der Demographie, und
- schließlich wird die Aufgabenstellung der Humanökologie innerhalb der sozialwissenschaftlichen Disziplinen, der Ökonomie, der politischen Wissenschaften und der Soziologie, formuliert.

> »The main reason for considering human ecology as a separate discipline is that man has so gained in dominance over the lower organisms that his relationships with them have, to a large extent, become consciously regulated and controlled. On the other hand, the most significant and least understood aspects of man's symbiotic relations are those which he effects with his fellow men. It is within this latter sphere of activity that the major problems of human ecology present themselves.« (McKenzie 1936/1968: 102 f.)

Dieser Passus verdeutlicht zum einen die Besonderheit der Humanökologie in Abgrenzung zur Ökologie der Pflanzen- und Tierwelt, zum anderen wird die Interaktion der Menschen untereinander und damit das soziokulturelle System als Untersuchungsbereich der Humanökologie angesprochen.

3.3.2 Entwurf eines interdisziplinär sozialwissenschaftlichen Ansatzes

Der Humanökologie kommt es darauf an, den eingeschränkten Rahmen einzelner Wissenschaftsdisziplinen zu überbrücken. Das, was es zu vermeiden galt, war der Determinismus, der entweder einzelnen Faktoren zugesprochen wurde oder mit einzelnen Disziplinen einherging. Hierzu schreibt Hawley im Vorwort zu der Arbeit von McKenzie:

> »Of one conclusion he could be certain: a sociological determinism was no more acceptable than was an environmental, a biological, or any other kind of determinism. The fact of institutional specialization might explain but did not justify the carving up of man into economic, political, social, and biological segments.« (Hawley 1968: XII)

Damit wendet sich die Humanökologie gegen eine segmentierte Betrachtung der Gesellschaft und sucht Anknüpfungspunkte an unterschiedliche Wissenschaftsdisziplinen.

McKenzie verweist auf mehrere sozialwissenschaftliche Disziplinen, die sich mit den zwischenmenschlichen Beziehungen befassen, wie:

- die Ökonomie (Markt, Preis und Wert),
- die politischen Wissenschaften (Theorie und Probleme der Regulierung) und
- die Soziologie (Studium des sozialen Handelns und sozialer Prozesse (vgl. McKenzie, ebenda).

Seiner Ansicht nach behandelt jede dieser Disziplinen einen besonderen Aspekt der Gesellschaft. Durch Summation der Teile aber läßt sich das Ganze nicht ermitteln (vgl. Abschnitt zur Ökologie).

> »None of these specialized disciplines views the community as an organic entity in which the human elements are bound together in an intricate and ever changing web of life.« (McKenzie 1936/1968: 103)

In seinem Aufsatz »Demography, Human Geography, and Human Ecology« (1934) benennt McKenzie jene Aspekte, die im Rahmen der Humanökologie als Ergänzung zu den anderen Wissenschaftsdisziplinen zu entwickeln wären. Die Humanökologie unterscheidet sich von der Geographie und der Demographie insofern, als sie vorwiegend die Beziehung der Menschen untereinander ins Blickfeld der Forschung rückt.

> »The unit of ecological study is the communal organism, which is at once an aggregation of individual persons, a geographical and cultural habitat, and an interrelated and interdependent bio-social unity.« (McKenzie 1934/1968: 40)

Der Humanökologie, so ließe sich schlußfolgernd sagen, fällt die Aufgabe zu, das Beziehungsgeflecht zwischen Institutionen und Umwelt zu erfassen und Verbindungen zwischen unterschiedlichen Forschungsdisziplinen herzustellen. Aus den Ausführungen wird deutlich, daß die Humanökologie nach einem disziplinübergreifenden Ansatz strebt, der zunächst sehr breit konzipiert war; später jedoch kommt es nur noch zu Untersuchungen der Bevölkerungsentwicklung in städtischen Gebilden. Forschungen wurden verkürzt im Bereich der Raumplanung durchgeführt, weitgehend technokratisch angewandt und aus dem Bereich der Sozialwissenschaften fast völlig - bis hin zur Umbenennung - verdrängt.

3.3.3 Bedeutung gesellschaftlicher Institutionen im Rahmen der Humanökologie

In seinen Arbeiten behandelt McKenzie Fragen gesellschaftlicher Organisationen, denen er im Sinne einer übergreifenden humanökologischen Konzeption symbiotische Funktionen zuschreibt.

> »As a cultural animal man creates, within limitations, his own habitat. Symbiotic relations in human society represent adjustments to a cultural as well as to a bio-geographic setting.« (McKenzie 1934/1968: 41)

Ein solcher Prozeß kann als kulturelle und naturräumliche Akkommodation verstanden werden. Dabei unterstreicht er drei Faktoren:

> »The HUMAN Community, in its material or physical aspects, includes three basic factors: population, geographic habitat, and material culture.« (McKenzie 1934/1968: 33)

Neben der Bevölkerung und dem geographischen Standort ist es die materielle Kultur, worunter McKenzie die Technik sowie Transport- und Kommunikationsmittel versteht, die die sozialen Institutionen einer Gesellschaft prägen. Technologische Entwicklungen oder neue Transportwege können zu entscheidenden Voraussetzungen für die Anzahl der Bewohner und für die Bevölkerungsdichte einer Stadt werden. Die Technik wird damit Bestandteil von Umweltfaktoren, die soziale Prozesse und die Organisation einer Gesellschaft zu formieren vermag.

> »The growth of material culture has at once necessitated and facilitated the rise of social institutions. The machines, mechanical energy, and other technological achievements of civilization have required spatially established centers for their accumulation and use. Thus the institution has acquired a physical structure and a definite locus in space. It likewise has a continuum in time which is not identical with that of its operative personnel. It is less mobile than the individual and less stable than the community, and it has come to constitute the fundamental unit in the ecological organization of modern society.« (McKenzie 1936/1968: 105)

Betont wird die Verflechtung materieller Aspekte, die den Institutionen als soziokulturelle Gebilde inhärent geworden sind. Insbesondere im Prozeß der Industrialisierung und des Ausbaus von Transportmitteln bildet die Akkommodation lokaler Institutionen das Beziehungsgefüge, das er »ecological organization« nennt. Damit kann die Kultur einer Gesellschaft als eine Symbiose zwischen der physischen Umwelt und der materiellen Kultur gesehen werden, die sich in den sozialen Institutionen manifestiert. Forschungen auf dem Gebiet gesellschaftlicher Organisation und Institutionen (»ecology of institutions«) werden damit als zentrale Aufgabe der Humanökologie formuliert. Untersuchungen von Institutionen und Organisationen sind vorwiegend sozialwissenschaftliche oder soziologische Themen, die keine Parallelen in der Biologie bzw. der Ökologie von Pflanzen und Tieren finden. Wenn McKenzie dennoch von »ecological institutions« und »ecological organization« im Rahmen der Humanökologie spricht, dann geht es ihm darum, diese sozialen Gebilde nicht aus sich selbst heraus quasi sui generis zu erklären, sondern in ihrer Beziehung zur Umwelt (der physikalisch-biologischen) und zur technologischen Entwicklung in einem interdisziplinären Ansatz zu verfolgen.

> »While every institution is a cultural form that has become established in the habits and attitudes of the social group, for my present purpose I wish to emphasize the symbiotic rather than the social aspects.« (McKenzie 1936/1968: 105)

Damit unterstreicht McKenzie die Beziehung von Institutionen zur Umwelt. Unter symbiotischen Aspekten können Interaktionsprozesse und das akkommodative Arrangement einer Gesellschaft verstanden werden. Doch mit dem Begriff »Symbiose« klingen auch Konnotationen zu harmonischen Gleichgewichtszuständen an. Denkbar ist, daß auch ein solches theoretisches Konstrukt Erklärungen dafür bieten kann, daß Auseinandersetzungen und Interaktionen der Mensch-Umwelt-Beziehung explosiv und konfliktträchtig bis zerstörerisch ablaufen können. Normativ gedacht lassen sich Kriege, Revolutionen und Umweltzerstörung als Ausdruck nicht gelungener Symbiosen bzw. Akkommodationsprozesse interpretieren. Das Klimax-Konzept der Ökologie mag bei McKenzie mitschwingen, aber das Modell eines Gleichgewichtszustands in der Natur ist unter Ökologen selbst umstritten. Ökologische Untersuchungen beruhen auch auf Modellen, die nicht zuletzt durch sozialwissenschaftlich-philosophische Weltbilder der historischen Entwicklung zu positiven Zuständen geprägt wurden. Konflikttheoretische Ansätze können sowohl als Entgegnung zu biologischen Modellen (Geistes- und Sozialwissenschaften contra Naturwissenschaften) als auch im Gleichklang mit biologischen Modellen entwickelt werden, sofern sie sich kritisch mit dem Harmoniemodell in der Natur befassen (Kritik am Klimax-Konzept, vgl. Drouin 1989 und Abschnitt A I 5).

Dem theoretischen Modell der Humanökologie von Park und Burgess zufolge sind Interaktionsprozesse der Mensch-Umwelt-Beziehung, die sie unter der Bezeichnung »accommodation« anführen, weitaus offener skizziert worden. In ihren Ausführungen ist ein stärkerer konflikttheoretischer Ansatz erkennbar, als dies in den Arbeiten von McKenzie zum Ausdruck kommt.

3.4 Akkommodation als humanökologischer Fachterminus

Mit der Abgrenzung zu biologischen Prozessen in der Pflanzen- und Tierökologie gewinnt die Humanökologie und auch der Begriff Akkommodation an Profil. Damit wird deutlich, daß mit der begrifflichen Klarstellung bei Park/Burgess und der Betonung ökologischer Institutionen bei McKenzie bewußte inhaltlich-konzeptionelle Überlegungen in Richtung auf eine sozialwissenschaftliche Formulierung des Untersuchungsbereichs der Humanökologie verbunden sind. In Abgrenzung zur Ökologie der Pflanzen und Tiere heißt es:

> »But human societies, although providing for the expression of original tendencies, are organized about tradition, mores, collective representations, in short, *consensus*. And consensus represents, not biological adaptations, but social accommodations.« (Park/Burgess 1921/1969: 664)

Ein solcher Konsens, der auf Lernprozessen und Traditionen beruht, ist originär menschlicher und damit kultureller Natur. Unter Akkommodation wird, nach den Ausführungen von Park und Burgess, die gesellschaftliche Organisation und Arbeitsteilung verstanden.

> »As a result of the existing world-wide division of labor, man's relation to his physical environment has been mediated through the intervention of other men. The exchange of goods and services have co-operated to emancipate him from dependence upon his local habitat.« (Park 1936/1952: 156)

Akkommodation ist ein Modus vivendi, ein Kompromiß zwischen den Gesellschaftsmitgliedern, der für den Zeitraum seiner (temporären) Gültigkeit Individuen oder Gruppen einen bestimmten Status innerhalb der Gesellschaft zuerkennt. Mit Akkommodation wird eine labile soziale Ordnung beschrieben. In ihren theoretischen Überlegungen gehen Park und Burgess von Widersprüchen und Konflikten aus, die zwar von der Gesellschaft kontrolliert werden können, als latente Kraft aber weiterwirken. Ein hergestellter Konsens unter den Gesellschaftsmitgliedern kann daher auch immer wieder in Frage gestellt und umgestoßen werden.

> »With a change in the situation, the adjustment that had hitherto successfully held in control the antagonistic forces fails. There is confusion and unrest which may issue in open conflict. Conflict, whether a war or a strike or a mere exchange of polite innuendoes, invariably issues in a new accommodation or social order, which in general involves a changed status in the relations among the participants. It is only with assimilation that this antagonism, latent in the organization of individuals or groups, is likely to be wholly dissolved.« (Park/Burgess 1921/1969: 665)

Nur wenn es zur Assimilation kommt, so Park und Burgess, ist davon auszugehen, daß die Antagonismen sich auflösen. In diesem Ansatz treten Konflikte, wie sie durch die Beispiele angedeutet werden, zwischen Ländern, innerhalb eines Landes zwischen gesellschaftlichen Gruppen, aber auch auf der Ebene zwischenmenschlicher Beziehungen auf, die dann einer Neudefinition der Beziehungen sowie eines neuen akkommodativen Arrangements bedürfen.

Joas (1988: 434), der bei Park eine Überleitung vom »ecological order« zum »moral order« als evolutionistisch und einen deterministischen Ansatz in Richtung auf Assimilation sieht, kann ich nicht beipflichten: zum einen, weil zwischen der biologischen Anpassung und dem gesellschaftlichen Prozeß der Akkommodation, dessen Grundlage im Konflikt und in Antagonismen liegt, sehr genau unterschieden wird. Zum anderen werden im humanökologischen Ansatz die Mensch-Umwelt-Beziehungen nach vier Ordnungsprinzipien unterschieden. Diese werden wie folgt unterteilt:

1. »ecological order«,
2. »economical order«,
3. »political order« und schließlich
4. »moral order« (Park 1936: 175 f.).

Diese Ordnungsprinzipien beinhalten nach Park eine zunehmende Einschränkung der individuellen Freiheit. Sie sind meines Erachtens als analytische Dimensionen einer humanökologischen Untersuchung zu betrachten (vgl. Park 1932/1952: 157 f. und Abschnitt B 1). Joas hingegen sieht hierin eine evolutionistische Entwicklungslinie, die kaum Bestand haben kann, da diese ökologischen und kulturellen Dimensionen in allen menschlichen Gesellschaften bestehen und nicht prozeßhaft ersetzt oder abgelöst werden können - es sei denn, wir nähmen an, daß im Prozeß gesellschaftlicher Entwicklung (zum Beispiel Industrialisierung) ökologische Gesetze außer Kraft gesetzt werden. Dies mag ein Postulat der Modernisierungstheorien und Fortschrittsideologien gewesen sein, denen gegenüber sich Park jedoch sehr skeptisch und reserviert äußert. Gegen eine evolutionistische und für eine analytische Interpretation dieser Ordnungsprinzipien spricht auch, daß die individuelle Freiheit nach Park im »moral order« eingeschränkt und nicht erweitert wird, was den Fortschrittstheorien als Freiheits- und Autonomietheorien widerspricht (vgl. Abschnitt B 1).

Auch sind Anmerkungen zur Assimilation nicht unbedingt deterministisch festzumachen. Sie lassen sich auch als Konjunktiv und nicht nur als Imperativ lesen im Sinne von: »Nur wenn es zur Assimilation kommt, könnten sich die Konflikte lösen.« Wenn es aber nicht dazu kommt, dann besteht eine latente Konfliktsituation, zum Beispiel zwischen weißer und schwarzer Bevölkerung. Das labile Arrangement kann damit auch immer wieder umgestoßen werden, womit es wohl auch eher der bestehenden Realität entspricht. Park hofft zwar, daß mit zunehmender weltweiter Arbeitsteilung und Kommunikation friedliche Lösungen von Konflikten begünstigt werden; doch ist seine Haltung zum Fortschritt, wie bereits angedeutet, durchaus ambivalent. Einerseits gibt es Passagen in der »Grünen Bibel«, aus denen Prognosen zu friedlichen Formen der Akkommodation zu entnehmen sind, andererseits werden diesbezügliche Ausführungen immer wieder mit gewissen skeptischen Anmerkungen versehen, zum Beispiel mit dem Verweis auf Simmels Analyse über Krieg und Frieden (Park/Burgess 1921/1969: 669 f.).

Gegen die Behauptung, die Humanökologie nach Park sei biologistisch, spricht die besondere Betonung der Kultur, der Akkommodation als spezifisch menschliche Form der Auseinandersetzung mit der Natur, die Kritik an Darwins Evolutionsmodell sowie Stellungnahmen zum Fortschritt. Für Park und Burgess ist die Frage eines humanökologischen Wandels nicht deterministisch festgelegt. Ihrer Auffassung nach hat die Einstellung zum Fortschritt mit den geschichtsphilosophischen Arbeiten und Theorien aus dem 18. und 19. Jahrhundert die Form eines Glaubensbekenntnisses mit einem Hang zum Aberglauben angenommen.

> »The superstition of progress had the singular good fortune to enslave at least three philosophies - those of Hegel, of Comte, and of Darwin.«[15] (Park/Burgess 1921/1969: 959)

> »The conception of progress, if a superstition, is one of recent origin. It was not until the eighteenth century that it gained general acceptance and became part of what Inge describes as the popular religion. The conception which it replaced was that of providence.« (ebenda, S. 960)[16]

Wichtig ist ferner, daß Park und Burgess von »locomotion« (Bewegung) und nicht von »development« oder »progress« zu einer höheren Stufe der Entwicklung auf vorgeschriebenen Bahnen sprechen. Sie sind zurückhaltend mit Bewertungen, die mit einem Begriff wie Fortschritt einhergehen, und im Gebrauch dieses Wortes, wenn auch nicht explizit, so doch bereits unterschwellig mitschwingen (vgl. auch Kapitel über »progress« bei Park/Burgess 1921/1969: 953 ff.)

Im Lichte der neuen ökologischen und pazifistischen Bewegung dürften die Arbeiten der Gründer der Humanökologie auch eine neue Aufmerksamkeit finden, wie sie noch vor einigen Jahren undenkbar gewesen wäre. Ihre kritischen Anmerkungen zum Fortschritt aus dem Jahre 1921 sind beachtenswert und haben kaum etwas an Aktualität verloren.

---

15 Dabei wird auf folgende Quelle verwiesen: W. R. Inge: *The Idea of Progress*. The Romanes Lecture. Oxford 1920, p. 9.

16 Wenn die Idee von »progress« jene der Vorsehung ersetzte, dann ließe sich auch aus diesen Gedanken der Einfluß des Protestantismus auf die neue Religion des Fortschritts ableiten, und dies ohne daß Park und Burgess sich auf Webers »Protestantische Ethik« beziehen.

»Whether the invention is a new plow or a new six-inch gun we accept it as an evidence of progress if it does the work for which it is intended more efficiently than any previous device. In no region of human life have we made greater progress than in the manufacture of weapons of destruction.

Not everyone would be willing to admit that progress in weapons of warfare represents 'real' progress. That is because some people do not admit the necessity of war.« (ebenda, S. 955)

Park vertritt auch eher eine Zyklentheorie der Geschichte (vgl. auch Fußnote von McKenzie 1924/1968: 4 zur Definition der »human ecology«, behandelt in Abschnitt A II 2.2). Er betont an vielen Stellen das Auf und Ab der Zivilisationen. In seinem theoretischen Konzept beruht das akkommodative Arrangement innerhalb der Gesellschaft auf einem zeitlich befristeten labilen Konsens, um die bestehenden Konflikte zu bewältigen. Die jeweils gefundenen und bestehenden akkommodativen Organisationsformen einer Gesellschaft bieten jedoch keinen stabilen Gleichgewichtszustand. Dies wurde seinerzeit noch für die Bioökologie postuliert.

Aus den vorangegangenen Ausführungen sollte deutlich werden, daß die Verurteilung der Humanökologie als biologistisch nicht pauschal zutreffend, teilweise sogar unberechtigt und verfehlt ist. Naturwissenschaftlich-biologische Modelle mögen weit stärker dort Pate gestanden haben, wo sie kaum Erwähnung finden, stillschweigend jedoch als Grundlage sozialwissenschaftlicher Modell- und Theoriekonstruktion (Spencer und darauf aufbauende Ansätze) zur Anwendung gelangten, ohne die Vorbilder jeweils gesondert auszuweisen und differenzierte Abgrenzungen vorzunehmen.[17]

17 Ähnliches gilt auch für die Verurteilung der Humanökologie als ethnozentrisch. Gewisse, als imperialistisch zu bezeichnende Züge sind, wie Joas kritisiert, nicht ganz abzustreiten. Ein solcher Vorwurf aber wird wohl (globale) soziologische Theorien mit universellem Anspruch, wie überhaupt die Soziologie insgesamt, treffen. Bereits durch ihre gesellschaftlich geprägte Entstehungsgeschichte, dem kulturell geprägten Weltbild und nicht zuletzt aufgrund ihrer sprachlich gebundenen Begrifflichkeit sind sozialwissenschaftliche Modelle ethnozentrisch (vgl. Douglas 1970/1973, Bendix 1979). Dies tritt offenkundiger bei Entwicklungstheorien, beginnend bei Condorcet, Comte über Marx bis Elias und den Modernisierungstheorien, hervor; sie sind aber auch den Grundbegriffen und den analytischen Kategorien des sozialen Handelns bei Weber und Habermas inhärent (Teherani-Krönner 1982b).

4. Schlußfolgerungen aus der begrifflichen Spezifizierung

Ein ständiger Wechsel zwischen Konflikt und Konsens auf allen Ebenen der Interaktion und Organisation der Gesellschaft steht mit dem Begriff »accommodation« (Akkommodation) in enger Verbindung und kann als allgemeines Prinzip (Grundannahme) der Humanökologie zu ihrer Gründungszeit verstanden werden. Damit wird ein konflikttheoretischer Ansatz skizziert, der auch den Marx'schen Klassenkonflikt umfaßt, Probleme, Spannungen und gesellschaftliche Widersprüche jedoch nicht besonders gewichtet. Es findet keine Reduzierung oder kausale Zurückführung auf materielle Widersprüche allein statt, vielmehr werden Konflikte in einer sehr verallgemeinernden Form als Grundlage von Interaktionen (bzw. Akkommodation) der Mensch-Umwelt-Beziehung dargestellt. Dies ist der Grund, weshalb Janowitz die konflikttheoretische Dimension der »Grünen Bibel« von Park und Burgess hervorhebt. Damit möchte er den Vorwurf gegenüber der amerikanischen Soziologie zurückweisen, sie sei nur auf Ordnungsmodelle und Gleichgewicht (Parsons) hin konzipiert worden.

> »Nevertheless, this volume is a powerful refutation of the argument that the American sociological tradition avoided a concern with the analysis of conflict. In the approach that Park and Burgess were striving to construct, the notion of interaction is crucial. It is the counterpart of Parsons' theory of action. It is not merely a social psychological term connected with the subjective definition of the self, as derived from the writings of George Herbert Mead. Interaction is a process to be seen at all the levels of sociological analysis: ecological, social organizational, and the normative as well.« (Janowitz 1969: VIII)

Damit umfaßt das humanökologische Akkommodationsmodell, das sich auf Konflikt und Konsens gründet, eine soziologische Analyse von Interaktionsprozessen sowohl auf der individuellen als auch der kollektiven Ebene (»social organizational, and the normative«), aber auch der Gesellschaft-Natur-Beziehung (»ecological analysis«).

Mithilfe der als vorläufig gedachten Definition der Humanökologie von McKenzie wurden zwar zahlreiche empirische Untersuchungen durchgeführt, die McKenzie selbst jedoch später als »vertane Mühe« und als unfruchtbar ansah.

> »While this simple, lucid statement inspired a great amount of empirical investigation, the effect it had in causing human ecology to be regarded as little more than a descriptive study of spatial distributions led its author to

> reappraise it as a misplacement of emphasis. Attention to spatial patterns, as McKenzie later recorded in his notes, should be subordinate and incidental to the analysis of sustenance relations.« (Hawley 1968: XIII f.)

Um so verwunderlicher ist es, daß Hawley an anderer Stelle die räumliche Strukturierung der Gesellschaft als zentrales Anliegen der Sozialökologie (»human ecology«) ausgibt:

> »Mit nur wenigen Ausnahmen beziehen sich alle Hypothesen auf den einen oder anderen Zug räumlicher Verteilung oder Strukturierung.« (Hawley 1962/1974: 54)

Dies mag für eine verengte Perspektive der Sozialökologie zutreffen; mit einer solchen Simplifizierung kann jedoch dem Beziehungszusammenhang der Humanökologie, der Akkommodation von Mensch und Natur, nicht Rechnung getragen werden. Zwar gab es diesen raumbezogenen Aspekt, insbesondere in den späteren Arbeiten, doch ging es Park gerade darum, die Ökologie als Beziehung zwischen den Menschen und ihrer Umwelt mit ihren Sozialstrukturen und ihren kulturellen Prägungen in raumzeitlichen Bezügen zu erfassen und zu verstehen.

Aus der vorangegangenen Betrachtung der »human ecology«, ihrer Begrifflichkeit und theoretisch-konzeptionellen Analysedimensionen bleibt festzuhalten, daß bereits bei der zunächst unproblematisch erscheinenden Übernahme einer Definition für Humanökologie und deren genauerer Überprüfung eine ganze Lawine soziologischer Grundannahmen ins Rollen gerät. Die zu bemängelnden Punkte lassen sich wie folgt zusammenfassen:

1. Der Begriff »human ecology« (Humanökologie) wurde in deutschsprachigen Übersetzungen in »Sozialökologie« umbenannt.
2. Eine als vorläufig bezeichnete Beschreibung der »human ecology« wurde als Definition verkürzt übernommen.
3. Eine wichtige Fußnote mit Ausführungen zur zeitlichen Begrenztheit sozialer Prozesse bzw. der Zeit, die als zyklisch angesehen wurde, wurde einfach weggelassen.
4. Die genaue Differenzierung und Abgrenzung der Humanökologie zu biologischen Prozessen der Ökologie von Tieren und Pflanzen wurde unterschlagen.
5. Ausführungen zu bedeutenden Kategorien wie Konflikt und Konsens auf allen Ebenen der Interaktion der Mensch-Umwelt-Beziehung wurden stillschweigend ausgeblendet.

6. Kritische Äußerungen gegenüber der Evolutionstheorie von Darwin wie auch gegenüber dem Fortschritt und den darauf gründenden Gesellschaftstheorien wurden übergangen und verdrängt. Liegt hierin gar der Grund für eine unausgesprochene Ablehnung des Begriffes »Akkommodation« bis hin zur Vermeidung selbst des Ausdrucks »Humanökologie«?
7. Der Begriff »accommodation«, der sich als soziologischer Fachausdruck mit inhaltlichen Bestimmungen herausstellt, wurde in »adaptation« umgewandelt, der für den Bereich der Biologie ausgewiesen ist.
8. Durch das Ausschalten von »Akkommodation«, einem wichtigen Schlüsselbegriff der Humanökologie, wurde eine ganze Kette von theoretisch konzeptionellen, hieran anknüpfenden Überlegungen radikal abgeschnitten.

Eine solche Summierung von Mißverständnissen bis hin zu Fehlübersetzungen kann nur damit erklärt werden, daß die »Grüne Bibel«, wie die Arbeit von Park und Burgess aus dem Jahre 1921 sinnigerweise unter den amerikanischen Studenten bezeichnet wurde, wahrscheinlich in der Nachkriegs-Soziologie nicht wirklich zur Kenntnis genommen bzw. übergangen wurde, da sie nicht mehr ins Weltbild paßte - auch wenn der Verweis auf diese Arbeit nicht fehlt (vgl. auch Joas 1988). Der Vorwurf der Mißachtung einer differenzierten Betrachtung des Begriffs »accommodation« und der »adaptation« für die Humanökologie taucht nicht nur in den deutschsprachigen Rezeptionen auf, sondern trifft auf Duncan (1959) zu, wenngleich Duncan darum bemüht ist, den Begriff »human ecology« in den deutschsprachigen Texten als »Humanökologie« zu übersetzen und auf die Wechselwirkungen des ökologischen Komplexes zu verweisen (Duncan 1959, vgl. auch Mackensen 1978: 172, Fußnote). Dies hängt damit zusammen, daß der soziologischen, mehr theoretisch-konzeptionellen Leistung der Gründer der Humanökologie zu wenig Beachtung geschenkt und sie zu leicht als »biologistisch« abgetan wurde und wird. Die vermutete Nähe zu sozialdarwinistischen Ansätzen führte zu einem Tabu, das sich als Barriere für eine genauere Lektüre entpuppt.

Ich schlage daher keine Neuübersetzung der zuvor erwähnten Beschreibung von »human ecology« vor, sondern plädiere für die Beibehaltung der Bezeichnung »Humanökologie« für die Forschungstradition der Chicagoer Schule. Es erscheint wenig sinnvoll, eine »korrekte« Übersetzung der Definition von Humanökologie von McKenzie vorzunehmen, die von seiten des Autors selbst zum einen nur als vorläufige bezeichnet und zum anderen auch eine Vielzahl von Mißverständnissen nicht nur in der Übersetzung verursacht hat. Wichtiger aber ist meines Erachtens die Einführung bzw. Wiederbelebung und Weiterentwicklung des Begriffs »accommodation«, also Akkommodation für die Untersuchung der Mensch-Umwelt-Beziehung. Dieser in der Humanökologie der Gründerzeit sich herauskristallisierte Fachausdruck kann auch für eine neue Phase der Humanökologie fruchtbar sein.

In der soziologischen Forschung wurde lange Zeit die Interaktion der Gesellschaft mit der Naturumwelt (Ökologie) nicht als Thema behandelt. Damit erschien der Fachterminus »Akkommodation« der Humanökologie für sozialwissenschaftliche Analysen nicht relevant. Er konnte sich nicht durchsetzen, wurde verdrängt und ist in Vergessenheit geraten. Diesem Begriff bzw. dem damit verbundenen Sachverhalt wird jedoch im Rahmen einer sich erst formierenden Umweltsoziologie eine Schlüsselfunktion zukommen. Denkbar ist ferner, daß Akkommodation als bisher verkannte Dimension des Handelns eingeführt und als Ergänzung zu Kategorien sozialen Handelns aufgenommen wird (vgl. Teil B).

5. Beitrag der Humanökologie der Chicagoer Schule zur Umweltsoziologie

In den Anfängen der Humanökologie 1, zu Beginn dieses Jahrhunderts, jener Zeit turbulenter Entwicklungen in städtischen Ballungszentren, wurden die verheerenden Lebensbedingungen als Ausdruck eines fortwährenden »Kampfes ums Dasein«[18] gedeutet. Es ging dabei auch um Auseinandersetzungen über Machtstrukturen, d. h. um die Durchsetzung staatlicher Gewalt, die außer Kontrolle geraten war. Mit der Erforschung von Gesetzmäßigkeiten sollte die Möglichkeit zum Ergreifen von kurativen Maßnahmen zur Behebung der Probleme, insbesondere aber auch zur Wiederherstellung geregelter administrativer Strukturen, geschaffen werden. Die-

18 »Die alte kirchlich-mittelalterliche Benennung unserer Erde als 'Tal der Tränen' ist unlängst aus unserem Sprachgebrauch verschwunden, wie auch die nur aus dem vorigen Jahrhundert stammende Redeweise vom 'Kampf ums Dasein', dank dem 'sozialen Netz' und Verwandtem.« (Mann 1991: 62)

ses staatlich-administrative Interesse bestimmte in der Folgezeit die Schwerpunktsetzung der Humanökologie (den Ausbau der Stadt- und Regionalplanung). Der verstärkte Ausbau dieses Stranges der Humanökologie ist nicht zuletzt der (finanziellen) Förderung, die sie von staatlicher Seite erfahren hat, zuzuschreiben. Dadurch hat sich eine eher technokratische und instrumentelle Herangehensweise durchgesetzt, die den Ausbau quantitativer Erhebungsinstrumente in den Folgearbeiten stärker forcierte, als nach den frühen Arbeiten von Park und Burgess zu erwarten gewesen wäre.

Offensichtlich hat der raumbezogene erste Fragenkomplex von Park (Park 1916/1925) mehr Beachtung gefunden als Fragen bezüglich der Interaktion und der soziokulturellen Dimensionen der Akkommodation, die weitaus aufwendiger und komplizierter zu studieren wären und vielleicht durch Mangel an Zeit und erforderlichen Finanzmitteln vernachlässigt worden sind.

Da die Humanökologie weit größere Resonanz bei raum-, bevölkerungs- und ingenieurwissenschaftlichen Disziplinen als in der Soziologie fand, wurde sie im Sinne dieser Forschungsrichtungen geformt und weitergeführt, der sozialwissenschaftlich-soziologische Kontext - das Zusammenwirken des »ecological, economical, political and moral order« - jedoch nicht mehr in den Vordergrund gestellt. Arbeiten, die nur die anfänglichen Fragestellungen und Hypothesen von Park über die Entwicklung der Stadt bearbeiteten und überprüften oder neu formulierten, mußten zu der Erkenntnis gelangen, daß auch die Entwicklung der Städte einem ständigen Wandel unterliegt. Doch Feststellungen, wie sie zum Beispiel für die Struktur der Städte in den Vereinigten Staaten um 1920 und 1930 zutreffend waren, konnten - den eigenen Aussagen von Park, Burgess und McKenzie entsprechend - nur von temporärer Gültigkeit sein (vgl. Definition von Humanökologie bei McKenzie Abschnitt A II 2.2).

Zwar wird in den Ansätzen der Humanökologie 1 die Umweltgefährdung, die Ausschöpfung natürlicher Ressourcen, nicht explizit thematisiert, da sie sich zu jener Zeit noch nicht so deutlich zeigte. Dennoch sind die bio-geographische Dimension neben den kulturellen Aspekten in ein Beziehungsgewebe einbezogen und ein disziplinübergreifender Ansatz skizziert worden. Park verweist auf Gefährdungen, die im Zuge der technologischen Entwicklung entstehen können, zum Beispiel durch die Expansion militärischer Arsenale, die er nicht so ohne weiteres unter dem

Begriff Fortschritt subsumieren möchte, und auf die Vernichtung von Naturvölkern.

Auch Hawley bringt Beispiele dafür, daß der Eingriff in Naturräume bestehende Gleichgewichte zerstören kann, dessen Folgen nicht von vornherein abschätzbar sind. Er erwähnt die Einfuhr von Kaninchen nach Australien und Neuseeland, die sich in kürzester Zeit so stark vermehrten, daß die Weideflächen abgegrast und damit die Lebensgrundlage mehrerer tausend Schafe zerstört wurde (Hawley 1950: 50).

Bereits in den zwanziger Jahren gab es eine Welle von Kritik an der kulturellen Entwicklung der industrialisierten Gesellschaften, die sich auch in den Sozialwissenschaften niederschlug. Diese eher kulturpessimistischen Ansätze sind jedoch, insbesondere nach dem Zweiten Weltkrieg, in einer Aufbruchphase zur Wiederherstellung der materiellen Ausstattung der Gesellschaft dem technologischen Fortschritt im Modernisierungsrausch und den daraufhin tonangebenden globalen Theorien des sozialen Wandels gewichen. Diese sind weit stärker evolutionistisch geprägt als das theoretische Konzept der Humanökologie, die die Ökologie und damit den Bezug zur Naturumwelt als gesellschaftlich relevantes, konkret erfaßbares Untersuchungsfeld und als analytische Kategorie einführt. Die physikalisch-biologische Umwelt wird im theoretischen Ansatz der Humanökologie als wichtige Dimension sozialwissenschaftlicher Forschung einbezogen und ernst genommen. Hierin ist auch ihr Beitrag zu einer Umweltsoziologie zu sehen.

Der Kulturpessimismus der zwanziger Jahre und die kritische Haltung gegenüber dem Fortschritt dürften auf einer neuen Ebene auch die Humanökologie 2 des ausgehenden 20. Jahrhunderts kennzeichnen. Die Skepsis gegenüber vielen technologischen »Errungenschaften« wächst, zum einen da Umweltbelastungen wahrnehmbar geworden sind, zum anderen weil die Folgen für die Gesundheit des Menschen und für die Natur - zum Beispiel im Falle der Gentechnologie, des Einsatzes von Pestiziden, aber auch der Gebrauch von Düngemitteln - in ihrem vollen Umfang nicht überschaubar sind. Eingriffe in den Naturhaushalt ziehen Belastung und Zerstörung der Umwelt nach sich, die für das Ökosystem (Aussterben von Arten) und - wie mittlerweile erkennbar wird - auch für die Biosphäre (das Ozonloch) bereits zu irreversiblen Schäden geführt haben.

Abgesehen von den am Anfang des Jahrhunderts nicht erkennbaren und daher nicht einbezogenen Gefahren für den Erhalt natürlicher Ressourcen bietet die Humanökologie 1 eine Reihe von positiv zu bewertenden Überlegungen und Anknüpfungspunkten. Sie sind zum Beispiel im Bemühen um einen interdisziplinären Forschungsansatz, aber auch in konkreten Forschungsanleitungen wie dem Fragenkomplex von Park bis hin zu präzisen begrifflichen Definitionen, die jedoch zwischenzeitlich sogar verfälscht wiedergegeben wurden, zu finden. Hierzu gehören auch das Aufgreifen der vier analytischen Dimensionen (»ecological, political, economical and moral order«) einer humanökologischen Untersuchung, die bei Duncan (1959) zum »ökologischen Komplex« geführt haben (vgl. Abschnitt B 1), genauso wie eine Aktualisierung und Spezifizierung bzw. Neuinterpretation von Akkommodation, wie sie in der vorliegenden Arbeit vorgeschlagen wird.

Arbeiten der Gründer der Chicagoer Schule fanden in der Nachkriegs-Soziologie kaum Beachtung. Der Weg zu diesen Quellen war über weite Strecken durch die Bewertungen, die sie in den vorangegangenen Dekaden erfahren hatten, verbaut. In der Rezeption der Chicagoer Schule kommen viele theoretisch-konzeptionelle Aspekte bis hin zu begrifflichen Spezifizierungen nicht zum Zuge, da sie eben nicht im »main stream« sozialwissenschaftlicher Forschung lagen. Insgesamt, so meine ich, ist es auch deshalb zur Vernachlässigung, sogar zu Fehlinterpretationen und zur Mißachtung der Umweltdimensionen und den damit verbundenen Kategorien dieser Forschungstradition gekommen, da die »moderne Soziologie« der Nachkriegszeit der Tatsache, daß die industrielle Gesellschaft auch im Zeitalter der fortgeschrittenen Technikentwicklung an Naturgegebenheiten gebunden bleibt, keine Beachtung schenkte. Folglich erschienen Natur und Ökologie als ignorierbare Kategorien für gesellschaftswissenschaftliche Theorien. Ihre Berücksichtigung bzw. Einbeziehung in sozialwissenschaftliche Konzepte wurde in der Euphorie des Fortschritts als eher störend empfunden. Auch paßte eine kulturpessimistische Haltung nicht zu einer expandierenden, sich von naturräumlich-ökologischen Grundlagen freisprechenden »modernen« Gesellschaft und den diesbezüglichen Theorien.

Die insgesamt sehr reservierte Haltung von Park und Burgess gegenüber dem Fortschritt mag ein Grund dafür sein, warum diese Werke in den späteren soziologischen Arbeiten mit universellem Anspruch, insbesondere in jenen der Modernisierungstheorien (bzw. Entwicklungstheorien), die sich dem »Fortschritt« der industriellen und der »Rückständigkeit« der anderen Gesellschaften widmeten, nicht berücksichtigt wurden. Daher auch wird in der Rezeption humanökologischer Arbeiten ein Mangel an theoretischer Generalisierung konstatiert (Joas 1988: 434 f.).

Die Humanökologie der Chicagoer Schule ist als sozialwissenschaftlicher Ansatz der Untersuchung von Mensch-Umwelt-Beziehungen über das empirische Feld der Stadtuntersuchungen hinaus für eine Umweltsoziologie relevant, da sie konzeptionell die (biologisch-physikalische) Umwelt (»ecological order«) als wichtige Komponente sozialer Prozesse erkannt und thematisch wie theoretisch aufgegriffen hat.

Daran anknüpfend kann unterstrichen werden, daß soziale Prozesse nicht in einem natur-umweltleeren Raum (aökologisch) ablaufen. Wie in der Pflanzen- und Tierökologie bestehen auch für menschliche Gesellschaften Bindungen an naturräumliche Gegebenheiten und Grenzen der Belastbarkeit des Naturraums. Institutionelle Prozesse, wie sie im Rahmen einer neuen Humanökologie und Umweltsoziologie zu analysieren sind, werden Bindungen, Abhängigkeiten und Wechselwirkungen zur biologisch-physikalischen Umwelt zu berücksichtigen haben; sie können nicht als umwelt- und zeitunabhängig konzipiert werden.

Bisher jedoch tut sich die Soziologie schwer, ökologische Dimensionen in ihre theoretischen Konzepte aufzunehmen und zu integrieren oder gar Ansätze der Humanökologie der Chicagoer Schule gebührend zu würdigen. Sogar bei Joas, der für eine Neubewertung der Chicagoer Schule plädiert, wird trotz der Aktualität ökologischer Belastungen für die Gesellschaft die »human ecology« bei seiner Betrachtung eher ausgeklammert.

Im Rahmen sozialwissenschaftlicher Ansätze wurde die Naturumwelt höchstens in Theorien über »primitive Gesellschaften« von der Anthropologie oder der Ethnologie bei der Untersuchung von »Naturvölkern« als ein zu berücksichtigender Faktor thematisiert, nicht jedoch bei den Industriegesellschaften, den sogenannten modernen »Kulturvölkern« (Bargatzky 1986). Jedenfalls wurde die Natur zum Objekt der Exploration, das es technisch zu bezwingen galt, und damit zu einer Residualkategorie sozialwissenschaftlicher Reflexion. Die moderne industrielle Gesellschaft, die sich gerade in der Überwindung bzw. durch die Beherrschung der Natur auszuweisen verstand, ließ wenig Raum für einen sozialwissenschaftlichen

Ansatz der Mensch-Umwelt-Beziehung. Deshalb werden theoretisch-konzeptionelle Anregungen für eine neue humanökologische Diskussion in der Soziologie und den Sozialwissenschaften aus genau jenen Fachdisziplinen, nämlich der Anthropologie und Ethnologie, gewonnen, die die Beziehung zur Naturumwelt und Kultur auch zwischenzeitlich nicht verloren haben. Sie sind als wichtige Quelle zu Analysen und konzeptionellen Ansätzen der Untersuchung von Industriegesellschaften in Konfrontation mit entstandenen Umweltbelastungen hinzuzuziehen. Kennzeichnend ist, daß die meisten Beispiele in den neueren Arbeiten zur Humanökologie aus Fallstudien in nicht-industrialisierten Gesellschaften entnommen werden (vgl. Glaeser 1989). Es scheint, als ob ökologische und soziokulturelle Zusammenhänge von den Sozialwissenschaften in der fremden Kultur leichter erkannt werden. Oder besteht gegenüber der eigenen Gesellschaft eine gewisse kulturelle Blindheit?

Mit der anschließenden Untersuchung zum Landkreis Vechta kann gezeigt werden, daß Beispiele für humanökologische (kulturökologische) Wechselwirkungen der Mensch-Umwelt-Beziehung nicht nur in fernen Ländern zu finden sind. Doch bevor ein methodisches Instrumentarium zur Untersuchung von konkreten Umweltbelastungen im Bereich der Landwirtschaft erarbeitet wird, soll auf die Kulturökologie und die Ansätze der Anthropologie und Ethnologie verwiesen werden.

III. Perspektiven der Kulturökologie

1. Abgrenzung zur Humanökologie

Der Begriff »cultural ecology«, im weiteren »Kulturökologie« genannt, wird auf den Anthropologen Julian H. Steward zurückgeführt.[1] Steward hatte diesen Begriff zwar 1937 in seiner Arbeit »Ecological Aspects of Southwestern Society« aufgegriffen, eine Konkretisierung und Ausformulierung des neuen Forschungskonzepts aber erst in den fünfziger Jahren nach Abschluß seiner empirischen Untersuchungen vorgenommen (Bennett 1976: 24). Grundlagenwerk ist seine 1955 erschienene Publikation »Theory of Culture Change. The Methodology of Multilinear Evolution« (Steward 1955/1972). Die Kulturökologie soll nicht Fortsetzung oder Ergänzung zur Humanökologie sein, sondern sich bewußt von Arbeiten der Chicagoer Schule absetzen.

> »In order to distinguish the present purpose and method from those implied in the concepts of biological, human, and social ecology, the term cultural ecology is used.« (Steward 1955/1972: 30)

Kritisiert wird die zu starke Nähe der »human ecology« an biologische Modelle, wobei sich Steward vorwiegend auf Arbeiten von Hawley (1950) bezieht. Seine Abgrenzung zur Humanökologie begründet er wie folgt:

> »The problem of explaining man's cultural behavior is of a different order than that of explaining his biological evolution. Cultural patterns are not genetically derived and, therefore, cannot be analyzed in the same way as organic features. Although social ecologists are paying more and more attention to culture in their enquiries, an explanation of culture per se has not, so far as I can see, become their major objective.« (Steward 1955/1972: 32)

1 Bei Treinen (1978) wird die Bezeichnung »Kulturökologie« der Sozialgeographie (Hard 1973) entnommen und zur stärkeren Betonung der Symbolisierung räumlicher Umgebungen im Rahmen siedlungsökologischer Untersuchungen in der Tradition human- bzw. sozialökologischer Ansätze verwandt. Von Glaser (1978) wird wiederum »Kulturökologie« als neuer Terminus für Stadtentwicklungsplanung und Kulturpolitik eingeführt, worunter Fragen der Kulturtopographie, Kulturpsychologie und Kulturpädagogik behandelt werden. Demgegenüber wird in der vorliegenden Arbeit mit Kulturökologie - »cultural ecology« - eine Forschungsrichtung verstanden, die, eingebunden in anthropologische und ethnologische Traditionen, in der Nachfolge von Steward sich zunächst von der Humanökologie, aber auch von früheren kulturwissenschaftlichen Ansätzen bewußt absetzt.

Damit wird betont, daß das Konzept zur Untersuchung der Kultur oder des Kulturwandels ein anderes sein muß als das der Biologie. Die Begründung liegt in den Besonderheiten der Menschen in Vergleich zu Arten (vgl. auch »Human Exemptionalism«, Buttel 1987 und Tabelle A 3, S. 119), die einer differenzierten Betrachtung bedürfen. In der Biologie sind Gesetze der Evolution nach Steward universell anwendbar, unabhängig von den Spezies und physikalischen Umwelten. In den Sozialwissenschaften bestehen ähnliche Bemühungen, um universelle Gesetze des Kulturwandels ausfindig zu machen, diese jedoch können nicht durch biologische Modelle konzeptualisiert werden. Die Erklärungen ungleicher Verhaltensweisen in verschiedenen menschlichen Gesellschaften sind grundlegend anders als Probleme biologischer Evolution. Zu unterscheiden sind sowohl Fragen, die sich auf die organischen Funktionen und genetischen Variationen des Menschen als biologische Art beziehen, als auch Ermittlungen, die auf kulturelle Prozesse gerichtet sind. »Each requires its own concepts and methods.« (Steward 1955/1972: 31)

Damit plädiert Steward für eine differenzierte Betrachtung der Ökologie des Menschen, zum einen als Spezies eingebunden im »total web of life« (Darwin), zum anderen als Art mit kulturell-kommunikativer Tradition (vgl. auch Sieferle 1989: 46 f.). Die grundlegende Schwierigkeit sozialwissenschaftlicher Ökologiekonzepte - so Steward - liegt in der mangelnden Klarheit über die Interaktionen zwischen physikalisch-biologischen zu kulturellen Merkmalen einer lokalen oder territorialen Einheit.

Gegenüber humanökologischen Ansätzen der Mensch-Umwelt-Beziehung wird in der Kulturökologie eine besondere Gewichtung der Kultur vorgenommen.

> »Human beings do not react to the web of life solely through their genetically-derived organic equipment. Culture, rather than genetic potential for *adaptation, accommodation*, and survival, explains the nature of human societies.« (Steward 1955/1972: 32; Hervorhebung P T-K)

Diese Ausführungen lassen nun wiederum an die Definition der Begriffe »adaptation« und »accommodation« bei Park und Burgess erinnern, die genau aufgrund dieser hier aufgezeigten Unterschiede für eine terminologische Differenzierung und Klarstellung plädiert hatten (vgl. Teil A II.3). Auf diese begrifflichen Unterschiede, die im Rahmen der Humanökologie bereits behandelt wurden, geht Steward jedoch nicht gesondert ein. Wie aus dem vorangegangenen Zitat zu entnehmen ist, werden »adaptation«

und »accommodation« quasi synonym behandelt, wobei Steward in seinen Texten überwiegend den Begriff »adaptation« verwendet, obwohl er inhaltlich die von Park und Burgess vorgenommene Abgrenzung bestätigt. Seine Ausführungen zur Kulturökologie weisen auf die Notwendigkeit einer Unterscheidung zwischen einer biologischen Anpassung, »adaptation«, und der besonderen Form der kulturellen Auseinandersetzung der Menschen mit ihrer Umwelt im Sinne der zuvor ausführlich behandelten Definition von »accommodation« hin. Diese inhaltliche Differenzierung kennzeichnet den kulturökologischen Ansatz. Eine Unterscheidung zwischen Anpassung und Akkommodation, wie sie im Teil A II behandelt wurde, wird durch Arbeiten zur Kulturökologie verstärkt, auch wenn die Autoren (Steward 1955/1972, Bennett 1976, Sahlins 1964/1977) von dieser bereits Anfang des Jahrhunderts angebotenen terminologischen Klarstellung keinen Gebrauch machen und diesbezügliche Anmerkungen von Park und Burgess übersehen.

Kritisiert werden Arbeiten der Chicagoer Schule wegen der Verwendung eines Begriffs wie »human community« als Untersuchungseinheit in Analogie zur »community« von Pflanzen und Tieren. Auch für Steward ist diese Untersuchungseinheit »human community« zu allgemein gehalten und auf einer Abstraktionsebene angesiedelt, auf der sie bedeutungslos wird. Stoßrichtung der Kritik ist wiederum die zu starke Parallelität zu biologischen Modellen bei der Untersuchung von Großstädten, in denen die Befunde wie Zonierung, Sukzession, Gettobildung, aber auch Untersuchungen zur Delinquenz so gehandhabt werden, als ginge es um genetische Determinationen und quasi-biologische Prozesse. Erkenntnisse aus der Vielzahl von Arbeiten, so Steward, sind von begrenzter Tragweite und auf die spezifische Situation euro-amerikanischer Großstädte begrenzt.

> »They do not, however, necessarily throw any light on world-wide ecological urban adaptations, for in other cultures and periods city zoning followed very different culturally prescribed principles.« (Steward 1955/1972: 33)

Gegenüber der Human- bzw. Sozialökologie grenzt Steward seinen Ansatz ab, indem er auf originäre Eigenschaften der Kultur verweist, die einer historischen Betrachtung bedürften, wobei er sich auf anthropologische Forschungstraditionen berufen kann. Doch auch gegenüber kulturhistorischen und anthropologischen Arbeiten nimmt er eine Distanzierung vor, da er eine deterministische Ausrichtung in der Betonung entweder der Umwelt oder der Kultur nicht übernehmen möchte.

2. Abgrenzung zu anthropologischen Forschungstraditionen

Durch Hervorhebung der Kultur werden auf der einen Seite biologische Modelle zur Untersuchung der Mensch-Umwelt-Beziehung verworfen. Auf der anderen Seite wiederum stellt Steward die Unzulänglichkeiten von Ansätzen der Anthropologie und Ethnologie, die nur auf die Kultur und ihre historische Entwicklung hin orientiert sind, heraus und bemängelt die geringe Beachtung, die »Kulturalisten« der Umwelt und ihren Potentialen geschenkt haben. Gleichzeitig soll sich aber der kulturökologische Ansatz auch vom Umweltdeterminismus früherer anthropologischer Arbeiten absetzen, die die naturräumlichen Gegebenheiten als ausschlaggebend für unterschiedliche kulturelle Entwicklungen ansehen.

Der kulturökologische Ansatz bei Steward und die auf ihn aufbauenden Arbeiten definieren sich damit zunächst in Abgrenzung zu einer Reihe vorangegangener Arbeiten sozial- und kulturwissenschaftlicher Forschungstraditionen, wie sie im folgenden kurz skizziert werden. Dabei geht es zunächst einmal um eine Bestimmung dessen, was die Kulturökologie nicht sein will.

> »Cultural ecology differs from human and social ecology in seeking to explain the origin of particular cultural features and patterns which characterize different areas rather than to derive general principles applicable to any cultural-environmental situation. It differs from the relativistic and neo-evolutionist conceptions of culture history in that it introduces the local environment as the extracultural factor in the fruitless assumption that culture comes from culture. Thus, cultural ecology presents both a problem and a method. The problem is to ascertain whether the adjustments of human societies to their environments require particular modes of behavior or whether they permit latitude for a certain range of possible behavior patterns. Phrased in this way, the problem also distinguishes cultural ecology from 'environmental determinism' and its related theory 'economic determinism' which are generally understood to contain their conclusions within the problem.« (Steward 1955/1972: 36 ff.)

2.1 Kritik am Umweltdeterminismus

Arbeiten, die im Rahmen der Stadtökologie von Habitat, Zonierung, Segregation, Sukzession und Klimax-Vorstellungen ausgehen, können im abstrakten Sinne unter der Rubrik »Umweltdeterminismus« eingeordnet werden, sofern soziale Prozesse als »adaptation to the environment« gedeutet werden und eine Parallelität zu biologischen Modellen und Prozessen gesucht wird. So jedenfalls könnte der Einwand von Steward gegenüber humanökologischen Arbeiten der Chicagoer Schule gelesen werden. Sehr viel konkreter ist jedoch der Bezug zur Natur-Umwelt in anthropologischen und geographischen (anthropo-geographischen) Arbeiten, die im engeren Sinne als umweltdeterministisch bezeichnet werden.

Im Rückblick auf die Geschichte der Anthropologie in den USA stellen Vayda und Rappaport (1968) fest, daß bis in die zwanziger Jahre die Umweltdeterministen bzw. die »Environmentalisten« eine dominante Rolle in der Anthropologie gespielt haben. Umweltbedingungen wurde eine starke Erklärungskraft für kulturelle Phänomene zugesprochen.[2] Nach Vayda und Rappaport distanzieren sich anthropologische Forschungen ab dieser Zeit von umweltdeterministischen Ansätzen; auch wird die Verbindung zur biologischen Forschung abgebrochen, die sich von da an insbesondere auf Fragen der Genetik konzentriert.

> »This development doubtless contributed to the alienation of cultural anthropology from biology, for what could be the relevance of the work in genetics to anthropologists if the distinctiveness of cultural phenomena lay in their transmission by non-genetic means?« (Vayda/Rappaport 1968: 493)

Dennoch blieb die Beziehung zwischen Umwelt und Kultur eine gerade die anthropologische Forschung stets begleitende Fragestellung. Zwar wurde der starre Reduktionismus auf Umweltfaktoren zurückgewiesen, jedoch in differenzierterer und eingeschränkterer Art im »possibilistischen Ansatz« beibehalten. In ihrer Arbeit »Environmental Limitation on the Development of Culture« schreibt Betty J. Meggers:

> »There are few anthropologists today who would disagree with the general statement that environment is an important conditioner of culture. However, efforts to establish the relationship more specifically seem to give negative results. The potentialities of a particular habitat can be seen reflected in the subsistance pattern, the material culture, and by extension, in the social and religious aspects of the culture that is exploiting it, but when cultures of simi-

---

2 So ist zum Beispiel in den Arbeiten von Huntington aus dem Jahre 1915 das Klima nicht nur bestimmend für Vegetation und Landnutzung, sondern beeinflußt die Physiologie und Psyche der Menschen (vgl. auch Vayda/Rappaport 1968: 480). Eine Klassifizierung von »cultural areas«, die 1917 von Wissler, American Museum of National History, vorgenommen wurde, unterscheidet zwischen neun nordamerikanisch-indianischen Kulturgebieten auf der Grundlage naturräumlicher Gegebenheiten (vgl. Vayda/Rappaport 1968: 481). In dieser Tradition wurde dann auch ein »cultural area file« in den USA aufgebaut, in dem umfangreiche Datensätze zu verschiedenen Gesellschaften zusammengebracht wurden (Murdock 1960).

lar subsistance patterns or general features are compared they are not found to occupy similar environments.« (Meggers 1954: 801)

Ausgehend von vier Typen von Regionen, die Meggers auf der Grundlage ihrer landwirtschaftlichen Potentiale klassifiziert, kommt sie zu dem Ergebnis, daß der Diffusion von Innovationen umweltbedingte Grenzen gesetzt sind. Als Schlußfolgerung hält sie fest:

»These were expressed in the form of a law: the level to which a culture can develop is dependent upon the agricultural potentiality of the environment it occupies . . .

Absence of a suitable source of diffusion can explain the failure of a culture to realize the potentiality of the environment it occupies, but where the environment is Type 1 oder Type 2, no amount of opportunity for diffusion can effect a cultural advance beyond the limitations set by the environment.« (Meggers 1954: 822)

Naturräumliche Bedingungen wurden als Ausgangspunkt zur Entwicklung bestimmter Gesellschaftsstrukturen angesehen, die zum Beispiel unter dem Themenkreis »Hydraulische Gesellschaften« bereits bei Marx (»Asiatische Produktionsweise«), Wittfogel (»Orientalische Despotie«), Bahro (»Die Alternative«) und anderen behandelt wurden. Dabei ist der Beitrag dieser Arbeiten insbesondere im Hinblick auf die Diskussion über unilineare oder multilineare Evolutionen gesellschaftlicher Entwicklungen hervorzuheben und nicht wie von Bargatzky, bezogen auf Wittfogels Arbeit, als umweltdeterministisch abzutun (vgl. Bargatzky 1986: 185 ff.).

Auch wenn umweltdeterministische und possibilistische Ansätze der Anthropologie in einigen kulturökologischen Arbeiten eine kritische Evaluierung erfahren (Steward, Bennett, Vayda/Rappaport), so bezieht sie sich vorwiegend auf den Reduktionismus bzw. die Linearität bei der Konstruktion von Ursache-Wirkungszusammenhängen. Die Bedeutung der Umwelt für kulturelle Prozesse wird ja gerade in der Arbeit von Steward und seinen Nachfolgern für die Kulturökologie besonders gewichtet. In der Betrachtung des Beziehungsgeflechts von Natur und Kultur ist dabei ein Trend vom Reduktionismus auf Umweltfaktoren zum Possibilismus[3] mit zum Teil unterschiedlicher Betonung kultureller Faktoren bis hin zum Probabilismus, wie er bei Steward anklingt, zu beobachten. Der kulturökologische Ansatz mit einer Wiederbetonung der Umwelt und Ökologie im

3 Mit »Possibilismus« sind kulturalistische Ansätze gemeint, die von der Dominanz der Kultur ausgehen (vgl. auch die Ausführungen zu Unzulänglichkeiten kulturalistischer Ansätze in Abschnitt A III 2.2).

Rahmen anthropologischer Forschung entsteht zunächst als Gegenposition zu extrem kulturalistischen Arbeiten. Dieser Gegenbewegung verdankt die amerikanische Archäologie und Ethnologie, nach Ansicht von Sahlins, einige ihrer besten Arbeiten.

»It is an idea of reciprocity, of a dialogue between cultures and their environments. The truism that cultures are *ways of life*, taken in a new light, is the ground premise - cultures are human *adaptations*.« (Sahlins 1964/1977: 215)

2.2 Unzulänglichkeiten kulturalistischer Ansätze

Kulturökologische Arbeiten formieren sich zum einen in Abgrenzung zu kulturalistischen Ansätzen, die sich nach den Ausführungen von Vayda und Rappaport ab den zwanziger Jahren in den USA in der anthropologischen Forschung mit der Betonung der ausschlaggebenden Rolle von Kultur durchgesetzt haben, zum anderen durch Distanzierung von biologischen Modellen. Dem Einfluß der Umwelt auf die Entwicklung von Kulturen wurde in kulturalistischen Arbeiten nur noch eine unbedeutende Rolle zugewiesen. Es geht um Auseinandersetzungen mit der These, daß kulturelle Entfaltungen fast unabhängig von Umweltbedingungen und damit uneingeschränkt stattfinden. Diese Debatte trug zur Entstehung des Kulturrelativismus bei, wie er sich im Rahmen der anthropologischen Forschung in den USA entwickeln konnte. Die Untersuchungen indianischer Völker machten deutlich, daß normative Beurteilungen soziokulturell geprägt und nicht für alle Menschen gültig sind.

»It was in America, then, that the theorists themselves also had close experience with a profusion of exotic languages, cultures, and peoples. And it was the combination of European liberal traditions and American cross-cultural experience that may be responsible for what we think of as 'cultural relativism.' This phrase became associated with anthropology in the nineteen-twenties, when we recognized that Western man's judgement of what is right and wrong derive from our culture, and thus is not eternally valid for the species.« (Tax 1964/1977: 9)

Bezweifelt wird nicht diese Feststellung über unterschiedliche kulturelle Erscheinungen und normative Systeme, sondern vielmehr die fehlende Erklärung zu solchen Befunden, die Steward kritisiert.

»The cultural-historical approach is, however, also one of relativism. Since cultural differences are not directly attributable to environmental differences and most certainly not to organic or racial differences, they are merely said to represent divergences in cultural history, to reflect tendencies of societies to develop in unlike ways. Such tendencies are not explained. A distinctive pattern develops, it is said, and henceforth is the primary determinant of whether innovations are accepted.« (Steward 1955/1972: 35)

Aus einer Gegenposition zum Umweltdeterminismus kommt es dann zur völligen Ausschaltung von Umweltfaktoren und zu einem Primat des historischen und kulturellen Einflusses in der Anthropologie.

»Among some students, including the distinguished American anthropologist, A. L. Kroeber (1923: 182), the rejection of environmental determinism led to the attribution of primacy to 'historical or cultural influences' as determinants of cultural phenomena.« (Vayda/Rappaport 1968: 479)

Zwar werden diese Ansätze von Kulturökologen noch als Possibilismus klassifiziert, sie wären aber adäquater als »kulturalistisch« zu bezeichnen, da sie weitgehend abgekoppelt von naturräumlichen Bedingungen betrachtet werden. Dabei gibt es durchaus unterschiedliche Positionen und Gewichtungen unter den kulturökologischen Arbeiten, die von einer völligen Ablehnung des possibilistischen Ansatzes bei Sahlins, Steward, Vayda/Rappaport bis zu einer moderateren Kritik bei Bennett reichen. In seiner Arbeit »Culture and Environment: The Study of Cultural Ecology« formuliert Sahlins seine Gegenposition wie folgt:

»From more recent forebears, notably including American field anthropologists of this century, we are heir to an opposed position, environmental possibilism, which holds that cultures act selectively, if not capriciously, upon their environments, exploiting some possibilities while ignoring others; that it is environment that is passive, and inert configuration of possibilities and limits to development, the deciding forces of which lies in culture itself and in the history of culture.« (Sahlins 1964/1977: 215)

Gegenüber den Arbeiten von Wissler, Kröber, insbesondere aber auch den Arbeiten von Forde (vgl. Vayda/Rappaport 1968), die die Einzigartigkeit kultureller Erscheinungen hervorgehoben haben, besteht der Einwand von Vayda/Rappaport nicht darin, daß diese die Komplexität der Interaktion zwischen Umwelt und Kultur nicht gesehen hätten; Kulturmuster (»cultural patterns«) werden unabhängig von Umweltfaktoren als wichtige Einflußgrößen erkannt. Doch wurde die kulturelle Entwicklung zu einer unbegrenzten Spielwiese, in der fast alles stattfinden konnte und möglich war. Einer solchen Beliebigkeit von »everything is possible« attestieren Vayda und Rappaport mangelnde theoretische wie methodische Konzeption.

»Concerning possibilism, we may say that it is neither a theory nor a hypothesis lending itself to empirical test. It is simply a way of saying that causation is not simple.« (Vayda/Rappaport 1968: 483)

Es ist dann auch der voluntaristische Umgang mit natürlichen Ressourcen im Rahmen kulturanthropologischer Ansätze, die Bennett in seiner Arbeit ankreidet; den fehlenden Begründungszusammenhang sieht er als eine Herausforderung für kulturökologische Forschungen an, die er als Weiterentwicklung und weniger als Bruch mit der anthropologischen Tradition betrachtet.

> »The findings constituted the basis of the possibilistic theory of Man-Environment relations particularly associated with Franz Boas and his students (man uses what he wants in Nature, and this use, not Nature, modifies the direction of his culture). 'Cultural ecology' goes further than this basically descriptive interest in the human use of particular resources, since it aims at theoretical explanations of feedback processes between culture, technology, and Nature, especially in agrarian settings. However, it should be noted that the key element of possibilism - the concept of voluntaristic *choice* of resources - was assumed but not explored by Boasian anthropologists.« (Bennett 1976: 24)[4]

Diesem »voluntaristic choice« möchte Bennett in seiner Arbeit zur Kulturökologie nachgehen, die zwar auf dem Ansatz von Steward aufbaut, darüber hinaus aber auch die später virulent gewordenen Fragen der Umweltbelastung mit in Betracht zieht.

Obwohl zu dem Zeitpunkt, als Steward den kulturökologischen Ansatz auf der Grundlage seiner empirischen Arbeiten formulierte, Belastungen der Umwelt nicht zu einem allgemein anerkannten Problem avanciert waren, stellt er in seinem Konzept die Bedeutung der Umwelt für kulturelle Entwicklungen am deutlichsten als Gegenposition zu kulturalistischen Ansätzen heraus. In seiner Kritik an kulturhistorischen Ansätzen der Anthropologie schreibt er:

> »Environment is relegated to a purely secondary and passive role. It is considered prohibitive or permissive, but not creative.« (Steward 1955/1972: 35)

Damit sind die Grenzen abgesteckt, von denen sich die Kulturökologie einerseits absetzt, andererseits durch sie ihr eigenes Forschungsgebiet definiert. Von umweltdeterministischen Ansätzen genauso wie von adaptationistischen Konzepten und biologischen Modellen findet eine Distanzierung statt, indem die Bedeutung der Kultur und die menschliche Fähig-

---

4 Der in Deutschland geborene Geograph Franz Boas lebte ab 1886 bis zu seinem Tod 1942 in den Vereinigten Staaten. Er wurde zu einer der leitenden Figuren der amerikanischen Anthropologie, indem er den Anstoß für umfangreiche Feldforschung Anfang des Jahrhunderts gab. Eine ähnliche Rolle spielten in Europa Radcliffe-Brown und Malinowski; durch sie wurde die Feldforschung zum sine qua non der Anthropologie (vgl. Tax 1964/1977: 6 f.).

keit im Umgang mit natürlichen Ressourcen hervorgehoben werden. An kulturalistischen Ansätzen wiederum wird die Geringschätzung der natürlichen Umwelt als Einflußfaktor auf kulturelle Entwicklungen bemängelt, die von possibilistischen Ansätzen bis zur völligen Ausklammerung der Natur-Umwelt reichen und daher auch als kulturalistisch bezeichnet wurden.

Bargatzky findet im Umweltdeterminismus und Possibilismus bzw. Kulturalismus in Anlehnung an Mischung (1980) quasi »archetypische Ideen«, die praktisch allen Erklärungsversuchen des Verhältnisses von Mensch und Umwelt zugrunde liegen. Alle Modelle, die sich diesem Beziehungszusammenhang zuwenden, neigen entweder dem einen oder dem anderen Extrem zu (Bargatzky 1986: 27).[5] Mit der »cultural ecology« soll ein Modell der Mensch-Umwelt-Beziehung konzipiert werden, das beiden Aspekten, sowohl der Natur als auch der Kultur, gerecht wird. Es zeigt sich aber, daß es auch für Kulturökologen schwierig ist, die Balance zwischen diesen Waagschalen herzustellen.

3. Die Kulturökologie

»Cultural ecology« - Kulturökologie - ist eine noch nicht fest etablierte Forschungsrichtung, die sich erst seit Mitte der fünfziger Jahre zu formieren beginnt. Zwar wurde bereits eine Reihe von theoretischen Überlegungen, aufbauend auf ethnologischen und anthropologischen Untersuchungen, vorgelegt, die jedoch noch kein zusammenfassendes theoretisches Konzept und Modell bilden. Insofern befindet sich die Kulturökologie noch in einer Entstehungsphase, die theoretischer, empirischer sowie methodischer Weiterentwicklung bedarf (vgl. Bennett 1976, Silverman 1979). Noch jüngeren Datums sind umweltsoziologische Arbeiten, die seit den siebziger Jahren mit der Aktualisierung von Umweltbelastungen erste Konturen zeigen und sich als »neue Humanökologie« zu Wort melden (vgl. Buttel 1987).

---

5 Unerwähnt geblieben sind soziologische Theorieansätze, die über weite Strecken hinaus als »kulturalistisch« zu apostrophieren sind, da sie sich von vornherein nicht der Mensch-Umwelt-Beziehung zuwenden. Soziologische Theorien sind geradezu gekennzeichnet durch ihre Abgeschottetheit von einer Natur-Umwelt, ihre Ansätze bleiben im Rahmen von Erklärungen sozialer Tatbestände »sui generis«, wie es von Durkheim empfohlen wurde (vgl. auch Buttel 1987: 468).

Das Forschungsfeld der »human ecology« der Chicagoer Schule war die Stadt bzw. die Entwicklung der Großstädte in Nordamerika zu Beginn des 20. Jahrhunderts. Das empirische Untersuchungsfeld der Kulturökologie ist überwiegend in agrarischen, nicht-industrialisierten Gesellschaften angesiedelt. In ihren Anfängen, so in den Arbeiten von Steward und Sahlins, stehen Umweltbelastungen noch nicht im Blickwinkel der Überlegungen zu einem neuen Ansatz. Wie zuvor dargestellt, ging es zunächst um eine Gegenposition zum possibilistischen bzw. kulturalistischen Ansatz vorangegangener anthropologischer Arbeiten. Der Steward'sche Ansatz, der auf eigenen Feldforschungen gründete, erweist sich dann als Fundament für eine neue Theorie, die sowohl kulturelle als auch umweltbezogene Aspekte gesellschaftlicher Entwicklungen zu berücksichtigen vermag. Damit bietet er einen konzeptionellen Rahmen, um Ausbeutung und Zerstörung natürlicher Ressourcen auch in der sozialwissenschaftlichen Forschung zu thematisieren und zu behandeln, wie dies ansatzweise dann auch den Arbeiten von Rappaport (1967), Vayda/Rappaport (1968), Bennett (1976), Greverus (1978) und Bargatzky (1986) zu entnehmen ist.

Hervorzuheben ist, daß Steward der Umwelt eine aktive, sogar kreativitätsfördernde Rolle zuschreibt. Zum Teil in Anknüpfung und wiederum in Distanzierung zur Humanökologie schreibt er, indem er sich auf Hawley bezieht:

> »Hawley is uncertain in his position regarding the effect of environmental adaptations on culture. He states: 'The weight of evidence forces the conclusion that the physical environment exerts but a permissive and limiting effect' (Hawley, 1950: 90), but he also says that 'each habitat not only permits but to a certain extent necessitates a distinctive mode of life' (Hawley, 1950: 190). The first statement closely conforms with the widely accepted anthropological position that historical factors are more important than environmental factors, which may be permissive or prohibitive of culture change but are never causative. The second is nearer to the thesis of this paper that *cultural ecological adaptations* constitute creative processes.« (Steward 1955/1972: 34; Hervorhebung P T-K)

Das, was Steward als »cultural ecological adaptation« bezeichnet, kann in der Konsequenz seiner eigenen Ausführungen zur notwendigen Unterscheidung zwischen der Untersuchung von biologischen und kulturellen Prozessen »Akkommodation« genannt werden. Die Akkommodation wirkt kreativ und kulturkonstituierend und damit auch verändernd auf die Umwelt, die Natur, die durch Anpassung von Fauna und Flora eine aktive Rolle im Austausch mit der Kultur übernimmt. In dieser Interaktion wird eine Quelle für Innovationen und Kulturwandel gesehen, die Steward für bedeutender hält als Erklärungsversuche, die kulturelle Erscheinungen auf die Diffusion von Innovationen zurückführen.

> »Cultural diffusion, of course, always operates, but in view of the seeming importance of ecological adaptations its role in explaining culture has been greatly overestimated.« (Steward 1955/1972: 42)

Sahlins, der sich in der Nachfolge von Steward in gleicher Weise sowohl vom Determinismus der Umwelt als auch von jenem der Kultur absetzt, sieht im Kulturwandel einen dialektischen Prozeß, in dem sowohl die Umwelt als auch die Kultur eine aktive, gestalterische Rolle übernehmen:

> »There is an interchange between culture and environment, perhaps continuous dialectic interchange, if in adapting the culture transforms its landscape and so must respond anew to changes that it had set in motion. I think the best answer to the received controversy over which is the determinent, culture or environment, should be this: both - the answer lies at both extremes.« (Sahlins 1964/1977: 216)

Auch auf die Dichotomisierung zwischen Natur und Kultur, die auf eine lange epistemologische Tradition im abendländischen Denken zurückgeht, verweist Bargatzky in seiner »Einführung in die Kulturökologie, Umwelt, Kultur und Gesellschaft«. Von Francis Bacon (1561-1626) und René Descartes (1596-1650), so Bargatzky, wurden entscheidende Weichen für das abendländische Welt- und Naturverständnis gesetzt, die bis heute nachwirken und die Wissenschaft sowie die Entwicklung der Geschichte geprägt haben.

> »Man denke nur an die Unterscheidung von *Naturwissenschaften und Geisteswissenschaften, Natur und Kultur, Naturvölkern* und Kulturvölkern - als ob es Völker ohne Kultur gebe!« (Bargatzky 1986: 17)[6]

Entsprechend dieser Anmerkung Bargatzkys könnte dann im Lichte der Ökologiediskussion, bezogen auf sozial- und kulturwissenschaftliche Ansätze - im Sinne von »culture comes from culture« -, auch die folgende Formulierung angebracht sein: »als ob es Gesellschaften und Kulturen ohne Natur gäbe!« Es dürfte kein Zufall sein, daß eine stärkere Betonung der Natur-Umwelt gerade im Rahmen theoretisch-konzeptioneller Ansätze der Anthropologie, die sich mit »Naturvölkern« befaßt, anzutreffen ist. Kulturanthropologische und ethnologische Arbeiten können auf eine kontinuierlichere Forschungstradition aufbauen und haben Ansätze einer Kulturökologie bereits in den fünfziger Jahren, also noch im Vorfeld der

6 Die Schreibweise von »gebe« entspricht der Textvorlage.

Forschungen und Erkenntnisse über Umweltbelastungen der späten sechziger und siebziger Jahre, formuliert, bevor die Soziologie zu einem neuen Schwerpunkt (Umweltsoziologie) Stellung bezog - wohingegen »Kulturvölker«, die modernen industrialisierten Gesellschaften - als Höhepunkt gedacht -, sich von der Naturgebundenheit »primitiver Gesellschaften« enthoben und befreit schätzten. Hiervon rührt zum Teil die Schwierigkeit der Soziologie, die Natur-Umwelt auch im Rahmen theoretischer wie methodischer Ansätze aufzunehmen und zu verankern.

Bei der Formulierung einer Umweltsoziologie wie bei Catton und Dunlap (1978 und 1980) führt dies dazu, daß ältere und zeitgenössische soziologische Theorien allesamt unter einem »human exemptionalism paradigm« und die gesamte abendländische Entwicklung, gekennzeichnet durch ein anthropozentrisches Weltbild, radikal durch ein anderes »new ecological paradigm« ersetzt werden sollen (vgl. Tabelle A 3 und Buttel 1987). Damit aber wird das Kind mit dem Bade ausgeschüttet. In den allgemeinen theoretischen Entwürfen der Soziologie, die auf Ansätzen aus dem 18. und 19. Jahrhundert aufbauen und in das 20. Jahrhundert hineinragen, zum Beispiel Theorien des sozialen Wandels, Evolutionstheorien und Modernisierungstheorien, geht es weniger um einen »human exemptionalism«, sondern insbesondere um den »cultural exemptionalism« der Industriekultur. Gäbe es die Bereitschaft, diese zweite Ausnahmebestimmung aufzugeben, dann böten Erfahrungen und Forschungsergebnisse aus anderen Kulturen eine Fülle von Anknüpfungspunkten und Anregungen, die auch bei der Analyse von Umweltproblemen der Industriekulturen hinzugezogen werden könnten.[7]

Da kulturökologische Arbeiten in der Soziologie (Umweltsoziologie) noch wenig Beachtung gefunden haben, auch nicht in Ansätzen einer »New Human Ecology« (vgl. Buttel 1987), werden sie an dieser Stelle besonders hervorgehoben. Dabei bestehen ähnliche Überlegungen in der Kulturökologie und der »neuen Humanökologie«, die zum Teil nebeneinander und wenig in bewußter Annäherung zueinander verlaufen. Das Hinzuziehen der Kulturökologie erfolgt nicht nur, weil sie sich früher zur

7 Verwiesen sei beispielhaft auf Mary Douglas (1966/1973), die als Anthropologin ihre Erkenntnisse aus nicht-industrialisierten tribalen und agrarischen Gesellschaften auch auf die Analyse der Situation in Industrieländern überträgt, um verallgemeinernde Aussagen über die Perzeption und die Behandlung von Umweltproblemen zu erarbeiten.

Tabelle A 3 *Vergleich dominanter westlicher Paradigmen*

	Dominant Western Worldview (DWW)	Human Exemptionalism Paradigm (HEP)	New Ecological Paradigm (NEP)
Assumptions about the nature of human beings	DWW_1 People are fundamentally different from all other creatures on Earth, over which they have domination.	HEP_1 Humans have cultural heritage in addition to (and distinct from) their genetic inheritance, and thus are quite unlike all other animal species.	NEP_1 While humans have exceptional characteristics (culture, technology, etc.), they remain one among many species that are interdependently involved in the global ecosystem.
Assumptions about social causation	DWW_2 People are masters of their destiny; they can choose their goals and learn to do whatever is necessary	HEP_2 Social and cultural factors (including technology) are the major determinants of human affairs.	NEP_2 Human affairs are influenced not only by social and cultural factors, but also by intricate linkages of cause, effect, and feedback in the web of nature; thus purposive human actions have many unintended consequences.
Assumptions about the context of human society	DWW_3 The world is vast, and thus provides unlimited opportunities for humans.	HEP_3 Social and cultural environments are the crucial context for human affairs, and the biophysical environment is largely irrelevant.	NEP_3 Humans live in and are dependent upon a finite biophysical environment which imposes potent physical and biological restraints on human affairs.
Assumptions about constraints on human society	DWW_4 The history of humanity is one of progress; for every problem there is a solution, and thus progress need never cease.	HEP_4 Culture is cumulative; thus technological and social progress can continue indefinitely, making all social problems ultimately soluble.	NEP_4 Although the inventiveness of humans and the powers derived therefrom may seem for a while to extend carrying capacity limits, ecological laws cannot be repealed.

Quelle: Catton/Dunlap 1980: 34.

Natur-Kultur-Beziehung geäußert hat, sondern da positive Anknüpfungspunkte aus der Geschichte des eigenen Faches bestehen und nicht die gesamte Wissenstradition in Frage gestellt werden müßte. Ergebnisse anthropologischer und ethnologischer Forschungen über »Naturvölker« - vom eurozentrischen Hochgefühl (Bendix 1979, Bosse 1979, Hettlage 1979, Otte 1981, Teherani-Krönner 1982b) und dem industriekulturellen Exzeptionalismus abstrahiert - können aufschlußreich sein auch im Hinblick auf theoretische Überlegungen zur sozialwissenschaftlichen Behandlung von Umweltproblemen, einschließlich der Überlegungen zur methodischen Vorgehensweise für empirische Untersuchungen.

Gegenüber den abstrakten, auf der Metaebene angesiedelten Betrachtungen der »neuen Humanökologie« bei Catton und Dunlap meint Buttel, daß sie zu theoretisch seien und ihnen die Verbindung zur Empirie fehle. Anders erweisen sich Ansätze der Kulturökologie. Sie sind eng mit der Empirie verbunden und aus dieser heraus generiert worden. Jedoch liegt ihr primärer Bezugsrahmen nicht in industrialisierten, sondern in agrarischen Gesellschaften. Als zukunftsweisend für die neue Humanökologie sieht Buttel in seiner Rückschau auf die zehn bis fünfzehn Jahre Umweltsoziologie jene Arbeiten an, die sich im Rahmen der Entwicklungssoziologie der Interaktion zwischen biophysikalischer Umwelt und der »peasant economy« der Dritten Welt widmen (Redclift 1984, Buttel 1987). Auch im Sammelband zur Humanökologie von Glaeser ist auffallend, daß fast alle Beiträge ihre empirischen Beispiele aus Dritte-Welt-Ländern entnehmen (Glaeser (Hg.) 1989, Huber 1989, Teherani-Krönner 1989a, Weichhart 1989b), als gäbe es diese Beispiele nicht auch in Industrieländern.[8] Zumindest viele noch räumlich begrenzt auftauchende Umweltprobleme, zum Beispiel eine überdurchschnittlich hohe Belastung von Gewässern in einem See oder im Grundwasser einer Region, lassen sich als Entwicklungsproblem betrachten, analysieren und behandeln (Batisse 1989).[9]

---

8 Möglicherweise ist es für Forscher einfacher, in der fremden Kultur die Interaktionen zwischen Natur und Kultur zu erkennen und konkret darzustellen. Ein ethnozentrischer Blick mag eventuell für die Aufnahme kultureller Besonderheiten in der eigenen Gesellschaft hinderlich sein (kulturelle Blindheit). Dabei fällt es leichter, über andere Kulturen zu urteilen und Rezepte zu verteilen, als »gute Ratschläge« selbst zu beherzigen.

9 In seinem Vortrag zur Tagung »Les experts sont formels« in Arc-et-Senans (1989) verwies Batisse auf strukturelle Ähnlichkeiten von Umwelt- und Entwicklungsproblemen sowohl in der Diagnose als auch in der Behandlung.

Es bleibt nun die Frage, wie die Kulturökologie, die sich der Interaktion zwischen Natur und Kultur widmet und sich von der Humanökologie sowie dem Determinismus der Umwelt als auch der Kultur absetzt, ihr eigenes Forschungsgebiet positiv definiert und welches theoretische und methodische Konzept sie entwirft. Steward ist zunächst zurückhaltend in der Bestimmung einer globalen, alle Kulturen umfassenden Theorie des Wandels. Das Ziel, das er im Rahmen der Kulturökologie zu erreichen hofft, formuliert er zunächst bescheidener.

> »Analyzing environmental adaptations to show how new cultural patterns arise is a very different matter than seeking universal similarities in such adaptation. Until the processes of cultural ecology are understood in the many particulars exemplified by different cultures in different parts of the world a formulation of universal processes will be impossible.« (Steward 1955/1972: 34)

Bevor Generalisierungen und Entwicklungslinien aufgezeigt werden können, gilt die Aufmerksamkeit der Ermittlung von Gemeinsamkeiten und Unterschieden zwischen den Kulturen. Hierzu entwickelt Steward sein Konzept vom »Kulturkern«, den es innerhalb der jeweiligen Kultur-Umwelt-Konstellation empirisch zu erfassen und zu konkretisieren gilt.

> »The extent to which the large variety of world cultures can be systematized in categories of types and explained through cross-cultural regularities of developmental process is purely an empirical matter.« (Steward 1955/1972: 42)

Zur methodischen Vorgehensweise entwickelt Steward sein Konzept zum Kulturkern.

4. Der Kulturkern-Ansatz bei Steward

Zu erinnern ist, daß für Steward die Kulturökologie Problemformulierung und Methode zugleich ist (Steward 1955/1972: 36). Dies spiegelt sich im Kulturkern-Konzept wider. Bei Steward umfaßt der Kulturkern (»culture core«) drei miteinander verbundene Vorgänge bzw. Verfahren (»procedures of cultural ecology«), die als fundamental angesehen werden:

I. materielle Kultur
II. soziale Organisation
III. immaterielle Kultur.

I. Materielle Kultur - »material culture«

Zunächst gilt es die gegenseitige Beziehung zwischen der explorativen und produktiven Technologie zur Umwelt zu analysieren.

> »This technology includes a considerable part of what is often called 'material culture', but all features may not be of equal importance.« (Steward 1955/1972: 40)

Die Relevanz von Umweltfaktoren ist abhängig von der jeweiligen Kultur. Sahlins erwähnt, daß zum Beispiel Kohlevorkommen eine wichtige Ressource für Industrienationen sein kann, aber von australischen Ureinwohnern als völlig irrelevant angesehen werden (Sahlins 1964/1977: 216 ff.).

> »This in turn requires that primary attention be paid only to relevant environmental features rather than to the web of life for its own sake. Only those features to which the local culture ascribes importance need be considered.« (Steward 1955/1972: 39)

Fragen im Themenbereich der materiellen Kultur beziehen sich auf die Subsistenzwirtschaft, die Sicherung der Existenzgrundlage, die in industrialisierten Gesellschaften komplexere Formen annimmt, wobei dann weltwirtschaftliche Fragen mitzuberücksichtigen sind.

> »Whether or not new technologies are valuable is, however, a function of the society's cultural level as well as of environmental potentials. All pre-agricultural societies found hunting and gathering techniques useful. Within the geographical limits of herding and farming, these techniques were adopted. More advanced techniques, such as metallurgy, were accepted only if certain preconditions, such as stable population, leisure time, and internal specialization were present. These conditions could develop only from the cultural ecological adaptations of an agricultural society.
>
> The concept of cultural ecology, however, is less concerned with the origin of diffusion of technologies than with the fact that they may be used differently and entail different social arrangements in each environment. The environment is not only permissive or prohibitive with respect to these technologies, but special local features may require social adaptations which have farreaching consequences.« (Steward 1955/1972: 38)

II. Soziale Organisation - »co-operation«

Der zweite Vorgang, den ich als weitere Ebene der Untersuchung ansehe, richtet sich auf die Ermittlung jener Verhaltensweisen, die im Prozeß der Nutzung natürlicher Ressourcen zur Lebenssicherung entstanden sind. Es geht um die soziale Organisation, um Sozialstrukturen zur Exploration bestimmter Ressourcen und Areale mittels entwickelter Technologien. Damit werden Formen gesellschaftlicher Arbeitsteilung und Kooperation zur Charakterisierung des Kulturkerns aufgegriffen.

Nach Steward bestehen unter nahrungssammelnden Menschen nur geringe Tendenzen zur Zusammenarbeit. In einer kargen Region geraten sie leicht in Konkurrenz zueinander, daher auch ziehen sie meist in kleinen, weit verstreuten Gruppen durch die Landschaft. Bei der Jagd hingegen kann es sowohl zu individuellen als auch zu kollektiven Formen kommen, die wiederum in Abhängigkeit vom Art- und Wildbestand einer Region gestaltet werden. Für Jäger und Sammler[10] stehen die Formen gesellschaftlicher Organisation und Kooperation in enger Verbindung zur naturräumlichen Ausstattung der besiedelten Region.

> »The use of these more complex and frequently co-operative techniques, however, depends not only upon the cultural history - i. e., invention and diffusion - which makes the methods available but upon the environment and its flora and fauna ... Dry farming may or not be co-operative; and irrigation farming run the gamut of enterprises of ever-increasing size based on collective construction of waterworks.« (Steward 1955/1972: 41; vgl. auch Wittfogel 1957/1977).

Diese Verhaltensweisen (»exploitative patterns«[11]) werden nicht nur in direkter Abhängigkeit von der Produktion von Nahrungsmitteln und Gütern angesehen, sondern auch im Zusammenhang mit der Möglichkeit des Transports von Waren und Menschen über Wasserwege angesprochen.

> »Watercraft have been a major factor in permitting the growth of settlements beyond what would have been possible for a foot people.« (Steward 1955/1972: 41)

Auch in späteren Arbeiten wird die Hinwendung zur Untersuchung gesellschaftlicher Organisationsformen unter dem Thema »sustenance organization« als ein wichtiger Schwerpunkt speziell soziologischer Forschung der Humanökologie - in der Nachfolge und aufbauend auf Hawley (1950) und Duncan (1959) - herausgestellt (Poston/Frisbie/Micklin 1984: 106 ff.).

---

10 Wahrscheinlich wäre es korrekter, von Jägern und Sammlerinnen zu sprechen.

11 Im Ausdruck »exploitative patterns« (ausnutzende und ausbeutende Verhaltensweisen) sind Dimensionen instrumentalen und kommunikativen Handelns enthalten (Habermas 1968/1979: 62 ff.; vgl. auch Teil B dieser Arbeit).

Schließlich werden jene Aspekte einer Kultur, die dem normativen Bereich zuzuordnen sind, in den Kulturkern integriert (vgl. auch »normative order« bei Park 1936/1952b in Teil A II und Teil B 1.1). Ideologien und Weltanschauungen, sofern sie sich auch in der Sphäre der Produktion bzw. Subsistenz bemerkbar machen, sind bei Steward Bestandteil des kulturellen Kerns einer Gesellschaft. Bedeutung und Einfluß dieses Elements im Kulturkern müssen nach Steward empirisch ergründet, nicht jedoch theoretisch festgelegt werden.

> »The third procedure is to ascertain the extent to which the behavior patterns entailed in exploiting the environment affect other aspects of culture. Although technology and environment prescribe that certain things must be done in certain ways if they are to be done at all, the extent to which these activities are functionally tied to other aspects of culture is a purely empirical problem.« (Steward 1955/1972: 41)

So ist der Untersuchung Rappaports »Pigs for the Ancestors« zufolge das gesamte wirtschaftliche Handeln der Menschen auf Neu-Guinea religiös geprägt und stark ritualisiert. Mit den Opferzeremonien von Schweinen für die Vorfahren wird ein zu starkes Anwachsen der Wildschweinpopulation verhindert und dadurch das ökologisch labile Gleichgewicht auf der Insel immer wieder hergestellt (Rappaport 1967).

Auch wenn die beiden ersten Aspekte des Kulturkerns bei Steward über analytische Verfahren zugänglich werden, so empfiehlt er doch für die Erfassung des dritten Vorgangs (»procedure«) bzw. des dritten Elements im Kulturkern eine eher ganzheitliche (holistische) Betrachtungs- und Vorgehensweise.

> »The third procedure requires a genuinely holistic approach, for if such factors as demography, settlement pattern, kinship structures, land tenure, land use, and other key cultural features are considered separately, their interrelationships to one another and to the environment cannot be grasped.« (Steward 1955/1972: 42)

Es stellt sich dabei die Frage, inwieweit im jeweiligen Arrangement einer Kultur mit der Umwelt Grenzen und Handlungsspielräume für Variationen und für kulturellen Wandel bestehen. Zwar entwickelt Steward sein heuristisches Modell des Kulturkerns aus seinen Untersuchungen in nichtindustrialisierten Gesellschaften, doch auch bezogen auf Gesellschaften mit einem hohen Grad der Technisierung stellt er die Frage, inwiefern für diese Länder ideologische Alternativen möglich und/oder ob regionale (umweltbezogene und historische) Einflüsse ausschlaggebend und prägend sind.

> »If it can be established that the productive arrangements permit great latitude in the sociocultural type, then historical influences may explain the particular type found. The problem is the same in considering modern industrial civilizations. The question is whether industrialization allows such latitude that political democracy, communism, state socialism, and perhaps other forms are equally possible, so that strong historical influences, such as diffused ideology - e. g. propaganda - may supplant one type with another, or whether each type represents an adaptation which is specific to the area.« (Steward 1955/1972: 41)

5. Schlußfolgerungen für einen kulturökologischen Ansatz

Stewards eigene Ausführungen zum Kulturkern mit seinen drei prozeduralen Vorgängen, die als Ebenen der Untersuchung und als »Handlungskomplex« verstanden werden können, werden weniger theoretisch dargelegt und abgeleitet, als vielmehr recht pragmatisch und nur punktuell mit verschiedenen Beispielen aus unterschiedlichen Gesellschaften erläutert. Sie sind induktiv aus Erfahrungen generiert. Die Gewichtung der drei Elemente des Kulturkerns bleibt offen und wird den empirischen Befunden überlassen. Die vorgestellten drei »Prozeduren« sind zunächst als Anleitung zur empirischen Untersuchung verschiedener Kulturen zu verstehen. Sie erweisen sich aber auch als heuristisches Modell mit theoretischen Implikationen.

Es ist offenkundig, daß Stewards Kulturkern sowohl Elemente aus dem Bereich der Basis als auch des Überbaus umfaßt. Gegenüber dem gängigen Diochotomie-Modell mag es zunächst etwas befremdend erscheinen, diese Elemente als zusammengehörendes, miteinander verwobenes Kernstück einer Kultur auszuweisen. Das Besondere des Kulturkern-Ansatzes bei Steward ist weniger die Ausweisung dieser drei Kulturbereiche, sondern die prozedurale Verknüpfung, die er unter ihnen herstellt, und ihre Bündelung: das Neuarrangement, das zur Grundlage einer Gesellschaft erklärt wird.

Ähnliche Dreiteilungen der Kultur sind nicht selten in den Sozialwissenschaften, nämlich in vielen Arbeiten von Soziologen und Anthropologen wiederzufinden. Aus der folgenden Tabelle wird auch die begriffliche Nähe zu den drei Prozeduren des Kulturkern deutlich.

Tabelle A 4 Zusammenstellung der Kulturbereiche in unterschiedlichen Ansätzen der Sozialwissenschaften, insbesondere der Soziologie und der Anthropologie

	I	II	III
Steward:	materielle Kultur	soziale Organisation	normative Kultur
Kröber Parsons:	materielle Kultur	soziale Kultur	geistige Kultur
Greverus:	materielle Umweltauseinandersetzung	soziale Lebensordnung	ästhetische, wertorientierte Lebenssicherung
Meister:	Werkzeugkultur	Sozialkultur	Symbolkultur
Weites:	natürliche und sozial geschaffene Umwelt	soziale Wertmuster	ideationale Wertmuster

Aus dieser Aufstellung wird ersichtlich, daß die drei Elemente (Prozeduren), die zur Erkennung und Bestimmung des Kulturkerns zusammenzufügen sind, bereits eine weitgehende Parallelität auch in anderen sozialwissenschaftlichen Arbeiten, zum Beispiel der Anthropologie und Ethnologie, findet - mit dem Unterschied, daß damit die Erstellung eines umfassenden Kulturkonzepts auf Makroebene intendieren, wohingegen der Ansatz von Steward (zunächst) auf der Mikroebene als methodischer Ansatz zur Analyse verschiedener Kulturen in Auseinandersetzung mit dem Naturraum konzipiert ist, den es empirisch zu erarbeiten gilt.

Jene Bereiche, die Steward in das Konzept des Kulturkerns aufnimmt und als konstitutiv ansieht, erscheinen wie die Konstruktion eines Mikrokosmos, in dem die Quintessenz der jeweiligen Kultur ihre Konkretisierung und Objektivation erfährt.

Der Kulturkern-Ansatz von Steward bietet eine methodische Anleitung, damit die konkrete Untersuchung nicht zu einer holistischen (alles hängt mit allem zusammen) Gesamtschau abdriftet. Sein Kulturkern konzentriert sich auf den Produktionsbereich, Sicherung der Existenz der jeweiligen Gruppe und deren Techniken in der Auseinandersetzung mit der natürlichen Umwelt, deren Ressourcen und Engpässen (I), die mit der Produktion zusammenhängenden Formen der Kooperation und sozialer Organisation (II) und schließlich auf die immaterielle Kultur, sofern sie mit den anderen zwei Bereichen in enger Verbindung steht (III).

Positiv hervorzuheben am Kulturkonzept Stewards ist, daß es die alte Dichotomisierung von Basis-Überbau überwindet und die drei Elemente als kulturkonstituierend in ihrer Verwobenheit und gegenseitigen Bedingtheit zum Ausgangspunkt seiner Untersuchung macht. Zwischen materieller, sozialer und geistiger Kultur (Greverus) wird keine linearkausale Kette gezogen oder eine prioritäre Behandlung vorgenommen.

> »Die Kultur (oder Kultur und Lebensweise) einer bestimmten Gruppe kann nur unter Beachtung der Gesamtheit und Verflochtenheit aller Bereiche ihres Lebensvollzugs analysiert werden.« (Greverus 1978: 92)

Ein solches, das Basis-Überbau-Modell sprengende Konzept ist unkonventionell, nicht aber - wie von Bargatzky - von vornherein abzulehnen, nur weil es liebgewonnenen Denktraditionen nicht entspricht. In einer Neukonzeption und dem Neuarrangement von Elementen des Überbaus mit der Basis im Kulturkern-Konzept könnte der über weite Strecken die sozialwissenschaftlichen Schulen geprägte Streit nach dem primären Faktor aufgehoben werden. Daraus ergeben sich neue Perspektiven der Forschung mit anderen wissenschaftlichen Fragestellungen. Steward eröffnet damit einen neuen theoretischen wie methodischen Zugang zur Untersuchung der Wechselwirkungen zwischen Natur und Kultur.

Auch wenn Steward im Kulturkern Elemente aus den Bereichen der Basis und des Überbaus zusammenfügt, wird ihm ein gewisser Kulturmaterialismus nachgesagt (Bargatzky 1986), nicht zuletzt deshalb, weil er die immaterielle Kultur zur Herauskristallisierung des Kulturkerns an den Bereich der materiellen Ressourcen, der Produktion und der Organisation der Arbeit bindet.

Dazu ist zum einen anzumerken, daß die Konzeption des Kulturkerns eine Sache der Ermittlung im Forschungsfeld bleibt. Welche Gewichtung die einzelnen prozeduralen Elemente innerhalb der jeweiligen Natur-Kultur-Konstellationen erfahren, ist daher eine primär empirisch zu erforschende Aufgabe und keine theoretisch festzulegende Prämisse. Zum anderen aber ist es auch ein Problem der methodischen Vorgehensweise zur Aufschlüsselung der immateriellen Kultur, die sich meist als komplexer erweist, nicht linear-kausal zu ergründen ist und eine gewisse holistische Betrachtungsweise erfordert. Damit kann die Reihenfolge der aufgeführten Prozeduren auch als methodische Hilfestellung gesehen werden, um aufbauend auf I und II die Zusammenhänge mit III herzustellen, die schwieriger erfaßbar und zugänglich sind (vgl. Teil B).

Ferner bleibt zu betonen, daß die eigentliche Aufgabe in der Ergründung eines Kulturkerns das Erkennen des Zusammenspiels der drei Prozeduren ist und nicht die Suche nach dem primären Faktor. Im Kulturkern geht es nicht so sehr um die einzelnen Bereiche, sondern vielmehr um die Beziehungen und Wechselwirkungen zu den anderen Prozeduren und damit zur Umwelt (vgl. Definition der Ökologie). Schließlich bildet deren Verzahnung und Zusammenspiel den Schlüssel zur Kulturökologie. Voraussetzung dazu ist gewiß das Herausarbeiten dieser Elemente, die wiederum nicht statisch, sondern dynamisch modelliert sind, da Steward selber von »procedures« (Prozeduren) spricht und damit Aktivität und Wandel im Kulturkern einbezieht. Die Grenzziehungen zwischen Kern und Peripherie sowie unter den prozeduralen Elementen des Kulturkerns erweisen sich als nicht unproblematisch. Angesprochen ist damit ein Problem, das es allerdings nicht nur im Rahmen eines Kulturkern-Ansatzes zu bedenken gilt, da Abgrenzungsschwierigkeiten jeder System-Umwelt-Konstruktion, insbesondere im Fall der Konkretisierung und empirischen Umsetzung, inhärent sind.

Aufbauend auf den vorangegangenen Betrachtungen der Ökologie, der Humanökologie und der Kulturökologie wird im folgenden ein methodisch-konzeptioneller Rahmen zur Durchführung empirischer Fallstudien skizziert.

Teil B

Methodisch-konzeptioneller Rahmen zur Durchführung empirischer Fallstudien

1. Sozialwissenschaftliche Modelle zur Umweltforschung

Kennzeichnend für ökologische, humanökologische und kulturökologische Ansätze ist die Betonung von Interaktionen und Austauschprozessen, die als Umweltbeziehungen, zum Beispiel von Organismen - wie in der Ökologie (Biologie) -, von gesellschaftlichen Institutionen - im Bereich der Humanökologie (Soziologie) - und von Kulturen - wie im Kulturkern-Ansatz von Steward (Anthropologie) -, behandelt werden. Im folgenden werden vier schematisierte (theoretische) Modelle sozialwissenschaftlicher Umweltforschung vorgestellt, die entweder die Ökologie betonen und sie in ihren konzeptionellen Ansatz einbeziehen oder einen besonderen Raumbezug in ihren Gesellschaftsentwürfen herstellen. Diese abstrakten Modelle, die zum Teil auf der Grundlage der besprochenen Theorien entwickelt worden sind, sollen den methodisch-konzeptionellen Rahmen zur Durchführung empirischer Untersuchungen im Bereich der Umweltsoziologie abstecken.

1.1 Die humanökologische Pyramide von Park

Das von Park 1936 in seinem Aufsatz »Human Ecology« beschriebene Modell hat eine hierarchische Struktur. Park konstruiert eine humanökologische Pyramide, die sich folgendermaßen aufbaut: Das Fundament wird von der Ökologie (»ecological order«), auch »biotic substructure« genannt, gebildet, darauf aufbauend siedelt er die Ökonomie (»economical order«) und darüber die Politik (»political order«) an; die Spitze der Pyramide wird schließlich von der weltanschaulich-moralischen Ordnung (»moral order«) geformt. Auf dem ökologischen Fundament baut sich die Kultur bzw. die Gesellschaftsstruktur auf, die er »cultural superstructure« nennt.[1] Diesen beiden Bereichen werden unterschiedliche Eigenschaften zugesprochen. In der ökologischen Ordnung dominiert die Konkurrenz;

1 Linde (1970) spricht auch von einem Basis-Überbau-Schema bei Park, das jedoch meines Erachtens nicht so ohne weiteres zu übernehmen ist, da die Differenzierung zwischen einer »biotic substructure« und einer »cultural superstructure«, wenn überhaupt, ein sehr abgewandeltes Basis-Überbau-Schema abgibt. Das Fundament der Pyramide ist die Natur bzw. die biologische Grundlage des Lebens; »cultural superstructure« aber umfaßt sowohl materielle als auch immaterielle Bereiche der Gesellschaft.

kennzeichnend für die kulturellen Bereiche sind Kommunikation, Konsens und Kooperation.

> »There is a symbiotic society based on competition and a cultural society based on communication and consensus. As a matter of fact the two societies are merely different aspects of one society, which, in the vicissitudes and changes to which they are subject remain, nevertheless, in some sort of mutual dependence each upon the other.« (Park 1936/1952b: 157)

Beide sich gegenseitig beeinflussenden Aspekte der Gesellschaft (Natur und Kultur) sind im Rahmen humanökologischer Untersuchungen zu beachten. Die unterschiedlichen Ordnungsstufen der Kultur (»economical, political and moral order«) lassen sich auch als analytische Ebenen interpretieren. Für die Humanökologie - im Gegensatz zur Ökologie der Tiere und Pflanzen - liegt die Betonung auf gesellschaftlichen Institutionen und soziokulturellen Normen.

> »In a society of human beings, however, this communal structure is reinforced by custom and assumes an institutional character. In human as contrasted with animal societies, competition and the freedom of the individual is limited on every level above the biotic by custom and consensus.« (ebenda, S. 156)

Die Freiheit der Individuen wird nach der Park'schen Pyramide stufenweise eingeschränkt. In der Biologie, so die damalige Annahme von Park, herrscht eine fast uneingeschränkte Konkurrenz.

> »Human ecology has, however, to reckon with the fact that in human society competition is limited by custom and culture. The cultural superstructure imposes itself as an instrument of direction and control upon the biotic substructure.« (ebenda, S. 158)

Im Bereich der Kultur übernimmt die Gesellschaft lenkende Funktionen:

> »Society is everywhere a control organization. Its function is to organize, integrate, and direct the energies resident in the individuals of which it is composed. One might, perhaps, say that the function of society was everywhere to restrict competition and by so doing bring about a more effective co-operation of the organic units of which society is composed.« (ebenda, S. 157)

Die individuelle Freiheit - das Konkurrenzverhalten - erfährt auf der letzten Ebene der »moral order« durch soziokulturelle Normen, Regeln und Gesetze die stärkste Limitierung.

> »On the cultural level, this freedom of the individual to compete is restricted by conventions, understandings, and law. The individual is more free upon the economic level than upon the political, more free on the political than the moral.« (ebenda, S. 157)

Abbildung B 1 Die humanökologische Pyramide

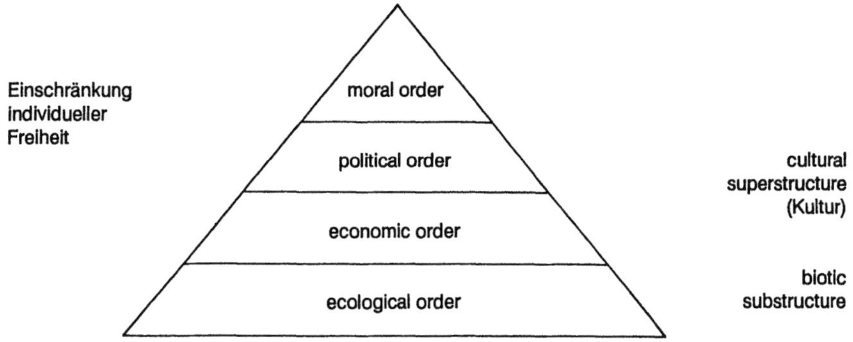

Quelle: Darstellung nach Angaben aus Park 1936/1952b: 157

Durch die Abnahme der individuellen Freiheit auf den unterschiedlichen Ebenen der Kultur (»cultural superstructure«) unterscheidet sich Parks Modell von der Maslow'schen Bedürfnispyramide.[2] In Anlehnung an das humanökologische Modell kann gesagt werden, daß das Handeln der Individuen einer ökologischen Grundlage bedarf, durch wirtschaftliche und politische Strukturen gelenkt und schließlich durch normative sowie weltanschauliche Einflüsse, die bereits den Sozialisationsprozeß begleiten, geprägt wird.

Dieses abstrakte humanökologische Modell mit seinen ökologischen und kulturellen Stufen beinhaltet auch die Handlungsdimension auf individueller und kollektiver Ebene, denn konstituierend für die pyramidische Form ist die abnehmende Handlungsfreiheit der Individuen. Demnach sind die Ausführungen von Park bezüglich der Einschränkung der Handlungsfreiheit von Individuen, eingebettet in institutionelle Strukturen, relevant für die Ausprägung des gesellschaftlichen Handelns. Aussagen auf der Handlungsebene im Kontext der humanökologischen Pyramide kenn-

2 In der Maslow'schen Bedürfnispyramide wird eine stärkere individuelle Freiheit im Sinne zunehmender Selbstverwirklichung durch Erfüllung der »höheren« Bedürfnisse im Aufstieg von ökonomischen Notwendigkeiten zu politischen und kulturellen Entfaltungsmöglichkeiten postuliert. Dieses Modell wurde entweder bezogen auf die historische Entwicklung der westlichen Welt oder im interkulturellen Vergleich in Modernisierungstheorien eingesetzt.
Nach dem Park'schen Modell jedoch ist dies genau umgekehrt, wobei Park insbesondere das Konkurrenzverhalten im Auge hat (vgl. auch das AGIL-Schema von Parsons 1958: 6 f.).

zeichnen das grundlegende Prinzip der Interaktion zwischen Natur und Kultur. Die abnehmende Handlungsfreiheit läßt sich auf gesamtgesellschaftliche Prozesse übertragen und als Handlungsspielraum für kulturökologische Veränderungen definieren (vgl. auch Ausführungen zum Handlungsspielraum im kulturökologischen Ansatz und die abgewandelte Skizze zu den kulturökologischen Handlungsspielräumen in B 3.1.2).

Neben der humanökologischen Pyramide, die Park als Aufbau der Gesellschaft bzw. als eine strukturierte Beziehung von Natur und Kultur mit lenkenden Funktionen beschreibt, benennt er auch die Elemente, aus denen sich die Gesellschaft konstituiert.

> »Reduced to its elements the human community, so conceived, may be said to consist of a population and a culture, including in the term culture (1) a body of customs and beliefs and (2) a corresponding body of artefacts and technological devices.
>
> To these three elements or factors - (1) population, (2) artefact (technological culture), (3) custom and beliefs (non-material culture) - into which the social complex resolves itself, one should, perhaps, add a fourth, namely, the natural resources of the habitat. It is the interaction of these four factors that maintain at once the biotic balance and the social equilibrium, when and where they exist.« (Park 1936/1952: 158)

Demnach läßt sich bei Park (1936) ein humanökologisches Modell mit vier Elementen erkennen:

1. Bevölkerung
2. materielle Kultur (Technologie/Objektwelt)
3. immaterielle Kultur (Brauch und Sitten)
4. Natur (natürliche Ressourcen des Lebensraums).

Diese vier Elemente erscheinen in ähnlicher Form bei Duncan später im »ökologischen Komplex« (Duncan 1959). Sie tauchen auch im Kulturkern-Konzept von Steward u. a. auf, wie dies im vorangegangenen Kapitel tabellarisch dargelegt wurde (vgl. Tabelle A 4, S. 126). Die von Park angesprochenen Elemente lassen sich wie folgt bündeln:

Natur	natürliche Ressourcen
	Bevölkerung
Kultur	materielle Kultur und Objektwelt
	immaterielle Kultur: Brauch, Sitte, Weltbild

Humanökologische Untersuchungen müßten demnach entweder diese Elemente berücksichtigen oder auf die Ordnungsstufen der humanökologischen Pyramide eingehen. Die meisten - später als humanökologisch bezeichneten Untersuchungen - berücksichtigen aber den wichtigen Bereich kultureller Werte und Normen, also der »moral order«, nicht, sondern verharren auf der Stufe einer »ecological order«, beschränken sich weitgehend auf »natürliche Ressourcen«, »Bevölkerung«, und dringen kaum in den Bereich vor, den Park als »cultural superstructure« bezeichnet. Nicht einmal die angegebenen vier Elemente werden vollständig und geschlossen behandelt - so auch im »ökologischen Komplex« von Duncan, in dem Kultur nicht mehr gesondert in Erscheinung tritt. Die Position »immaterielle Kultur« wird im Duncan'schen Modell ausgeblendet bzw. durch »Organisation« ersetzt.

Das Forschungsgebiet der Humanökologie formulieren Park und Burgess wie folgt:

> »Human ecology is, fundamentally, an attempt to investigate the processes by which the biotic balance and the social equilibrium (1) are maintained once they are achieved and (2) the processes by which, when the biotic balance and the social equilibrium are disturbed, the transition is made from one relatively stable order to another.« (Park/Burgess 1936/1952: 158)

Diesem Zitat ist zu entnehmen, daß sowohl ökologische als auch gesellschaftliche Probleme bereits im Rahmen dieses Modells als humanökologische Aufgaben definiert und konzeptualisiert wurden, auch wenn von einer »ökologischen Krise« nicht die Rede war. Auf diese herzustellende oder zu erhaltende Balance im Bereich Natur und Kultur richtet sich der Begriff Akkommodation (vgl. auch Teil A II sowie B 2 weiter unten).

1.2 Der »ökologische Komplex« von Duncan

Nach Park befaßt sich die Humanökologie mit Veränderungen, die sich im biologischen Gleichgewicht oder in der Stabilität des sozialen Systems ergeben. Anders hingegen formuliert Duncan die Aufgabenstellung der Humanökologie:

> »... human ecology seeks one part of the answer to the persistent questions that have long inspired philosophic reflection and, recently, scientific research on the predicament of man. How is human social life possible? ... How does it come about that societies of men differ from time to time and place to

place - the problems of 'cultural diversity' and 'social change'.« (Duncan 1959: 683)

Die Fragestellung zielt auf Kulturvergleich, die Suche nach Erklärungen für kulturelle Unterschiede und für sozialen Wandel. Bei Duncan wird der ökologische Komplex auch aus vier Elementen bzw. Variablen konstruiert:

P Population
E Environment
T Technology
O Organization

Die humanökologische Pyramide von Park und der ökologische Komplex von Duncan sind nicht direkt vergleichbar, oberflächliche Parallelen zeigen sich jedoch bei der Gegenüberstellung zu den von Park angeführten Elementen aus Natur und Kultur. Zunächst betrifft dies die drei Variablen P, E, T im ökologischen Komplex. Organisation = O wird als vierte Variable eingeführt und wie folgt umschrieben:

»Organization represents an adaptation to the unavoidable circumstance that individuals are interdependent and that the collectivity of individuals must cope with concrete environmental conditions - including, perhaps, competition and resistance afforded by other collectivities - with whatever technological means may be at its disposal.« (Duncan 1959: 683)

Damit umfaßt O Teilaspekte aus dem Bereich »cultural superstructure« von Park - mit einer Ausnahme: Die »immaterielle Kultur« oder die Stufe »moral order«, die bei Park Brauch, Sitte und Weltanschauung umfaßt und an der Spitze der Pyramide angesiedelt ist, taucht bei Duncan nicht mehr gesondert auf. Es ist anzunehmen, daß diese Aspekte entweder in der Gesamtheit der ausgewiesenen Variablen zum Tragen kommen oder einfach ausgeklammert und nicht weiter thematisiert werden. Bei einer Gegenüberstellung zu den von Park angesprochenen Elementen aus Natur und Kultur ist eine Zuordnung der Variablen des ökologischen Komplexes nicht stringent vorzunehmen. Vielmehr ist davon auszugehen, daß die bei Duncan aufgenommenen Variablen bereits Mischkonstrukte aus Natur und Kultur sind.

Die Kategorie Natur (natürliche Ressourcen) wird weitgehend in ihrer gesellschaftlich geformten Gestalt als (E = Environment) »Umwelt« angeführt. Sie umfaßt nicht nur natürliche Ressourcen, sondern auch die vom Menschen überformte Umwelt (Stadt/Häuser und Straßenzüge/

Landschaft usw.), oder sie wird in den Kategorien Technologie und Organisation aufgehoben.

> »Since most environmental and demographic situations permit alternative solutions to the problems of adaptation and since such solutions have a tendency to persist as they are embodied in organizational forms and technical apparatus, initial differences tend to produce continuing diversification.« (Duncan 1959: 683)

Nach Duncan haben verschiedene Wissenschaftsdisziplinen und theoretische Ansätze der Sozialwissenschaften sich eines oder der Kombination von zweien dieser Elemente gewidmet. Die Aufgabe der Humanökologie aber liegt in der Berücksichtigung der Gesamtheit dieser Variablen.

> »Malthus, of course, emphasized P, or rather the ratio, P/E, attributing only secondary importance to T and O Marx's theory was notable for its emphasis on O. The theoretical and empirical case for the importance of T has been presented by Ogburn (1951).« (Duncan 1959: 707)

Abbildung B 2 Der ökologische Komplex nach Duncan[3]

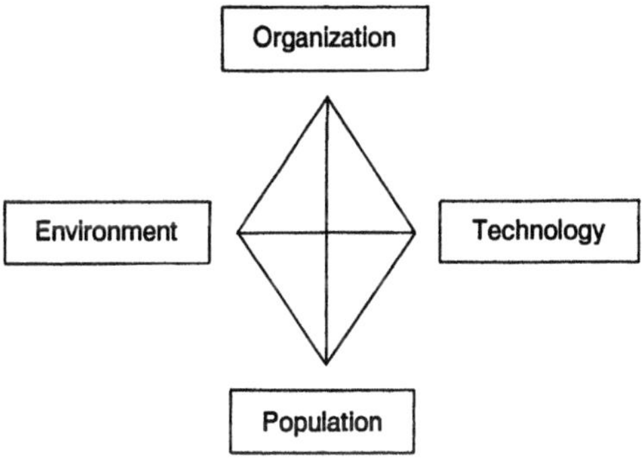

Quelle: Duncan 1959: 683

Duncans Arbeit zielt auf die Ermittlung von L, worunter er so etwas wie »Lebensqualität« (»level of living«) versteht. Diese soll sich aus den Variablen P E T O ermitteln bzw. als Funktion derselben konkreter errechnen lassen: »L = f (P, E, T, O)« (Duncan 1959: 707), wobei er die damit verbundenen Schwierigkeiten in theoretischer wie methodischer Hinsicht selbst anspricht. P E T O »stands for a whole set of variables and not for any single index number« (Duncan, ebenda).

3 Ein erweitertes Modell in Anlehnung an den ökologischen Komplex wurde von Mackensen ausgearbeitet (Mackensen 1978: 165).

Anders als bei Park finden wir hier Variablen, die nicht mehr in ihrer ursprünglich »reinen« Form auftreten bzw. den Bereichen der Kultur und Natur zugeordnet werden. Damit können die einzelnen Bestandteile des ökologischen Komplexes bereits als Ergebnis der Interaktion zwischen Natur und Kultur angesehen werden. Auch löst sich das Duncan'sche Modell vom Aufbau der humanökologischen Pyramide von Park und nimmt, ohne die einzelnen Variablen besonders abzuleiten, vier Elemente in abgewandelter Form zur Konstruktion seines Modells auf. Bedeutender aber ist, daß die analytischen Ordnungsebenen der Park'schen Pyramide in den ökologischen Komplex nicht mehr aufgenommen werden. Der ökologische Komplex hat kein konstituierendes Prinzip. Die Verbindungen zwischen den Variablen sind nicht weiter spezifiziert oder strukturiert. Das Augenmerk im ökologischen Komplex zielt auf einzelne Variablen und deren gegenseitige Beziehungen. Betont wird nur noch, daß Veränderungen in einer der jeweiligen Variablen des ökologischen Komplexes ihren Widerhall in den anderen finden.

> »An sociological account of social change is attempted by referring to such instigating factors as environmental change (whether caused by man or by other agencies), changes in size and composition of population, introduction of new techniques, and shifts in the spatial disposition or organization of competing populations. The interdependence of factors in the adaptation of a population implies that change in any of them will set up ramifying changes in the others.« (Duncan 1959: 683)

Im Duncan'schen Modell wird wie im Steward'schen Ansatz keine Gewichtung der Elemente oder ein Basis-Überbau-Schema unterstellt, sondern das Zusammenwirken der Elemente als Bestandteil einer humanökologischen Betrachtung angesehen. Schließlich finden wir im Kulturkern-Ansatz von Steward Bestandteile (Prozeduren), wie sie in etwa auch bei Park und Duncan beschrieben werden, nämlich ein Neuarrangement durch Konzentration auf den Subsistenzbereich, wobei die Betonung auf Interaktionsprozessen zwischen Natur und Kultur liegt.

1.3 Das »Raum-Verhalten-System« von Atteslander/Hamm

Mit unterschiedlicher Terminologie und in vorsichtiger Anlehnung an systemtheoretische Begriffe läßt sich der Kulturkern von Steward auch im »Raum-Verhalten-System« von Atteslander/Hamm (1974) wiedererkennen. Dieses System wird als Modell für das soziokulturelle Subsystem aus der Struktur des Mensch-Umwelt-Systems herausgenommen und gesondert betrachtet (Atteslander/Hamm 1974: 25 ff.).

Abbildung B 3 Struktur des Raum-Verhalten-Systems

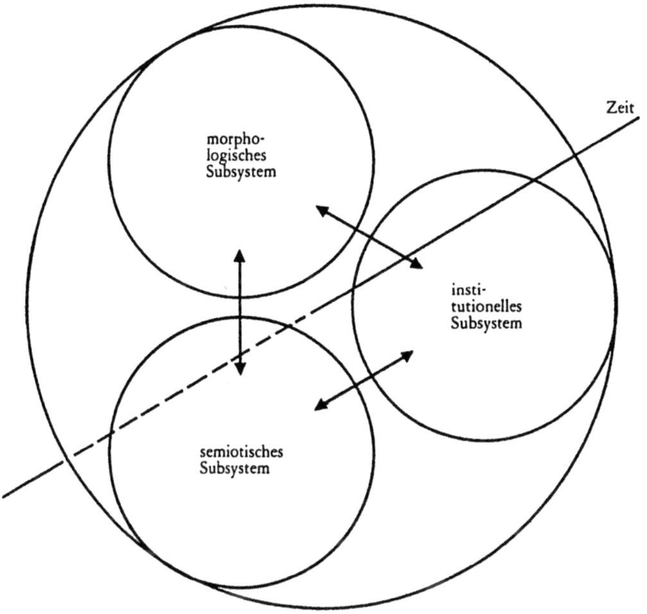

Quelle: Atteslander/Hamm 1974: 28

Das Mensch-Umwelt-System von Atteslander/Hamm wird aus folgenden Subsystemen gebildet:

1. physisch-räumliches Subsystem vgl. E = Umwelt/Natur
2. psycho-physisches Subsystem vgl. P = Bevölkerung/Mensch
3. technologisches Subsystem vgl. T = Technologie
4. soziokulturelles Subsystem vgl. C = immaterielle Kultur

Das soziokulturelle Subsystem, dessen Erforschung nach Atteslander/ Hamm Aufgabe der Sozialwissenschaften ist, wird dann als ein Raum-Verhalten-System wiederum in folgende Subsysteme unterteilt:

1. morphologisches Subsystem
2. institutionelles Subsystem
3. semiotisches Subsystem.

Das Raum-Verhalten-System bildet sich aus Systemeinheiten und Subsystemen, und es zielt auf raumplanerische Untersuchungen. Grundlage dieses Modells sind konstruierte Strukturen. Das gesellschaftliche Handeln als wichtige soziologische Fragestellung steht nicht im Vordergrund. Eine Operationalisierung des semiotischen Subsystems wird in erster Linie in der Aufschlüsselung von Zeichen und Signalen durch die Umweltpsychologie zum Messen des semiotischen Gehalts von Räumen als Forschungsaufgabe formuliert. Damit sind Kategorien gesellschaftlichen Handelns in diesem Modell nicht aufgehoben. Ansatzweise sind sie im Bereich des institutionellen Subsystems zu erkennen, da Atteslander/Hamm auf die Interaktionstheorie von Berger/Luckmann verweisen (Atteslander/Hamm 1974: 29).

Das nun folgende kulturökologische Handlungsmodell berücksichtigt den Ansatz von Berger/Luckmann und betont aus soziologischer Sicht die Kommunikations- und Handlungsebene in einem Natur-Kultur-Modell mit den Elementen Mensch - natürliche Umwelt - soziale Umwelt. Die verschiedenen Dimensionen des gesellschaftlichen Handelns, die jeweiligen Interaktionsbeziehungen zwischen den Elementen (Subsystemen), werden differenziert und handlungsbezogen konkretisieret.

1.4 Das kulturökologische Handlungsmodell

In meiner Arbeit »Humanökologisch orientierte Entwicklungsprojekte« (Teherani-Krönner 1989a) wurde auf der Grundlage von Erfahrungen mit Entwicklungsprojekten in Ländern der Dritten Welt ein heuristisches Interdependenzmodell mit den Elementen Mensch, Natur, Gesellschaft entworfen. Dieses Modell wird im folgenden Abschnitt in Anlehnung an Park und Steward mit geringen Abweichungen als kulturökologisches Handlungsmodell wieder aufgegriffen und handlungstheoretisch ergänzt. Die Verbindungen zwischen den Elementen werden über Technologie, Kommunikation und Akkommodation hergestellt, denen entsprechende Handlungsdimensionen zuzuordnen sind.

Das kulturökologische Intedependenzmodell umfaßt die Variablen des ökologischen Komplexes von Duncan in einem abgewandelten Arrangement. Die Technologie genauso wie die Kommunikation werden als Vermittlungslinien zwischen dem Menschen und seiner natürlichen Umwelt (mittels Arbeit bzw. instrumentalem Handeln) und seiner sozialen Umwelt (mittels Sprache bzw. kommunikativem Handeln) konstruiert. Gewisse Parallelen und Ähnlichkeit mit den Elementen des Kulturkerns von Steward (vgl. Kapitel A III) bzw. des Raum-Verhalten-Systems von Atteslander/Hamm sind gegeben. Doch gegenüber den zuvor besprochenen Modellen wird im kulturökologischen Interdependenzmodell besonderes Gewicht auf das gesellschaftliche Handeln gelegt, das den Bogen zwischen den einzelnen Elementen Mensch - Natur - Gesellschaft spannt. Damit sollen reziproke Austausch- und Interaktionsbeziehungen konkretisiert werden. Insbesondere geht es darum, die unterschiedlichen Dimensionen des gesellschaftlichen Handelns zu betonen und deren Beweggründe zu benennen.

Neben den anerkannten soziologischen Kategorien des Handelns - instrumentales und kommunikatives Handeln (vgl. Fußnote 10, Abschnitt B 2.2.1) - soll nunmehr, nach den vorangegangenen Betrachtungen der Humanökologie und Kulturökologie, auf eine bisher vernachlässigte Dimension des Handelns, nämlich das »akkommodative Handeln«[4] hingewiesen werden. Das akkommodative Handeln wird als neue (wiederentdeckte) Kategorie der Human- und Kulturökologie aufgenommen und als Schlüsselbegriff der sich erst in Ansätzen formierenden Umweltsoziologie eingeführt, um den soziokulturell geprägten Umgang mit der Natur zu thematisieren und die unbeachtete Natur-Umwelt-Dimension soziologischer Arbeiten auch begrifflich auszuweisen.

Der Vorzug dieses triadischen Modells liegt darin, daß neben der Aufnahme zuvor genannter einzelner Elemente (Natur - Gesellschaft - Mensch), wie sie in den anderen Modellen auftauchen, die jeweiligen Interaktionsbeziehungen sowohl analytisch differenziert als auch durch Kategorien gesellschaftlichen Handelns ausgewiesen werden können. Ferner sind die Beweggründe bzw. die Motivationen für grundlegende Handlungsdimension in das Modell einbezogen und konkret benannt.

4 Mit »akkommodativem Handeln«, das in den folgenden Abschnitten noch erläutert wird, ist eine Dimension des Handelns bzw. eine Handlungsorientierung gemeint.

Erst aus dem Zusammenspiel der drei Elemente und deren Beziehungsgeflecht werden Kultur, gesellschaftliches Handeln und sozialer Wandel konstituiert. Die im dialektischen Wechselprozeß mit der Natur vom Menschen kreierte Kultur wirkt auf ihn zurück. Kultur kann damit nicht als isolierter Faktor betrachtet oder monokausal erklärt werden. Es ist wichtig, das Wechselspiel und die Gewichtung der verschiedenen Elemente nicht definitorisch festzulegen, sondern offen zu bleiben für immer wieder neue erfahrungswissenschaftliche Erkenntnisse. Forschungen in verschiedenen Regionen und Gesellschaften sowie interkulturelle Vergleiche können hierfür hilfreich sein.

Abbildung B 4 Das kulturökologische Handlungsmodell[5]

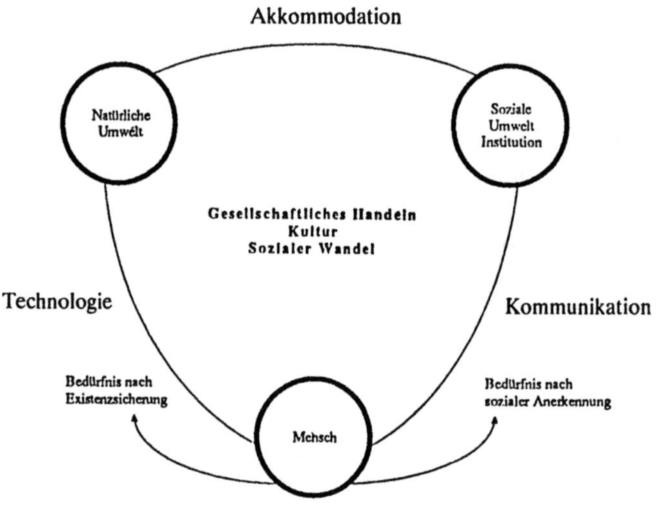

Vgl. auch Teherani-Krönner 1989a: 198

Da Kultur sowohl die Fähigkeiten der Menschen als auch die von ihnen geschaffenen Produkte im materiellen wie im immateriellen Bereich umfaßt, sind in allen Gegenständen, Objekten und Werkzeugen, Verfahrens-

5 In der 1989 erschienen Arbeit »Humanökologisch orientierte Entwicklungsprojekte« hatte ich in Ermangelung eines passenden Terminus zur Herstellung einer Verbindung und der Wechselwirkung zwischen Natur und Gesellschaft seinerzeit anstelle des Begriffs Akkommodation bzw. akkommodatives Handeln die Bezeichnung »Kooperation« bzw. »kooperatives Handeln« eingesetzt.

weisen und Techniken und allen Ausdrucksformen verbaler wie nonverbaler Kommunikation und der Ideenwelt einer Kultur Zeichen der Schöpfungskraft des Menschen präsent.

Aus anthropologischer Sicht beruht der endogene Kulturwandel auf den drei zuvor genannten Komponenten: natürliche Umwelt - soziale Umwelt - Mensch. Der

> »innere Antrieb zur Veränderung kann beruhen auf einem Bruch des ökologischen Gleichgewichtszustandes, auf dem Spiel der gesellschaftlichen Widersprüche und Antagonismen und auf der Rolle der Erfindung und Neuerung - denn die primitiven Völker besitzen nicht weniger als die anderen eine Fähigkeit zur Innovation« (Balandier 1967/1972: 216).

Auf welchen Gebieten und in welcher Richtung sich das Handeln der Menschen entfaltet, ist abhängig vom Handlungsspielraum innerhalb der jeweiligen kulturökologischen Konstellation (zum Handlungsspielraum vgl. Abschnitt B 2).

2. Das Beziehungs- und Bedeutungsgefüge im kulturökologischen Handlungsmodell

2.1 Kulturökologische Analyseebenen

Auf der Grundlage des kulturökologischen Interaktionsmodells sind zur Durchführung konkreter empirischer Untersuchungen drei Untersuchungsbereiche differenziert worden (vgl. Teherani-Krönner 1989a). Sie berücksichtigen die einzelnen Elemente des Modells Natur- Gesellschaft - Mensch und deren Verbindungs- und Beziehungslinien: Technologie, Kommunikation und Akkommodation. Sie lassen sich auch als analytische Ebenen konzipieren, um zum einen auf naturräumliche Ressourcen, Technologie und Objektwelt und zum anderen auf gesellschaftliche Strukturen, Ideenwelt und auf Handlungsdimensionen (Lebenswelt) eingehen zu können. Untersuchungsebenen dienen der Ermittlung kulturökologischer Bedingungen des Zusammenlebens der Menschen in einer Region, der Einschätzung von ökologischen Potentialen und Limitierungen sowie soziokultureller Strukturen und Wandlungsmöglichkeiten. Zur Entwicklung eines Untersuchungskonzepts wird daher zunächst folgende Differenzierung vorgenommen:

Analyseebenen

I. Objektebene

  Beziehung zwischen Mensch und Naturraum
  biologisch-physikalische Umwelt
  Technik
  materielle Kultur

II. Strukturebene

  Ebene der Arbeits- und Sozialstruktur
  gesellschaftliche Institutionen
  Organisation

III. Handlungsebene

  Kommunikation und Interaktion
  Symbole
  immaterielle Kultur

Mit einer solchen, zunächst groben Einteilung und Benennung verschiedener Ebenen der Analyse wird nur angedeutet, daß die Betrachtung aus verschiedenen Perspektiven erfolgen kann und jeweils die anderen Ebenen miteinzubeziehen sind (vgl. Uexküll). Diese Analyseebenen können auch mit Prismen oder farbigen Folien verglichen werden, mit denen das Kulturökologie-Modell durchleuchtet wird. Sie reflektieren jeweils die anderen Ebenen und erfahren dadurch verschiedene Färbungen, die in Abhängigkeit von den Grundfarben zu neuen Farbkombinationen führen können. Damit lassen sich sehr vielfältige Kombinationen und verschiedene Bilder entwickeln, je nach Fragestellung, mit der eine konkrete Untersuchung in einem Raum durchgeführt wird. Das Arbeiten mit einer Analogie zur Farbenlehre erscheint angesichts der Vielfalt von Kulturen und im Hinblick auf verschiedene Forschungsperspektiven und Ökologiemodelle durchaus angebracht zu sein (vgl. Kapitel A I, II und III). Gehen wir von nur drei Grundfarben aus, läßt sich bereits eine bunte Farbskala kreieren. Auch bei Zwischentönen wird häufig der Farbursprung nicht sofort sichtbar. Konkrete Entwicklungsprozesse zwischen Mensch, natürlicher Umwelt und sozialer Umwelt sind ebenso wie konstruierte Analyseebenen damit offen für Spezifizierungen zur Reflektion der Wechselwirkungen in diesem triadischen Komplex. Bei einer behutsamen Zusammenstellung und Vorgehensweise, die jeweils die anderen Perspektiven und Ebenen im

Auge behält (Berücksichtigung der drei Grundfarben), dürfte eine Schwarz-Weiß-Abbildung ausgeschlossen sein.

Zu I: Objektebene

Natürliche Ressourcen und Engpässe, entwickelte Techniken zur Existenzsicherung und zur Gestaltung des Lebensraums (biologisch-organische Umwelt) als auch die bebaute Umwelt sind zu ermitteln. Besonders zu beachten sind Veränderungen in den Produktionstechniken und Auswirkungen auf die Naturumwelt sowie anthropogen verursachte ökoloische Belastungen.

Zu II: Strukturebene

Es geht um Wirtschafts- und Machtstrukturen innerhalb der Gesellschaft und deren jeweiligen Gruppierungen. Der Zugang zur Ebene der Arbeits- und Sozialstrukturen wird mit der Frage nach der Arbeitsorganisation und Arbeitsteilung innerhalb ländlicher Gemeinden gesucht. Damit können Beziehungen im Binnenverhältnis und Außenkontakte ermittelt werden. Mit einer solchen Fragestellung besteht die Möglichkeit, gesellschaftliche Gruppierungen, wirtschaftliche Einheiten, aber auch Differenzen ethnischer oder religiöser Art zu identifizieren, sofern sie sich in den Arbeitsstrukturen niederschlagen. Dabei ist nach den je divergierenden und konvergierenden Momenten zu suchen, um auf Abgrenzungsmechanismen und Konflikte, aber auch auf Gemeinsamkeiten aufmerksam zu werden.

Zu III: Handlungsebene

Auf der Interaktions- und Handlungsebene ist zu berücksichtigen, daß gesellschaftliches Handeln und kultureller Wandel durch die zeitlichen Dimensionen - Vergangenheit, Gegenwart und Zukunft - beeinflußt werden: durch das kulturelle Erbe, durch das Erleben der gegenwärtigen Lage und situative Momente, zum Beispiel Abhängigkeiten einer Gesellschaft, einer Gruppe oder eines jeden Individuums. Wichtig ist auch die zukunftsweisende Dimension des Handelns. Diese Zukunftsorientierung kann so stark sein, daß zum Beispiel in besonderen Situationen (Revolution/Krieg) Menschen bereit sind, ihr Leben zu opfern. Die Hoffnung auf eine bessere Zukunft ist als Motivation für einen Einsatz und auch für Entbehrungen in der Gegenwart erforderlich. Daher sind kulturelle Symbole, Werte,

Normen und Tabus und deren Veränderungen und Neubewertungen zu beachten.

Da in diesem Modell der Kulturökologie im Gegensatz zu den vorangegangenen Modellen insbesondere die Handlungsebene III hervorgehoben werden soll, wird diesem Aspekt im folgenden Abschnitt besondere Beachtung geschenkt. Die Handlungsebene wird als originär soziologische Analyseebene eingeführt, um das gesellschaftliche Handeln differenziert betrachten zu können. Aus dem triadischen Komplex von natürlicher Umwelt, sozialer Umwelt und Mensch lassen sich verschiedene Erfahrungsbereiche der Menschen in ihren jeweiligen geographischen Räumen, eingebettet in soziale Institutionen, für das gesellschaftliche Handeln gewinnen.

Damit werden Beziehungen und Interaktionsprozesse im Kulturökologiemodell als Erfahrungsbereiche und als Grundlage des gesellschaftlichen Handelns behandelt. Auf der Handlungsebene III läßt sich damit das Beziehungsgeflecht dieses kulturökologischen Komplexes wiederum nach drei Dimensionen gliedern:

Handlungsdimensionen[6]

I. Instrumentales Handeln
   Beziehung zwischen Mensch und naturräumlichen Gegebenheiten; Technologie

II. Kommunikatives Handeln
   Interaktion zwischen Mensch und gesellschaftlichen Institutionen: Sprache, symbolische Interaktion und Kommunikation

III. Akkommodatives Handeln
   Arrangement zwischen Kultur und Natur
   Bedeutung der Naturumwelt, symbolisch geleitete Interpretation und Bewertung von Natur und Leben(-swelt)
   Akkommodation

6 Zwar können den zuvor genannten drei Untersuchungsebenen schwerpunktmäßig die verschiedenen Dimensionen des Handelns zugeordnet werden, sie sind mit diesen jedoch nicht völlig kongruent.

2.2 Gesellschaftliches Handeln im kulturökologischen Handlungsmodell

In diesem Abschnitt wird der kulturökologische Komplex aus handlungstheoretischer Perspektive betrachtet. Durch die Kombination der Kulturökologie mit handlungstheoretischen Ansätzen der Soziologie kann die umweltbezogene Dimension des Handelns herausgearbeitet werden, die es im Rahmen einer Umweltsoziologie zu beachten gilt.

Da in jeder Gesellschaft Sozialstrukturen über das Handeln der Menschen konstituiert werden, bietet die Analyse gesellschaftlichen Handelns im Interaktionsprozeß mit der Umwelt einen Zugang zum Verstehen von Handlungsmustern, Wandlungsprozessen und Handlungsorientierungen. Das Handeln findet in Wechselbeziehung mit der Umwelt statt. Zu berücksichtigen ist,

> »... daß diese Umwelt sowohl eine natürliche als auch eine menschliche ist. Das heißt, der sich entwickelnde Mensch steht in Verbindung nicht nur mit einer besonderen natürlichen Umwelt, sondern auch mit einer besonderen kulturellen und gesellschaftlichen Ordnung« (Berger/Luckmann 1980: 51).

Erforderlich ist es daher, bei der Untersuchung von Handlungsprozessen sowohl auf den Einfluß der natürlichen Umwelt als auch auf den Einfluß der sozialen Umwelt einzugehen.

Doch auch bei Berger und Luckmann wird Interaktion, insbesondere der reziproke Austausch zwischen Individuum und Gesellschaft (soziale Umwelt), behandelt und aus der Tradition »sozialen Handelns« (Weber) thematisiert.[7] Der Beziehung zwischen Gesellschaft (Kultur) und Natur wird kaum Beachtung geschenkt. Dies gilt gleichermaßen für die Figurationssoziologie von Elias wie für die »Theorie des kommunikativen Handelns« von Habermas.

Wenn Kultur als dialektischer Prozeß zwischen Mensch und Natur verstanden wird - wobei der Mensch selbst ein Teil der Natur ist -, dann kann nicht vom Menschen als isoliertem Individuum ausgegangen werden. Im Gegensatz zur Polarisierung von Individuum und Gesellschaft, die sich in der sozialwissenschaftlichen Diskussion als individualistische und kol-

7 Bei der Festlegung des Begriffs »soziales Handeln«, den Max Weber für soziologische Betrachtungsweisen als relevant herausstellt, definiert er: »Soziales Handeln aber soll ein solches Handeln heißen, welches seinem von dem oder den Handelnden gemeinten Sinn nach auf das Verhalten *anderer* bezogen wird und daran in seinem Ablauf orientiert ist.« (Weber 1964: 3)

lektivistische Soziologie manifestiert, ist die Aussage von Elias zu unterstreichen:

> »Da Menschen erst von Natur, dann durch gesellschaftliches Lernen, durch ihre Erziehung, durch Sozialisierung, durch sozial erweckte Bedürfnisse gegenseitig voneinander mehr oder weniger abhängig sind, kommen Menschen, wenn man es einmal so ausdrücken darf, nur als Pluralitäten, nur in Figurationen vor. Das ist der Grund, aus dem es ... nicht besonders fruchtbar ist, wenn man unter einem Menschenbild das Bild von einem einzelnen Menschen versteht. Es ist angemessener, wenn man sich unter einem Menschenbild ein Bild vieler interdependenter Menschen vorstellt, die miteinander Figurationen, also Gruppen oder Gesellschaften verschiedener Art, bilden. Von dieser Grundlage her verschwindet die Zwiespältigkeit der herkömmlichen Menschenbilder, die Spaltung in Bilder von einzelnen Menschen, von Individuen, die oft so geformt sind, als ob es Individuen ohne Gesellschaften gäbe, und in Bilder von Gesellschaften, die oft so geformt sind, als ob es Gesellschaften ohne Individuen gäbe.« (Elias 1978: LXVII)

Der verdeutlichten Reziprozität von Individuum und Gesellschaft, wie sie von Elias angesprochen wird, ist dann auch im Rahmen der Handlungstypologien Rechnung zu tragen. Doch in Ergänzung zu Elias muß hinzugefügt werden, daß auch eine Figurationssoziologie, die ihre Untersuchungen auf Gesellschaft und Individuum konzentriert, so konzipiert ist, als ob es Gesellschaften ohne konkrete Naturumwelt gäbe. Auch in einer Figurationssoziologie ist die Interaktion zur Naturumwelt in das komplexe Beziehungsgeflecht von Mensch - Natur - Gesellschaft aufzunehmen.

Die von Weber konstruierten Idealtypen des Handelns richten sich weitgehend auf die Interaktionsebene von Gesellschaft und Individuum mit einer unterstellten Kongruenz zwischen individueller und kollektiver Ebene, die später in den Arbeiten von Habermas kritisiert wird. Systemrationalität (System) und Lebenswelt werden daher bei Habermas unterschieden und entkoppelt.

Daß das Handeln der Individuen angemessen nur im Kontext der jeweiligen Kultur verstanden werden kann, war Max Weber durchaus bewußt. So schreibt er:

> »Wir müssen gewiß erst wissen: welches Handeln funktional, vom Standpunkt der 'Erhaltung' (aber weiter und vor allem eben doch auch: der Kultureigenart!) und: einer bestimmt gerichteten Fortbildung eines sozialen Handlungstyps *wichtig* ist, um dann die Frage stellen zu können: wie kommt dies Handeln zustande? Welche Motive bestimmen es?« (Weber 1964: 13)

Der auffälligen Einschränkung der Begriffsdefinition für »soziales Handeln«, wie sie ursprünglich von Weber geprägt wurde, möchte ich nicht folgen und daher mit dem weitergefaßten Begriff »gesellschaftliches Handeln« operieren, womit die Kategorie »soziales Handeln« bestehen bleibt.

Die Fälle, in denen das Handeln »an den Erwartungen des Verhaltens sachlicher Objekte orientiert« ist, gelten für Weber genauso wie jene Fälle, in denen Routine und Imitation von zentraler Bedeutung sind, nicht als »soziales Handeln«. So ist Holzhacken für Weber kein soziales Handeln - genausowenig wie das Aufspannen eines Regenschirms (Weber 1964: 16). Aus kulturanthropologischer und phänomenologischer Sicht haben diese ausgeklammerten Fälle vielfach Anlaß zur Auseinandersetzung und Kritik gegeben:

> »Das Aufspannen von Regenschirmen - ... aus der Kategorie sozialen Handelns ausgeklammert - kann nicht allein mit dem Suchen nach Schutz vor dem Regen erklärt werden - ein solches Handeln kann nur kulturspezifisch verstanden werden. Das heißt, es werden nur jene ihren Schirm aufspannen, deren kulturell erworbene Handlungsmuster ein solches Handeln in einer spezifischen Situation nahelegen. Einfacher ausgedrückt, nur die, die einen Regenschirm kennen und zum anderen einen Regenschirm haben, können ihn aufspannen.« (Teherani-Krönner 1982b: 112)

Zu diesem Beispiel gibt es auch die bereits von Schütz formulierte Kritik an Weber, die Giddens wieder aufgreift. Nach Giddens beruht die Interpretation auf der phänomenologischen Begriffsebene, da Schütz dieses Handeln, nämlich das Aufspannen eines Regenschirms, in einen Gesamtzusammenhang von Erfahrungen setzt (Schütz 1974: 124, zit. in Giddens 1984: 34), die immer im Kontext einer Kultur stehen und - Weber selbst zufolge - nur aus diesem Zusammenhang verstanden werden können.

Ähnliches gilt für das Beispiel des Holzhackens von Weber. Das Holzhacken ist gesellschaftliches Handeln; sowohl das Arbeitsinstrument als auch die Tätigkeit selbst sind gesellschaftlich vermittelt. Veränderungen oder Wechsel eines Arbeitsinstruments können weitreichende ökologische wie soziokulturelle Folgen - auch für den Weber'schen Handlungsbegriff - haben.[8]

---

8 In diesem Zusammenhang sei auf die ethnologische Studie von Sharp »Steel Axes for Stone Age Australians« hingewiesen (vgl. Teherani-Krönner 1982b: 113).
»Die zuvor benutzte Steinaxt, nur im Besitz älterer Stammesangehöriger, hatte einen hohen rituellen Wert. Die Stahlaxt, die von Missionaren in Australien bei den Yir Yoront verteilt wurde, sollte die Arbeit effektivieren. Doch es wurde eine Kettenreaktion ausgelöst, die das gesamte soziale Gefüge nachhaltig erschütterte.« (Schmidt 1976: 9)

Gesellschaftliches Handeln wird daher in dem vorgelegten kulturökologischen Ansatz als Überbegriff verwendet. Er beinhaltet einerseits die Auseinandersetzung der Menschen mit der Natur und die Nutzung (Ausbeutung) der natürlichen Ressourcen, deren Kultivierung und Veränderung durch Produktionstechniken, andererseits die Art und Weise der Interaktion der Menschen untereinander durch Kommunikation und die Bildung von gesellschaftlichen Institutionen. Kulturökologisch betrachtet umfaßt gesellschaftliches Handeln das instrumentale und kommunikative Handeln, geht aber noch darüber hinaus. Es beinhaltet kulturspezifische Interpretations- und Deutungsmuster für Interaktionsprozesse und Handlungsorientierungen im Umgang mit der natürlichen Umwelt und reflektiert Veränderungen im Bereich der Lebensgrundlage und damit der Ökologie. Die Lebenswelt umfaßt konkrete Handlungsbezüge zur Naturumwelt, aber auch das damit einhergehende Naturverständnis, das eingebettet ist in Weltanschauungen und damit der symbolisch strukturierten Beziehung zur Natur. Gesellschaftliches Handeln erstreckt sich daher auf das wandelnde Arrangement zwischen Kultur und Natur, das nicht mit Anpassung, sondern mit Akkommodation zu kennzeichnen ist.

Es sei betont, daß die nun folgenden Handlungstypen als unterschiedliche Dimensionen des Handelns verstanden werden und damit als konstruierte Idealtypen (Weber) anzusehen sind. Der einzelne, konkret empirisch faßbare Handlungsvollzug kann daher alle diese Handlungsdimensionen umfassen oder sich auf einen Ausschnitt bzw. eine Kombination aus diesen Handlungstypen beschränken.

»Es zeigt sich nämlich in dieser Studie, daß die eingeführte Neuerung Konsequenzen hatte, die den ursprünglichen Intentionen genau entgegengesetzt waren.« (ebenda)
»The religious system and social structure of the Yir Yoront became disorganized as a result of inability to adjust to the innovation. Later, the men began the practice of prostituting their daughters and wives in exchange of the use of someone else's steel ax.« (Rogers/Shoemaker 1971: 336)
Die Übernahme der Stahlaxt als »an den 'Erwartungen sachlicher Objekte orientiert' (Weber 1964: 16) und daher nicht als 'soziales Handeln' eingestuft würde den Erfordernissen der vorliegenden Arbeit nicht genügen«. Diese Anmerkung bezog sich auf meine Magisterarbeit: »Soziokulturelle Implikationen technologischer Wandlungsprozesse« (Teherani-Krönner 1982b), dürfte aber auch im Rahmen dieser Arbeit zutreffen.

2.2.1 Instrumentales Handeln[9]

Menschen sind in ihren jeweiligen Regionen mit sehr unterschiedlichen Anforderungen seitens des Naturraums konfrontiert. Arbeitsvorgänge, aber auch wirtschaftliche und technische Einrichtungen können sich als Erfordernisse bestimmter geographischer und klimatischer Gegebenheiten erweisen. Neben der Nutzung vorhandener Ressourcen sind immer wieder andere Engpässe zu überwinden, und so wurden verschiedene Techniken und Arbeitsvorgänge in der Auseinandersetzung mit der Natur entwickelt. Behausung, Kleidung sowie Produktionstechniken werden vom Klima und den Umweltressourcen mitbeeinflußt. Habermas bezeichnet diesen Tätigkeitsbereich, der sich auf die Verwertung natürlicher Ressourcen bezieht, als »instrumentales Handeln«. Dieser Terminus zielt auf die technisch-instrumentale Komponente im Arbeitsprozeß.

Vor Jahrhunderten schon entstanden hochentwickelte Bewässerungsanlagen, wie die Terrassierung bei den Inkas und das Ghanat-System im Iran (Kuros 1969, Bennett 1977: 133 f.) Doch

> »Wasser ist nicht die einzige wesentliche Vorbedingung für einen erfolgreichen Ackerbau. Wer Landwirtschaft treiben will, muß Nutzpflanzen, fruchtbaren Boden und genügend Wasser besitzen. Das Klima muß während der Vegetationsperiode angemessen warm sein. Und die Gestaltung der Erdoberfläche muß erfolgreiche landwirtschaftliche Tätigkeit zulassen. Alle diese Vorbedingungen sind in gleichem Maße notwendig, das heißt: Das Fehlen einer einzigen beraubt alle übrigen ihrer landwirtschaftlichen Wirksamkeit. Erfolgreicher Ackerbau bleibt unmöglich, solange nicht menschliche Tätigkeit für den - oder die - fehlenden Faktoren Ersatz schafft.« (Wittfogel 1957/ 1977: 37-38)

Somit formen die natürlichen Gegebenheiten wesentlich die Tätigkeiten des Menschen auf dem Gebiet der Nahrungsmittelerzeugung, der Subsistenz und der Gestaltung sozialer Verhältnisse, doch nicht derart, daß sich

---

9 Instrumentales Handeln und instrumentelles Handeln werden in der Literatur zum Teil synonym verwendet. Ich differenziere diese Begriffe wie folgt:
- Instrumentales Handeln soll auf den Einsatz von Techniken oder den Gebrauch von Werkzeugen bezogen sein, wohingegen ein
- instrumentelles Handeln sich auf die Zweckrationalität des Mitteleinsatzes bezieht.

Falls im Text diese Unterscheidung nicht stringent durchgehalten wird, handelt es sich um zitierte Textpassagen, in denen diese Differenzierung nicht vorgenommen wurde, zum Beispiel in der Übersetzung der Arbeit von Giddens (Giddens 1976/ 1984).

hieraus im Sinne eines Umweltdeterminismus der alleinige Einflußfaktor ermitteln ließe. Zu beachten ist:

> « ... that local sociological conditions are only one (though an important one) of the factors that determine the structure of a community. Other factors are found in the political and economic structure of the macro-environment and in historical accidents and survivals. So even if we can distinguish a relevantly defined sociological zone we cannot expect to find only one type of community within it.« (Kielstra 1975: 329)

Somit haben Menschen unterschiedlichste Überlebensstrategien entwikkelt, die nicht nur von den natürlichen Gegebenheiten bestimmt wurden, sondern deren kulturelle Ausprägungen aufgrund unterschiedlicher historischer Entwicklungen (und sozialer Organisationsstrukturen) entstanden.

2.2.2 Kommunikatives Handeln

Menschen haben aus der Natur und ihrer Praxis gelernt und ihr Handeln darauf eingestellt. Dabei werden Techniken und Arbeitsvorgänge in der Auseinandersetzung mit der Natur entwickelt, die nach Habermas das »instrumentale Handeln« der Menschen prägen. Instrumentales Handeln »richtet sich nach technischen Regeln, die auf empirischem Wissen beruhen« (McCarthy 1980: 36). Kommunikatives Handeln »richtet sich nach geltenden Normen, die reziproke Verhaltenserwartungen definieren und von mindestens zwei handelnden Subjekten verstanden und anerkannt werden müssen« (Habermas 1968/1979: 62).[10]

---

10 Zu den Begriffen instrumentales und kommunikatives Handeln bei Habermas schreibt Giddens:
»Habermas' Unterscheidung zwischen 'Arbeit' und 'Interaktion' bewegt sich undeutlich an der Grenze zwischen philosophischer Anthropologie und Soziologie. Diese Eigentümlichkeit scheint ihren Grund in dem abstrakten Gegensatz zwischen 'Interesse an technischer Kontrolle' (instrumentelles Handeln) und dem 'Interesse an Verstehen' (kommunikatives Handeln) zu haben. Aber die logische Symmetrie dieses Schemas auf dieser Ebene scheint eine mögliche Anwendung auf konkretere Ebenen der Gesellschaftsanalyse zu verhindern. Nach Habermas folgen 'Arbeit' und 'Interaktion' 'rational rekonstruierbaren Mustern, die logisch voneinander unabhängig sind' (Habermas 1973a).« (Giddens 1976/1984: 82)
»... Die Schwäche dieser Position von Habermas scheint sich in seiner Kritischen Theorie widerzuspiegeln, die, um ein Modell der 'idealen' symmetrischen Sprechsituation aufgebaut, die Konsensusrealisierung durch die rationale Diskussion als ihren zentralen Gegenstand anzusehen scheint; aber wie sich dies auf Verhältnisse bezieht, in denen die Verteilung von *knappen Ressourcen* Gegenstand von

Diese Definition des »kommunikativen Handelns« entspricht weitgehend der Weber'schen Begriffsbestimmung für »soziales Handeln«. Die Wechselbeziehungen zwischen dem Menschen und seiner sozialen Umwelt werden über das Medium der Kommunikation gestaltet. Um den Austausch zwischen den Menschen zu ermöglichen, ist die Entwicklung gemeinsamer Symbolsysteme erforderlich. Regeln und Handlungsmuster müssen gefunden und Orientierungsgrößen gesetzt werden, die Kommunikation, Kooperation und zielgerichtetes gemeinsames Handeln in der Gemeinschaft ermöglichen.

Werte und Ziele einer Gesellschaft ebenso wie geltende Normen (anerkannte Wege, die Ziele zu erreichen) und auch Tabus (die äußerste Grenze dessen, was nicht mehr toleriert wird) sind nicht »an und für sich« gültig, sondern sind gültig

- zu einer bestimmten Zeit,
- in einem bestimmten geographischen und kulturellen Raum,
- für konkrete gesellschaftliche Gruppen und Klassen,
- innerhalb »beschreibbarer sozialer Prozesse und Auseinandersetzungen« (Bechmann 1979: 517; vgl. auch Greverus 1978).

Dem Bedürfnis der Menschen einerseits nach Existenzsicherung, andererseits nach sozialer Anerkennung in der Gemeinschaft kann durch gesellschaftliche Institutionen Rechnung getragen werden. Menschliches Zusammenleben bedarf der Kooperation und Organisation, die sich die Menschen mittels Interaktion und Kommunikation geschaffen haben. Familien, Stämme, Dörfer, Produktionsgemeinschaften und religiöse Institutionen sind Beispiele für solche Organisationen. Sie beruhen auf entwikkelten und eingespielten Regeln gesellschaftlichen Handelns, sind also historisch gewachsen. Da sich das Handeln im Rahmen dieser Institutionen formt, wird es für eine Untersuchung von Entwicklungsmöglichkeiten und Handlungsspielräumen auf die Herausarbeitung bestehender Gruppierungen innerhalb einer Gesellschaft (in diesem Fall innerhalb ländlicher Regionen) ankommen.

Kämpfen oder ausbeuterischer Herrschaft ist, wird nicht erklärt.« (Giddens 1976/1984: 82 f.)
Einerseits ist der Kritik von Giddens zuzustimmen, andererseits aber läßt sich eine Reihe der von ihm angesprochenen Kritikpunkte in bezug auf die Kategorien des Handelns methodologisch zurückweisen, sofern die Differenzierungen als idealtypische Handlungsdimensionen interpretiert werden.

Hinsichtlich des kommunikativen Handelns ist zu berücksichtigen, daß nicht nur der kognitiv-verbale Sprachbereich, sondern Kommunikation allgemein auch nonverbale und emotionale Ausdrucksformen beinhaltet. Auch Kunst und Ästhetik werden aus der Kombination von instrumentalem und kommunikativem Handeln entwickelt. Daher auch erscheint es sinnvoller, instrumentales und kommunikatives Handeln als verschiedene Ebenen des gesellschaftlichen Handelns anzusehen, auch oder gerade weil sie als Idealtypen konstruiert wurden.

2.2.3 Akkommodatives Handeln

Instrumentales Handeln ist einseitig vom Menschen zur Natur hin konzipiert; es geht um Werkzeuge und Techniken zur Nutzung, Aneignung, Beherrschung und auch Ausbeutung von Ressourcen. Dabei wird quasi eine Unerschöpfbarkeit der Naturressourcen unterstellt. Hingegen soll akkommodatives Handeln ein kulturell und gesellschaftlich geformter reziproker Austausch mit der Naturumwelt sein, wobei die Veränderbarkeit der Natur im kulturökologischen Interdependenzmodell in ihrer Wechselwirkung auf den Menschen einbezogen wird (vgl. auch die Abgrenzung zwischen Anpassung und Akkommodation in der Humanökologie, Teil A II). Ressourcen der Natur werden nicht als konstant angesehen, sondern als erschöpfbar und als möglicherweise gefährdet in Rechnung gestellt. Akkommodation geht von der Grundannahme aus, daß die Lebensgrundlage der Gesellschaft vom Bestand der Naturumwelt abhängt und daß die Grenzen des ökologischen Systems bzw. der Regenerierbarkeit von Ressourcen zu beachten sind.

Formen der Auseinandersetzung der Gesellschaft mit der Natur, ihre Beziehungen zum Naturraum, aber auch ihre Bedeutung im kulturellen Kontext haben sich im Laufe der Geschichte soziokulturell verschieden herausgebildet. In der einen Kultur mögen Gedanken der Beherrschung der Natur und deren Unterwerfung, in einer anderen das Sich-Einfügen und ein Nebeneinander mit der Natur prägend geworden sein.

Wenn Kenntnisse über die Art und Weise der Lebenserhaltung, den Umgang mit den vorhandenen Ressourcen und bestehenden Engpässen sowie vorliegendes Wissen über Techniken und Erfahrungen der Menschen innerhalb der jeweils bestimmten Regionen zu ermitteln sind, wird neben dem Bezug zur Naturumwelt (im Sinne sowohl des instrumentalen als auch des zweckrational instrumentellen Handelns, vermittelt über Technik und Arbeit) auch nach der lebensweltlichen Bedeutung dieser Natur im kulturellen Kontext zu fragen sein. Damit ist nicht nur das Handeln von Individuen, sondern die kulturell geformte, gesellschaftlich kollektive Handlungsdimension im Austausch mit der Naturumwelt gemeint, die nunmehr als akkommodatives Handeln der Menschen in ein kulturökologisches Handlungsmodell eingeführt wird.

Das akkommodative Handeln ist, wie gesagt, keine neue Erscheinung, doch gilt es sich dieser bisher vernachlässigten Dimension des Handelns bewußt zu werden und sie neu zu gewichten, um Auswirkungen des ökonomisch-instrumentalen und kommunikativen Handelns auch auf die Naturumwelt ins Blickfeld der Handlungsorientierung und der Analyse gesellschaftlicher Prozesse zu rücken. Damit ist akkommodatives Handeln eine Dimension gesellschaftlichen Handelns. Als konstruierter »Idealtypus« kann diese Handlungsdimension zur Analyse gesellschaftlichen Handelns, zum Beispiel in allen landwirtschaftlichen Betriebsformen, eruiert werden, um Begleiterscheinungen der Produktion und die Auswirkungen auf die Naturumwelt handlungstheoretisch - aber auch empirisch nachweisbar - zu reflektieren. Neben den instrumentalen und instrumentellen Dimensionen der Landbewirtschaftung (Produktionssteigerung) können demnach sowohl kommunikative als auch akkommodative Dimensionen der Arbeit, der Organisation und der Rationalisierung in landwirtschaftlichen Betrieben (Energieeinsatz, Abfallanfall und -beseitigungspraktiken) Eingang in umweltsoziologische Recherchen finden. Diese Arrangements mit der Natur, die jeweiligen Akkommodationen, sind nur aus ihrem kulturellen Kontext zu verstehen. Aus einer kulturfremden Perspektive mögen Handlungsprozesse teilweise irrational oder traditional erscheinen, so im Fall der Zerstörung von Wäldern und der Belastung von Boden und Grundwasser in Industrie- und Ländern der Dritten Welt gleichermaßen.

Anzumerken bleibt, daß soziologische Kategorien des Handelns diese Dimension der Handlungsrationalität und des Handlungskonflikts in der Interaktion zwischen Mensch-Gesellschaft und Kultur-Natur bisher nicht berücksichtigt haben. Dies zu betonen, ist die Intention der vorliegenden Arbeit. Die damit einhergehenden theoretischen Konsequenzen können hier aber nur angedeutet werden.

Akkommodatives Handeln umfaßt Aspekte des instrumentalen und kommunikativen Handelns, geht aber darüber hinaus und beinhaltet ebenso die Folgen des instrumentalen Handelns auf die Naturumwelt als Teil der kulturellen Beziehung zur Natur.

Eine Legende zum akkommodativen Handeln

Zwischen der Heiligen Kuh in Indien (Harris 1989b) und den Kühen und Kälbern, den Schweinen und Hühnern, die zu Produktionsmaschinen eines agroindustriellen Betriebs gemacht (umdefiniert) worden sind, liegen Welten. Der Umgang mit der Kuh ist zwar im durchtechnisierten und durchrationalisierten Landwirtschaftsbetrieb in einem Kreis wie Borken oder Vechta teilweise noch unter der Kategorie instrumentales Handeln einzugruppieren, in Indien aber wohl kaum.[11] *In beiden Fällen aber geht es dabei um ein akkommodatives Handeln im Umgang mit Natur bzw. mit dem domestizierten Tier. Diese akkommodative Dimension des Handelns mag durch das Selbstverständnis innerhalb einer Kultur nicht immer deutlich hervortreten. Auch aus diesem Grund sind kulturvergleichende Untersuchungen wichtig. Erst dadurch wird das kulturspezifische Arrangement mit der Naturumwelt erkennbar.*

Bei der Kuh handelt es sich:

- *in Borken, einem der Gebiete mit intensiver Tierhaltung in Nordrhein-Westfalen, um ein Mittel zur Produktionssteigerung im Bereich der Fleisch- oder Milcherzeugung;*
- *in Indien hingegen um eine Kreatur, die hohe rituelle Verehrung erfährt.*

Harris hat in seinen Arbeiten auf die lebensnotwendige Bedeutung der Kuh für die Ernährungssituation in Indien hingewiesen und die Heiligsprechung der Kuh als langfristig auch ökonomisch sinnvoll herausgearbeitet (Harris 1989b, vgl. auch Röpke 1970).

Rappaport behandelt den ritualisierten Umgang mit den Schweinen auf Neuguinea auf ähnliche Weise und begründet die zeremoniellen Schlachtungen aus ökologischer Sicht als notwendige Maßnahme zur Sicherung der Existenzgrundlage auf dieser Insel (Rappaport 1967). Wichtig für die Interaktion

---

11 Unzulänglichkeiten der Habermas'schen Handlungskategorien werden insbesondere bei der Übertragung auf den Agrarsektor (Umgang mit dem Tier) deutlich, da Habermas in erster Linie den Industriesektor im Auge hatte.

mit der Natur, erläutert am Beispiel des Umgangs mit den Tieren, ist die Symbolik der Naturumwelt, die kulturell geprägt wird.

In Nordrhein-Westfalen, in Niedersachsen, aber auch in den Niederlanden genauso wie in Indien oder auf Neuguinea ist der Umgang mit einem Tier kulturökologisch und unter dem Aspekt des akkommodativen Handelns zu betrachten. Zu berücksichtigen ist, daß das Handeln soziokulturell geprägt, traditionsgebunden oder routiniert abläuft:

- *In Borken und Vechta wird instrumentell zweckrational gehandelt und weiterproduziert, auch wenn »Gülle« die Qualität des Grundwassers und damit eine wichtige Quelle der Trinkwasserversorgung der Bevölkerung erheblich beeinträchtigt.*

Handlungsrationalität kann nicht auf Zweckrationalität eingeengt werden. Es bedarf der Berücksichtigung eines kulturökologischen Gesamtzusammenhangs und einer akkommodativen Rationalität.

2.3 Berücksichtigung des akkommodativen Handelns in der Umweltsoziologie

2.3.1 Beweggründe und Erfordernisse gesellschaftlichen Handelns

Gesellschaftliches Handeln umfaßt instrumentales und kommunikatives Handeln als zwei Ebenen, die sich aufeinander beziehen und sich wechselseitig beeinflussen. Die Wechselbeziehungen zwischen dem Menschen und seiner (natürlichen) Umwelt gestalteten sich mittels Technologie, indem der Mensch im Rahmen sozialer Institutionen durch Kooperation und Arbeitsteilung sein Bedürfnis nach Existenzsicherung zu erfüllen sucht. Auch über das Bedürfnis nach Existenzsicherung hinaus bleibt der Mensch aufgrund seines Bedürfnisses nach sozialer Anerkennung an seine soziale Umwelt gebunden.

Damit wird im kulturökologischen Handlungsmodell von folgenden menschlichen Grundbedürfnissen und gesellschaftlichen Erfordernissen ausgegangen:

I. Bedürfnis nach materieller Existenzsicherung (Technologie)

II. Bedürfnis nach sozialer Anerkennung (Kommunikation)

In diesem Modell werden beide Grundbedürfnisse - ohne Anspruch auf Ausschließlichkeit - als gleichwertig angesehen und behandelt. Beide Motivationsstränge sind bewußt nicht nach der Maslow'schen Bedürfnispyramide hierarchisch aufgebaut, nicht nach dem Motto: »Erst das Fressen, dann die Moral« (Brecht). Essen und Moral werden als gleichwertig nebeneinander gestellt. Soziale Anerkennung und materielle Existenzsicherung können als Grundannahmen der individuellen Lebensmotivation betrachtet werden. Sie werden gesellschaftlich und kulturell unterschiedlich gestaltet.

III. Sicherung der Lebensgrundlage (Akkommodation)

Die dritte Grundannahme im kulturökologischen Handlungsmodell betrifft Erfordernisse zur Sicherung der Lebensgrundlage, das Arrangement zwischen Kultur und Natur. Natur wird als Kulturaufgabe definiert (vgl. auch Markl 1986). Akkommodation ist zwar auch vermittelt über das Handeln auf der individuellen, insbesondere aber auf der kollektiven Ebene wirksam.

Der Balanceakt zwischen Natur und Kultur gilt dem Erhalt der Naturressourcen, dem Überleben von Gesellschaften und damit der sie bildenden Menschen. Die Mißachtung dieses Gebots bedeutet die Zerstörung der Lebensgrundlage einer Gesellschaft und Kultur. Aus der Kombination von I, II und III können sich Widersprüche und Konflikte zwischen individuellen Bedürfnissen auf der einen und kollektiven und ökologischen Erfordernissen auf der anderen Seite ergeben. Die Behandlung dieses Konflikts ist als Akkommodation der Kultur zu kennzeichnen und kann als Aufgabe der Umweltsoziologie definiert werden.

2.3.2 Akkommodatives Handeln als neue Kategorie der Umweltsoziologie

Es wird nicht möglich sein, an dieser Stelle die gesamte Tragweite des eingeführten Begriffs »Akkommodation« zu behandeln; dies wird Aufgabe einer gesonderten Arbeit sein. Hervorheben möchte ich aber die Bedeutung des »akkomodativen Handelns« für die Umweltsoziologie, die durch bisherige Kategorien des »sozialen Handelns« mit der Einengung auf »instrumentales und kommunikatives Handeln« nicht zum Tragen gekommen ist.

Arbeit und Technologie wurden in der Geschichte der Industrialisierung aus der Perspektive der Sozialwissenschaften als bedeutend für die Klassifizierung von Gesellschaften und von Evolutionsprozessen angesehen (Marx); besonders starke gesellschaftliche und auch gesellschaftstheoretische Betonung erlangte die Kategorie Arbeit (instrumentales Handeln).

Dagegen hat Habermas die soziologische Handlungstheorie auf dem Begriff des kommunikativen Handelns aufgebaut. Sie zielt auf die diskursiv-konsensuelle Verständigung mittels kommunikativer Rationalität, um auf gesellschaftliche Widersprüche und Konflikte eingehen zu können.

Mit dem Erkennen ökologischer Probleme und ihrer gesellschaftlichen Wahrnehmung als Krisen und Gefahren für die Naturumwelt bedarf es der Erweiterung des Horizonts sozialwissenschaftlicher Betrachtung und damit auch einer Erweiterung der Handlungskategorien, insbesondere für die Umweltsoziologie. Das instrumentale Handeln der fortgeschrittenen Industrienationen erweist sich zur Sicherung der Existenzgrundlage der Menschen und der Gesellschaften als Risiko. Nunmehr wird es darauf ankommen, das Handeln in seiner akkommodativen Dimension zu erkennen und auch in sozialwissenschaftliche Kategorien aufzunehmen.

Die im kulturökologischen Prozeß entstehenden Belastungen der Natur, seien diese beabsichtigt oder nicht, können nicht mehr aus gesellschaftswissenschaftichen Analysen ausgeklammert werden. Technologische Entwicklungen (und damit die Perfektionierung einer instrumentalen Rationalität im Sinne von Herrschaft und Macht über die Natur) schließen ein hohes Maß an Zerstörungskapazität ein. Das Risiko ist zu einer gesellschaftlichen Herausforderung geworden (Beck 1986). Bezogen auf die bisherige soziologische Diskussion über »unanticipated consequences of action« sind wenigstens erkennbare Auswirkungen auf die Umwelt durch Kategorien gesellschaftlichen Handelns in der Umweltsoziologie zu berücksichtigen. Dazu bedarf es zwar nicht unbedingt einer totalen Überholung, doch zumindest der Erweiterung von Kategorien und Begriffen sozialwissenschaftlicher Analysen. Ein erster Schritt hierzu liegt in der Einführung der Akkommodation bzw. des akkommodativen Handelns.

Entsprechend den Kriterien für das rationale Handeln, der instrumentell-zweckrationalen Rationalität und der kommunikativen Rationalität (Habermas) auf der individuellen und kollektiven Ebene, sind bezüglich des Umgangs, der Umgestaltung und des Erhalts natürlicher Ressourcen zur Sicherung der Lebensgrundlage der Gesellschaft auch Kriterien einer akkommodativen Rationalität und ihre Beziehung zu den anderen »Rationalitäten« zu reflektieren.[12]

Es ist an der Zeit, die entwicklungsgeschichtliche Dominanz von Zweckrationalität (Weber) der Industriekultur trotz der Erweiterung auf kommunikative Rationalität (Habermas) auf die vernachlässigte akkommodative Rationalität hin zu überprüfen. Sie umfaßt den Umgang von Kulturen mit der Natur, hat die Ökologie zum Gegenstand und zielt auf den Erhalt und auf die Nachhaltigkeit natürlicher Ressourcen.

Akkommodatives Handeln ist subsistenzorientiert, da es um ökologische Gefahren, Risiken, aber auch um die Erarbeitung von Potentialen und Handlungsspielräumen zum Überleben geht. Unter diesem Gesichtspunkt sind Theorien und Modelle bezogen auf Subsistenzökonomien agrarischer oder nomadischer Gesellschaften (Steward 1955/1972, Sahlins 1964/1977 und 1978, Barth 1961) durchaus auch bei der Analyse von Problemen der Industriekulturen im ausgehenden 20. Jahrhundert relevant und nicht nur als Relikte vergangener Ökonomien im evolutionären Modernisierungsprozeß anzusehen, womit sie unter theoretisch-konzeptionellen Überlegungen an Bedeutung gewinnen können.[13]

Auch wenn der Begriff Akkommodation oder akkommmodatives Handeln als analytische Kategorie eingeführt wurde, ist die normative Absicht in der Betonung einer solchen Handlungskategorie nicht völlig auszublenden. Die Normativität ist auch den Kategorien instrumentales Han-

---

12 Inwiefern die Ausdifferenzierung von System und Lebenswelt (Habermas) nur auf Kosten der Naturumwelt durchsetzbar war/ist und damit eine gleichzeitige Absage an ein gelungenes akkommodatives Arrangement mit der Natur einhergeht, sei an dieser Stelle dahingestellt. Sollte die Entwicklung der kapitalistischen Gesellschaft im historischen Prozeß selbst in der Ausdifferenzierung der Lebenswelt und der Technisierung und Bürokratisierung eine Entkopplung von Natur und Gesellschaft als systemimmanent beinhalten, wäre ein solcher Konflikt nicht über zweckrationale Mittel zu überwinden.

13 Vgl. auch die Diskussion zur »New Human Ecology« bei Buttel (1987), der zur Anregung auf die Entwicklungsländerforschung verweist, sowie die Ausführungen zur Kulturökologie in Teil A III.

deln und kommunikatives Handeln, in ihrer Ausrichtung auf Zweckrationalität oder diskursiven Konsens, inhärent. Sie schließen nicht aus, daß die Praxis oder Realität mit Konflikten und Irrationalitäten besetzt ist. Vielmehr gehen sie auf gesellschaftlich virulent gewordene Probleme und Krisen ein, zu deren analytischen Durchdringung - im Sinne des Erklärens und Verstehens - sie einen Beitrag leisten. Im vorgestellten kulturökologischen Ansatz werden Wechselbeziehungen zwischen Technologie, Kommunikation und Akkommodation, der Balanceakt zwischen Natur und Kultur, zum ausschlaggebenden Kriterium für einen Entwicklungprozeß erhoben, dessen Scheitern die Vernichtung der Lebensgrundlage auf der Erde bedeutet. In diesem Sinne ist die Einführung einer diesem Konflikt zugeordneten Rationalität im Kultur-Natur-Verhältnis durchaus angebracht. Bei einer umweltsoziologischen Betrachtung kann die Dimension des akkommodativen Handelns nicht mehr ignoriert werden.

Entwicklung, im Rahmen der Umweltsoziologie neu definiert, bedeutet, daß ein hohes Maß an Ausgewogenheit zwischen den Handlungsdimensionen und ein Austarieren zwischen den Rationalitäten hergestellt werden. Ein solcher Balanceakt und damit das akkommodative Arrangement zwischen Natur und Kultur aber sind weltweit gestört. Die Herstellung einer austarierten Beziehung zur Natur bleibt eine Kulturaufgabe, die von Handlungsspielräumen innerhalb der Gesellschaften und Kulturen abhängt (vgl. Ausführungen zu kulturökologischen Handlungsspielräumen im nächsten Abschnitt).

Tabelle B 1 Tabellarische Zuordnung der Interaktionsbereiche

I Technologie	II Kommunikation	III Akkommodation
Bedürfnis nach Existenzsicherung	Bedürfnis nach sozialer Anerkennung	Sicherung der Lebensgrundlage
instrumentales Handeln	kommunikatives Handeln	akkommodatives Handeln
Arbeit	Sprache	Symbol/Kultur
Ökonomie Markt Kapital	Politik Macht Bürokratie gesellschaftliche Institutionen	Ökologie Natur Ausbeutung/ Erhalt
Zweckrationalität	kommunikative Rationalität	akkommodative Rationalität

3. Methodische Vorgehensweise zur Durchführung einer umweltsoziologischen Untersuchung

Im folgenden wird zum einen ein Vorschlag zur Modellierung der Umweltsoziologie mittels eines kulturökologischen Ansatzes unterbreitet, zum anderen werden der methodologische Ansatz und die Herangehensweise zur Durchführung einer empirischen Untersuchung beschrieben.

3.1 Untersuchungsinstrumentarium zur Ermittlung kulturökologischer Handlungsspielräume

3.1.1 Die Untersuchungsbereiche

Auf der Grundlage des kulturökologischen Komplexes und Handlungsmodells wurden im Abschnitt B 1.4 drei Analyseebenen unterschieden, die der Untersuchung des Beziehungsgeflechts zwischen natürlicher Umwelt, sozialer Umwelt und dem Menschen dienen. Ferner wurden die unterschiedlichen Dimensionen des Handelns, nämlich das instrumentale, das kommunikative und das akkommodative Handeln, eingeführt. Diese theoretischen Konstrukte sollen nunmehr empirisch erfaßbar und zugänglich gemacht werden. Dazu werden drei Untersuchungsbereiche gebildet, die eng an bestehende Erfahrungen der Menschen mit ihrer natürlichen und sozialen Umwelt anknüpfen. Die Untersuchungsbereiche umfassen sowohl Analyseebenen als auch die jeweiligen Handlungsdimensionen. Sie haben eine Tendenz, von konkreten Gegebenheiten zu abstrakteren Phänomenen überzugehen, also von der Objektebene der materiellen Kultur zu abstrakteren Formen und Inhalten der immateriellen Kultur (Steward), die über das Alltagshandeln und die Symbolwelt aufzuschlüsseln wäre. Dies gilt es auch im Rahmen der methodischen Überlegungen - den Einsatz von quantitativen oder qualitativen Verfahren der empirischen Sozialforschung - zu berücksichtigen (vgl. B 3.2).

Folgende Erfahrungen der Menschen dienen der Bestimmung von Untersuchungsbereichen:

Bereich I: Erfahrungen der Menschen mit der Natur bzw. mit dem Naturraum

Es sind Informationen über die naturräumlichen Bedingungen aufzunehmen, also Angaben zur Bioökologie, der Bevölkerungsdichte in einem Raum, den entwickelten Techniken und das Wissen über die Natur. Es geht dabei um die Objektwelt, aber auch um die Berücksichtigung des instrumentalen Handelns, d. h. konkrete Formen der Arbeit und der Nutzung von natürlichen Ressourcen.

Bereich II: Soziale Institutionen und gesellschaftliche Arbeitsteilung

Es ist zu ermitteln, in welcher Form sich Menschen zur Sicherung ihrer Existenzgrundlage und ihrem Bedürfnis nach sozialer Anerkennung zusammenschließen und organisieren.

Bereich III: Kommunikation und gesellschaftliches Handeln

Gefragt wird, wie Austauschprozesse der Menschen untereinander verlaufen, wie sie miteinander kommunizieren, welche Regeln des Handelns entwickelt worden sind und welche Normen, Werte und Tabus dieses Handeln leiten.

3.1.2 Entwicklung eines Suchrasters

Um einen methodischen Zugang zu kulturökologischen Zusammenhängen und Handlungsspielräumen zu erschließen und ein Untersuchungsinstrumentarium zu erarbeiten, wird im folgenden eine Differenzierung der Untersuchungsbereiche mittels eines Suchrasters vorgenommen. Dieses Suchraster zielt auf Spezifizierung der Analyseebenen I, II und III im Forschungsprozeß. Es dient der systematischen Informationsgewinnung über kulturökologische Potentiale, Barrieren und Handlungsspielräume. Aus der Kombination des Suchrasters und der Untersuchungsbereiche ergibt sich dann die Untersuchungsmatrix, wie sie auf S. 173 abgebildet ist.

Die mit Hilfe des Rasters abgesteckten Problemfelder und daraus abzuleitenden Fragestellungen bleiben zunächst auf einer abstrakten Ebene, sie sind als grobe Orientierung und Forschungsanleitung gedacht. Einzelne Felder der Untersuchungsmatrix können problemorientiert und situationsbezogen entsprechend den Gegebenheiten in den jeweiligen Regionen konkretisiert und ergänzt werden.[14]

In ihrer Grobstruktur wurde diese Matrix zunächst im Hinblick auf die Einbeziehung soziokultureller Zusammenhänge in Entwicklungsprojekte in Ländern der Dritten Welt entworfen (vgl. Teherani-Krönner 1989a). Dieses Untersuchungsinstrumentarium hat sich aber auch bei der Analyse von ökologischen, sozioökonomischen und soziokulturellen Zusammenhängen im ländlichen Raum der Bundesrepublik bewährt.[15]

Besonders deutlich lassen sich kulturökologische Wechselwirkungen anhand der Fallstudien in Niedersachsen aufzeigen. Im folgenden wird mit geringen Abweichungen das ursprüngliche Suchraster vorgestellt und durch kurze Hinweise aus der Studie zum Landkreis Vechta, die ausführlicher im Teil C dieser Arbeit dargestellt wird, erläutert.

Das Suchraster beinhaltet folgende Differenzierungsaspekte:

A stellt eine Bestandsaufnahme divergierender und konvergierender Momente dar. Es geht dabei um eine Gegenwartsanalyse;

B berücksichtigt den bisherigen und zu erwartenden Wandel. Durch einen Rückblick auf die Vergangenheit werden wichtige historische Prozesse in der Entwicklung einer Region dokumentiert;

C versucht auf dieser Grundlage Potentiale und Handlungsspielräume zu erarbeiten und die sich daraus ergebenden Konsequenzen zu berücksichtigen. Hieraus soll die mögliche Zukunftsperspektive entwikkelt werden;

D benennt allgemeine Prinzipien kulturökologischer Prozesse, die in konkreten Untersuchungen jeweils zu spezifizieren sind.

---

14 Bei der Untersuchung im Landkreis Vechta (Teil C) ging es insbesondere um Grundwasserbelastungen mit Nitrat und die Regulierung von Gülleüberschüssen der intensiven Tierhaltung, insofern war der Forschungsprozeß bereits thematisch abgesteckt.

15 Die gesellschaftliche Konstruktion der Wirklichkeit (Berger/Luckmann 1980) läßt sich nicht durch ein noch so detailliertes Untersuchungsraster einfangen, doch kann eine solche Matrix eine Orientierungshilfe für den Forschungsprozeß bieten. Nicht jedes Problemfeld der Matrix läßt sich - auch wegen zeitlicher Vorgaben eines Forschungsprojekts - vollständig ergründen. Untersuchungen im Rahmen des Projekts »Ökologisierung der Agrarpolitik« am Wissenschaftszentrum Berlin für Sozialforschung wurden mit Bezug auf die Thematik der »Nitratpolitik vor Ort« durchgeführt. Die Untersuchung im Raum Vechta hat aber zur Aufdekkung interessanter kulturökologischer Zusammenhänge beigetragen.

A - Aufnahme der Gegebenheiten vor Ort

Das Suchraster zielt auf eine Bestandsaufnahme der lokalen Ressourcen und Potentiale. Dabei sind sowohl die geographisch-naturräumlichen Bedingungen als auch bestehende Gesellschafts- und Kommunikationsstrukturen sowie Kommunikationsmuster, wie sie vor Ort anzutreffen sind, zu ermitteln. Die Bestandsaufnahme ist durch zwei komplementäre Untersuchungsfragen zu erarbeiten: Gefragt wird einerseits nach den vorhandenen Ressourcen und Produktionstechniken (a), andererseits nach den gegebenen Engpässen (b) bezogen auf den Untersuchungsbereich I (Beziehung zwischen Mensch und Naturraum).

Für die Ermittlung der Sozialstrukturen und des gesellschaftlichen Handelns (Erfahrungsbereich II: Sozial- und Arbeitsstrukturen wie Erfahrungen im Bereich III: Kommunikations- und Handlungsebene) lauten die Fragen: Welches sind die divergierenden (b), und welches sind die konvergierenden (a) Momente innerhalb des Gesellschaftssystems und im Bereich des Handelns der Menschen? Das heißt: Was verbindet die Menschen, und was trennt sie voneinander? Damit sollen mögliche Konflikte und Konsensbereiche abgesteckt werden. Auch können soziale Gruppierungen (Solidargemeinschaften) und das Spannungsgefüge innerhalb der ländlichen Gemeinden im Binnen- und Außenverhältnis erfaßt werden.

Auf der Handlungsebene sind die drei Dimensionen des Handelns (das instrumentale, das kommunikative und das akkommodative Handeln) zu berücksichtigen. Zu ermitteln ist, in welchen Spannungen und Widersprüchen sich das Handeln abspielt, welches Weltbild und welche gemeinsamen Symbolsysteme als Orientierung dienen, was im Rahmen der täglichen Routine abläuft. Zu fragen ist, inwieweit festgelegte Normen befolgt werden, aber auch, ob es Abweichungen von den offiziellen Werten und Normen gibt, zum Beispiel wie sich die Bevölkerung gegenüber staatlich-administrativen Regulierungen verhält.

Für den Schwerpunkt A ergibt sich folgende Struktur des Untersuchungsrasters:

Untersuchungsbereich I	Untersuchungsbereich II	Untersuchungsbereich III	
Ressourcen	konvergierende Momente	Gemeinsamkeiten	A a
Engpässe	divergierende Momente	Konflikte und Widersprüche	A b

B - Bisheriger Wandel und zu erwartende Konsequenzen

Die Bestandsaufnahme soll nicht statisch, sondern unter dem Aspekt des Wandels erarbeitet werden und das Ausmaß der Belastung natürlicher Ressourcen aufnehmen. Veränderungen in der Sozialstruktur, in der Arbeitsorganisation und in tradierten Systemen, zum Beispiel Auflösung von landwirtschaftlichen Familienbetrieben und Umstrukturierungen, sind zu ermitteln (a).

Sozialer Wandel und Wertwandel, seien diese endogener oder exogener Art, sind zu berücksichtigen. Ökologische Aspekte ebenso wie die durch die bisherige Entwicklung eingetretenen Veränderungen und damit einhergehende Probleme für das gesellschaftliche Leben der Menschen im Untersuchungsgebiet sind soweit wie möglich aufzuzeigen. Schließlich ist zu ermitteln, welche Folgen diese Entwicklung auf die Umwelt, die natürliche wie die soziale, hat (b). Welche Gruppen sind benachteiligt, und welche haben Vorteile? Wichtig sind die nichtintendierten Folgen des Handelns, sofern sie sich bereits auf die naturräumlichen Ressourcen auswirken und einen Handlungsbedarf erzeugen (akkommodatives Handeln).

Sofern Maßnahmen zur Lösung der Probleme ergriffen wurden, sind diese zu evaluieren bzw. bestehende Entwicklungstendenzen und Trends zu extrapolieren (a). Zu erwartende Konsequenzen auf allen drei Untersuchungsebenen sind zu berücksichtigen (b).

Für den Schwerpunkt B (Wandel) entsteht folgende Einteilung:

Untersuchungs- bereich I	Untersuchungs- bereich II	Untersuchungs- bereich III	
befaßt sich mit dem bisherigen Wandel und den eingeleiteten Maßnahmen			B a
reflektiert die eingetretenen und voraussichtlichen Konsequenzen auf allen drei Ebenen			B b

Situation im Landkreis Vechta

Veränderungen der natürlichen Ressourcen sind über den Indikator steigender Nitratwerte im Grundwasser meßbar. Veränderungen lassen sich aber auch in der Umstellung der Landnutzung von Grünland auf Ackerland, dem Anstieg der Tierbestände in einer Region, bei Rationalisierungsmaßnahmen in den Betrieben durch Umstellung auf Güllewirtschaft, aber auch bei Kontakten und Beziehungen der Menschen untereinander im Kreisgebiet und zu den Nachbarn (Heiratsverhalten unter Katholiken und Protestanten[16]) registrieren (a). Bestehende Trends können hypothetisch extrapoliert werden (b).

Bei voraussichtlich weiter steigenden Grundwasserbelastungen wird eine Umstrukturierung der Wasserversorgung im Kreisgebiet unumgänglich sein. Privatbrunnen müssen geschlossen und damit ein Stück Autarkie landwirtschaftlicher Betriebe aufgegeben werden. Probleme mit der Trinkwasserversorgung der Bevölkerung treffen auch die Emittenten, die bei der Zubereitung der Babynahrung das Trinkwasser des eigenen Brunnens nicht mehr benutzen können und damit einen höheren Aufwand in Kauf nehmen müssen (Gespräch mit einem Landwirt am Dümmersee, Kreis Vechta, 1987).

Wichtig zur Einschätzung der Probleme und des Handlungsdrucks ist auch das Verhältnis der Vechtaraner zu ihren Nachbarregionen und ihre gesellschaftliche Anerkennung. So hat die starke Kritik an den Tierhaltungspraktiken in Vechta das Image der Bevölkerung im Kreisgebiet erheblich beeinträchtigt. Vechta wird von außen über die Medien - so durch den Film: ». . und ewig stinken die Felder«, durch Artikel in der Zeitschrift »Natur« und Arbeiten von Eimler und Kleinschmidt: »Wer hat das Schwein zur Sau gemacht« und

16 Aufschlußreich hierzu ist die Arbeit von Anne Pellenwessel (1981): *Sozialgeographische Aspekte des Heiratsverhaltens der Bevölkerung im Kreis Vechta*. Abschlußarbeit an der Universität Osnabrück, Abteilung Vechta.

rische Geschäfte« - mit Gülleüberschüssen, mit Gestank und Umweltzerstörung der Landwirtschaft identifiziert. Vechta ist zum Symbol der »Schweinerei in der Landwirtschaft« geworden. Das Selbstbewußtsein der Vechtaraner wurde angegriffen und hat den Ruf nach einer effektiven Gegendarstellung hervorgebracht. Der Kreis zeigte sich bereit, eine Summe von 1 Million DM in eine Werbekampagne zu investieren, wohingegen er nur die Hälfte dieser Summe für konkrete Maßnahmen zur Errichtung einer Güllegenossenschaft im Jahre 1988 zur Verfügung stellte.

Wenn bisherige technologische Entwicklungsprozesse bestimmte Gruppen in ihrer ökonomischen oder sozialen Stellung bevorzugt haben, so sind die Konsequenzen für die Benachteiligten, zum Beispiel kleinflächige Betriebe, zu bedenken. Auch Maßnahmen in Richtung auf Ökologisierungsprozesse in Form von Beschränkung der Gülleaufbringung auf landwirtschaftliche Flächen können den Fortbestand wirtschaftlich schwacher Betriebe mit geringen Landbauflächen empfindlich gefährden, da ihr ökonomischer Handlungsspielraum in dieser Region als gering einzuschätzen ist.

Erschwerend kommt hinzu, daß Landwirte aus dem Raum Vechta ihre Gülleüberschüsse in den Nachbarregionen kaum unterbringen und nicht mit der Solidarität anderer Landkreise rechnen können. Dabei machen sich kulturhistorische Ressentiments und Abgrenzungen seitens der überwiegend protestantischen Bevölkerung gegenüber der katholischen Diaspora in Südoldenburg bemerkbar. Trotz der Empfehlungen der Landwirtschaftskammer zur Errichtung von Güllelagerstellen an mehr als 30 Standorten in einem angrenzenden Landkreis wurde von seiten der Kreisverwaltung in Diepholz keine einzige Baugenehmigung zur Errichtung solcher Lagerplätze für die Gülle aus Vechta erteilt.

C - Handlungsspielräume und Entwicklungsmöglichkeiten

Durch die Ermittlung der vorhandenen Ressourcen und Engpässe einerseits und der bestehenden lokalen Institutionen und der Handlungsmuster und Handlungsdimensionen andererseits sollen kulturökologische Handlungsspielräume einschätzbar werden (a). Sie sind durch bestehende Potentiale von der einen, aber auch durch limitierende Faktoren von der anderen Seite eingegrenzt. Diese Einschränkungen können sich auf geographische, geologische, klimatische und andere naturräumliche Faktoren beziehen, sie sind aber auch auf der Struktur- und Handlungsebene wirksam. Gesucht werden die Uberlappungsbereiche, in denen die Spielräume der Untersuchungsbereiche I, II und III liegen.

Vorstellbar ist, daß Veränderungsmöglichkeiten aufgrund der Betrachtung der naturräumlichen Gegebenheiten theoretisch als sehr weitreichend und offen eingeschätzt werden, im Hinblick auf gewachsene und bestehende Gesellschafts- und Arbeitsstrukturen (unter ökonomischen und politischen Erwägungen) jedoch einzugrenzen sind und sich schließlich trichterförmig auf die real vorhandenen Handlungsspielräume verengen, die sich unter Beachtung der bisherigen Gewohnheiten und Erfahrungen auf der Alltagsebene, unter Berücksichtigung der Werte, Normen und Tabus ergeben.

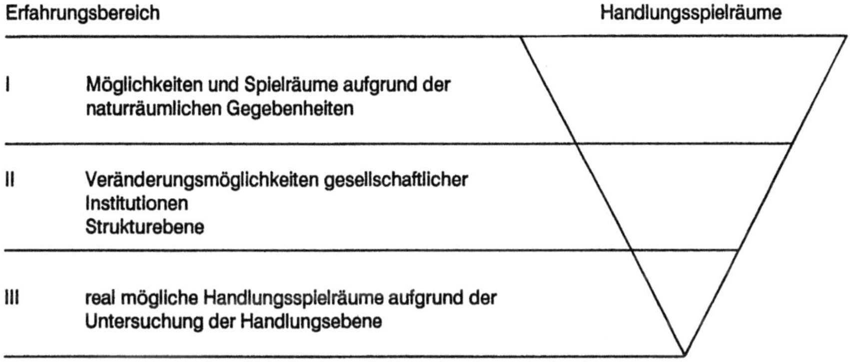

Rückblick auf die humanökologische Pyramide von Park

Die hier gewählte Darstellung zur Visualisierung der kulturökologischen Handlungsspielräume stellt Parks humanökologische Pyramide vom Kopf auf den Fuß. Die trichterförmige Skizze ergibt sich aus der Reihenfolge der zu berücksichtigenden Forschungsschritte, verdeutlicht aber auch die Einschränkungen, wie sie bereits von Park als Limitierung der individuellen Freiheit angesprochen wurden, an dieser Stelle sich aber auch auf den Kulturwandel in der Gesellschaft beziehen.

Die folgende Zusammenstellung ist eine Ausformulierung der Park'schen Pyramide mit ergänzenden Kategorien.

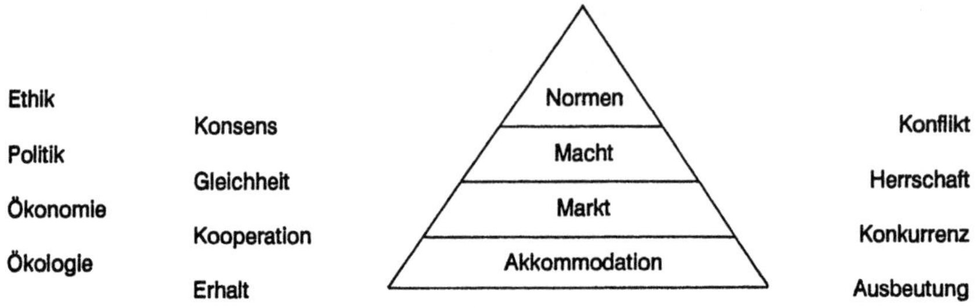

In der kulturökologischen Variante des hier aufgegriffenen Forschungskonzepts können die angesprochenen Handlungsspielräume in ihren Abgrenzungen und Limitierungen dargelegt werden:

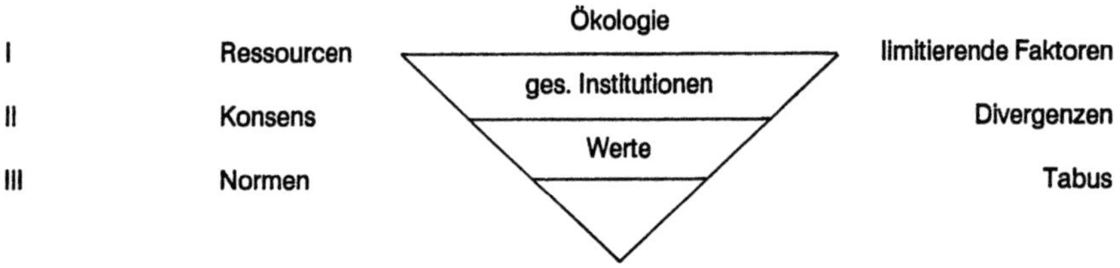

Auf der Grundlage der bestehenden Erfahrungen der Akteure und Zielgruppen im Untersuchungsgebiet, ihres instrumentalen, kommunikativen und akkommodativen Handelns und ihrer zukunftsweisenden Aspirationen werden die Möglichkeiten für Ökologisierungsprozesse einschätzbar. Doch bei nur schwach ausgebildeten Handlungsspielräumen müßten diese zunächst gefördert werden, damit ökologisch orientierte akkommodative Wandlungsprozesse von der betroffenen Bevölkerung selbst getragen werden. Sollten vor Ort kaum Anknüpfungspunkte und Potentiale für akkommodative Arrangements in bezug auf veränderte Umweltbedingungen auffindbar sein, dann sind Ökologisierungsprozesse entweder nicht möglich oder es bedarf der Impulse von außen (zum Beispiel über die Diffusion von Innovationen, Aufklärung und Beratung oder auch durch regulative Politik). Auch bei der Wahl regulativer Maßnahmen - wie am Beispiel der Fallstudie in Vechta zu zeigen ist - kommt es darauf an, geeignete Ansatzpunkte zu finden (vgl. Teil C sowie D 1: Anknüpfen an bestehende Erfahrungen).

Sofern Maßnahmen, Eingriffe oder Reglementierungen von staatlicher Seite eingeleitet worden sind, ist deren Umsetzung auf kommunaler Ebene zu verfolgen: Implementation politischer Programme (b). Schließlich sind dann die aus den eingeleiteten oder geplanten Veränderungen zu erwartenden Folgewirkungen auf allen drei Analyseebenen und Handlungsdimensionen zu berücksichtigen (c).

Für Punkt C (Handlungsspielräume) ergibt sich folgendes Muster:

Untersuchungs-bereich I	Untersuchungs-bereich II	Untersuchungs-bereich III	
	Ermittlung der Handlungsspielräume		C a
	Evaluierung eingeleiteter Maßnahmen Erarbeitung von möglichen Impulsen		C b
	Folgewirkungen auf die Analyseebenen und und Handlungsdimensionen		C s

Prinzipien einer kulturökologischen Untersuchung (D)

Die Bemühungen in diesem Ansatz - von den Gegebenheiten im ländlichen Raum auszugehen und nach den realen Handlungsspielräumen zu fragen - sollten nicht von technokratischen Modellen und der Übertragung von normativen Zielen und vorgegebenen Innovationen geleitet werden. Dennoch ist auch bei einem recht offen gehaltenen Forschungsansatz die Durchführung einer Untersuchung ohne Orientierungsangaben und Vorstellungen, zumindest auf einer sehr allgemeinen übergeordneten Metaebene, nicht möglich. Daher werden zumindest die grundlegenden Prinzipien zu benennen sein, die zum einen die Forschungsfragen leiten und zum anderen richtungsweisend für den Forschungsverlauf sein können.

Als übergeordnetes Prinzip wird ein akkommodatives Arrangement zwischen Kultur und Natur bzw. der Abbau von Herrschaftsbeziehungen angestrebt. Dieses allgemeine Prinzip läßt sich auf alle drei Ebenen der Untersuchung übertragen.

- Bezogen auf den Bereich I »Mensch und Naturraum« bedeutet das Prinzip: Vermeidung der Zerstörung von natürlichen Ressourcen. Es sollte darauf geachtet werden, daß Maßnahmen, die zur Nutzung der Landschaft eingeleitet werden, der Kultivierung und Entfaltung dienen und nicht zur Ausbeutung und Belastung führen oder irreversible Schäden hervorbringen.
- Für den Bereich II »Arbeits- und Sozialstruktur« sowie den Bereich III »Kommunikations- und Handlungsebene« geht es um Abbau von Herrschaftsmechanismen, um Förderung von Interaktionsprozessen und kreativ-akkommodativer Kompetenz, indem eine möglichst herrschaftsfreie Kommunikation und Auseinandersetzung mit der sozialen und natürlichen Umwelt gesucht wird.

Nur ein solches grundlegend normatives Prinzip sollte dem Forschungsvorgang als Prämisse gelten, alle weiteren Ziele jedoch sind erst im Forschungsprozeß selbst zu ermitteln und aus den Gegebenheiten vor Ort abzuleiten. Allerdings ist dies in der Forschungsrealität selten durchführbar.

3.1.3 Die Untersuchungsmatrix

Aus der Kombination des Suchrasters A, B, C und D mit den genannten Untersuchungsebenen I, II und III läßt sich eine Untersuchungsmatrix erstellen. Die darin angeführten Punkte haben exemplarischen Charakter. In der empirischen Praxis wird die Zusammenstellung erforderlicher Informationen und die Einhaltung des aufgeführten Forschungsprinzips immer nur annähernd erreicht. Da ein jeder Forschungsprozeß selbst mit Restriktionen konfrontiert ist und nur einen gewissen Handlungsspielraum hat, können die aufgegriffenen Problemfelder nicht ohne Einschränkungen umgesetzt werden. Auch entspricht die Darstellung der empirischen Fallstudie zum Landkreis Vechta, die auf ein spezielles Umweltproblem, nämlich die der steigenden Nitratwerte im Grundwasser fokussiert war, nicht stringent der hier vorgegebenen Chronologie. Doch bevor die empirische Fallstudie vorgestellt wird, sollen noch einige Hinweise zur Durchführung einer kulturökologisch orientierten Untersuchung und zu dem Prozeß der Informationsgewinnung gegeben werden; sie betreffen den Einsatz qualitativer und quantitativer Methoden und deren Zuordnung zu den Untersuchungsbereichen.

Abbildung B 5 Humanökologische Untersuchungsmatrix

I. Mensch und Naturraum	II. Sozialstruktur und Arbeitsteilung	III. Kommunikations- und Handlungsebene		
Vorhandene natürliche Ressourcen - Produktionstechniken - Know-how - instrumentales Handeln	Konvergierende Momente - ges. Gruppierungen - horizontale Strukturen - Kooperationen - unterschiedliche Einkommensquellen der gesellschaftlichen Gruppierungen: Mann/Frau - autochthone SHO	Gemeinsamkeiten - gem. Symbolebene: Werte und Normen - vorhandene Erfahrungen - Routinehandeln - gegenseitige Verantwortungen - Vertrauen, Hoffnungen - Sozialisation - gemeinsame Wünsche	a konvergierend	A Aufnahme der Gegebenheiten (vor Ort)
Limitierende Faktoren - Restriktionen und Engpässe des Naturraumes, knappe Ressourcen - Bevölkerungsdichte - Abwanderung	Divergierende Momente - ges. Diskrepanzen Hierarchien, Machtstrukturen - Arbeitsteilung unter den ges. Gruppen - ethnische und religiöse Differenzen - Arbeitsteilung zwischen Mann und Frau	Konflikte u. Widersprüche - Kampf: offen und verdeckt - ungleiche Symbolsyst. - ges. Diskriminierung - Tabus - abweichendes Verhalten - Ängste, Apathie, Widerstand - geringe Selbstsicherheit, Entfremdung	b divergierend	
- bisherige Veränderung der natürlichen Umwelt und Ökologie - Bevölkerungsdichte - Abwanderung	- Wandel in den Institutionen und Organisationen - Änderung in der Situation der Frau, der Älteren und Kinder	Veränderung in - den Werten und Normen - Routinehandeln - Verunsicherung - fehlendes Selbstvertrauen	a bisheriger Wandel	B Wandel
- zu erwartende Veränderung des Naturraums (Trendextrapolationen)	- Konsequenzen auf die Sozialstrukturen o ges. Disparitäten o Verschlechterungen u. o Verbesserungen	- Veränderungen im Hand. - aktives oder reaktives Handelnd d. Bevölkerung - Gruppenspezifisch Frauen und Männer	b zu erwart. Konsequenz	
- Umweltbedingte Spielräume - mögliche Bereiche für Veränderungen - Nutzung der natürlichen Ressourcen	- Spielräume der Institutionen - Anknüpfungsmöglichkeiten an vorhandene Organisationen - Strukturen der SHOs	- Handlungsspielräume unter Beachtung von Normen, Werten und Tabus - Bestehende Erfahrungen instrum., kommunik., kooperativen Handelns	a Spielräume	C Handlungsspielräume
- mögliche Impulse und Inputs an Techniken und Know-how	- Organisatorische Veränderungen/Anknüpfung an bestehende - Erweiterung bestimmter Institutionen oder neue Institutionen	- Mögliche Impulse durch Anknüpfen an vorhandene Erfahrungen	b mögliche Impulse	
- Folgewirkungen auf Gestaltung des Lebensraums, Ökologie	- Folgewirkungen auf die Sozialstruktur - Prüfung der neuen Institutionen auf Funktionsäquivalenz - Konsequenzen für ges. Gruppen, Frau u. Mann	Folgewirkungen der Veränderungen auf - Kompatibilität - Konsequenz auf das Verhalten der Menschen/ Gruppen - Untersch. f. Frau/Mann	c Folgewirkungen	
Erhaltung der natürlichen Ressourcen, ökologisches Gleichgewicht	- Förderung der Komplementarität, Kooperation möglichst herrschaftsfreie Kommunikation	- Abbau von Unterdrückung		D Prinzipien

SHO = Selbsthilfeorganisation

Quelle: Teherani-Krönner 1989a: 207

3.2 Das normative und das interpretative Paradigma[17]

3.2.1 Gegenüberstellung des normativen und des interpretativen Paradigmas

Die Wiederbelebung qualitativer Sozialforschung seit den siebziger Jahren in der Bundesrepublik (Hopf, Weingarten, Gerdes, Bielefelder Soziologen) wurde getragen von der Kritik an der Reduzierbarkeit der Wirklichkeit auf Meßbarkeit und der Rezeption nordamerikanischer Arbeiten. Der in der angelsächsischen Literatur verwendete Begriff »qualitative sociology« (Burrell/Morgan 1979, Bogdan/Taylor 1975) wird für einen Ansatz verwendet, der insbesondere durch Blumer (Symbolischer Interaktionismus) und Garfinkel (Ethnomethodologie) entwickelt wurde. Der Symbolische Interaktionismus beruft sich auf den Pragmatismus des Sozialpsychologen Mead. Ethnomethodologie, ein Begriff, wie er von Garfinkel Ende der sechziger Jahre geprägt wurde, stellt sich in die Tradition von Alfred Schütz.

Die Schütz'sche Unterscheidung zwischen naturwissenschaftlicher und sozialwissenschaftlicher Erkenntnis erhält nach Hopf/Weingarten (1979) programmatische Bedeutung. Gegensätze zwischen der quantitativen und qualitativen Sozialforschung haben zu einer grundsätzlichen Paradigmendiskussion geführt (Wilson 1978). Kennzeichnend für das normative Paradigma ist das Bemühen, Gesetze der Gesellschaft analog zu den Naturwissenschaften zu erforschen. Demnach erfolgt die Annäherung an die soziale Wirklichkeit im Idealfall durch einen »neutralen« Beobachter mit der grundlegenden Annahme objektiver Erkenntnismöglichkeit (vgl. Ökologie-Modell 1 in Teil A dieser Arbeit).

Davon unterscheidet sich der Standpunkt des interpretativen Paradigmas grundlegend. Sozialforschung wird als Interpretations- und Kommunikationsleistung aufgefaßt und der Forscher dazu aufgefordert, die Welt aus dem Blickwinkel der Handelnden selbst, quasi durch die Augen der Akteure und ihres jeweils subjektiven Standpunktes zu sehen (vgl. Ökologie-Modell 2, Teil A I dieser Arbeit).

---

17 Der Ausdruck »normatives Paradigma« wird in der sozialwissenschaftlichen Methodendiskussion in Anlehnung an Wilson übernommen, wäre aber adäquater als »analytisches Paradigma« zu bezeichnen, insbesondere da eine Annäherung an naturwissenschaftliche *Analysen* angestrebt wird.

Bereits in Teil A dieser Arbeit wurde auf unterschiedliche Ökologie-Modelle verwiesen. Anfang dieses Jahrhunderts hatte Uexküll sogar im Rahmen naturwissenschaftlich-biologischer Forschungen die Berücksichtigung einer subjektbezogenen Perspektive auch bei ökologischen Untersuchungen betont. So läßt sich in der naturwissenschaftlichen Ökologieforschung eine zur Unterscheidung zwischen dem normativen und dem interpretativen Paradigma parallele Differenzierung in den Ökologie-Modellen 1 und 2 wiedererkennen.

Die von Wilson eingeführte Unterscheidung zwischen einem interpretativen und einem normativen Paradigma, die weitgehende Anerkennung in der soziologischen Methodendiskussion findet (Küchler 1980: 385), bezieht sich auf methodologische und methodische Fragen der empirischen Sozialforschung. Diese Differenzierung läßt sich jedoch - wie im Teil A I dieser Arbeit dargelegt - auch im Bereich der naturwissenschaftlichen Ökologieforschung aufzeigen. Zwar hat der Uexküll'sche Ansatz in der soziologischen Forschung bisher wenig Beachtung gefunden, doch für eine Umweltsoziologie, insbesondere Untersuchungen, die sich aus einer kulturökologischen Perspektive mit Problemen der Interaktion und Akkommodation zwischen Natur und Kultur befassen, ist Uexkülls Ansatz auch in methodischer Hinsicht ein wertvoller Beitrag. Als Idealtypen gedacht läßt sich die Kontroverse zwischen Natur- und Sozialwissenschaft bis in den Bereich der biologisch-orientierten Ökologieforschung verfolgen. Um so bedeutender ist es für die Umweltsoziologie, in methodologischer Hinsicht den subjektbezogenen Ansatz der Phänomenologie (bzw. das Ökologie-Modell 2) zu beachten. Auch Cicourel betont, daß bei sozialwissenschaftlichen Untersuchungen das Prinzip subjektiver Interpretation nicht vernachlässigt werden kann (Cicourel 1978).

In seiner Arbeit »Theorie des kommunikativen Handelns« deutet Habermas darauf hin, daß einem objektiven kommunikationsunfähigen Beobachter die symbolisch strukturierte soziale Welt des Handelnden verschlossen und somit unverständlich bleibt (Habermas 1981). Symbole aber bieten einen Schlüssel zur Lebenswelt.

> »In der Symbolwelt trifft die objektive Faktizität sozialer Systeme mit der subjektiv gemeinten Sinnkonstruktion der Wirklichkeit zusammen. Insofern eröffnet eine Untersuchung von Symbolen einen Zugang zur gesellschaftlichen Konstruktion der Wirklichkeit (Berger/Luckmann 1980).« (Teherani-Krönner 1989b: 207).

Die Konstruktion der sozialen Wirklichkeit wird dabei als interpretative Leistung der Mitglieder der Gesellschaft aufgefaßt, wobei sich im Prozeß der Kommunikations- und Interaktionsbeziehungen Bedeutung und Interpretation der symbolisch strukturierten Welt ausbilden und wandeln.

Bereits in seiner noch in Wien verfaßten Arbeit von 1932 verweist Schütz auf die wechselseitige Beeinflussung des »Ich« durch das »Du«. Bestätigung und Enttäuschung der Erwartungshaltungen am Handeln des anderen sind Erfahrungen, die das Ich »altern« lassen. Nicht nur Ich »altere«, wir »altern gemeinsam« (Schütz 1932/1973). Hier läßt sich die Parallelität zu Meads »signifikantem anderen« nicht übersehen (Mead 1934/1980).

Husserls »Lebenswelt« wird bei Schütz zur »Alltagswelt« und in der ethnomethodologischen Abwandlung unter dem Aspekt der »Routine« zum Gegenstand soziologischer Untersuchungen.

Nach Garfinkel (1978) sind theoretische Aussagen nur dann möglich, wenn sie am konkreten empirischen Material bei der Beobachtung routinisierten Handelns gewonnen werden. Darin drückt sich die stark empirische Orientierung dieser Forschungsrichtung aus. »Go to the people« lautet die Arbeitsdevise des interpretativen Paradigmas. Es geht nicht um einen deduktiven Prozeß der Verifizierung oder Falsifizierung von vorab festgelegten Hypothesen, sondern um einen Prozeß tentativer »Hypothesengenerierung« im Forschungsprozeß und im Forschungsfeld (Wax 1971). Die aus der Empirie zu generierenden Hypothesen einer »grounded theory« (Glaser/Strauss 1974) sind durch ein induktives Verfahren zur Generalisierung und Theoriebildung hinzuleiten.

Dabei können sich die amerikanischen Arbeiten auf ältere Forschungsansätze, insbesondere der Chicagoer Schule (Anfang dieses Jahrhunderts; vgl. auch Kapitel zur Humanökologie A II), stützen. Dort wurde in empirischen Studien versucht, Statistiken und Dokumentenanalysen mit teilnehmender Beobachtung und Interviews zu verbinden, wobei die Bedeutung des »subjektiven Faktors« unterstrichen wurde. Die Arbeiten von Thomas und Znaniecki über polnische Immigranten in den Vereinigten Staaten wurden Wegbereiter nicht nur der Humanökologie, sondern auch Musterbeispiel für die soziologische Methodendiskussion.

In Fortsetzung der Ansätze der Humanökologie und der Chicagoer Schule ist dann auch die »Natural Sociology«, die dem Symbolischen Interaktionismus sehr nahesteht, entstanden (vgl. Ausführungen zur Humanökologie im Teil A dieser Arbeit).

> »Die 'Natural Sociology' knüpft an die Arbeiten der Chicagoer Schule der zwanziger und dreißiger Jahre an; ihre Methoden sind denen der Ethnographie und Kulturanthropologie verwandt, nur daß ihr Untersuchungsfeld die eigene Gesellschaft bzw. bestimmte Teilbereiche daraus sind. Ihr grundlegendes Postulat ist, daß soziologische Erkenntnis nicht im Lehnstuhl - oder prosaischer: am Schreibtisch - gewonnen werden kann, sondern daß ein unmittelbares Eindringen des Forschers in das ‚Feld' - also die natürliche Umwelt der untersuchten Individuen oder Gruppen - die unabdingbare Voraussetzung aller soziologischer Forschung ist.« (Küchler 1980: 376)

Tabelle B 2 (S. 178) ist eine synoptische Gegenüberstellung des qualitativen und quantitativen Ansatzes in der Sozialforschung zu entnehmen. Theoretische Ausgangspositionen und methodische wie praktisch-empirische Konsequenzen dieser gegenläufigen Ansätze, die unterschiedlichen Paradigmen zugeordnet werden, sind hier zusammengestellt.[18]

3.2.2 Berücksichtigung der Mensch-Natur-Beziehung im Rahmen der soziologischen Symbolforschung[19]

Auch wenn ein qualitativer Ansatz für Fragestellungen auf der Handlungsebene und eine intensive Felderkundung gemäß dem interpretativen Paradigma befürwortet werden, soll ein gravierendes Problem nicht unerwähnt bleiben. Ansätze des Symbolischen Interaktionismus und der Ethnomethodologie konzentrieren sich auf die symbolisch strukturierte soziale Welt (kommunikatives Handeln) und vernachlässigen die Mensch-Natur-Beziehung. Weder dem instrumentalen noch dem akkommodativen Handeln wird besondere Beachtung geschenkt.[20] Die Aussage des Symbolischen Interaktionismus sollte daher wie folgt umformuliert werden:

---

18 Einschränkend zur folgenden Tabelle B 2 ist anzumerken, daß quantitative Ansätze zwar dem normativen Paradigma zugeordnet werden können, mit diesem jedoch nicht identisch sind. Hingegen läßt sich eine weitaus engere Verknüpfung zwischen interpretativem Paradigma und der qualitativen Sozialforschung konstruieren.

19 Im folgenden werden Ansätze der Symbolforschung, die außerhalb der Soziologie stehen (Verhaltensforschung, Psychologie etc.), nicht berücksichtigt.

20 Nur in der »Natural Sociology« könnte eine Ausnahme gesehen werden, die jedoch die Naturumwelt in der Interpretation von »natural area« (vgl. Teil A: Humanökologie) beläßt.

Tabelle B 2 Erfassung der sozialen Wirklichkeit

Paradigma	normatives	interpretatives
Forschungs-tradition	Positivismus kritischer Rationalismus Strukturfunktionalismus	Phänomenologie Hermeneutik symbolischer Interaktionismus Ethnomethodologie
Wirtschafts-theoretische Grundlage	Gesetze der Gesellschaft analog zur Naturwissenschaft objektive Erkenntnis kausales Erklären	Sozialwissenschaft als Interpretationstionsprozeß subjektive Erkenntnis Sinnverstehen
Theorie	globale, allgemeine Theorie/ Theorien mittlerer Reichweite	»grounded theory« Theoriebildung aufgrund empirischer Forschung
Verfahren	deduktiv	induktiv
Methode	Ex-ante-Hypothesenbildung	tentative Hypothesengenerierung
Prinzipien	Objektivität Standardisierung Validität/Reliabilität	Offenheit Kommunikation (Partizipation)
Anwendungs-gebiete	Makrosoziologie etablierte gesellschaftliche Institutionen	Mikrosoziologie Randgruppen/Gruppen im Werden
Untersuchungs-personen	Untersuchungsobjekte Rollenträger	Untersuchungssubjekte
Erwartung an den Forscher	Distanz Zurückhaltung Problem: Ethnozentrismus	enge Kontaktaufnahme zu den Subjekten Problem: »going native«
Forschungs-instrument	vorstrukturierte Erhebungsverfahren standardisiertes Interview Fragebogen statistische Auswertung Testverfahren	explorative, experimentelle Verfahren offene, teilnehmende Beobachtung, offene Interviews, Gespräche/ Gruppendiskussion, narratives Interview
Sozialforschung	quantitative	qualitative

Quelle: Teherani-Krönner 1982a

Der Mensch (die Menschen) lebt(en) nicht nur in einer symbolisch strukturierten sozialen Umwelt, sondern auch in einer natürlichen physikalischen Umwelt mit Grenzen, Knappheiten und ökologischen Gegebenheiten.

Eine Erweiterung des interpretativen Paradigmas kann sich daraus ergeben, daß die Mensch-Umwelt-Beziehung auch im Rahmen einer Symbolforschung mehr berücksichtigt wird. Dies wird durch eine stärkere Beachtung der instrumentalen wie der akkommodativen Dimension des Handelns erfolgen, um auch die Symbolik dieser Handlungsdimensionen zu ergründen und zu verstehen. So kann die Berücksichtigung der kulturellen Symbolik, zum Beispiel des Wassers, des Bodens oder der Gülle, und ihrer Auswirkungen auf die Naturumwelt/Ökologie und auf Interaktionsprozesse im Gesellschaftssystem sehr aufschlußreich zum Verstehen der Handlungsabläufe in einer Region wie Vechta sein (zur Symbolik des Wassers vgl. Teherani-Krönner 1989b). Hievon können Impulse auf die kulturökologische Forschung, aber auch auf die Symbolforschung und Ansätze des symbolischen Interaktionismus ausgehen.

Qualitative und quantitative Erhebungstechniken sind jeweils auf spezifische Fragestellungen hin orientiert. Daher stellen sie sich nicht als ausschließliche und damit substitutive Gegenpositionen dar, die zu einem Paradigmenwechsel führen müssen. Ihr komplementärer Einsatz im Rahmen kulturökologischer Forschung wäre anzuraten. Einige Problemaspekte lassen sich eher durch quantitative Erhebungstechniken, andere durch qualitative Methoden ermitteln. Ökologische Probleme können in einem gewissen Rahmen durch quantitative Verfahren und naturwissenschaftliche Forschungen meßbar und zugänglich werden.

Doch zum Verstehen anthropogen verursachter ökologischer Belastungen und deren Genese wie zur Eruierung von Lösungsmöglichkeiten und -strategien bedarf es ergänzender sozialwissenschaftlicher Recherchen. Zur Wahrnehmung von Umweltbelastungen und ihrer Gewichtung in der Wertehierarchie einer Kultur und Gesellschaft kommt es auf die Symbolik der Umweltfelder, auf die Interpretationsleistung und die Problemperzeption durch die betroffene Bevölkerung an. Hierfür ist ein Zugang zur Lebenswelt zu suchen, um realistische Handlungsspielräume für Akkommodationsprozesse zu erkennen, die teilweise auch über quantitative Verfahren (Meinungsumfragen), eher aber über hermeneutisch interpretative Ansätze einer qualitativen Sozialforschung - »Natural Sociology«, Ethnomethodologie und Symbolischer Interaktionismus -, über qualitative Interviews und teilnehmende Beobachtung aufzuschlüsseln sind.

Der Einsatz qualitativer Methoden schließt die Verwendung quantitativer Techniken und Datensammlungen nicht aus. Er hat sie vielmehr umgekehrt zu seiner Grundlage gemacht, geht aber darüber hinaus. Im Rahmen der Umweltsoziologie können somit quantitative und qualitative Erhebungstechniken ergänzend zur Anwendung gelangen, und zwar sowohl auf der Objektebene, der Strukturebene als auch der Handlungsebene, allerdings ist ihre Reliabilität als unterschiedlich adäquat einzuschätzen.

Auch aus diesem Grunde sehe ich in der Gegenüberstellung von quantitativen und qualitativen Ansätzen, trotz grundsätzlich unterschiedlicher Herangehensweisen, keinen wirklichen Paradigmenwechsel im Kuhn' schen Sinne (Kuhn 1973). Das eine Paradigma löst das andere nicht ab, sondern befaßt sich mit anderen Fragestellungen, die auf unterschiedlichen Gebieten und Handlungsebenen relevant werden. Im Rahmen einer weiterzuentwickelnden Umweltsoziologie wird es kaum möglich sein, das eine Modell zugunsten des anderen Modells aufzugeben und einen Paradigmenwechsel herbeizuführen. Beide Ansätze sind zum Erkennen und zum Verstehen kulturökologischer Probleme unverzichtbar.

3.3 Zuordnung der Erhebungsmethoden zu den Untersuchungsbereichen

Unter den Methoden, die bei der Bearbeitung der drei Untersuchungsbereiche einsetzbar sind, läßt sich eine Auswahl gemäß ihrer Anwendbarkeit und Reichweite bezüglich der jeweiligen Schwerpunkte treffen.

I. Zum Problembereich Mensch-Naturraum

Vorwiegend für diesen Bereich, der sich auf die Objektebene bzw. die physikalische und biologische Umwelt bezieht und entwickelte Techniken und Werkzeuge umfaßt, können naturwissenschaftliche Untersuchungen einen ersten Überblick über die Umweltbedingungen in einem Raum geben. Quantitative Methoden, also Statistiken, demographische Erhebungen, aber auch naturwissenschaftliche Untersuchungen zur Umweltqualität, Belastungen des Bodens, des Grundwassers usw. können herangezogen werden.

Sozialwissenschaftliche Untersuchungen sind in diesem Bereich auf Sekundärmaterial und Expertengespräche angewiesen. Ein wichtiges sozialwissenschafliches Faktum ergibt sich, wenn zum Beispiel naturwissenschaftliche Forschungen nicht zu demselben Ergebnis führen oder ein als naturwissenschaftlich definiertes ökologisches Problem umstritten ist und zum Beispiel unterschiedliche Gutachten vorliegen.

II. Gesellschaftliche Organisation: Arbeits- und Sozialstruktur

Die für den Bereich I angesprochenen Methoden können teilweise auch bei der Ermittlung von Sozialstrukturen, zum Beispiel einer ländlichen Gemeinde, eingesetzt werden. Für sozioökonomische Ermittlungen sind vorhandene Statistiken und Daten zur Betriebsform und Landnutzung hilfreich, doch bedürfen diese Angaben, die weitgehend als Sekundärmaterial vorliegen, der Ergänzung, um auf divergierende und konvergierende Momente innerhalb der Sozialstruktur einer Gemeinde und ihrer Außenkontakte aufmerksam zu werden.

Zur Erfassung von Potentialen und Handlungsspielräumen, aber auch von Restriktionen und limitierenden Faktoren des Sozialgefüges sind statisch fixierte Kategorien und Schemata ungeeignet; sie sind durch elastischere und flexiblere Instrumente zu ergänzen.

Auf der Ebene der Arbeits- und Sozialstrukturen II werden Feldforschungen nötig sein, um über die in der wissenschaftlichen Literatur, den Statistiken und Dokumenten vorliegenden Informationen über Machtstrukturen, Formen der Arbeitsteilung und des Eigentums sowie weitere Angaben zu den Produktionsverhältnissen hinauszugelangen. Damit konvergierende und divergierende Momente gesellschaftlicher Gruppierungen erfaßbar werden, bedarf es Methoden wie der teilnehmenden Beobachtung, der Gruppendiskussion oder des narrativen Interviews, um Möglichkeiten des Anknüpfens an bestehende oder tradierte Formen der Kooperation oder sonstiger Beziehungen und Verpflichtungen innerhalb eines Sozialgefüges zu registrieren oder gar Abgrenzungsmechanismen zu erkennen, die sich gegen eine Solidarität auswirken können. Doch um über eine solche Fragestellung, die das Sozialgefüge einer Gemeinde nachhaltig beeinflußt, Klarheit zu gelangen, sollte der nächste Untersuchungsbereich einbezogen werden.

III. Kommunikations- und Handlungsebene

Um einen Einblick in die Lebenswelt zu erlangen, gilt die Aufmerksamkeit dem Routine- und Alltagshandeln der Menschen in einer Region. Dies kann durch teilnehmende Beobachtung und intensive Gespräche und Interviews mit verschiedenen Gruppen der Bevölkerung erreicht werden.

> »The political and moral attitudes that determine the villagers' reactions to any new influences are much more difficult to estimate without prolonged and intensive contacts with all categories of villagers (and not with a few representatives).« (Kielstra 1975: 329)

Dabei sind die methodologischen Probleme, wie sie mit den Stichworten »going native« und »Ethnozentrismus« aus der anthropologischen und ethnologischen Forschung bekannt sind, auch bei der Untersuchung von Subkulturen der eigenen Gesellschaft gegeben (Devereux 1976, Lindner 1981 zum Thema Angst des Forschers vor dem Feld; vgl. auch Wax 1971). Doch kann eine kulturfremde Perspektive auch gewisse Vorteile haben, sie kann das Selbstverständnis, das in einem kulturellen Milieu herrscht, (als Besonderheit) wahrnehmen und auch in Frage stellen.

Für Ermittlungen im Bereich des Werte- und Normensystems und zum Verstehen der Handlungsrationalität sind explorative Techniken einer kommunikativen Sozialforschung am geeignetesten anzusehen. Doch erst durch den Vergleich lassen sich spezifische Merkmale und soziokulturelle Besonderheiten im Alltagshandeln erarbeiten. Diese können sich aus interkulturellen Studien, aber auch bereits durch den Vergleich zwischen zwei Nachbargemeinden ergeben, sofern Orientierungen und Handlungsweisen sich in besonderer Weise von einander abheben und dadurch offenkundig werden.

Teilaspekte und Informationen über historische Entwicklungsprozesse lassen sich durch sehr unterschiedliche Quellen erarbeiten. So sind bestehende sozialwissenschaftliche (anthropologisch, ethnologisch, kultursoziologisch oder gar human- und kulturökologisch orientierte) Arbeiten - sofern vorhanden - hinzuzuziehen. Auch Zeitungsberichte und Interviews mit ortskundigen Informanten können aufschlußreich sein. Soziokulturelle Normen und Wertvorstellungen sowie die ihnen entspringenden Tabus und Handlungsgewohnheiten zur Erarbeitung des kulturökologischen Handlungsspielraums können jedoch nur über intensive Studien vor Ort, durch teilnehmende Beobachtungen und Gespräche erkundet werden.

Abbildung B 6 Anwendungsbereiche quantitativer und qualitativer Methoden

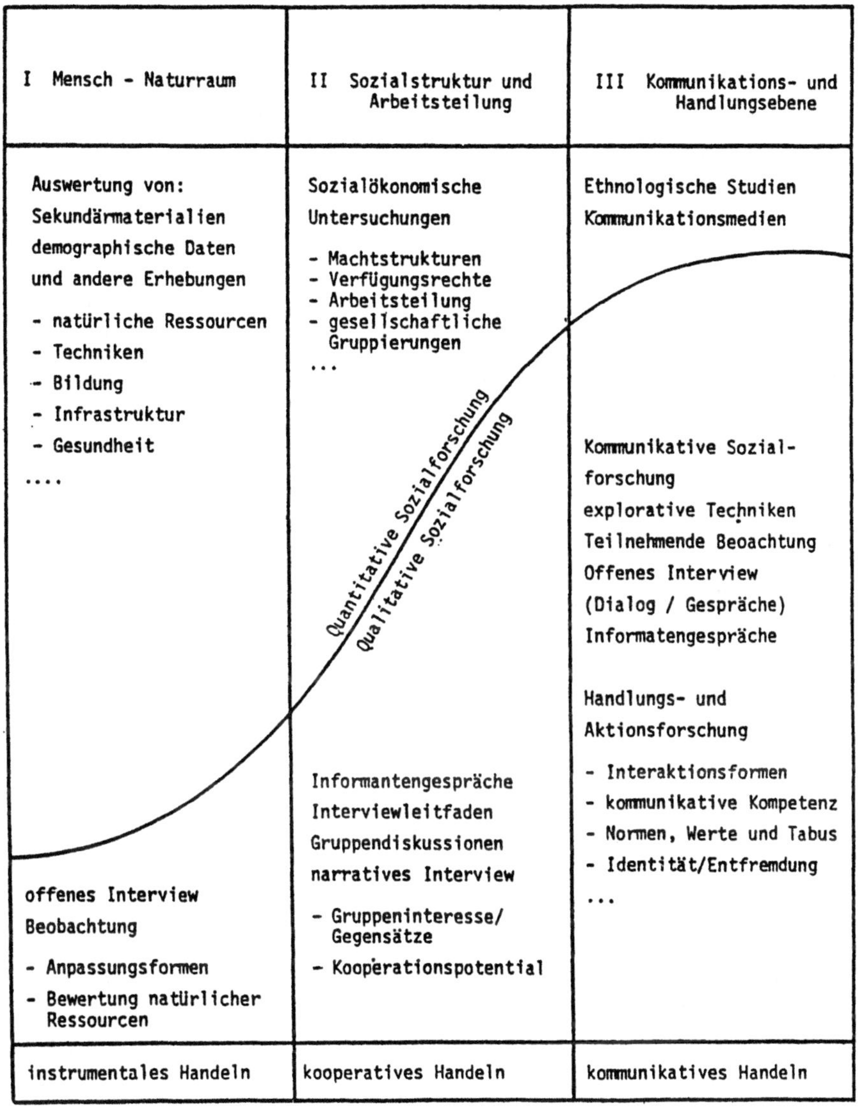

Quelle: Teherani-Krönner/Michel-Kim/Weiter 1981: 153

Abgrenzungen können auf Vorurteilen beruhen. So ist es bei der Fallstudie zum Landkreis Vechta nicht so wichtig, ob die katholische Bevölkerung in der Diaspora Südoldenburg einen - wie ihnen vorgeworfen wird - »barbarischen Umgang« (vgl. auch Eimler/Kleinschmidt 1987) mit den Tieren hat und dies durch ihre Konfession begünstigt wird. Einer solchen Fragestellung nachzugehen und die Gültigkeit zu überprüfen mag eventuell Aufgabe eines Religionssoziologen sein, ist aber im Kontext der vorliegenden Arbeit nicht relevant.

Nicht das, was »Wahrheit« ist, sondern das, wie darüber Gewißheit erlangt wird, also das, was als »wahr« angenommen wird, ist von Belang. Es bleibt ein wichtiges Indiz einer kulturökologischen Untersuchung, daß ein solcher Vorwurf von den Nachbarn vorgebracht wird und diese Sichtweise dazu dient, sich von den Vechtaranern abzusetzen. Es entstehen damit Gesten der Distanzierung und Abgrenzung, die sich auf die Kommunikations- und Interaktionsbeziehungen der Vechtaraner zu ihren Nachbarn niederschlagen und dokumentierbar werden. Offenkundig zeigt es sich in dem Moment, wenn die Vechtaraner auf die Solidarität der Nachbarn zur Gülleumverteilung angewiesen sind, aber keine einzige Baugenehmigung zur Errichtung von Güllelagerraum in der Nachbarschaft erhalten.

Der Einsatz der beschriebenen qualitativen und quantitativen Methoden auf die Untersuchungsbereiche I, II und III läßt sich wie in Abbildung B 6 (S. 183) darstellen. Dabei sind eine Zunahme der qualitativen Methoden von I nach III und die entsprechende Abnahme der quantitativen in umgekehrter Richtung festzustellen.

4. Wegweiser nach Vechta

Die anschließende Fallstudie entstand vor der Erarbeitung der theoretischen und methodischen Kapitel dieser Arbeit. Der Bericht zum Landkreis Vechta ist bereits im Rahmen der WZB-Veröffentlichungen im Jahre 1988 erschienen. Ich habe diese Fallstudie nur sehr geringfügig überarbeitet und sie in ihrer ursprünglichen in sich geschlossenen Fassung belassen. Die in dieser Studie aufgedeckten Zusammenhänge waren dann auch der Anlaß, das humanökologische Handlungsmodell (Teherani-Krönner

1989a) weiter auszubauen und durch Literaturrecherchen im Bereich der Ökologie, Human- und Kulturökologie theoretisch auszubauen. Im Abschlußkapitel werde ich noch auf die Ergebnisse der Fallstudie und das theoretisch-methodische Konzept meines kulturökologischen Handlungsmodells eingehen und einige Schlußfolgerungen für die Umweltsoziologie darlegen.

Zuvor aber noch eine kurze anekdotische Bemerkung zu einem Interview, das ich im Vorfeld meiner Recherchen im Raum Vechta durchgeführt habe. Erst viel später wurde mir klar, daß ich über dieses kurze, eher unergiebige Gespräch einen wichtigen Wegweiser nach Vechta bekommen hatte. Feldforschung ist eben auch mit Unwägbarkeiten verbunden. Nicht jede/r Interviewpartner/in ist auskunftsbereit, insbesondere wenn es sich dabei auch noch um ein anrüchiges Thema wie »Gülle« handelt.

Al Ahmad, ein im Iran bekannter Schriftsteller, der über das Leben in ländlichen Regionen des Irans recherchiert und geschrieben hat, berichtet über zwei Dörfer aus der Umgebung von Teheran:

> »Sagesabad und Ebrahimabad liegen räumlich nur wenige Kilometern von einander entfernt, doch zeitlich sind es Jahrzehnte, die sie von einander trennen. Die Bewohner dieser Dörfer leben in unterschiedlichen Welten.«
> (Al Ahmad 1974 (1353))

Daß es aber möglich ist, ähnliches sogar in der Bundesrepublik zu erleben, hätte ich nicht vermutet. Bei meinen Untersuchungen über die Gülleregulierung und Grundwasserbelastung im Weser-Ems-Raum in Niedersachsen habe ich 1987 einen Mitarbeiter der Wasserbehörde in Oldenburg interviewt. Im Gespräch teilte er mir mit, daß er aus Diepholz käme. Ahnungslos wie ich zunächst war, sagte ich:

> »Naja, daß liegt ja auch bei Vechta.«

Das aber war ein großer Fehler! Das Gesprächsklima war zerstört. Mein Diepholzer Gesprächspartner fühlte sich genötigt, meine lapidare Anmerkung weit von sich zu weisen.

Nein! Wie konnte ich nur so etwas sagen. Da gäbe es große Unterschiede, erwiderte er, sichtbar verstimmt, ja sogar empört.

Zwischen Vechta und Diepholz liegen Welten, aber dies zu erörtern war nicht mehr möglich. Mein Interviewpartner wollte auf meinen Fragenkatalog nicht mehr eingehen. Unversehens war ich da wohl in ein Fettnäpfchen getreten. Das Interview habe ich dann bald abgebrochen.[21] Das Zimmer meines Diepholzer Gesprächspartners verließ ich also mit leeren Händen, dafür aber hatte er mich auf eine heiße Spur gebracht.

Ich versicherte mich noch einmal auf der Landkarte; so falsch lag ich doch nicht. Später bin ich oft die Strecke zwischen Diepholz und Vechta gefahren. Die räumliche Entfernung beträgt nicht einmal 20 Kilometer. Warum dann ein solch erbostes Aufbrausen? Dies zu verstehen habe ich erst mühsam lernen müssen: daß es einer Beleidigung gleichkommt, einen Diepholzer mit jemandem aus Vechta gleichzusetzen.

21 Gewünschtes Informationsmaterial erhielt ich dann aber erstaunlicherweise vom Mitarbeiter nebenan, der mir sogar Kartenmaterial bis nach Berlin schickte.

Teil C

Regionale Fallstudie in Niedersachsen: Wohin mit den Gülleüberschüssen aus Vechta?

1. Übersicht

1.1 Einleitung

Neben den bekannten und heftig diskutierten Überschüssen der Agrarwirtschaft treten infolge der regionalen Konzentration von Tierbeständen im norddeutschen Raum Gülleüberschüsse auf, die zu erheblichen Umweltbelastungen führen. Gülle ist ein Gemisch aus Kot- und Harnausscheidungen von Tieren, das bei der modernen Aufstallung der »Veredelungswirtschaft« als Nebenprodukt anfällt. Die Güllewirtschaft hat sich als Rationalisierungsmaßnahme in der Tierproduktion durchgesetzt und das im Vergleich dazu arbeitsintensive Betten der Tiere auf Stroh abgelöst. Das unter den Spaltböden gesammelte Gemisch tierischer Exkremente wird als flüssiger Wirtschaftsdung auf die Felder gefahren. Die in der Gülle enthaltenen Stickstoffverbindungen sind ein kostbarer Nährstoff für das Pflanzenwachstum, aber das von den Pflanzen nicht aufgenommene Nitrat wird, insbesondere auf leichten und sorptionsschwachen Böden, in der Periode der Grundwasserneubildung über das Sickerwasser in das Grundwasser ausgewaschen.

Das Grundwasser ist als Quelle der Trinkwasserversorgung zum Wohle der Allgemeinheit zu schützen. Mit Inkrafttreten der Trinkwasserverordnung (TVO) von 1986 wurde der zulässige Höchstwert für Nitrat im Trinkwasser von 90 auf 50 mg/l - entsprechend der EG-Trinkwasserrichtlinie (778/80) aus dem Jahre 1980 - heruntergesetzt. In Regionen mit vorwiegender Grundwasserentnahme zur Trinkwasserversorgung besteht bei erhöhten Belastungen des Rohwassers ein politischer Handlungsbedarf, um auch langfristig die Versorgung der Bevölkerung mit Trinkwasser nach den Höchstwerten der TVO oder gar dem Richtwert der EG-Trinkwasserrichtlinie von 25 mg/l NO_3 sicherzustellen.

Der Einsatz von mineralischem wie organischem Stickstoffdünger hat in den vergangenen Jahrzehnten mit der Intensivierung der landwirtschaftlichen Produktion zugenommen; gleichzeitig ist ein kontinuierlicher Anstieg der Nitratwerte im Grundwasser zu beobachten. Bisher gibt es in der Bundesrepublik keine allgemeinverbindliche rechtliche Regelung im Bereich der Düngemittelapplikation (Gitschel 1985, Conrad/Gitschel 1988). Nur für das Aufbringen von Wirtschaftsdünger aus der Tierhaltung ist es bisher zu Vorschriften der landwirtschaftlichen Düngemittelanwendung gekommen, die insofern einen Sonderfall agrarumweltpolitischer Regulierung darstellen. Der Politikprozeß dieser umweltschutzbezogenen Maßnahmen im Agrarsektor wird daher genauer untersucht, um Potentiale, Barrieren und Handlungsspielräume einer »regulativen Politik« (Mayntz 1983) zur Ökologisierung der Landwirtschaft kennenzulernen.

Im Rahmen des Projekts »Ökologisierung der Agrarpolitik - International vergleichende Analyse von Politikprozessen im Zusammenhang von Landwirtschaft und Umwelt. Trinkwasser-Nitratbelastung«, die von 1983 bis 1989 am Wissenschaftszentrum Berlin für Sozialforschung durchgeführt wurde (vgl. Conrad 1990), habe ich den gesamten Politikzyklus - Entstehungsgeschichte, Programmformulierung und Implementation der 1984 erlassenen Gülleverordnung in Nordrhein-Westfalen - verfolgt (Teherani-Krönner 1985, 1987). Die vorliegende Arbeit befaßt sich nun mit der Gülleregulierung in Niedersachsen am Beispiel des Landkreises Vechta, wobei einige Informationen aus den Nachbarkreisen hinzugezogen werden (vgl. Teherani-Krönner 1989c).

1.2 Fallstudie zur Gülleregulierung

Die Grundlage zur Einführung regulativer Maßnahmen im Bereich der Güllewirtschaft ist das Abfallrecht. Das Aufbringen tierischer Fäkalien, also Gülle, Jauche und Stallmist, kann nach § 15 des Abfallgesetzes (AbfG) reguliert werden, sofern »das übliche Maß der landwirtschaftlichen Düngung überschritten wird« (§ 15 Abs. 1 AbfG). Da der Bundesminister des Inneren (BMI) in den siebziger Jahren von seiner ihm primär zustehenden Ermächtigung zu einer bundeseinheitlichen Regelung der Gülleaufbringung keinen Gebrauch gemacht hatte - der letzte Entwurf einer bundeseinheitlichen Verordnung des BMI scheiterte an der Zustimmung der Länder (Holtmeier 1984: 483 f.) -, wurde den Bundesländern in der 2. Novelle des Abfall(beseitigungs)gesetzes von 1982 die Möglichkeit eingeräumt, Regelungen zu treffen bzw. die Ermächtigung durch Rechtsverordnung ganz oder teilweise auf andere Behörden zu übertragen (§ 15 Abs. 3 AbfG).

Erst mit der Definition und Konkretisierung der vagen Formulierung »übliches Maß der landwirtschaftlichen Düngung« können Normen für das Handeln der Landwirte festgelegt werden (Teherani-Krönner 1985).

Bei Regelungen, die auf § 15 Abs. 5 des AbfG beruhen, muß ferner eine Belastung von Gewässern angezeigt sein.

Das niedersächsische Landwirtschaftsministerium hat am 13.4.1983 einen Runderlaß zum Vollzug des § 5 Abs. 5 des Abfallgesetzes (AbfG) als Maßnahme gegen Überdüngung mit Gülle und Geflügelkot, im folgenden als Gülleerlaß bezeichnet, herausgebracht. Ziel dieses Erlasses ist es, das Aufbringen von Gülle auf landwirtschaftliche Flächen sowohl mengenmäßig als auch zeitlich zu regeln und dadurch einen Beitrag zum Schutz des Grundwassers vor Nitrateintrag zu leisten.

In der Fallstudie zum Landkreis Vechta, die im Rahmen des Projekts »Ökologisierung der Agrarpolitik« in den Jahren von 1986 bis 1988 durchgeführt wurde, wird die konkrete Umsetzung des Gülleerlasses auf der kommunalen Ebene untersucht. Der Landkreis Vechta bot sich für eine solche Implementationsstudie besonders an, weil sich hier die höchsten Tierbestände pro landwirtschaftlicher Fläche in der Bundesrepublik befinden und eine Reglementierung der Güllewirtschaft die Landwirtschaft in diesem Raum am stärksten trifft. Für Tierhaltungsbetriebe war der Gülleerlaß eine Herausforderung; erstmalig wurden sie mit Auflagen bezüglich ihrer Düngepraxis und der Verwertung von Stallabfällen konfrontiert. Der Landkreis Vechta ist in den achtziger Jahren insbesondere in der Presse als Symbol einer Fehlentwicklung intensiver Landwirtschaft und der Massentierhaltung mit folgenschweren Belastungen für die Umwelt angeprangert worden. Vechta wird immer noch als »Gülleland« bezeichnet. Der Kreis wurde mit Filmen wie »Und ewig stinken die Felder« in der gesamten Bundesrepublik bekannt.

Sowohl der real gegebene Problemdruck - anfallende Gülleüberschüsse, hohe Belastungen des Grundwassers mit Nitrat - als auch die Berichte über Tierhaltungspraktiken in diesem Kreis gaben Anlaß zu einer genaueren Betrachtung der Situation vor Ort.

1.3 Leitfragen zur Untersuchung

Zur Untersuchung einer staatlichen Regulierung der Güllewirtschaft, die als umweltschutzbezogene Maßnahme »von oben« angeordnet wurde, verfolgt diese Studie den Implementationsprozeß auf der Ebene der Kreisverwaltung quasi »von unten«. Dabei geht es weniger um die Wirksamkeit dieser Regelung hinsichtlich der Grundwassergüte, die sich - wenn überhaupt - erst in den nachfolgenden Jahren einstellen könnte, noch um naturwissenschaftliche Erkenntnisse der Stickstoffdüngung und der Gewässerbelastung als vielmehr um politische und soziale Prozesse der Umsetzung regulativer Maßnahmen im administrativen System und ihre Akzeptanz unter der Landbevölkerung.

So wird in der vorliegenden Studie nach den Umsetzungsmöglichkeiten, der Handhabung von Vorgaben, die an die Kreisverwaltung herangetragen wurden - Gülleerlaß und Normen der TVO -, gefragt, und es werden Problemlösungsstrategien verfolgt, die im Kompetenzbereich der kommunalen Verwaltung angesteuert und durchgeführt wurden. Dabei geht es um die Rekonstruktion der Nitrat- bzw. Güllediskussion auf der lokalen Ebene unter Berücksichtigung der Problemwahrnehmung, der Interessenkonflikte und Reaktion auf Kritik von außen. Folgende, eher sozialwissenschaftlich orientierte Leitfragen werden aufgegriffen:

A Regionales Profil

Die intensive Tierproduktion im Landkreis Vechta mit den höchsten Tierbeständen pro landwirtschaftlicher Fläche in der Bundesrepublik basiert auf dem Import von Futtermitteln. Die »Veredelungswirtschaft« kann auf eine lange Tradition in diesem Raum zurückblicken.

Welche Faktoren prägen das Profil des Landkreises Vechta und können zur Erklärung seiner ökonomischen, ökologischen und kulturellen Entwicklung hinzugezogen werden?

B Problemperzeption

Zur Situation der Trinkwasserversorgung und der Grundwasserbelastung durch Nitrat ist zu ermitteln, aufgrund welcher Initiativen die Belastungen des Grund- und Trinkwassers untersucht und welche Maßnahmen zur Einhaltung des neuen Höchstwerts von Nitrat im Trinkwasser nach der TVO durch die zuständige Behörde ergriffen wurden. Von Interesse ist die Problemperzeption vor Ort und wie Umweltbelastungen, zum Beispiel

Nitratwerte im Grundwasser, von seiten der betroffenen Bevölkerung wahrgenommen werden.

Erfolgt aufgrund eines Problemdrucks vor Ort - beispielsweise hohe Belastungen des Grundwassers durch Nitrat bei nur geringer Anschlußdichte an die öffentliche Wasserversorgung im Kreis - ein entsprechender Handlungsdruck von seiten der betroffenen Bevölkerung auf die zuständige Behörde?

C Vollzugsdefizit

Der Gülleerlaß richtet sich in erster Linie an die Verwaltung. Die Implementationsstudie verfolgt den Prozeß der administrativen Umsetzung: Vermittlung der mengenmäßigen und zeitlichen Auflagen gegenüber den Landwirten, Kontroll- und Sanktionsmöglichkeiten der Kreisverwaltung und schließlich die Akzeptanz dieser Regulierung unter den Landwirten und den landwirtschaftlichen Organisationen.

Zu fragen ist, ob auch im Fall der Güllereguliening das häufig konstatierte Vollzugsdefizit im Bereich der Umweltpolitik anzutreffen ist.

D Lösungsstrategien und Barrieren

Solange Tierbestände nicht abgebaut werden und es keine technischen Verarbeitungsmöglichkeiten von Gülle gibt, die auch wirtschaftlich vertretbar sind, könnten zur Vermeidung der Überdüngung Gülleüberschüsse in Nachbargemeinden und -kreisen umverteilt werden. Durch eine Güllegenossenschaft sollen Gülletransporte organisiert und finanziell unterstützt werden, doch mit der Abnahme von Gülle aus Südoldenburg gibt es Schwierigkeiten.

Welche Argumente werden zur Ablehnung von Fremdgülle vorgebracht, und welche Barrieren bestehen gegenüber der Gülleabnahme aus Vechta?

1.4 Aufbau und methodische Vorgehensweise

Zur Behandlung dieser Leitfragen werden zunächst einige Informationen zum Profil des Landkreises Vechta vorangestellt. Sie sollen einige Anhaltspunkte für die ökonomische, ökologische und kulturelle Entwicklung in diesem Raum geben (Abschnitt 2). Die Entwicklung der Landwirtschaft, insbesondere der intensiven Tierhaltung, kann über weite Strecken mit der geographischen Lage, den Boden- und Klimabedingungen erklärt werden. Doch sind dabei auch soziokulturelle Momente zu beachten, die das besondere Profil Südoldenburgs in seiner historischen Entwicklung im Vergleich zu den Nachbargebieten trotz ähnlicher geographischer, geologischer sowie klimatischer Bedingungen geprägt haben. Die Bevölkerungs- und Beschäftigungsstruktur unterstreicht die ökonomische Bedeutung der Agrarproduktion im Landkreis Vechta und verweist auf mögliche Folgen des Strukturwandels in der Landwirtschaft für das gesamte wirtschaftliche und soziale Leben in dieser Region.

Abschnitt 3 ist der Landwirtschaft gewidmet, wobei der Aufschwung der »Veredelungswirtschaft« und Veränderungen der Landnutzung unter dem Aspekt möglicher Belastungen des Grundwassers hervorgehoben werden.

Die Struktur der Wasserversorgung und Angaben zu den Nitratwerten im Grundwasser sollen das Ausmaß der Belastung und das Problem der Trinkwasserversorgung in diesem Kreis verdeutlichen (Abschnitt 4). In diesen ersten Kapiteln, die einen deskriptiven Charakter haben, wird die Ausgangslage »Anfall von Gülleüberschüssen und Belastungen des Grundwassers durch Nitrat« dargestellt.

Der Gülleerlaß, seine rechtliche Grundlage und seine Vorgaben zur Gülleregulierung werden im Abschnitt 5 behandelt. Anschließend werden die Umsetzung dieses ministeriellen Erlasses, Absprachen mit den Nachbarkreisen und Schwierigkeiten, aber auch Erfolge im Vollzug beschrieben (Abschnitt 6). Diese Angaben - wie auch die der folgenden Abschnitte - basieren überwiegend auf Informationen, die ich durch meine Gesprächspartner in Vechta, in den Nachbarkreisen oder bei den Ministerien in Hannover erhalten habe.

In dem Katalog zukünftiger Maßnahmen sind rechtliche, organisatorische sowie technische Lösungsansätze des Gülleproblems, wie sie in den achtziger Jahren zur Diskussion standen, aufgeführt. Die auf Druck von Umweltschutzverbänden zugesagte Konzeption der Landesregierung zur Sanierung des Dümmersees umfaßt Probleme der Gülleüberschüsse; die Gülle belastet nicht nur das Grund-, sondern auch das Oberflächengewässer des an Vechta angrenzenden flachgründigen Sees. Dringlich gewordene Maßnahmen zur Behandlung des Gülleüberschußproblems in diesem Raum führen zur finanziellen Unterstützung von technischen Anlagen zur Verarbeitung von Gülle und der Gründung einer Güllegenossenschaft in Vechta.

Abschnitt 8 thematisiert die Wahrnehmung von Umweltbelastungen, die Nitratdiskussion im Landkreis Vechta und Aktivitäten innerhalb und außerhalb des Kreises. Aufgenommen werden Fragen sowohl zur Problemperzeption als auch zum Verhältnis zwischen Problemdruck und Handlungsdruck.

Anschließend geht es um die Akzeptanz der Gülleregulierung unter den Landwirten und um das Problem mit dem Gülleexport aus dem Landkreis Vechta. In Abschnitt 9 werden Argumente gegen Fremdgülle wiedergegeben, und es wird auf soziokulturelle Barrieren verwiesen, die die bisherigen Erklärungen für die Reserviertheit der Nachbarn gegenüber der Gülleabnahme aus Südoldenburg ergänzen.

Abschnitt 10 stellt eine Zusammenfassung der gewonnenen Ergebnisse dar. Die Leitfragen werden aufgegriffen, deren Antworten nicht in einem Abschnitt abzuhandeln waren, sondern sich erst aus der Kombination verschiedener Aspekte der einzelnen Kapitel ergeben.

Für die Zusammenstellung handlungsrelevanter Informationen zur Implementation des Gülleerlasses wurden vorhandene Statistiken, Sekundärmaterialien und die Literatur zum Landkreis Vechta verwendet, zum Teil Dokumentenanalysen durchgeführt, Zeitungsartikel ausgewertet und mit eigenen Interviews ergänzt. Dabei wurde versucht, Stellungnahmen unterschiedlicher Akteure, die in die Auseinandersetzung über die Güllewirtschaft und die Belastung von Gewässern involviert sind, zu berücksichtigen, um den Prozeß der Implementation aus verschiedenen Perspektiven zu beleuchten.

Zu Fragen der Konzentration der Tierhaltung und zum Themenbereich Umwelt und Landwirtschaft im Landkreis Vechta und Cloppenburg liegt eine Reihe von Arbeiten vor, dic insbesondere von der Abteilung Geographie der Universität Osnabrück in Vechta erarbeitet worden sind. Auch von der Arbeitsgruppe Systemforschung der Universität Osnabrück ist eine Nitratstudie erstellt worden. Ferner bieten die eher journalistischen Arbeiten von Kleinschmidt und Eimler illustrative Beispiele zum

Thema Massentierhaltung in dieser Region. Die Datenlage kann daher als vergleichsweise günstig bezeichnet werden. Hingegen sind Arbeiten aus einer eher sozialwissenschaftlichen Sicht unterrepräsentiert. Eine Untersuchung zum Umweltverhalten von Landwirten, die durch Mitarbeiter des Instituts für Rurale Entwicklung der Universität Göttingen 1978/1988 durchgeführt wurde, war zum Zeitpunkt der Erstellung der vorliegenden Untersuchung noch nicht abgeschlossen. Ergebnisse der Befragung von Landwirten im Dümmer-Sanierungsgebiet durch die Landbauaußenstelle der Landwirtschaftskammer in Bramsche im Herbst 1987 sind nicht veröffentlicht worden.

Auf zwei Reisen im Juli und November 1987 habe ich eine Reihe von Interviews im Landkreis Vechta und den Nachbarkreisen sowie bei den Landwirtschafts- und Umweltministerien in Hannover geführt, zu Personen aus der Verwaltung, den politischen Parteien, der Presse, der Wasserwirtschaft, den Umweltschutzverbänden, den landwirtschaftlichen Organisationen Kontakt aufgenommen und mit Landwirten gesprochen (vgl. Liste der interviewten Personen im Anhang).

Aufgrund des explorativen Charakters der Untersuchung wurde ein eher qualitativer Ansatz bei der Durchführung der Implementationsstudie gewählt (vgl. Teil B). Da der anzusprechende Personenkreis sehr heterogen war, wurde nicht mit standardisierten Fragebögen, sondern mit offenen Interviews gearbeitet. Die Gespräche wurden meist auf Tonband aufgezeichnet und später meinen Gesprächspartnern in transkribierter Form zur Gegenzeichnung zugesendet. Die eher weichen Daten gewinnen dadurch an Aussagekraft und Validität unter weitreichender Wahrung ihrer Authentizität. Sie ermöglichen die Darstellung der Position betroffener Personen und Gruppen und eine Wiedergabe ihrer Argumentationsmuster in eigenen Worten.

Zunächst bestand die Befürchtung, daß Personen im Landkreis Vechta sich Außenseitern gegenüber reserviert bis ablehnend verhalten würden. Durch meine Erfahrungen habe ich diese Annahme nicht durchgehend bestätigt gefunden; vielmehr zeigten sich meine Gesprächspartner bei der Kreisverwaltung (zuständig für die Umsetzung des Gülleerlasses) und dem Gesundheitsamt sehr kooperativ, was die Zur-Verfügung-Stellung von allgemeinen Daten und Informationen, wie Pressemitteilungen, anbelangt. Auch Gespräche mit Landwirten und den landwirtschaftlichen Organisationen verliefen insgesamt positiv, sofern es um das Kennenlernen der Standpunkte und Argumentationsmuster ging, ohne allerdings behaupten zu wollen, daß in diesen Gesprächen alle Schwachstellen der Gülleregelung zur Sprache kamen. Zum Teil war das Bemühen erkennbar, das negative Bild des Landkreises Vechta zurechtzurücken. Informativ waren Gespräche mit Mitgliedern der Oppositionsparteien - der SPD und der Grünen - wie auch Kontakte zur Presse zwecks Rekonstruktion der Nitratdiskussion und der Problemperzeption im Landkreis Vechta. Recht offen wird Kritik an der landwirtschaftlichen Praxis und der Gülleregulierung von seiten der Umweltschutzorganisation BSH (Biologische Schutzgemeinschaft Hunte Weser-Ems) geübt, die die gesamte Palette der Umweltbelastungen in diesem Raum - wie Bodenschutz, Tierschutz, Naturschutz - thematisiert und nicht nur die Grundwasserbelastung mit Nitrat im Auge hat.

Große Informations- und Gesprächsbereitschaft wurde mir im Nachbarkreis Osnabrück entgegengebracht, sowohl was die Schwierigkeiten bei der Handhabung des Gülleerlasses betrifft, als auch was die Probleme bei der Gülleabnahme aus Vechta anbelangt (vgl. Teherani-Krönner 1989c). Somit konnte ich einige Aspekte, die das Eigen- und das Fremdbild des Landkreises Vechta prägen, kennenlernen, was für mich selbst mit einigen Überraschungen verbunden war: zum Beispiel die bis heute fortwährende und lebendige konfessionelle Abgrenzung des Oldenburger Münsterlands und Identitätsfragen, die sowohl in der Diskussion um die Eigenständigkeit der Universität Vechta als auch bei dem Problem der Gülleabnahme aus Südoldenburg mitschwingen.

2. Regionales Profil

2.1 Geographische Lage

Der Landkreis Vechta liegt im westlichen Teil des Landes Niedersachsen, er gehört zum Regierungsbezirk Weser-Ems. Er umfaßt zehn Gemeinden auf einer Fläche von 812 Quadratkilometern.

Die geographische Lage hat seit dem Ende des vergangenen Jahrhunderts die wirtschaftliche Entwicklung geprägt. Der Anschluß an das Eisenbahnnetz (1875 - 1898) eröffnete neue Entwicklungsmöglichkeiten, die dann auch in besonderer Weise von der Bevölkerung wahrgenommen

Abbildung C 1   Geologische Verhältnisse im Landkreis Vechta

(nach Geologische Übersichtskarte von Nordwestdeutschland)

Quelle: Windhorst 1984: 10

wurden. Durch die neue Verkehrsverbindung gelang es, Mineraldünger und Futtermittel in diesen Raum zu importieren und mit Hilfe der »Veredelung« Mastschweine und Mastkälber in die Industriegebiete an Rhein und Ruhr zu exportieren (vgl. Windhorst 1975, 1984).

Der Auf- und Ausbau der intensiven Tierhaltung im Landkreis Vechta kann somit auf eine lange Tradition zurückblicken, die trotz gewisser Schwankungen während der Weltkriege und zeitweiligem Rückgang der Futtermittelimporte sehr rasch wieder an die erste Stelle der Erzeugung tierischer Produkte gelangte: Windhorst beschreibt, daß bereits um die Jahrhundertwende in der Gegend des Dümmers Betriebe mit einer Anzahl von 1 000 Schweinen existierten, die andernorts undenkbar gewesen wären. Eine intensive Mast in dieser Region war von Anfang an von Futtermittelimporten abhängig und kann nicht als eine neue Erscheinung angesehen werden.

2.2 Boden- und Klimabedingungen

Bezogen auf die Gesamtfläche des Weser-Ems-Gebietes sind 60 % Sandböden; die Moorregionen machen 23,5 % aus; Marschböden im Küstenraum und Flußniederungen decken 15 % dieser Region. Bezeichnend für die Bodenart Nordwestdeutschlands sind hohe Feinsandgehalte von 60 % bis 80 %. Auf der Geest dominiert der Podsol mit Boden- bzw. Ertragsmeßzahlen zwischen 12 und 30 Punkten (vgl. Behrens 1984: 16).

Für den Landkreis Vechta sind die Angaben ähnlich. Auch hier gibt es Moorgebiete (Flach- und Hochmoore) im Südosten des Kreises und vorwiegend sandige Böden mit Ertragsmeßzahlen von 16 bis maximal 45 Punkten (vgl. Karte Geologische Verhältnisse bei Windhorst 1984 und Neander 1987).

Bei Jahresdurchschnittstemperaturen von 8,8 °C und mittleren jährlichen Niederschlagsmengen von etwa 700 Millimetern ist auf den stark podsolhaltigen Sandböden der Nordwestdeutschen Geest mit großen jährlichen Ertragsschwankungen in Abhängigkeit von Höhe und Verteilung der Niederschläge zu rechnen. Hierzu schreibt der Präsident der Landwirtschaftskammer Weser-Ems: »Insofern ist auf den Sandböden unseres Raumes der reine Getreidebaubetrieb ohne tierische Veredelung kaum zu finden.« (Behrens 1984)

»Aufgrund der vorherrschend ungünstigen Boden- und Wasserverhältnisse wies die Landwirtschaft im Landkreis Vechta noch bis ins letzte Viertel des 19. Jahrhunderts eine sehr geringe Produktivität auf.« (Neander 1987: 9)

2.3 Bevölkerungsstruktur und Beschäftigung

Im Gegensatz zum Bundesdurchschnitt liegt die Geburtenrate im Kreis Vechta überdurchschnittlich hoch. Der Kreis kann einen Bevölkerungszuwachs registrieren:

1961 lebten hier 78 500 Einwohner
1970 rund 89 000 Einwohner
1985 rund 102 100 Einwohner

»Hauptursache des Bevölkerungszuwachses war und ist ein hoher Überschuß der Geburten über die Sterbefälle, der beispielsweise im Zeitraum von 1971 bis 1979 durchschnittlich 5,5 und von 1980 bis 1984 immer noch 4,8 je tausend Einwohner betrug, während gleichzeitig im Bundesgebiet insgesamt die Zahl der Sterbefälle die der Geburten um 1,5 bzw. 1,6 je tausend Einwohner überstieg.« (Jung 1986: 146, zit. in Neander 1987: 3)

Aus der folgenden Tabelle wird ersichtlich, daß die Bedeutung der Landwirtschaft, Forstwirtschaft und Fischerei zwar im Zeitraum zwischen 1961, 1970 und 1982 abgenommen hat, aber im Vergleich zum Bundesgebiet insgesamt für die Beschäftigung und Einkommenssituation der Bevölkerung weiter von hoher Bedeutung ist.

Tabelle C 1 Anteil der Wirtschaftsbereiche an Erwerbstätigkeit und Einkommensentstehung im Landkreis Vechta 1961, 1970 und 1982

<table>
<tr><th rowspan="3">Wirtschaftsbereich</th><th colspan="6">Anteile der Wirtschaftsbereiche (%)</th></tr>
<tr><th colspan="3">an der Zahl der Erwerbstätigen</th><th colspan="3">am Bruttoinlandsprodukt</th></tr>
<tr><th>1961</th><th>1970</th><th>1982[1]</th><th>1961</th><th>1970</th><th>1982[2]</th></tr>
<tr><td>Land- und Forstwirtschaft</td><td>37</td><td>21</td><td>15-17</td><td>21</td><td>23</td><td rowspan="2">51</td></tr>
<tr><td>Produzierendes Gewerbe</td><td>34</td><td>40</td><td>42-48</td><td>39</td><td>33</td></tr>
<tr><td>Handel und Verkehr</td><td>13</td><td>15</td><td>15-17</td><td>21</td><td>26</td><td>16</td></tr>
<tr><td>Sonstige Dienstleistungen[3]</td><td>16</td><td>23</td><td>21-35</td><td>19</td><td>19</td><td>34</td></tr>
</table>

1 Schätzung nach Jung und Windhorst
2 Bruttowertschöpfung
3 einschließl. Organisationen ohne Erwerbscharakter, private Haushalte und Gebietskörperschaften

Quellen: Dinse 1975, Jung 1986, Windhorst 1986, entnommen aus: Neander 1987: 5

»Im Ernährungsgewerbe mit dem zweithöchsten Beschäftigungszuwachs kommt neben der Kartoffel-, Obst- und Gemüseverarbeitung der Verarbeitung von Produkten der intensiven Tierhaltung des Landkreises und benachbarter Gebiete (Milch, Eier, Schlachtvieh) die größte Bedeutung zu.« (Neander 1987: 6)

Bevölkerungs- und Beschäftigungsstruktur wie auch die Arbeitslosigkeit in einer Region sind unter dem Aspekt des Strukturwandels in der Landwirtschaft von Bedeutung. Die Arbeitslosenquote wird für den Kreis Vechta von Neander mit Vorbehalt mit 15,8 % für 1985 angegeben, wobei eine sprunghafte Tendenz seit 1980 zu verzeichnen ist. Im Durchschnitt des Jahres 1980 waren es 1 280 Arbeitslose, 1985 stieg diese Zahl auf 4 390 und somit auf das Dreieinhalbfache (Neander 1987: 4).

Eine strenge Umsetzung der im Gülleerlaß enthaltenen mengenmäßigen Norm von 3 DE/ha als maximal zulässige Gülleaufbringung müßte zu einem Abbau der Tierbestände und zur Aufgabe einer Reihe von »Veredelungsbetrieben« führen. Ein durch Umweltschutzauflagen forcierter Strukturwandel in der Landwirtschaft würde auch Arbeitsplätze im vor- und nachgelagerten Gewerbesektor tangieren und somit das wirtschaftliche und soziale Leben in Vechta empfindlich beeinträchtigen, insbesondere da es kaum alternative Beschäftigungsmöglichkeiten gibt.

2.4 Kultureller Hintergrund

Der Landkreis Vechta und der nordwestliche Kreis Cloppenburg gehören zu den tierintensivsten Kreisen Niedersachsens und des Weser-Ems-Gebietes, so daß bezogen auf die Tierhaltung diese beiden Kreise zum Teil in einem Atemzug genannt werden. Sie weisen aber auch einige weitere kulturelle Gemeinsamkeiten auf, die in ihrer historischen Entwicklung begründet liegen. Diese beiden Kreise Südoldenburgs gehörten lange Zeit zum Bistum in Münster; an diese Tradition anknüpfend werden sie auch heute noch als das Oldenburger Münsterland bezeichnet. Mit der Aufhebung der geistlichen Landesfürstentümer während der Säkularisation wurden die Bischöflich-Münster'schen Ämter Vechta, Friesoythe und Cloppenburg dem Herzogtum Oldenburg zugegliedert. Das Großherzogtum bestand seit 1815, der Freistaat Oldenburg wurde mit dem Ende des Ersten Weltkriegs 1919 ausgerufen (Interview mit Akkermann 1987).

Die Bevölkerung hat sich in der Vergangenheit stets von den Nachbarregionen abgegrenzt. Südoldenburg war niemals preußisch, jedoch im Westen, Süden und Osten von preußischen Gebieten, darunter Osnabrück und Diepholz, umgeben. Auch nach Norden hin findet eine Distanzierung statt. Bartels meint, daß es in der Vergangenheit immer schon heftigen Streit zwischen den Oldenburgern und den Südoldenburgern gegeben habe. Die Südoldenburger sind nie als richtige Oldenburger anerkannt worden; in Ostfriesland sind diese Ressentiments besonders stark ausgeprägt (Gespräch mit Bartels, November 1987).

Hinzu kommt, daß wir in Vechta einem strengen Katholizismus begegnen, der von einem direkt dem Vatikan im Rom unterstellten bischöflichen Offizialat gelenkt wird. Die Mitglieder dieser Diaspora sind aktive Gläubige. Das fördert den Zusammenhalt nach innen, während rundherum vorwiegend evangelisch-lutherische Protestanten leben (Interview mit Akkermann 1987).

> »Von Bedeutung ist zweifellos in diesem Zusammenhang auch die isolierte Lage einer überwiegend katholischen Bevölkerung in einem protestantischen Umland. Bis in die fünfziger Jahre dieses Jahrhunderts spiegelten sich im Heiratsverhalten der Bevölkerung die geringen sozialen Außenbeziehungen wider. So war es möglich, die gewonnenen Erfahrungen bei der Mast in Großbeständen innerhalb des eigenen Sozialsystems zu erhalten und sie nur sehr zögernd und begrenzt nach außen dringen zu lassen.« (Windhorst 1984: 12)

Auf jeden Fall hat sich vor dem Hintergrund der Solidarität einer religiösen Minderheit durch konfessionelle und politische Abgrenzung zu den Nachbarn eine besondere wirtschaftliche Entwicklung der intensiven Agrarproduktion auf hohem technischen Niveau angebahnt, wie wir ihr historisch über die Kreisgrenzen des Oldenburger Münsterlands hinaus mit ähnlichen geographischen und klimatischen Verhältnissen nicht begegnen (Gespräch mit Akkermann, Juli 1987). Agrarstrukturen und Verhaltensweisen der landwirtschaftlichen Bevölkerung zum Beispiel im Artland (Kreis Osnabrück) sind völlig verschieden, auch was ihre Hofnachfolge und ihren Kinderreichtum anbelangt (Gespräch mit von Hagen, November 1987). Eine Diffusion dieser Form rationalisierter Agrarproduktion, speziell bei der Tierhaltung, wie sie sich schon früh in Vechta durchsetzte, findet erst sehr viel später auch in anderen Räumen statt, so daß Vechta und Cloppenburg weiterhin als Hochburgen der intensiven Tierhaltung gelten. Neben den historisch geprägten kulturellen Abgrenzungsmechanismen treten agrarwirtschaftliche Besonderheiten hinzu.

In dieser Region, in der früher keine pflanzenbauliche Produktion mit hohen Erträgen möglich war, ist es immer wieder aufgrund des Bevölkerungsdrucks zu Auswanderungen insbesondere in die Industriezentren, aber auch in die USA gekommen. Diejenigen, die nach Holland gingen, ließen in der Regel ihre Frauen und Kinder zurück. Die ersten Ansätze einer intensiven Schweinemast werden dem Heuerlingswesen und der Arbeit von Frauen zugeschrieben, die fast keine landwirtschaftlichen Flächen zur Verfügung hatten und damit einen Ausweg aus ihrer Not suchten.

»Bemerkenswert ist, daß die Veredelungswirtschaft ihren Ursprung in der unterbäuerlichen Schicht (Heuerlinge) hat, denn diese hatten vordem in besonders ärmlichen Verhältnissen leben müssen. Als die Bauern jedoch erkannten, daß sich durch die Mast Bargeld erwerben ließ, griffen sie die Neuerung sehr schnell auf.« (Windhorst 1984: 11)

Somit ist im Bereich der Tierhaltung der damit verbundene soziale Status, der im Verlauf der Zeit einem Wandel unterliegt, zu beachten. Die Massentierhaltung hat sich jedenfalls in diesen Regionen zu einem bedeutsamen Wirtschaftsfaktor verfestigt. Hier wiederum waren es zunächst Heuerlinge, kleine bäuerliche Betriebe mit wenig eigenem Land, die sich mit der Schweinemast abgaben, wohingegen Großbauern mit mehr landwirtschaftlichen Flächen sich der Großviehhaltung widmeten, die mit einem weitaus höheren Prestige verbunden war.

Die Berücksichtigung soziokultureller Faktoren ist für das Verständnis der wirtschaftlichen, sozialen und ökologischen Entwicklung Südoldenburgs mindestens ebenso wichtig wie die naturräumlichen Gegebenheiten dieser Region (zum Beispiel der sandige Boden). Dies zu erwähnen scheint bedeutsam, da - wie zu zeigen sein wird - kulturelle Abgrenzungen bei der Verteilung der Gülle in Nachbarkreise eine ausschlaggebende Rolle spielen.

3. Entwicklung der Landwirtschaft im Kreis Vechta

3.1 Struktur landwirtschaftlicher Betriebe

Im Landkreis Vechta bewirtschafteten im Jahre 1980 insgesamt 3 105 landwirtschaftliche Betriebe eine Fläche von insgesamt 62 246 Hektar. Die Aufteilung der Betriebe nach genutzten Flächen läßt sich wie folgt darstellen:

40 % der Betriebe bewirtschaften eine Fläche bis zu 10 Hektar. Auf diese Betriebe entfallen nur 8,5 % der landwirtschaftlichen Fläche. 25 % der landwirtschaftlichen Betriebe haben eine Fläche von mehr als 30 Hektar, sie bewirtschaften 60 % der landwirtschaftlichen Nutzfläche (vgl. Windhorst 1984: 48 ff. und Tabelle C 2).

Abbildung C 2 Landwirtschaftliche Betriebe und von ihnen bewirtschaftete Flächen (1982)

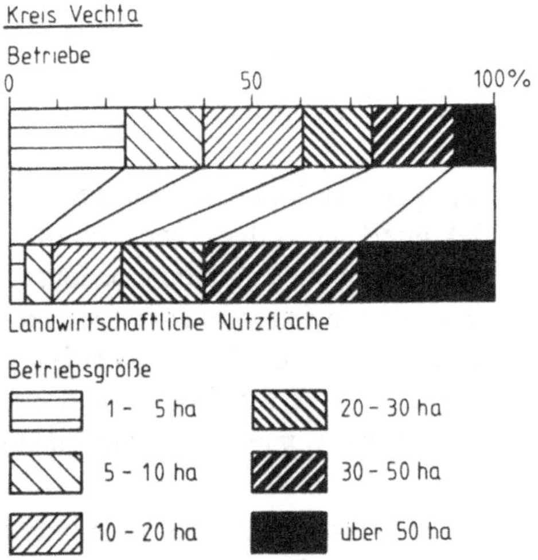

Quelle: Windhorst 1984: 49

Der hohe Anteil kleiner und mittlerer Betriebe - was ihre landwirtschaftliche Fläche betrifft - war nur über eine innerbetriebliche Aufstockung, gebunden an den Zukauf von Futtermitteln, existenzfähig. Auf Anraten der Landwirtschaftskammer sollten Landwirte die Tierbestände vergrößern (= innerbetriebliche Aufstockung), um das Betriebseinkommen zu erhöhen. Dies, so Windhorst, wurde so erfolgreich praktiziert, daß sich zwischen 1960 und 1980 die Schweinebestände in den beiden Landkreisen Vechta und Cloppenburg verdreifachten (Windhorst 1984: 17; vgl. auch Angaben von Neander 1987: 10). Bezüglich Anzahl, Flächenausstattung und Größenstruktur der landwirtschaftlichen Betriebe und Anteil der Betriebe mit überwiegend außerbetrieblichem Einkommen im Landkreis Vechta stellt Neander die Entwicklung für die Jahre 1960, 1971, 1979 und 1983 wie folgt dar:

Tabelle C 2 *Anzahl, Flächenausstattung und Größenstruktur der landwirtschaftlichen Betriebe und Anteil der Betriebe mit überwiegend außerbetrieblichem Einkommen im Landkreis Vechta 1960, 1971, 1979 und 1983*

Größenklassen der landw. genutzten Fläche von ... bis unter ... ha	Jahr[1] 1960	1971	1979	1983	Änd. d. Zahl 1971-83 (% p.a.)[2]
a) Anzahl u. landw. genutzte Fläche der Betriebe					
Betriebe insges.	5 190	3 815	3 594	3 491	-1.2
Fläche insges., ha	53 622	56 161	61 726	62 944	+0.4
b) Verteilung der Betriebe auf Größenklassen der LF[3] (%)					
0	21.2	2.8	5.7	8.8	+2.2
unter 2		13.2	16.1	14.9	
2 - 10	45.4	35.2	27.1	25.2	-3.8
10 - 20	17.7	23.2	17.7	16.8	-3.8
20 - 30	14.5	11.1	12.9	12.1	-1.0
30 - 50		11.1	14.9	15.3	+1.6
50 u. mehr	1.1	3.4	5.6	6.9	+4.8
c) Anteile der Betriebe mit überwieg. außerbetriebl. Einkommen[4] (%)					
insges.	.	36.7	45.1	47.4	+0.9
unter 10	.	65.1	79.7	82.3	+0.3
10 - 20	.	12.8	21.7	28.0	+2.6
20 u. mehr	.	4.3	8.0	8.7	+7.1

1) Landwirtschaftszählung (1960, 1971) bzw. Agrarberichterstattung (1979, 1983), jeweiliger Gebietsstand
2) Gebietsstand ab 1974; Zinseszinsrechnung
3) Landwirtschaftlich genutzte Fläche (1960: Landwirtschaftliche Nutzfläche)
4) Außerbetriebliche Einkommen der Betriebsinhaber und ihrer Ehegatten größer als betriebliche Einkommen; nur Betriebe in der Hand von natürlichen Personen

Quelle: Neander 1987: 10

3.2 Aufschwung der Veredelungswirtschaft

3.2.1 Import von Futtermitteln

Wie bereits erwähnt, war früher die Ertragsfähigkeit der unfruchtbaren Geest-Böden wegen des Mangels an wichtigen Nährstoffen begrenzt. Die Erträge reichten kaum zur Eigenversorgung der Bevölkerung, geschweige denn daß sie zur Fütterung des Viehs eingesetzt wurden. Mit der Einfuhr von Futtermitteln veränderte sich die Situation der Landwirte beträchtlich.

> »Schon 1890 war die Einfuhr von Gerste auf 90 000 t geklettert, 1910 waren es 300 000 t im Großherzogtum Oldenburg. Die Einfuhr betrug schon damals ein Vielfaches der gesamten Getreideernte.« (Behrens 1984: 15)

Für das Jahr 1980 wird der Mischfutterbedarf des Kreises Vechta mit ca. 1 Million Tonnen angegeben. Das selbst erzeugte Futter beträgt ca. 100 000 Tonnen und stellt somit 10 % des Futtermittelverbrauchs dar (vgl. die folgende Abbildung).

Abbildung C 3 Selbstversorgungsgrad der Veredelungswirtschaft in Südoldenburg

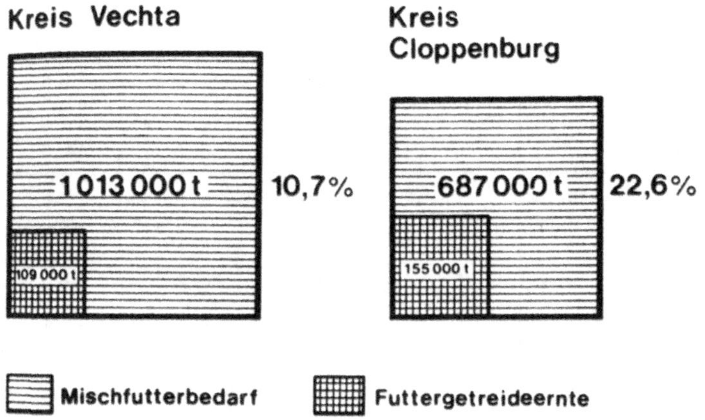

Quelle: Windhorst 1984: 21

Mit der Verbesserung der Infrastruktur und dem Einsatz von mineralischen wie wirtschaftseigenen Düngemitteln konnten auch auf den ansonsten unfruchtbaren Böden dieser Region relativ hohe Erträge erwirtschaftet werden. Die Unterversorgung der Böden dürfte in den vergangenen Dekaden längst überwunden sein, so daß mittlerweile von seiten der Landwirtschaftskammer in Oldenburg bereits von einer partiellen Überversorgung gesprochen wird. Der hohe Futtermittelverbrauch verweist aber auf die dominante Rolle der Tierhaltung und ihre Abhängigkeit von importierten Futtermitteln.

Abbildung C 4 Die Entwicklung der Hühner- und Schweinebestände in Südoldenburg

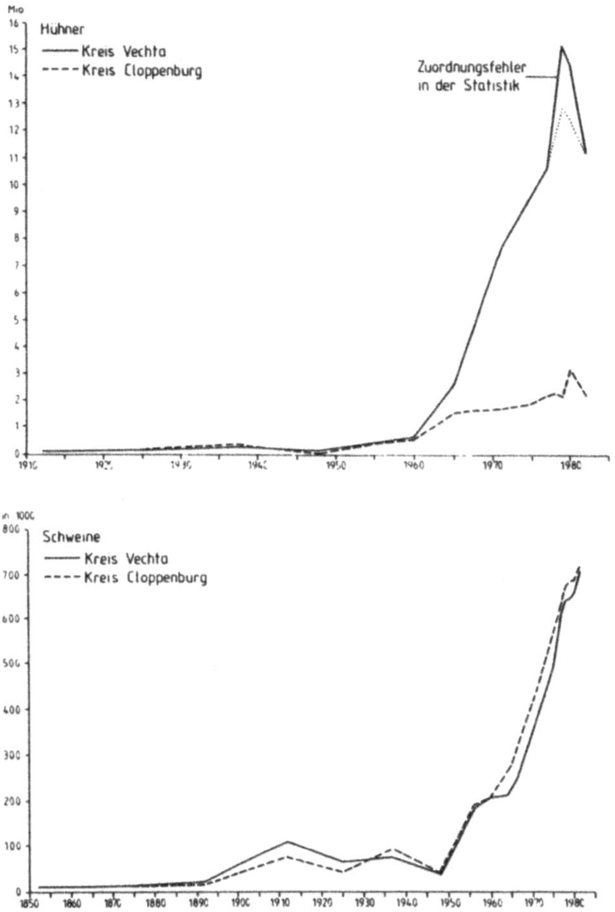

Quelle: Amtliche Statistik, aus: Windhorst 1984: 15

3.2.2 Tierbestände

Auch wenn die Tierhaltung in Südoldenburg auf eine lange Tradition zurückblicken kann und das erforderliche Know-how wie auch die Infrastruktur den Ausbau der Tierhaltung in diesem Raum begünstigten, kommt der entscheidende Aufschwung erst mit dem Jahre 1960. Zu diesem Zeitpunkt setzt der Zustrom auswärtigen Kapitals, insbesondere in die Produktion von Eiern und Geflügel in vollautomatisierten Anlagen mit Käfigbatterien, ein. Kostenvorteile bei Beständen von mehreren tausend Tieren bedurften zunächst eines hohen Kapitaleinsatzes, der von einzelnen landwirtschaftlichen Betrieben nicht mehr übernommen werden konnte. Die Produktion von Eiern und Geflügel wurde aus dem Bereich landwirtschaftlicher Betriebe verdrängt und von Großunternehmern übernommen und beherrscht. Kapital wie Management kamen zum Teil von außerhalb der Region.

> »Da das Huhn in steuerlicher Hinsicht als 'schnellebiges Wirtschaftsgut' gilt und bis in die Mitte der siebziger Jahre Verlustvorträge möglich waren (d. h. Verluste aus Agrarproduktion konnten gegenüber Gewinnen aus einer anderen Tätigkeit vorgetragen werden), bestanden zu Beginn der Entwicklung keine Probleme der Kapitalbereitstellung. Großfarmen mit zunächst 60 000 und später 240 000 Stallplätzen wuchsen wie Pilze aus der Erde.
>
> Innerhalb von nur 10 Jahren entstanden Großunternehmen mit nahezu 2 Millionen Legehennen, eigenen Vermarktungs- und Versandgesellschaften; später wurden auch Brütereien, Eiproduktwerke und Futtermittelwerke angeschlossen. Die vertikale Integration, d. h. die Vereinigung aufeinander aufbauender Produktionsschritte unter einer Unternehmensführung, begann ihre ökonomischen Vorteile zu offenbaren.« (Windhorst 1984: 14 f.)

Ihre Nachteile, bezogen auf die Belastung der Umwelt wie auf den Strukturwandel in der Landwirtschaft, wurden erst später erkannt.

3.2.3 Gülleüberschüsse

Der mittlerweile über Jahrzehnte andauernde jährliche Zukauf von Tausenden von Tonnen Futtermitteln und ihr Einsatz in der tierischen Produktion führt zu hohen Stallabfällen, die nur in begrenztem Maße ökologisch vertretbar auf die vorhandene landwirtschaftliche Fläche aufgebracht werden können. Das ehemalige Betten der Tiere auf Stroh mit der Trennung von Stallmist und Jauche wurde durch Rationalisierungsmaßnahmen auf Stallbauten mit Spaltböden bzw. Käfigbatterien umgestellt, in denen Harn- und Kotausscheidungen zusammen, zum Teil mit Wasser vermischt, als Gülle anfallen. Diese arbeitsersparende technische Neuerung im Bereich der Tierhaltung hat zwar betriebswirtschaftlich eine kostengünstigere Produktion und Gewinne hervorgebracht; die damit verbundenen Belastungen der Umwelt und die mittlerweile auch volkswirtschaftlich zum Tragen kommenden Kosten (im Rahmen der Trinkwasserversorgung oder im Bereich der Dümmer-Sanierung) wurden entweder nicht erkannt bzw. ignoriert oder stillschweigend geduldet. Jedenfalls hinken Techniken bezüglich der Verarbeitung und Verwertung von Stallabfällen weit hinter den produktionstechnischen Innovationen hinterher, die eine recht schnelle Diffusion, insbesondere im Bereich der Geflügelhaltung, im Raum Vechta erfahren haben. Der Prozeß der Ausbreitung der Käfighaltung von Hühnern in Südoldenburg wird ausführlich entlang der agrarsoziologischen Diffusionsforschung rekonstruiert (Windhorst 1979).

Abbildung C 5 *Dungeinheiten pro Hektar landwirtschaftlicher Nutzfläche (1982)*
(Berechnungsgrundlage: Runderlaß des ML vom 13.4.1983)

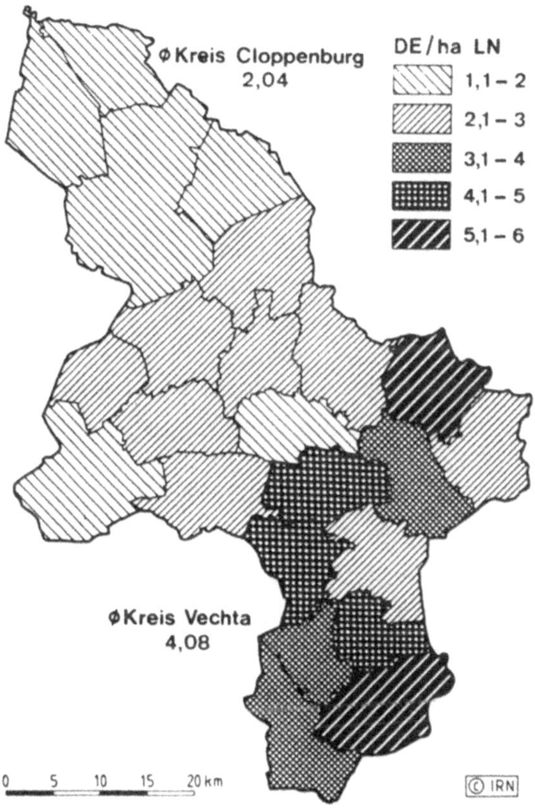

Quelle: Kreisverwaltungen Cloppenburg und Vechta, in Windhorst 1983: 24

Nach Angaben des Vereins der landwirtschaftlichen Untersuchungs- und Forschungsanstalten (VDLUFA) beträgt der Anfall an Gülle im Prozeß der Schweinemast ein Zehnfaches des erzeugten Gewichts. »Zur Erzeugung und Vermarktung von zum Beispiel 1 dt Schweinefleisch sind zu transportieren: 1 dt Schweinefleisch, ca. 3,5 dt Futter, ca. 10 dt Schweinegülle.« (Vetter/Steffens 1984: 95) Da aber bis Anfang der achtziger Jahre Transport und Entsorgung der Gülle kaum in die Kostenkalkulation der Erzeugung tierischer Produkte einbezogen wurden, galten als Kriterien für die Standortauswahl die Nähe zu Schlachthöfen und kurze Entfernungen zur Futtermittelversorgung. Dies könnte sich bei realer Umsetzung des Gülleerlasses, der eine maximal zulässige Menge für die Aufbringung von Gülle auf landwirtschaftliche Flächen mit 3 DE/ha angibt - geplant sind 1,5 bis 2 DE/ha - auch ändern.

Auf der Grundlage der Daten von 1982 fielen im Kreis Vechta im Schnitt 4 DE/ha im Jahr an, wobei in zwei Gemeinden auch Durchschnittswerte von 6 Dungeinheiten erreicht wurden. Aus der Übersichtskarte (Abbildung C 5, S. 209) wird die anfallende Gülle auf Gemeindeebene ersichtlich. Die Werte übersteigen erheblich die maximal zulässige Menge der aufzubringenden Gülle (Windhorst 1983: 24). Es liegen ferner neuere Daten zu den Tierbeständen und zur landwirtschaftlichen Fläche im Kreis Vechta vor, die auch bis auf die Gemeindeebene zu ermitteln sind. Da die Anzahl der Tiere insgesamt im Kreis seit 1982 gestiegen ist (vgl. Tabelle C 3), muß mit einem höheren Gülleüberschuß gerechnet werden. Daten auf der Ebene einzelner landwirtschaftlicher Betriebe stehen nicht zur Verfügung, dennoch sind einige Angaben zu potentiellen Gülleüberschußbetrieben möglich.

Aufgrund der Ausführungen von Doll (1984), der sich auf die Ergebnisse der Agrarberichterstattung von 1979 beruft, läßt sich der prozentuale Anteil von Gülleüberschußbetrieben ermitteln. Von den 3 595 landwirtschaftlichen Betrieben im Kreis Vechta hatten über 30 % einen Dunganfall, der höher lag als 3 DE/ha. Das bedeutet, daß über 1 000 Betriebe im Kreis Vechta mit Problemen bezüglich der Unterbringung der Gülle auf landwirtschaftlichen Flächen konfrontiert sind. Diese Betriebe sind von der Abnahme der Gülle durch Betriebe in Nachbarkreisen abhängig. Sollten sie keine Transportmöglichkeit für ihre Gülleüberschüsse haben, so werden sie den festgelegten Grenzwert nicht einhalten können. Über ein Drittel der landwirtschaftlichen Betriebe im Kreis Vechta ist als potentiel-

Tabelle C 3 Ergebnisse der Viehzählungen am 3.12.1982 und 3.12.1984

Stadt/ Gemeinde	Rinder über 2 Jahre	Jung-rinder 6 Monate bis unter 2 Jahre	Kälber bis 6 Monate	Zucht-sauen mit Ferkeln bis 20 kg	Schweine über 20 kg	Lege-hennen	Jung-hennen	Schlacht-, Masthähne und -hühner	Enten	Puten
Bakum	2 304	5 593	2 317	5 754	89 734	760 860	604 570	195 400	48 610	7 520
Damme	3 880	6 886	8 590	11 165	147 629	1 666 122	390 410	29 000	8	4 000
Dinklage	2 001	3 823	1 420	11 609	66 210	560 886	168 015	54 001	3 561	-
Goldenstedt	1 510	3 064	5 556	12 832	34 045	415 477	35 985	191 409	-	12 083
Holdorf	1 082	1 729	1 207	4 486	39 515	446 748	12 400	153 060	-	-
Lohne	2 183	5 183	1 618	6 784	51 004	341 172	277 291	144 001	728	20 003
Neuenkirchen	3 176	5 217	2 267	7 062	31 667	528 647	910 060	95 706	44	-
Steinfeld	1 548	3 040	3 293	3 775	62 264	307 588	71 300	320 624	10 021	27 300
Vechta	1 665	4 122	2 913	8 590	40 924	663 669	461 518	23 500	30 347	8 500
Visbek	1 214	3 194	6 440	19 311	54 782	1 164 085	157 450	539 330	32	17 800
Zusammen	20 563	41 851	35 621	91 368	617 774	6 364 254	3 088 999	1 746 031	93 351	97 206
1984	20 265	47 447	42 267	98 777	643 052	6 505 112	2 719 500	1 307 891	94 543	132 843

Quelle: schriftliche Angaben der Kreisverwaltung Vechta, 1987

ler Gülleüberschußbetrieb auf die Abnahme der Gülle angewiesen, sofern der Grenzwert von 3 DE beachtet werden soll. Eine weitere Eingrenzung kann ferner durch Angaben über Tierarten vorgenommen werden. Von den Mastschweinen im Kreis Vechta, die laut Agrarberichterstattung für das Jahr 1979 mit 523 814 Tieren beziffert werden, wurden ca. 50 % in Betrieben mit mehr als 3 DE/ha gehalten. Das bedeutet, daß die Hälfte der Schweine im Kreis Vechta in Betrieben mit nicht ausreichender landwirtschaftlicher Fläche gemästet werden (vgl. Doll 1984).

In der Legehennenhaltung ergibt sich folgendes Bild: 98 % (7,7 Millionen) der Tiere sind in Betrieben untergebracht, denen die Einhaltung der 3 DE/ha-Grenze auf den eigenen landwirtschaftlichen Flächen unmöglich ist. 92 % der Tiere und somit 7 Millionen Legehennen werden in Betrieben gehalten, deren durchschnittlicher Anfall an Gülle bei 5 und mehr DE/ha liegt. Nur ein Bruchteil dieser Tiere steht in Betrieben mit ausreichender landwirtschaftlicher Fläche zur Aufbringung der Hühnergülle.

Bei Masthühnern ist die Situation ähnlich. 84 % der 3 Millionen Tiere werden in Betrieben gehalten, die, bezogen auf ihre landwirtschaftliche Fläche, bei 5 und mehr DE/ha liegen (Doll 1984).

Nach der Viehzählung vom 3.12.1984 wird der Bestand an Geflügel im Landkreis Vechta mit 10 532 503 angegeben, die Anzahl der Schweine liegt bei 741 829.

Somit ist davon auszugehen, daß die Mehrzahl der Schweinemastbetriebe im Landkreis Vechta zusätzliche Flächen zur Aufbringung der anfallenden Schweinegülle benötigt. Fast alle Geflügelhalter sind durch die Grenzwertfestlegung aufgefordert, ihre Gülle entweder zu transportieren oder zu verarbeiten. Dabei wird die Hühnergülle mittlerweile bis zu einer Entfernung von 60 Kilometern, Geflügelkot und Hähnchenmist mit geringerem Flüssigkeitsanteil sogar bis zu 100 Kilometern transportiert. Sie sind in ihrer Konsistenz auch eher trocknungsfähig und werden inzwischen schon zu Kompost verarbeitet und zur Pilzproduktion verwertet.

In der Tabelle 6 der Arbeit von Neander (1987: 14) wurden 77 % der Betriebe mit einer landwirtschaftlichen Fläche von bis zu 2 Hektar als Veredelungsbetriebe bezeichnet. Sie alle werden Schwierigkeiten in der Aufbringung von Gülle auf eigene Flächen haben, sofern die maximal zulässige Grenze von 3 DE/ha einzuhalten ist. Sollte es sich dabei um Schweinemastbetriebe handeln, dürfte die Verteilung der Gülle auch ein

Problem sein. Mit 2 Hektar Land ist es nach den Vorgaben im Gülleerlaß nur möglich, lediglich 42 Stallplätze zu unterhalten. Eine solche Größenordnung aber dürfte kaum als überlebensfähig gelten. Aber auch Betriebe mit Flächen bis zu 10 und 20 Hektar könnten Schwierigkeiten mit der Aufbringung der Gülle haben. Zwar legt der Gülleerlaß keine Bestandsgrenzen fest, dennoch dürfte für Betriebe mit geringen landwirtschaftlichen Flächen, solange die Frage der Verwertung der Gülle ungeklärt ist, eine weitere Aufstockung ausgeschlossen sein. Überprüft wird dies allerdings bisher nur, wenn eine Baugenehmigung für einen Stallneubau beantragt wird.

3.3 Landnutzung

3.3.1 Pachtflächen

Der Anteil der Pachtflächen im Weser-Ems-Gebiet liegt relativ hoch. Behrens führt aus, daß nur 41,7 % der landwirtschaftlichen Betriebe ausschließlich Eigentumsflächen bewirtschaften, deren Anteil an der gesamten landwirtschaftlich genutzten Fläche in Weser-Ems 29,4 % beträgt. 42,9 % der Betriebe verfügen neben den Eigentumsflächen auch über Pachtflächen, dabei entfallen auf die Eigentumsflächen 33,9 % der gesamten landwirtschaftlichen Fläche, und 18,9 % der gesamten landwirtschaftlichen Fläche im Weser-Ems-Gebiet wird als Pachtfläche bewirtschaftet. Reine Pachtbetriebe machen 15,4 % der landwirtschaftlichen Betriebe aus, sie bewirtschaften 17,8 % der gesamten landwirtschaftlichen Fläche (Behrens 1984: 19).

Der Anteil an Pachtflächen im Kreis Vechta, insbesondere in den Gemeinden im Umkreis des Dümmersees, liegt über diesen Durchschnittswerten. Dabei ist zu berücksichtigen, daß teilweise Flächen als Pachtflächen geführt werden, wenn ein Bauer seinen Betrieb an seinen Nachfolger weitergibt, die Flächen aber nicht als Eigentum, sondern als Pacht überläßt.

3.3.2 Maisanbau

Der Maisanbau hat im Zusammenhang mit der Güllewirtschaft im Kreis Vechta an Bedeutung gewonnen. Noch im Jahre 1971 war der Maisanbau in Vechta unbedeutend. Der Körnermais bedeckte eine Fläche von 0,2 % und der Grün- und Silomais eine Fläche von 2,7 % der landwirtschaftlich genutzten Fläche des Kreises. Der Grün- und Silomais hatte 1979 einen Anteil von 17,5 %, er stieg 1983 auf 20 % der landwirtschaftlichen Nutzfläche. Krasser zeigt sich die Entwicklung beim Körnermais. 1979 betrug der Anteil nur 8,1% der landwirtschaftlichen Nutzfläche, dies steigerte sich auf eine Fläche von 21,8 % im Jahre 1983. Der Anteil der Maisanbaufläche am Ackerland in Vechta erreichte 1983 insgesamt 42 % (Bundesgebiet knapp 14 %) und nahm damit eine Spitzenposition ein (vgl. Neander 1987: 11 f.). In einigen Gemeinden wird der Anteil der Maisflächen auf 75 % geschätzt (Duensing 1985). Für den »Siegeszug« des Maisanbaus nennt Hoffmann folgende Gründe:

- Auf Sandböden mit rund 30 Bodenpunkten können mit dem Maisanbau Erträge erzielt werden, wie sie sonst nur auf guten Ackermarschböden mit über 80 Bodenpunkten bei Winterweizen zu erzielen sind.
- Die Ertragsfähigkeit des Maises wird auf Sandböden sonst nur durch Kartoffeln und Rüben erreicht, die nur begrenzt innerbetrieblich verwertet oder vermarktet werden können.
- Durch den geringeren Wasserbedarf - die Transpirationsrate zur Bildung eines Kilogramms Trockenmasse ist beim Mais mit 300 bis 400 Liter um 100 Liter niedriger als bei den anderen Getreidearten - wächst Mais auch auf Sandböden mit geringerer Sorptionskapazität.
- Die Anbaukosten für Mais liegen mit rund 1 000 DM/ha nicht höher als im intensiven Getreideanbau, teilweise sogar niedriger.
- Mit Gülle wächst der Mais besser als mit reiner mineralischer Düngung (vgl. Hoffmann 1984: 99 ff.).

Mais ist eine der wenigen Pflanzen, die, ohne Schaden zu nehmen, auch sehr hohe Stickstoffgaben verkraftet. Bei hohen Tierbeständen und den damit anfallenden Güllemengen tritt der Maisanbau verstärkt hervor.

Aus der Sicht der Wasserversorgung ist Mais als flachwurzelnde Pflanze allerdings eine Halbbrache; hohe Güllegaben auf sandigen Standorten mögen zwar betriebswirtschaftlich Ertragsvorteile bringen, erhöhen aber die Auswaschungsrate des mineralisierten Stickstoffs und führen zur Nitratbelastung des Grundwassers (AID 1984: 20).

Zudem kann Mais über Jahre in Monokultur angebaut werden, was aus der Sicht des Natur- und Bodenschutzes belastend für Fauna und Flora ist, insbesondere wenn es zu einem erhöhten Pestizideinsatz kommt. Ferner steigt die Gefahr der Bodenerosion, so daß insgesamt aufgrund ökologischer Kriterien die Ausbreitung der Maisanbauflächen in Monokultur abgelehnt wird.

Die für Maisanbaubetriebe zu fordernde Güllelagerkapazität liegt bei 10 bis 12 Monaten, und zwar deshalb, weil Mais sinnvoll nur einmal im Jahr mit Gülle gedüngt werden kann, es sei denn, Landwirte sind in der Lage, über Schleppschläuche auf hohen Maisbeständen ohne Ätzungsgefahr die Gülle auszubringen. Jedenfalls fordert die Kreisverwaltung von Landwirten mit hohen Tierbeständen bei vorwiegendem Maisanbau eine Lagerkapazität von zehn Monaten. Diese Forderung wird von seiten der Landwirtschaftskammer unterstützt; sie entspricht jedoch nicht dem gegebenen Lagerraum, der mit dem Zuwachs an Maisanbauflächen hätte erweitert werden müssen.

3.3.3 Grünlandumbruch

Neben der Zunahme der Maisanbaufläche sollte noch auf die Entwicklung der Relation zwischen Ackerland und Grünland im Landkreis Vechta hingewiesen werden. Die Flächennutzung zeigt in den sechziger Jahren eine fast gleichmäßige Verteilung von Grünland und Ackerland mit einem Ackerlandanteil von 51 % der landwirtschaftlichen Nutzfläche. 1983 hatte sich dieser Anteil auf über 70 % gesteigert und damit den Dauergrünlandanteil auf 28,4 % zurückgedrängt (Neander 1987: 12). Mit der Umwidmung von Grünland in Ackerland werden die im Wurzelraum gebundenen Nährstoffe gelöst, die einen Nitratstoß durch Auswaschung ins Grundwasser verursachen. Der Grünlandumbruch wird als eine der höchsten Belastungsquellen für das Grundwasser angesehen, die Umwidmung von Ackerland in Grünland als Sanierungsmaßnahme insbesondere in Wasserschutzgebieten angeraten. Dieses Faktum des Grünlandumbruchs im Kreis Vechta in einem relativ kurzen Zeitraum müßte neben der Gülledüngung als Ursache für die Nitratbelastung des Grundwassers bedacht werden.

Wie auch immer die Veränderungen der Bodennutzung und Pflanzenproduktion zustandegekommen sind und welche betriebswirtschaftlichen Erwägungen hier im Spiel gewesen sein mögen, sie erweisen sich als mögliche Gefahren für die Qualität des Grundwassers. Mit der Intensivierung der Tierhaltung, des Anfalls von Gülleüberschüssen, bezogen auf die zur Verfügung stehende Fläche, und die damit einhergehenden Änderungen der Landnutzungsformen entstehen Belastungen der Umwelt in einem mittel- und langfristig noch nicht überschaubaren Maß.

Eine Forderung nach Erhöhung des Anteils an Grünland zur Vermeidung der Nitratauswaschung - die wahrscheinlich nur mit Ausgleichszahlungen durchzuführen wäre -, wie sie bei der Dümmer-Sanierung vorgesehen ist, käme der Wiederherstellung von Flächennutzungsformen gleich, wie sie noch in den siebziger Jahren bestanden.

4. Probleme mit der Grundwasserbelastung im Landkreis Vechta

4.1 Struktur der Wasserversorgung

Die öffentliche Wasserversorgung im Landkreis Vechta erfolgt durch
1. den Oldenburgisch-Ostfriesischen Wasserverband (OOWV),
2. die Wasserwerke Vechta und Vörden sowie
3. den Wasserbeschaffungsverband Bersenbrück.

Für die Versorgung der Bevölkerung sind das Wasserwerk Vechta und der OOWV von Bedeutung. Der OOWV mit Sitz in Brake deckt abgesehen von kleinen, regional begrenzten Wasserwerken das gesamte Versorgungsnetz im Kreis Vechta, darüber hinaus aber auch einen Großteil des Weser-Ems-Landes.

Ganz anders als im Landkreis Osnabrück, wo fast jede Gemeinde ihr eigenes Wasserwerk betreibt, gibt es im Kreis Vechta nur zwei größere Wassergewinnungsanlagen. Das Wasserschutzgebiet des OOWV in Holdorf wurde erstmals im Jahre 1973 ausgewiesen. Eine weitere Schutzgebietsverordnung wurde 1976 erlassen. Eine Verordnung zur Änderung der Wasserschutzgebiets-Verordnung von 1976 ist am 1.10.1987 in Kraft getreten. Die veränderten Punkte betreffen insbesondere die Festsetzung von zeitlichen Vorgaben zur Stickstoffdüngung und zur Gülleaufbringung. Hervorzuheben ist, daß das »Aufbringen von N-haltigem Mineraldünger« auch zeitlichen Aufbringungsbeschränkungen unterworfen wird:

1. In der Zeit vom 15.10. bis 15.2. wird das Aufbringen von mineralischem Stickstoffdünger in allen drei Schutzzonen verboten.
2. In der Zeit vom 16.2. bis 14.10. ist das Aufbringen von mineralischem Stickstoffdünger außer in der Schutzzone I zugelassen.

Beim Aufbringen von Gülle, Jauche, Geflügelkot und Silagesäften gelten folgende Vorgaben:

Zeit	Schutzzone I	Schutzzone II	Schutzzone III
1.3. (bzw. 15.2. bei Dauergrünland oder Wintergetreide) bis 31.8.	v	bz	bz
1.9. bis 30.9.	v	v	bz
1.10. bis 29.2. (bzw. 14.2.)	v	v	v

v = Verbot
bz = bedingt zulässig

»Bei eingeschränkter Zulässigkeit können in der Regel bis 140 kg P und 160 kg N pro Hektar und Jahr, in Ausnahmefällen maximal bis 210 kg P und 240 kg N pro Hektar und Jahr aufgebracht werden.« (Bezirksregierung Weser-Ems, 16.6.1987)

Aufgrund von Voruntersuchungen in den sechziger Jahren zur Errichtung des Wasserwerks Holdorf wurde davon ausgegangen, daß es sich in diesem Raum um einen idealen Standort zur Wasserentnahme mit zwei Deckschichten handele. Nach Errichtung der Brunnen wurden aber ständig steigende Nitratwerte festgestellt, auch bei Brunnen mit einer Entnahmetiefe von 80 Metern (vgl. auch Förster 1982, in SRU 1985: 238).

Seit 1983/84 führt der OOWV gemeinsam mit der Landwirtschaftskammer eine Beratung von Landwirten im Wasserschutzgebiet Holdorf und eine Untersuchung des Nitrateintrags im Boden bis zu 10 Metern durch. Neue Brunnen wurden angelegt bzw. die bestehenden Entnahmebrunnen tiefer gebohrt. Sie fördern das Rohwasser aus einer Tiefe von 120 bis 130 Metern. Mit der Inbetriebnahme der neuen Brunnen im Jahre

1987 wurden fünf alte Brunnen geschlossen (Gespräch mit Meinders, November 1987).

Tabelle C 4 Nitratbelastung in den Förderbrunnen des Wasserwerks Holdorf[1]

Jahr	Nitratkonzentration (Durchschnitt) mg/l	maximale Konzentration mg/l	Brunnen-Nr.
1968	8,1	32,6	11
1978	12,6	33,7	5
1979	10,9	40,1	11
1980	16,1	63,0	6
1981	19,2	67,0	6
1982	23,9	77,7	6
1983[2]	29,6	108,8	6

1 Meßergebnisse des Oldenburgisch-Ostfriesischen Wasserverbandes
2 Daten erfassen nur einen Teil des Jahres

Quelle: Arbeitsgruppe Systemforschung der Universität Osnabrück 1985: 4

Die Stadt Vechta hat eine eigene Wasserversorgung mit insgesamt fünf Wassergewinnungsbrunnen im nördlichen Teil des Stadtgebietes; eine Ausweisung des Wasserschutzgebietes steht noch aus. Die relativ gute Qualität des Wassers ist den dichten Bodenschichten, die das Grundwasser schützen, zu verdanken. Nur ist nicht klar, wie lange diese Qualität eingehalten werden kann. Die bisherigen Meßergebnisse der Brunnen liegen recht günstig, und zwar unter 5 mg/l NO_3. Das Wasser wird aus einer Tiefe von 40 bis 50 Metern gefördert. Der Eigenbetrieb der Stadt Vechta hatte mit Stand vom 31.12.1986 4 777 Hausanschlüsse. In der Stadt Vechta besteht ein Anschluß- und Abnahmezwang, wie er sonst im Landkreis noch nicht gegeben ist.

Die Stadt Vechta konnte sich vor einigen Jahren erfolgreich gegen den OOWV durchsetzen, der auch die Wasserversorgung der Stadt Vechta und das Wassereinzugsgebiet übernehmen wollte. Bisher konnte der Wasserpreis unter 1 DM pro Kubikmeter - nach Aussage der Werkleitung - niedriger als die Abgabepreise des OOWV gehalten werden (Interview mit Muhle, Juli 1987).

Im norddeutschen Flachland, in der Gegend um Südoldenburg, im Bereich des Geest-Gürtels, der Stader Geest und der Lüneburger Heide be-

Abbildung C 6 Nitratentwicklung im Rohmischwasser beim Wasserwerk Holdorf, Messungen des OOWV

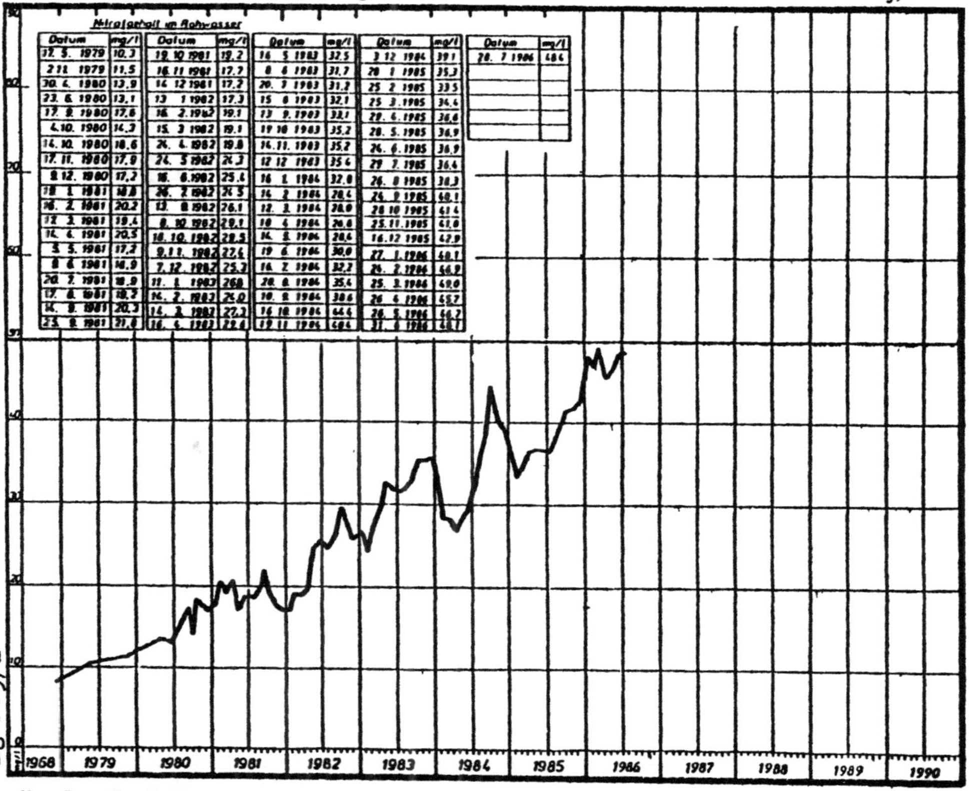

Nitratgehalt im Rohwasser

Datum	mg/l	Datum	mg/l	Datum	mg/l	Datum	mg/l	Datum	mg/l
17. 5. 1979	10.3	19. 10 1981	19.2	16 5 1983	32.5	3 12 1984	39.1	28. 7 1986	48.6
2.11. 1979	11.5	16. 11 1981	17.7	8 6 1983	31.7	28 1 1985	35.3		
30. 4. 1980	13.9	14 12 1981	17.2	20. 7 1983	31.2	25 2 1985	33.5		
23. 6. 1980	13.1	13 1 1982	17.3	15 8 1983	32.1	25 3. 1985	34.6		
17. 9. 1980	17.6	16 2. 1982	19.1	13 9. 1983	33.1	29. 4. 1985	36.8		
4.10. 1980	14.3	15. 3 1982	19.1	17 10 1983	35.2	28. 5. 1985	36.9		
14. 10. 1980	18.6	26. 4. 1982	19.8	14. 11. 1983	35.2	26. 6. 1985	36.9		
17. 11. 1980	17.9	24. 5 1982	24.3	12 12 1983	35.6	29 7. 1985	36.4		
8. 12. 1980	17.2	16. 6. 1982	25.4	16 1. 1984	32.0	26. 8 1985	38.3		
19 1 1981	18.8	26. 7 1982	24.5	14 2 1984	28.4	24. 9 1985	40.1		
16. 2. 1981	20.2	13. 8 1982	26.1	12. 3. 1984	28.0	28 10 1985	41.4		
12 3. 1981	19.4	8. 10 1982	29.1	10 4 1984	26.6	25. 11. 1985	41.0		
14. 4. 1981	20.5	18. 10. 1982	28.5	14. 5. 1984	28.4	16. 12 1985	42.9		
5. 5. 1981	17.2	9. 11. 1982	27.6	19 6. 1984	30.0	27. 1. 1986	40.1		
8. 6. 1981	14.9	7. 12. 1982	25.3	16. 7. 1984	32.2	24. 2. 1986	44.9		
20. 7. 1981	18.9	11. 1. 1983	26.8	20. 8. 1984	35.4	25. 3. 1986	49.0		
17. 8. 1981	18.7	14. 2. 1983	24.0	10. 9. 1984	38.6	26 4. 1986	45.7		
14. 9. 1981	20.3	14. 3. 1983	27.3	16 10 1984	44.4	26. 5. 1986	46.7		
23. 9. 1981	21.8	16. 4. 1983	22.4	19 11 1984	40.4	31. 6 1986	48.7		

Quelle: Landkreis Vechta 1987a: 23

finden sich große Grundwasservorkommen, die von überregionaler Bedeutung sind. Da der Grundwasser-Flurabstand teilweise sehr gering ist, wird die Entnahme von Wasser aus geringen Tiefen durch Privatbrunnenbesitzer möglich.

Zur Struktur der Wasserversorgung ist zu beachten, daß gerade im Landkreis Vechta ein im Vergleich zu Land und Bund sehr hoher Anteil an Eigenversorgungsanlagen besteht. 41 % der Haushalte, das betrifft 40 000 Einwohner, beziehen ihr Wasser aus eigenen Haus- oder Gemeinschaftsbrunnen. Dies wurde als Ergebnis einer Untersuchung des Landkreises aus dem Jahre 1983 festgestellt. Im Landesdurchschnitt liegt dieser Wert bei 4 % und im Bezirk Weser-Ems bei 5,4 %.

Nach dem Stand vom 1.10.1983 ergibt sich folgendes Bild für die öffentliche und private Wasserversorgung:

Einwohner (31.12.1983)	100 022	
Anzahl der Haushalte/Hausanschlüsse	23 421	
davon Anschlüsse an die öffentliche Wasserversorgung	13 870	= 59,2 %
Anschluß an Gruppenversorgungsanlagen	1 295	= 5,5 %
Anzahl der Trinkwasser-Einzelbrunnen	8 256	= 35,3 %

Auffallend gering sind die Anschlüsse an die öffentliche Wasserversorgung in:

Visbek 22 %

Bakum 34 %

Steinfeld 35 %

Als Gemeinden mit einer hohen Anschlußdichte gelten Vechta (82 %) und Dinklage (87 %).

Zu der relativ geringen Anschlußdichte an die öffentliche Wasserversorgung schreibt der Kreis:

> »Die geringe Zahl der Anschlüsse ist teilweise darauf zurückzuführen, daß die Bürger ihr Wasser aus Einzelbrunnenanlagen entnehmen, obwohl die Wasserversorgungsleitungen an ihrem Grundstück oder in unmittelbarer Nähe vorbeiführen.« (Bericht über die Trinkwasserversorgung und Grundwassersituation im Landkreis Vechta, Kreisverwaltung Vechta o. J.)

4.2 Untersuchung der Einzelwasser-Versorgungsanlagen

Von November 1982 bis August 1983 wurde allen Privatbrunneninhabern eine unentgeltliche Untersuchung ihres Trinkwassers auf Nitratgehalte angeboten.

> »Mit dieser flächendeckenden Untersuchung sollte überschlägig festgestellt werden, ob und in welchem Umfang das Trinkwasser tatsächlich nitratbelastet ist. Die Untersuchung durch den Landkreis wurde bewußt auf 'Nitrat' begrenzt und stellt insofern keine amtliche Untersuchung im Sinne der Trinkwasserverordnung dar.« (Bericht über die Trinkwasserversorgung und Grundwassersituation im Landkreis Vechta, Kreisverwaltung Vechta o.J.)

Insgesamt wurden rund 10 000 Wasserproben mit einfachen Untersuchungsgeräten analysiert. Die Ergebnisse sind Tabelle C 5 zu entnehmen. Bei dieser Aktion konnte ein hoher Anteil von Einzelversorgungsanlagen erfaßt werden. Von den 8 256 Einzelbrunnen sind 6 981 Brunnen (85 %) untersucht worden. Der damalige Grenzwert von 90 mg/l NO_3 wurde in 3 415 Fällen (49 %) überschritten und in 51 % der Fälle unterschritten. Nach dem zur Zeit gültigen Höchstwert von 50 mg/l NO_3 konnte dieser Wert nur in 2 260 Fällen (32 %) unterschritten werden, was soviel bedeutet, daß fast 70 % den Höchstwert der TVO nicht einhalten.

> »Aus den Einzelergebnissen ist abzuleiten, daß das Grundwasser überwiegend in den geringeren Tiefen, aber auch bereits in Brunnentiefen zwischen 20 und 30 Metern, mit Nitrat belastet ist.« (ebenda)

In den einzelnen Gemeinden ist es zu unterschiedlichen Ergebnissen gekommen, wobei nur in den Gemeinde Dinklage und Goldenstädt bei tieferen Brunnen wegen schützender Deckschichten ausschließlich nitratarmes Wasser vorgefunden wurde. Hoch belastet hingegen war das Trinkwasser in Bakum, wo nur zu 16 %, in Neuenkirchen zu 20 % und in Lohne, Steinfeld und Visbek zu 23 % ein Höchstwert von 50 mg/l NO_3 unterschritten wurde. Wohngebiete wie Holdorf-Bahnhof, Holdorf-Am, Ölberg, Halter, Hogenbögen und Südvelde wiesen fast ausschließlich Nitratgehalte um 150 mg/l NO_3 aus.

Nach dieser Untersuchung, die einen Überblick über die Anzahl der Einzelbrunnen und über die Nitratgehalte verschaffte, wurden die Inhaber von Brunnenanlagen, bei denen überhöhte Nitratwerte festgestellt wurden, dazu aufgefordert, ein amtliches Untersuchungsergebnis vorzulegen.

Tabelle C 5 Trinkwasseruntersuchungen (Stand 1.10.1983)

	Bakum	Damme	Dinklage	Goldenstedt	Holdorf	Lohne	Neuenkirchen	Steinfeld	Vechta	Visbek	Landkreis
Einwohner per 31.12.1982	4 472	13 037	8 744	6 588	4 901	18 852	5 891	6 313	23 395	7 789	100 022
Haushaltsanschlüsse insgesamt	1 138	2 989	2 273	1 799	1 284	4 504	1 486	1 405	4 697	1 846	23 421
Öffentl. Trinkwasserversorgung											
Anschlüsse	388	1 337	1 966	815	607	3 006	960	516	3 861	414	13 870
v. H.	34,1	44,7	86,5	45,3	47,3	56,7	64,6	36,7	82,2	22,4	59,2
Gruppenversorgungen											
Anschlüsse	17	620	-	-	224	206	33	157	-	38	1 295
v. H.	1,5	20,7	-	-	17,4	4,6	2,8	11,2	-	2,1	5,5
Einzelbrunnen											
Anzahl	733	1 032	307	984	453	1 292	493	732	836	1 394	8 256
v. H.	64,4	34,5	13,5	54,7	35,3	28,7	33,2	52,1	17,8	75,5	35,3
Unters. Einzelbrunnen											
Anzahl	555	841	167	896	404	1 171	477	588	736	1 142	6 981
v. H.	76,26	81,49	54,40	91,06	89,18	90,63	96,75	80,33	88,04	81,92	84,56
Personen	2 426	4 030	769	3 677	1 881	4 773	1 947	2 701	3 068	4 584	29 856
bis 50 mg/l	89	260	130	560	139	266	99	131	320	266	2 260
v. H.	15,92	30,91	77,84	62,50	34,40	22,71	20,75	22,27	43,47	23,92	32,37
bis 90 mg/l	202	420	141	682	204	496	224	233	442	522	3 566
v. H.	36,14	49,94	84,43	76,12	50,49	42,36	46,96	39,62	60,06	45,71	51,08
über 90 mg/l	357	421	26	214	200	675	253	355	294	620	3 415
v. H.	63,86	50,06	15,57	23,88	49,51	57,64	53,04	60,37	39,94	54,29	48,92

0 - 20 mg/l											
Anzahl	45	166	121	486	101	161	49	85	219	152	1 585
v. H.	8,05	19,73	72,45	54,24	25,00	13,75	10,27	14,46	29,76	13,31	22,70
21 - 50 mg/l											
Anzahl	44	94	3	74	38	105	50	46	101	114	675
v. H.	7,87	11,17	5,39	8,26	9,40	8,97	10,48	7,82	13,72	9,98	9,67
51 - 90 mg/l											
Anzahl	113	160	11	122	65	230	125	102	122	256	1 306
v. H.	20,22	19,02	6,59	13,62	16,09	19,64	26,21	17,35	16,58	22,42	18,70
91 - 150 mg/l											
Anzahl	270	263	20	178	121	519	194	260	240	441	2 506
v. H.	48,30	31,27	11,98	19,86	29,95	44,32	40,67	44,22	32,61	38,62	35,90
151 - 200 mg/l											
Anzahl	43	75	4	19	38	100	31	60	35	83	488
v. H.	7,69	8,91	2,39	2,12	9,41	8,54	6,50	10,20	4,75	7,27	6,99
201 - 300 mg/l											
Anzahl s	40	76	2	16	36	52	23	33	17	89	384
v. H.	7,16	9,04	1,20	1,79	8,91	4,44	4,82	5,61	2,31	7,79	5,50
über 300 mg/l											
Anzahl	4	7	-	1	5	4	5	2	2	7	37
v. H.	0,71	0,83	-	0,11	1,24	0,34	1,05	0,34	0,27	0,61	0,53

Quelle: Landkreis Vechta 1987a: 38

Inhaber von Brunnenanlagen, die keine Wasserproben abgegeben hatten, wurden unter Androhung eines Ordnungswidrigkeitsverfahrens auf ihre Pflichten gemäß § 11 Abs. 2 des Bundes-Seuchengesetzes in Verbindung mit § 8 Abs. 1 der Trinkwasserverordnung hingewiesen. Insgesamt wurden etwa 12 500 Benachrichtigungen verschickt (ebenda).

Die Untersuchung der Einzelversorgungsanlagen sind noch nicht abgeschlossen. Zwei Mitarbeiter des Gesundheitsamtes sind mit der Probenahme beauftragt, die sie an das Landes-Hygiene-Institut nach Oldenburg schicken.

»Die Kosten dieser Wasseruntersuchung hat nach § 11 Abs. 3 des Bundes-Seuchengesetzes der Unternehmer oder sonstige Inhaber der Wasserversorgungsanlage zu tragen. Die Kosten für die Untersuchung des Wassers durch das Landes-Hygiene-Institut Oldenburg betragen 40 DM zuzüglich der Fahrtkosten für die Probeentnahme durch die Sachbearbeiter des Gesundheitsamtes.« (Rundschreiben der Kreisverwaltung Vechta: Hinweise zur Trinkwasseruntersuchung, 1987)

Nach Auskunft der Mitarbeiter der Kreisverwaltung (Abteilung Gesundheit) verlief die Entnahme von Wasserproben nicht immer reibungslos; es bedurfte dann einer Verfügung des Landkreises, um sich Zugang zu den Entnahmestellen zu verschaffen (Gespräch mit Aumann und Feige, November 1987). In einigen Gemeinden sind Untersuchungen des Trinkwassers bei Anlagen, die 1983 über 50 mg/l NO_3 lagen, bereits abgeschlossen (ebenda), doch Angaben dieser Analysen standen bei der Kreisverwaltung noch nicht zur Verfügung (Anfrage bei der Kreisverwaltung, Juli und November 1987). Es war damit zu rechnen, daß so bald keine amtlichen Ergebnisse zur Situation des Grund- und Trinkwassers der Einzelversorgungsanlagen vorliegen würden: zum einen, weil die Untersuchungen langwierig waren, bis die beiden Mitarbeiter des Gesundheitsamtes, die sich nur einen Tag in der Woche den Brunnenentnahmen widmeten, das Trinkwasser bei allen Privatbrunnen, auch bei denen, die 1983 unter 50 mg/l NO_3 lagen, entnommen hatten; zum anderen, da die bereits vorhandenen Ergebnisse EDV-mäßig erfaßt werden sollten, was noch nicht erfolgt war. Auf alle Fälle wurde eine geplante Dissertation zu diesem Themenbereich an der Abteilung Vechta der Universität Osnabrück mit der Begründung aufgegeben, daß der Zugang zu den erforderlichen Daten sich als zu schwierig erweise (Gespräch mit Mitarbeitern von Prof. Windhorst, Juli 1987).

4.3 Maßnahmen zur Sanierung

Brunnenbesitzern, bei denen die amtlichen Untersuchungsergebnisse den in der Trinkwasserverordnung vorgeschriebenen Höchstwert überschritten, wurde ein Schreiben des Landkreises Vechta mit folgendem Inhalt zugesandt:

> »Ihnen wird hiermit ab sofort untersagt, Trinkwasser aus Ihrer Eigenversorgungsanlage zu entnehmen, dieses als Trinkwasser zu verwenden oder anderen zur Verfügung zu stellen.
>
> Für jeden Fall der Zuwiderhandlung gegen diese Verfügung wird gegen Sie ein Zwangsgeld in Höhe von 300,-- DM festgesetzt werden.« (Landkreis Vechta: Untersagung der Trinkwasserentnahme aus Ihrer Versorgungsanlage)

Mit diesem Schreiben wurden folgende Maßnahmen empfohlen:

1. Brunnen tiefer bohren
2. Brunnen an anderer Stelle neu anlegen
3. Anschluß an die öffentliche Wasserversorgung.

Der Anschluß an die öffentliche Wasserversorgung wurde dringend empfohlen, »da nur so langfristig die Verwendung von den gesetzlichen Bestimmungen entsprechendem Trinkwasser gewährleistet ist« (ebenda).

Von der Kreisverwaltung wurde mir mitgeteilt, daß es insgesamt in 300 Fällen zur Schließung der Brunnen gekommen ist (Gespräch mit Thomann, November 1987). Die Kreisverwaltung hat den Gemeinden zu einem Anschluß- und Benutzungszwang geraten und ihnen einen Satzungsentwurf vorgelegt, dem die Gemeinden allerdings bisher noch nicht nachgekommen sind. Die vorgeschlagenen Sanierungskonzepte sind jeweils mit hohen Kosten für die Betroffenen verbunden; daher ist es auch verständlich, wenn die Betroffenen selbst kein besonders großes Interesse an der Untersuchung ihres Trinkwassers zeigen.

Da im Kreis Vechta ein großer Anteil der Bevölkerung das Trinkwasser über Einzelversorgungsanlagen bezieht, stellt die Grundwasserbelastung mit Nitrat einen hohen Handlungsdruck dar. Auch wenn Maßnahmen zur Regulierung der Düngung im Bereich der Landwirtschaft bzw. der Aufbringung der Gülle durchgeführt würden, könnten die bestehenden Belastungen des Grundwassers kaum in einem kurzen Zeitraum rückgängig gemacht werden. Das Dilemma der Grundwasserbelastung mit Nitrat und der intensiven Landwirtschaft zeigt sich im Landkreis Vechta in einer krassen Form (vgl. auch Kapitel 7: Die Nitrat- und Güllediskussion).

5. Der Gülleerlaß

5.1 Das Abfallgesetz

Das Abfallgesetz ermöglicht im § 15, das Aufbringen von Gülle, Jauche und Stallmist einzuschränken, sofern das »übliche Maß der landwirtschaftlichen Düngung« überschritten wird. Das bedeutet, daß das Abfallrecht nur im Fall einer Überdüngung bzw. bei Vorliegen eines abfallrechtlichen Tatbestands greifen kann. Zum Schutz des Grundwassers vor Nitrateintrag aufgrund des Einsatzes von Stickstoffdüngern in der Landwirtschaft kann das Abfallrecht (AbfG) nur eine begrenzte Wirksamkeit haben. Eine generelle gesetzliche Grundlage zur Regulierung des Düngemitteleinsatzes besteht nicht (vgl. Gitschel 1985). Auch mit der 5. Novelle des Wasserhaushaltsgesetzes (WHG) bleibt der Bereich »ordnungsgemäßer landwirtschaftlicher Düngung« unantastbar.

Bei der Anwendung des Abfallrechts zur Regulierung der Güllewirtschaft sind somit rein rechtlich folgende Einschränkungen zu beachten:

1. Nicht die Stickstoffdüngung, sondern nur die Aufbringung von Wirtschaftsdünger kann vom § 15 AbfG erfaßt werden.
2. Gülle kann wiederum einschränkend nur insofern reguliert werden, als es sich dabei auch um einen abfallrechtlichen Tatbestand handelt.

Den Ländern (Bundesrat, entsprechend einer Empfehlung des Innen- und des Agrarausschusses) war es 1971 gelungen, den Entwurf des Abfallbeseitigungsgesetzes der Bundesregierung dahingehend zu verändern, daß eine Differenzierung zwischen Klärschlamm und dem Aufbringen von Gülle, Jauche und Stallmist im § 15 AbfG mit einer Klausel wie »das übliche Maß der landwirtschaftlichen Düngung« vorgenommen wurde (Peinemann 1975: 277).

Der Gülleerlaß in Niedersachsen basiert auf § 15 Abs. 5 AbfG.

> Die zuständige Behörde kann im Einzelfall das Aufbringen von Abwasser, Klärschlamm, Fäkalien oder ähnlichen Stoffen auf landwirtschaftlich, forstwirtschaftlich oder gärtnerisch genutzte Böden und die Abgabe zu diesem Zweck verbieten oder beschränken, sofern durch die aufzubringenden Stoffe oder durch Schadstoffkonzentrationen im Boden eine Beeinträchtigung des Wohls der Allgemeinheit zu befürchten ist. Entsprechendes gilt für das Aufbringen von Jauche, Gülle oder Stallmist, wenn das *übliche Maß der landwirtschaftlichen Düngung* überschritten wird und *dadurch insbesondere eine schädliche Beeinträchtigung von Gewässern zu befürchten* ist. (Hervorhebung P T-K)

Die vorgenommene Einschränkung beim Aufbringen von Gülle dokumentiert die Sonderstellung der Landwirtschaft im Rahmen des Abfallrechts. Über eine Definition des »üblichen Maßes der landwirtschaftlichen Düngung« wurde bereits Mitte der siebziger Jahre bei den Entwürfen einer bundeseinheitlichen »Überdüngungsverordnung« gestritten. Der letzte Entwurf des BMI aus dem Jahre 1979 scheiterte an der Zustimmung der Länder.

5.2 Gülleerlaß in Niedersachsen

Mit der 2. Novelle des Abfallgesetzes im Jahre 1982 wurden die Länder ermächtigt, Regulierungen im Rahmen des § 15 AbfG vorzunehmen.

> Die Landesregierungen können Rechtsverordnungen nach Absatz 2 über die Abgabe und das Aufbringen von Jauche, Gülle oder Stallmist erlassen, sofern der Bundesminister des Innern von der Ermächtigung keinen Gebrauch macht; sie können die Ermächtigung durch Rechtsverordnung ganz oder teilweise auf andere Behörden übertragen (§ 15 Abs. 3 AbfG, 2. Novelle).

Am 13.4.1983 hat das Niedersächsische Landwirtschaftsministerium einen Runderlaß zum Vollzug des § 15 Abs. 5 AbfG als Maßnahme gegen die Überdüngung mit Gülle und Geflügelkot, im folgenden als Gülleerlaß bezeichnet, herausgebracht.

Bereits im Juni 1982 hatten der umweltpolitische Sprecher der SPD-Fraktion, Uwe Bartels (Vechta), und der SPD-Abgeordnete und frühere Landwirtschaftsminister Bruns vom Landwirtschaftsminister Glup eine Auskunft verlangt, wann mit dem Erlaß einer Rechtsverordnung zur Begrenzung der Überdüngung landwirtschaftlicher Flächen mit Gülle und Geflügelkot zu rechnen sei. Der Presse war zu entnehmen, daß das Landwirtschaftsministerium an einer Regelung arbeite.

> »Die Regelung soll in Form eines Erlasses den nachgeordneten Behörden Handreichungen für den Verwaltungsvollzug geben. Sie wird in erster Linie für die Gebiete des Landes mit intensiver Viehhaltung und Güllewirtschaft von Bedeutung sein.« (OV, 12. Juli 1982)

Der Forderung nach einer Gülleverordnung ist der Minister mit einem Gülleerlaß nachgekommen. In einer Pressemitteilung des niedersächsischen Ministers für Ernährung, Landwirtschaft und Forsten vom 4. Mai 1983 heißt es:

»Minister Glup sieht zwei wesentliche Wirkungen des Erlasses. Erstens werden seine Regelungen unmittelbar dem Gewässerschutz in Niedersachsen, insbesondere dem Schutz des Grundwassers, zugutekommen. Durch überhöhten Einsatz von Gülle und Geflügelkot, zumal in der vegetationsarmen Zeit, wird ein erhöhter Eintrag von Nitrat in das Grundwasser bewirkt. Erhöhte Nitratgehalte des Grundwassers gefährden jedoch die Trinkwasserversorgung, die in Niedersachsen zu rund 86 % aus dem Grundwasser erfolgt ... Zweitens wird sich der Erlaß unmittelbar auch positiv auf die Betriebskosten landwirtschaftlicher Betriebe auswirken. Bei Zugrundelegung der neuen Regelung kann nach Auffassung von Minister Glup in den betroffenen Betrieben und Gebieten eine beachtliche Menge Handelsdünger eingespart werden.«

Der Erlaß beinhaltet mengenmäßige und zeitliche Einschränkungen der Aufbringung von Gülle auf landwirtschaftliche Flächen. Die festgesetzten Normen entsprechen in etwa den Angaben im letzten Entwurf des BMI zu einer Überdüngungsverordnung aus dem Jahre 1979.

Mengenbegrenzung

Als Höchstwert für das übliche Maß der landwirtschaftlichen Düngung ist von einer Düngergabe von 3 Dungeinheiten je Hektar und Jahr auszugehen. Eine Dungeinheit beinhaltet 80 Kilogramm Stickstoff bzw. 70 Kilogramm Phosphat. Das übliche Maß hängt - ebenso wie eine mögliche Gefährdung von Gewässern - von zahlreichen Faktoren ab, insbesondere von der Bodenart, dem Bodentyp, der Bodenstruktur, dem Humusgehalt, dem C:N-Verhältnis, der Witterung, der Fruchtfolge, dem Nährstoffbedarf der Pflanzen und der mineralischen Nährstoffzufuhr. Je nach örtlichen Verhältnissen sind Reduzierungen vom Höchstwert vorzunehmen. Dies gilt insbesondere für leichtere Böden sowie grundwassernahe Standorte. Bereits vorhandene Grundwasserbelastungen sind zu berücksichtigen (vgl. Gülleerlaß Punkt 4 und 5).

Zeitliche Aufbringungsgrenzen

Gülle und Geflügelkot dürfen in der Zeit der überwiegenden Grundwasserneubildung, etwa ab Ende Oktober bis Ende Februar, nicht ausgebracht werden (Gülleerlaß Punkt 6).

Zwar hat Niedersachsen als erstes Bundesland eine Konkretisierung des § 15 AbfG vorgenommen, sich jedoch nicht für eine Verordnung, sondern für einen Erlaß entschieden. Das Land Nordrhein-Westfalen hat ein Jahr später, am 13. März 1984, mit einer Gülleverordnung rechtsverbindliche Normen für landwirtschaftliche Betriebe formuliert. Eine Gülleverordnung in Niedersachsen trat erst Ende 1990 in Kraft.

5.3 Verordnung und Erlaß

In Nordrhein-Westfalen wurden durch die Gülleverordnung Handlungsnormen festgelegt, die für jeden Tierhaltungsbetrieb unabhängig von der Anzahl der Tiere verbindlich sind. Das Abweichen von diesen Normen bedeutet eine Rechtsverletzung (vgl. Teherani-Krönner 1987).

Der Gülleerlaß in Niedersachsen hingegen, der an die zuständigen Behörden ergangen ist, stellt lediglich eine Anwendungs- und Auslegungsregel für die vollziehenden Behörden dar; sie hat keinen unmittelbar bindenden Charakter für den einzelnen Landwirt. Normadressat der Gülleverordnung ist in erster Linie der einzelne Landwirtschafts- bzw. Tierhaltungsbetrieb, im Fall des Gülleerlasses aber die für das Abfallgesetz zuständige kommunale Vollzugsbehörde.

> »Die zuständigen Behörden taten sich bei der Anwendung des Erlasses ... schwer. Der Erlaß gibt lediglich den Behörden Hinweise für die Ausfertigung von Verwaltungsakten, mit denen praktisch erst im Nachherein im Einzelfall eine *weitere* Gülleaufbringung untersagt oder beschränkt werden kann.« (Eisenbart 1988: 91)

Der Gülleerlaß als Handlungsanleitung für die Verwaltung hat somit keine präventive Wirkung. Die Umsetzung der im Erlaß bestimmten zeitlichen und mengenmäßigen Vorschriften beim Aufbringen der Gülle auf landwirtschaftliche Flächen ist mit einem erheblichen Aufwand verbunden. Die Vorgaben müssen (müßten) gegenüber jedem einzelnen Betrieb konkretisiert werden. Die Rechtmäßigkeit von »Verbots- oder Gebotsmaßnahmen ist nach § 15 Abs. 5 AbfG zusätzlich davon abhängig, daß dadurch insbesondere eine schädliche Beeinflussung von Gewässern zu besorgen ist« (MU 1987a).

Rechtlich gesehen können zwischen Gülleverordnung und Gülleerlaß einige grundsätzliche Unterschiede hervorgehoben werden (vgl. Teherani-Krönner 1987: 27 f.).

Die Gülleverordnung

(a) ist aufgrund ihrer Allgemeingültigkeit politisch brisant und schwieriger zu erlassen;
(b) beinhaltet rechtsverbindliche Normen für den Landwirt;
(c) Verstöße können mit einer Geldbuße bis zu 100 000 DM geahndet werden;
(d) alle Kreise und Gemeinden werden in gleicher Weise erfaßt;
(e) regionale sowie betriebswirtschaftliche Besonderheiten können durch Ausnahmeregelungen berücksichtigt werden;
(f) der verwaltungstechnische Aufwand konzentriert sich auf Ausnahmegenehmigungen einzelbetrieblicher Art oder kann per Allgemeinverfügung ergehen;
(g) Ausnahmen können gegenüber den Landwirten als Entgegenkommen angesehen werden und zur Akzeptanz einer Gülleverordnung unter den Normadressaten beitragen.

Der Gülleerlaß

(a) beinhaltet Handlungsanleitungen für die Vollzugsbehörden;
(b) hat zunächst keinen verbindlichen Charakter für das Handeln des Landwirts;
(c) im Rahmen von Einzelverfügungen können Zwangsgelder angedroht werden;
(d) für besonders belastete Kreise und Gemeinden können Maßnahmen gezielt eingesetzt werden;
(e) regionale sowie betriebswirtschaftliche Besonderheiten können bei der Formulierung von Einzelverfügungen berücksichtigt werden;

(f) einzelbetrieblich festzusetzende Regeln lassen sich nicht mit dem Hinweis auf allgemeinverbindliche Normen legitimieren;

(g) gegen Einzelverfügungen können Landwirte Widerspruch einlegen; die Möglichkeiten, gegen Beschränkungen gerichtlich vorzugehen, setzt die Verwaltung unter Beweislast für jeden einzelnen Fall, was bei Grundwasserbelastungen entweder nur mit erheblichem Aufwand oder kaum durchsetzbar erscheint;

(h) die Formulierung von Verfügungen gegenüber einzelnen Betrieben kann als ungerechte Auflage empfunden werden und zu einer Flut von Prozessen führen.

Sowohl diese Gegenüberstellung als auch die Pro- und Contra-Argumente bezüglich einer Gülleverordnung oder eines Gülleerlasses des Umweltministeriums in Niedersachsen im Jahre 1987 mögen zwar die juristischen Unterschiede verdeutlichen, in der Verwaltungspraxis vor Ort und aus den Erfahrungen einiger Kreise (sowohl in Niedersachsen als auch in Nordrhein-Westfalen) kann eine solche stringente Handhabung nicht nachgezeichnet werden. Als Beispiel mag die Erteilung von »Ausnahmen« dienen, die nur im Rahmen einer Gülleverordnung (vgl. e, f und g) möglich sind, die aber den Umgang mit dem Gülleerlaß auf der Ebene der Kreise, insbesondere was die zeitliche Aufbringungsbegrenzung betrifft, geprägt haben. Zum Teil wurde das Verfahren mit »Sondergenehmigung« oder »Beschränkungsverfügung« bezeichnet, um einerseits der juristischen Form zu genügen und andererseits die Umsetzung eines »vagen Erlasses« den Erfordernissen vor Ort anzupassen. Hierauf wird im folgenden noch näher einzugehen sein.

Weniger aus Unkenntnis des rechtlichen Rahmens als vielmehr aufgrund des Problemdrucks vor Ort und nicht zuletzt, um den verwaltungstechnischen Aufwand in einem überschaubaren Rahmen zu halten, ist die zuständige Behörde erst bei Vorlage von Anträgen der Landwirte tätig geworden. Das niedersächsische Umweltministerium, das seit seiner Errichtung (1986) für Fragen des Wasser- und Abfallrechts zuständig ist, hat sich mit einem Schreiben vom März 1987 an die Bezirksregierungen gewandt und die Handhabung des Gülleerlasses auf der Ebene der Kreisverwaltungen gerügt. Darin wird betont, daß der Erlaß vom 13.4.1983 und die Erläuterungen vom 7.10.1985 sich nicht an Landwirte richten. Die festgestellte Praxis von Abfallbehörden, auf Verfügungen nach § 15 Abs. 5

AbfG zu verzichten und auf Antrag Ausnahmen von den zeitlichen Aufbringungsbegrenzungen zuzulassen, sei unzulässig (MU, 13.3.1987).

5.4 Verlagerung der Probleme auf die kommunale Ebene

Mit der Herausgabe eines Erlasses hat das ehemalige Landwirtschaftsministerium in Hannover eine halbherzige Entscheidung getroffen und die Lösung der Probleme bzw. die Konflikte auf die kommunale Ebene verschoben. Das Tauziehen zwischen wasserwirtschaftlichen und landwirtschaftlichen Interessen, wie es im Fall der Gülleverordnung in Nordrhein-Westfalen auf der Ebene der Landesregierung in der Phase der Programmformulierung und bei der Festlegung von Normen zu beobachten war (vgl. Teherani-Krönner 1985), verlagert sich in Niedersachsen auf die Ebene der Landkreise. Der Erlaß muß im politischen Kräfteverhältnis vor Ort konkretisiert und in belasteten Regionen mit hohem Aufwand umgesetzt werden. Der Gülleerlaß bietet der Abfallbehörde einen relativ großen Handlungsspielraum. Auflagen können den regionalen Gegebenheiten und der Situation des einzelnen Betriebs angepaßt formuliert werden. Da die gesetzliche Grundlage (§ 15 Abs. 5 AbfG) für Einzelfallregelungen rechtlich anfechtbare, schwierige Rahmenbedingungen setzt und das schwache Vollzugsinstrumentarium (Gülleerlaß) wenig Rückendeckung bietet, muß die untere Abfallbehörde gegenüber der Landwirtschaft sehr behutsam vorgehen. Sie ist weitgehend auf »den guten Willen« der Landwirte und ihrer Organisationen angewiesen.

Ein Landwirt beim Überdüngen - Gülleausbringen auf schneebedeckten Böden im Dezember - auf frischer Tat ertappt, wird zunächst, sofern nicht andere Gesetzesverstöße vorliegen, mit einer Einzelverfügung und einer Zwangsgeldandrohung im Fall weiterer Zuwiderhandlungen davonkommen.

> »Das war bei der Herausgabe des Erlasses im April 1983 allen Beteiligten klar und wurde wegen der durch den Erlaß geschaffenen neuen Situation bewußt in Kauf genommen. Immerhin war der niedersächsische Gülleerlaß die erste konkretisierende Regelung auf diesem Gebiet in der Bundesrepublik Deutschland.« (MU 1987a)

Der Gülleerlaß hat insbesondere im Weser-Ems-Gebiet und in Kreisen mit hohen Tierbeständen zu einer Welle von Protesten der Landwirte und ihrer Organisationen geführt. In Anbetracht des rechtlich schwachen Vollzugsinstrumentariums ist der Aufstand gegen den Gülleerlaß kaum verständlich. Mengenbegrenzungen können kaum kontrolliert werden, und Verstöße gegen zeitliche Aufbringungsbegrenzungen sind nur schwer zu ahnden. Dennoch beinhaltet die Regelung der Aufbringung von Gülle ein Novum im Bereich der Düngemittelapplikation. Sie ist - unabhängig von ihrer rechtlichen bzw. juristischen Wirksamkeit - aus der Sicht der Landwirtschaft als Einschränkung ihrer bisherigen Handlungsfreiheit und Dispositionssphäre aufgenommen worden und somit auf massive Kritik gestoßen.

Zunächst gab es Verwirrungen und Unsicherheit sowohl unter den Landwirten als auch bei der Verwaltung. Zum Teil wurde der Erlaß wohl ernster genommen, als er gemeint war. Im Oktober 1983 und 1985 wurden Ausführungserlasse zum Gülleerlaß an die Kreisverwaltungen weitergeleitet, wobei eine flexible Handhabung des Erlasses, insbesondere wenn die erforderliche Speicherkapazität zur Lagerung der Gülle nicht gegeben war, empfohlen wurde. Die Lagerkapazität sollte in einem Zeitraum von drei Jahren geschaffen werden; hierzu wurden bis 1986 Zuschüsse in Höhe von 20 % der nachgewiesenen Kosten beim Bau von Güllebehältern von seiten der Landesregierung zur Verfügung gestellt. In den Ausführungsvorschriften wurden die gestaffelten zeitlichen Aufbringungsbegrenzungen der Gülleverordnung von Nordrhein-Westfalen zum Vorbild genommen. Die Ausbringungssperre in den Wintermonaten auf Grünland und bei der Aussaat von winterhartem Getreide sollte verkürzt werden.

Im folgenden soll die Vorgehensweise der zuständigen Abfallbehörde im Landkreis Vechta genauer betrachtet und kurz auf die Vollzugspraxis der Nachbarkreise verwiesen werden. Dabei ist zu fragen, ob das allgemein konstatierte »Vollzugsdefizit« im Bereich von Umweltschutzregelungen auch für den Fall der Umsetzung des Gülleerlasses vorliegt oder ob in einigen Kreisen bei der Gülleregelung ein »Vollzugsvorsprung« zu beobachten ist.

Es gibt Anzeichen dafür, daß zum Beispiel die Landkreise Diepholz und Osnabrück sich zeitweilig in der Regulierung der Güllewirtschaft weiter vorgewagt haben, als dies im Rahmen des Gülleerlasses vorgesehen war.

6. Umsetzung des Gülleerlasses

6.1 Absprachen und unterschiedliche Vorgehensweisen der Kreisverwaltungen

Zur Koordinierung und Konkretisierung der vagen Formulierung von zeitlichen Aufbringungsbegrenzungen »etwa Ende Oktober bis Ende Februar« des Gülleerlasses gab es Gesprächsrunden unter den Landkreisen im Weser-Ems-Gebiet und mit dem Landkreis Diepholz. Es sollte geklärt werden, wie im jeweiligen Jahr seit der Herausgabe des Gülleerlasses zu verfahren sei. In der Terminierung der Aufbringungsbeschränkungen gab es Übereinstimmung. Das Datum der letzten erlaubten und der ersten wieder zulässigen Gülleaufbringung wurde abgesprochen; die Ausbringungszeiten waren für Landwirte in den Nachbarkreisen gleich.

Es bestanden aber auch unterschiedliche Auffassungen unter den Kreisen bezüglich der grundsätzlichen Handhabung des Gülleerlasses. Die Kreisverwaltungen in Osnabrück und Diepholz versuchten, eine Gülleregulierung nicht nur auf der Grundlage des Gülleerlasses und des Abfallrechts durchzusetzen, sondern sich bei ihren Verfügungen auf das Niedersächsische Wassergesetz (NWG) bzw. das Wasserhaushaltsgesetz (WHG) zu stützen, um ihren Auflagen gegenüber den Landwirten Nachdruck zu verleihen. Hier mag der Landkreis Diepholz mit seiner Allgemeinverfügung vom 3.7.1984 wohl am weitesten gegangen sein, in dem er sich »an alle Personen, die auf landwirtschaftliche, forstwirtschaftliche oder gärtnerisch genutzte Böden im Landkreis Diepholz Gülle, Jauche oder Geflügelkot aufbringen, aufbringen lassen oder zu diesem Zwecke abgeben«, gewandt hat und sich dabei auf das Wasser- und Abfallgesetz berief. Dagegen reichte ein Landwirt Einspruch bei der Bezirksregierung Hannover ein. Dem Widerspruch wurde stattgegeben, und im Oktober 1985 mußte der Landkreis Diepholz die Allgemeinverfügung wieder aufheben.

In der Begründung der Bezirksregierung Hannover heißt es in Auszügen:

> »Die 'Allgemeinverfügung' des Landkreises Diepholz läßt sich nicht auf § 15 Abs. 5 Satz 2 AbfG stützen.
>
> Vielmehr ergibt sich aus der Formulierung des § 15 Abs. 5 AbfG ('im Einzelfall'), daß eine generalisierende Regelung, wie sie notwendigerweise mit der Allgemeinverfügung verbunden ist, hier nicht vorgenommen werden kann. Die Verhältnisse sind im Landkreis Diepholz nicht bei allen landwirtschaftli-

chen Betrieben so, daß eine einheitliche Regelung im Verfügungswege als möglich erscheinen konnte.«

Weiter wird darauf hingewiesen, daß die Allgemeinverfügung einer Verordnung gleichkomme.

»Zum Erlaß einer solchen Verordnung ist der Landkreis Diepholz bekanntlich bisher nicht von der Landesregierung ermächtigt worden (vgl. § 15 Abs. 3, letzter Absatz, AbfG).

Die weitere Formulierung des Gesetzes ('überschritten wird') zeigt zudem, daß die Abfallbehörde Einzelmaßnahmen nach § 15 Abs. 5 nicht vorsorglich in bezug auf alle landwirtschaftlichen Betriebe ergreifen kann, sondern erst dann, wenn in bezug auf einen einzelnen landwirtschaftlichen Betrieb konkrete Anhaltspunkte dafür ersichtlich sind, daß das übliche Maß der landwirtschaftlichen Nutzung überschritten wird.« (Bezirksregierung Hannover, 24.10.1985)

Das Urteil unterstreicht, daß der Gülleerlaß nicht präventiv eingesetzt werden kann, nur im Einzelfall Regelungen getroffen werden können und daß für Allgemeinverfügungen, die einer Verordnung gleichkommen, eine Ermächtigung der Landesregierung vorliegen müßte.

Auch wenn die Allgemeinverfügung des Landkreises Diepholz zurückgezogen werden mußte, wurde Ende 1987 beim Umweltministerium die Möglichkeit zum Erlaß von Allgemeinverfügungen nicht ganz ausgeschlossen. Es lag ein Antrag zur Durchsetzung einer Allgemeinverfügung vor, über den zu diesem Zeitpunkt noch nicht entschieden war (Gespräch mit Rüdiger 1987).

Anders als im Fall der südlichen Nachbarkreise hat sich Vechta in seiner Umsetzungspraxis nur an den Gülleerlaß und das Abfallrecht gehalten. Es ist davon auszugehen, daß der Landkreis Vechta unter einem gewissen Handlungsdruck und zum Teil auch Rechtfertigungszwang gegenüber den Nachbarkreisen aufgrund seiner höheren Gülleüberschußprobleme steht. Die Umsetzung von zeitlichen und mengenmäßigen Beschränkungen gegenüber den Landwirten ist daher situationsbedingt auch schwieriger; rechtlich nicht abgesicherte Schritte müßten zumindest mit den landwirtschaftlichen Organisationen abgesprochen werden. Dies wurde für den Fall der Erteilung von Ausnahmegenehmigungen auch vorgenommen.

6.2 Einzelverfügungen oder Sondergenehmigungen

Der Gülleerlaß von 1983 beinhaltet keine Übergangsregelungen. Dennoch wurden in den Erläuterungserlassen von 1983 und 1985 die Vollzugsbehörden dazu angehalten, den Gülleerlaß flexibel zu handhaben.

Im ersten Jahr - 1983/84 - wurden von seiten der Kreisverwaltung in Vechta die Aufbringungszeit auf den 20. November festgelegt und 14 Aufbringungsverbote verfügt. In 34 Fällen ist eine beschränkte Gülleaufbringung wegen fehlender Lagerkapazitäten zugelassen worden (Eisenbart 1988). Aufgrund der kurzen Sperrfrist im Dezember und Januar - im Februar konnte dann wieder gefahren werden - traten relativ wenige Probleme auf (Gespräch mit Thomann 1987).

Im zweiten Winterhalbjahr 1984/85 wurde die Ausbringungsbeschränkung auf den 10. November festgelegt. Wenn Landwirte danach noch Gülle ausbringen wollten, mußten sie einen schriftlichen Antrag bei der Kreisverwaltung einreichen. Begründet wurde er entweder mit der fehlenden Lagerkapazität oder weil eine Winterbestellung der Flächen vorgenommen werden sollte.

Bis zum 30. November 1984 wurde in 168 Fällen einer Aufbringung der Gülle zum Anbau von Wintergetreide zugestimmt. Ab 1.12.1984 wurden in 204 Einzelfällen beschränkte Gülleausbringungen wegen fehlender Lagerkapazität zugelassen. Bei der Ausbringung von Gülle im Spätherbst für das Wintergetreide sollte nicht mehr als 1 Dungeinheit aufgebracht werden. Dabei wurde folgende Umrechnung zugrundegelegt:

1 DE: 15 cbm Schweinegülle
23 cbm Rindergülle
10 cbm Hühnergülle

Im Falle fehlender Lagerkapazität wurde das Aufbringen von 10 cbm Gülle zugelassen.

Ab 20.2.1985 wurde die Gülleaufbringung generell wieder ermöglicht. Auf Grünland und mit Winterfrucht bestellten Ackerflächen konnte bereits ab 1.2.1985 Gülle ausgefahren werden.

Für das Winterhalbjahr 1985/86 wurde die Frist auf den 15. November, dann aber bis Mitte März 1986 festgesetzt, da im Februar die Flächen noch schneebedeckt waren. Nur in 59 Einzelfällen wurden Sondergenehmigungen wegen fehlender Lagerkapazitäten bewilligt.

Im Jahr 1986/87 wurde die Frist zur Gülleaufbringung - abweichend von den Regelungen in den Nachbarkreisen - auf den 1.11.1986 festgesetzt (Anmerkung der Kreisverwaltung Vechta beim Interview 1987). In den Jahren davor konnte immer noch bis zum 15. November Gülle ausgefahren werden. Da diese Terminfestlegung erst am 27.10.1986 den Landwirten mitgeteilt wurde, kam es zu einer Reihe von Einzelfallregelungen. Für das Aufbringen der Gülle bis zum 15. November wurden in 201 Fällen Sondergenehmigungen erteilt. Ab 17. November gab es nur noch in 17 Einzelfällen eine Genehmigung zum Aufbringen der Gülle zum Getreideanbau. Fehlende Lagerkapazitäten wurden nur noch in 36 Fällen geltend gemacht. Aufgrund der Wetterverhältnisse sollte eine Gülleaufbringung erst wieder ab Ende März möglich sein (Auskunft der Kreisverwaltung 1987).

Für das Jahr 1987/88 lagen keine genaueren Angaben vor. Es war damit zu rechnen, daß auch in den folgenden Jahren einzelne Anträge für eine Aufbringung der Gülle in den Wintermonaten gestellt würden. Hierzu gab es Vordrucke beim Kreis. In den vorangegangenen Jahren wurde von seiten der Kreisverwaltung bei der Bearbeitung von Anträgen der Landwirte zum Aufbringen der Gülle eine Gebühr von 30 DM erhoben. Im Jahre 1988 waren Anträge, die mit dem Anbau von Wintergetreide begründet wurden, kostenlos, wohingegen Anträge wegen fehlender Lagerkapazitäten mit 50 DM Gebühren verbunden wurden.

Festzustellen ist, daß vom Landkreis im Sinne einer »flexiblen Handhabung« des Erlasses Landwirte im Besitz einer schriftlichen Genehmigung zum Aufbringen der Gülle waren, entweder weil sie Wintergetreide anbauen wollten oder ihre Lagerkapazitäten zur Speicherung der Gülle nicht ausreichten. In all diesen Fällen gab es Absprachen zwischen den Landwirten und der Kreisverwaltung. Die Voraussetzungen zur Erteilung dieser Sondergenehmigungen wurden im Vorfeld so abgeklärt, daß keine schriftlichen Ablehnungen erfolgten. Der Landwirt war froh, daß er eine Regelung hatte, mit der er wieder ein Jahr über die Runden kam. Daher ist es auch im Landkreis Vechta nicht zu Widersprüchen bzw. zu Streitigkeiten mit der Verwaltung gekommen. Verfügungen des Landkreises wurden bis dahin nicht durch die Gerichte überprüft, ob sie haltbar seien. Das, so meint die Kreisverwaltung, war von Vorteil für die Landwirte, aber auch für die Verwaltung (Gespräch mit Thomann, Juli 1987).

Das gesamte Verfahren ist in Übereinstimmung mit Interessenvertretern der Landwirtschaft, dem Landvolkverband und in Absprache mit dem Kreislandwirt zustandegekommen. Der Kreislandwirt Höltermann erläuterte hierzu:

> »Der Landwirt bekommt eine Bescheinigung, darin wird festgehalten, daß er in einem bestimmten Zeitraum auf eine festgelegte Fläche ein bestimmtes Maß an Gülle ausbringen kann. Dies galt für ein Jahr, und dem Landwirt wurde die Auflage gemacht, für das kommende Jahr genügend Lagerraum zu beschaffen. Zwar haben wir immer wieder, wenn es Schwierigkeiten gab, vermittelt und nochmal diese Frist ein Jahr verlängert, das Problem des Erlasses aber liegt darin, daß keine Übergangsregelungen vorgesehen sind. Wenn es dann doch zu Beschränkungsverfügungen [Ausnahmegenehmigungen] gekommen ist, so war dies ein mühsamer Prozeß, da in einem Erlaß Ausnahmen ja gar nicht vorgesehen waren. Die juristischen Feinheiten mußten dabei berücksichtigt werden. Die Beschränkungsverfügung ist ein juristischer Trick, der erst einmal herausgefunden werden mußte, um Ausnahmegenehmigungen zu bewirken, auch wenn sie nicht vorgesehen sind.« (Gespräch mit Höltermann 1986)

Festzuhalten bleibt, daß die zeitlichen Aufbringungsbegrenzungen grundsätzlich als Regel der Gülledüngung seitens der landwirtschaftlichen Organisationen akzeptiert wurden, deren Umsetzung sie auch unterstützten. Ohne diese Unterstützung wäre die weitgehende Beachtung der zeitlichen Restriktionen - von Ausnahmen abgesehen - nicht zustandegekommen.

Auf Einzelverfügungen, was die zeitliche Aufbringungsbegrenzung anbelangt, konnte der Kreis auch deshalb verzichten, weil die landwirtschaftlichen Organisationen unter dem Druck der öffentlichen Diskussion ihren Mitgliedern die Einhaltung der Sperrfrist nahegelegt hatten. Von Anfang an wurde an die Landwirte appelliert, die Vorgaben des Ministeriums zu beachten, da ansonsten mit einer Gülleverordnung zu rechnen sei.

Mit der Drohung, die Normen in Form einer Verordnung verbindlich vorzugeben, und mit Aufklärungskampagnen, daß eine Gülleaufbringung in der vegetationslosen Zeit nicht den Pflanzenerträgen zugutekomme, wurden die Erweiterung der Speicherkapazitäten und der Bau von Güllebehältern gefördert. Da aber die erforderliche Lagerkapazität noch nicht in ausreichendem Maße vorhanden war, mußte mit verdeckten und offenen Verstößen gerechnet werden.

6.3 Bau von Güllebehältern

Voraussetzung für die Einhaltung zeitlicher Aufbringungsbegrenzung ist ein ausreichender Speicherraum. Der Bau von Güllebehältern wurde von der Landesregierung 1982, 1984, 1985 bis zum Jahre 1986 mit einem gesonderten Etat von 73,8 Millionen DM gefördert. Bis zu 20 % der Kosten für einen Güllebehälter sollten jenen Landwirten als Zuschuß gewährt werden, deren Einkommensgrenze bei 90 000 DM lag.

Das Gülleprogramm existierte von 1982 bis 1986. Es umfaßte nicht nur die Güllelagerung, sondern auch lufttechnische Anlagen wie den Bau höherer Schornsteine für Schweineställe. Die Unter- und Obergrenzen der Förderung lagen zwischen 8 000 bis 60 000 DM. Dabei wurde eine Lagerkapazität für sechs Monate gefordert.

Der Andrang zur Beanspruchung dieser Fördermittel war recht groß, so daß zum Beispiel von den für 1985 bewilligten 40 Millionen DM weitere Anträge in Höhe von 25 Millionen DM vorlagen, aber nicht im selben Haushaltsjahr durch einen Nachtrag abgedeckt werden konnten. Für den Kreis Vechta konnten 100 Anträge landwirtschaftlicher Betriebe im Jahre 1986 nicht bezuschußt werden. Zum Teil haben Landwirte eine Erweiterung ihrer Speicherkapazität vorgenommen, ohne Landesmittel zu beantragen. Durch Nachbarschaftshilfe und Eigenleistung konnte zum Teil kostengünstig gebaut werden. Im Falle der Beanspruchung von Zuschüssen hätten die Kosten belegt werden müssen.

Es ist nicht auszuschließen, daß zum Teil Güllebehälter entweder erweitert oder neu angelegt wurden, ohne eine Baugenehmigung einzuholen. Die mit einer Baugenehmigung erfolgten Erweiterungen der Speicherkapazität belaufen sich im Landkreis Vechta wie folgt:

Tabelle C 6 Bau von Güllebehältern im Landkreis Vechta 1983 bis 1986

Jahr	Anzahl der Lagerstätten	Fassungsvermögen (m^3)
1983	43	27 500
1984	103	103 847
1985	117	77 711
1986	38	21 000
Summe	301	230 058

Quelle: Angaben der Kreisverwaltung Vechta 1987

Ein Überblick über die gesamte Güllespeicherkapazität im Landkreis Vechta liegt mit offiziellen Daten nicht vor. Auch meine Gesprächspartner waren nicht in der Lage, genaue Angaben hierzu zu machen. Allerdings wurde mir sowohl im Jahre 1986 als auch 1987 mitgeteilt, daß wohl anfänglich die Lagerkapazität zur Speicherung der Gülle für zwei bis drei Monate ausreichte. Nach Auskunft des Landkreises müßte mittlerweile die Speicherkapazität zur Einhaltung der Ausbringungsfristen geschaffen sein; dennoch hat sich die Kreisverwaltung veranlaßt gesehen, vorsorglich auch für das Winterhalbjahr 1987/88 Formblätter unter der Bezeichnung: »Aufbringung von Gülle und Geflügelkot, *hier:* Ausnahmeregelung« vorzulegen. Darin heißt es:

> »... Die Aufbringungsmenge der Gülle, die auf die von Ihnen bewirtschafteten landwirtschaftlichen Flächen im Landkreis aufgebracht werden darf, wird in der Zeit bis zum 29.2.1988 wie folgt beschränkt: ...«

Danach sind Gemarkung, Flur, Flurstücke, Größe/ha, Kubikmeter und Ausbringungszeitraum tabellarisch zu erfassen. Ferner wird festgelegt, welches amtliche Kennzeichen die landwirtschaftliche Zugmaschine hat. Bei der Gülleaufbringung dürfen die Flächen nicht mit Schnee bedeckt oder bis zu einer Tiefe von 10 Zentimetern gefroren sein. Die Genehmigung wurde mit einer Auflage verbunden, daß der Landwirt bis zum 1.10.1988 eine sechsmonatige Lagerkapazität für die anfallende Gülle zu erstellen hat. Die Bearbeitungsgebühren wurden erstmalig in Vechta mit 50 DM statt wie zuvor mit 30 DM veranschlagt. Ähnliche Formulare gab es auch für die Winterbestellung, die aber unentgeltlich ausgestellt wurden.

Zumindest gewinnt der Kreis auf diese Art und Weise einen Überblick über jene Betriebe, deren Lagerkapazität noch nicht zur Einhaltung der Ausbringungsfristen ausreicht und die ihre Gülle nicht ausweichend bei Nachbarbetrieben und ähnlichem unterzubringen in der Lage sind.

6.4 Offene und verdeckte Verstöße

Nach Auskunft der Kreisverwaltung wurden bis 1987 in 60 bis 70 Fällen Überprüfungen der erteilten Auflagen (Ausnahmegenehmigungen) vorgenommen. In sechs bis sieben Fällen wurde festgestellt, daß die »Verfügungen« nicht eingehalten wurden. Daraufhin wurden Ordnungswidrigkeitsverfahren festgesetzt und eingeleitet. Das war zum Beispiel der Fall, wenn ein Landwirt als Begründung Winterbestellung auf einer bestimmter Fläche angegeben, diese aber gar nicht vorgenommen hatte. In den vergangenen Jahren gab es auch Anrufe der Bürger bei der Kreisverwaltung, die auf ein Güllefahren von Landwirten im Winter aufmerksam machten, zum Teil aber waren diese Landwirte im Besitz einer Genehmigung (Gespräch mit Thomann 1987).

Neben diesen genehmigten Überschreitungen der Aufbringungszeitbegrenzung wurde die Polizei, zuständig für Umweltschutzdelikte, in den vergangenen Jahren immer wieder mit Verstößen gegen das Abfallrecht und das Wasserrecht konfrontiert. Offenkundiger waren dabei jene Fälle, bei denen es zu einer Verunreinigung des Oberflächengewässers durch Abschwemmen der Gülle oder Einleiten der Gülle gekommen war.

Für die Jahre seit 1984 hat Schlicker (zuständig für Umweltdelikte im Zuständigkeitsbereich der Polizei im Landkreis Vechta) eine Tabelle über die Tätigkeit seines Amtes angefertigt.

Tabelle C 7 Registrierte Verstöße im Umweltschutzbereich

Jahr	Strafanzeigen	Ordnungswidrigskeitsanzeigen	Verwarngelder	Berichte und Meldungen
1984	150	127	1	235
1985	209	104	6	340
1986	231	261	54	455
1987*	102	118	19	219

Quelle: Auskunft der Polizei in Vechta, Abt. Umweltdelikte, November 1987

In etwa einem Drittel der Fälle, die zu einer Strafanzeige oder zu einem Ordnungswidrigkeitsverfahren geführt haben, lagen Vergehen gegen das Wasser- oder Abfallrecht vor. Verstöße gegen diese Gesetze fallen nach Ansicht von Schlicker nur in die Kategorien Ordnungswidrigkeit oder Strafanzeigen. Bei Verwarnungen oder Berichten und Meldungen handelt es sich um Bagatellen.[1]

1 Nach Ansicht der Kreisverwaltung stimmen diese Angaben in bezug auf Gewässerverunreinigung durch Gülle auf keinen Fall (Anmerkung von Thomann zum Entwurf dieser Arbeit, März 1988).

Die Polizei ist auf Hinweise durch die Bevölkerung angewiesen. Es überwiegen anonyme Anzeigen. Als aktive Gruppe, die auf Umweltdelikte hinweist, nennt Schlicker die BSH (Biologische Schutzgemeinschaft Hunte Weser-Ems). Insgesamt ist es sehr schwierig, die Beweisführung bei Straftaten in diesem Bereich zu erbringen. Nur in zwei bis drei Fällen kam es im Winter 1986 dazu, daß eine genauere Untersuchung wegen aufgebrachter Gülle durchgeführt wurde. Straftaten waren bis vor drei bis vier Jahren eher beobachtbar, nun aber sind die Landwirte vorsichtiger geworden. Eine gewisse »Bauernschläue« ist hierbei auch im Spiel; jetzt wird die Polizei eher zu umgehen versucht (Gespräch mit Schlicker, November 1987). Für die Polizei sind der Beweis und die Kontrolle der Aufbringung von Gülle, wenn sie danach eingearbeitet wird und kurz darauf auf dieselbe Fläche wieder Gülle aufgefahren wird, sehr schwer möglich. Auch mit dem Güllekataster, so Schlicker, ist eine Überprüfung nicht gegeben, da Flächen ja auch in den Nachbarkreisen Osnabrück und Diepholz als Nachweisfläche angegeben werden. Es ist davon auszugehen, daß die Dunkelziffer ein Mehrfaches der bekanntgewordenen Fälle beträgt.

Dennoch ist Schlicker der Ansicht, daß Umweltschutz auch zu einer Prestigefrage für den Kreis Vechta geworden ist. Es besteht ein gewisser Druck auch von seiten der Mitbürger, gewisse Regeln zum Beispiel bei der zeitlichen Aufbringung der Gülle zu beachten. Diese sind am ehesten beobachtbar, nicht zu überriechen und daher zum Teil kontrollierbar. Nur ist, wie zuvor aufgeführt, das Aufbringen der Gülle in den Wintermonaten nach dem Gülleerlaß bzw. dem Abfallrecht zunächst noch nicht strafbar. Bis zur Festsetzung einer Geldstrafe hat der Landwirt mindestens zwei »Freifahrten«. Wird ein Landwirt beim ersten Güllefahren im Winter ertappt, kann der Landkreis eine Verfügung aussprechen. Wird er ein weiteres Mal beobachtet, dann hat er mit dem angedrohten Zwangsgeld zu rechnen. Ein Zwangsgeldverfahren wird aber dann eingestellt, wenn der Landwirt glaubwürdig machen kann, daß er in Zukunft die ihm auferlegte Verfügung zu beachten in der Lage ist.

Was die mengenmäßige Bestimmung anbelangt, muß es sich schon um einen eklatanten Fall der Überdüngung handeln, damit es überhaupt zu einer Überprüfung kommt. So wurde zum Beispiel die Landbauaußenstelle in Bramsche in einem Fall als Gutachter hinzugezogen. Es ging um eine Anzeige gegen einen Geflügelhalter, der auf eine Fläche von nur 1 Hektar vom 20. Mai bis 20. Juni ständig Gülle aufgebracht hatte. Die Fläche, so der Gutachter, war eine Gülledauerdeponie geworden - und dies im Wasserschutzgebiet Holdorf. Kläger war der OOWV, Angeklagter der Stallmeister. Da nicht nachgewiesen werden konnte, daß auch vor dem 20. Mai die Fläche immer wieder mit Gülle befahren wurde, hat das Gericht in Vechta eine Strafe von nur 2 225 DM festgelegt (Gespräch mit Meinders 1987). Weitaus häufiger kommt es trotz Strafverfahren zum Freispruch.

> »Mit einem Freispruch mangels Beweisen endete gestern im Amtsgericht Vechta die Verhandlung gegen einen Landwirt aus Dümmerlohausen, der in Verdacht steht, am 14. Januar vergangenen Jahres Gülle in das öffentliche Kanalisationsnetz der Stadt Damme eingeleitet zu haben. Damals war unter anderem der Keller einer gerade bezogenen neuen Wohnhauses in der Nachbarschaft des Bauern mit Gülle überflutet worden.« (OV, 26.7.1985)

Überwiegend geht es bei den bekanntgewordenen Fällen um Belastungen, die an die Oberfläche und somit ans Tageslicht gelangen. Schäden einer Gülledüngung, die das Grundwasser belasten, bleiben eher im dunkeln. Weniger offenkundig und schwieriger nachweisbar sind Gülleaufbringungen von mehr als den zulässigen 3 DE/ha landwirtschaftlicher Nutzfläche.

6.5 Transport von Gülleüberschüssen

Die Tatsache, daß mittlerweile die zeitlichen Restriktionen im Landkreis - von Ausnahmen abgesehen - eingehalten werden und die Kapazität zur Speicherung der Gülle erweitert worden ist, sollte nicht von dem Problem der Gülleüberschüsse ablenken. Zwar gibt es diesbezüglich keine öffentlich genehmigten Ausnahme- bzw. Sonderregelungen, es ist aber anzunehmen, daß eine Grenze von maximal 3 DE/LN nicht einzuhalten ist. Der Bau von Güllebehältern bietet nur die Möglichkeit, den zeitlichen Rahmen der erlaubten Gülleaufbringung zu beachten. Wieviel Gülle aber dann in der erlaubten übrigen Zeit im Laufe eines Jahres auf die zur Verfügung stehende landwirtschaftliche Fläche aufgebracht wird, ist damit noch nicht ersichtlich.

Dem partiellen Vollzug von zeitlichen Restriktionen steht ein Vollzugsdefizit bezüglich der mengenmäßigen Aufbringungsbegrenzung entgegen, was zunächst als »stillschweigend« geduldet anzusehen ist. Wenn es bisher eine gewisse Tolerierung von Mengenüberschreitungen gibt, dann auch deshalb, weil noch keine Patentlösung für die Verarbeitung und die Verteilung der Gülleüberschüsse in einem ökonomisch vertretbaren Rahmen vorhanden ist. Auf Gemeindeebene können im Landkreis Vechta theoretisch nur zwei Gemeinden die Vorgaben des Gülleerlasses bezüglich der Mengenaufbringung einhalten. Alle weiteren acht Gemeinden haben einen Viehbesatz, der über 3 DE/ha liegt und zum Teil bis auf 6 DE gelangt (vgl. Abbildung C 5).

Nach Aussagen von Meinders sind bei der Berechnung des Vieh-/Flächenverhältnisses und somit der Gülleüberschüsse folgende Punkte zu berücksichtigen:

1. Gibt es Großbetriebe, die ihren Sitz in Vechta haben und somit im Kreis gemeldet sind, ihre Tierbestände aber zum Teil in anderen Kreisen untergebracht haben. Diese Argumentation wurde auch von Eisenbart, dem Kreisdirektor des Landkreises Vechta, vorgebracht. Meinders hat aufgrund seiner Ermittlungen festgestellt, daß zum Beispiel Anton Pohlmann, der seine Geschäftsstelle in Neuenkirchen hat, seine Geflügelbestände zwar im Kreis Vechta angemeldet, aber 1,7 Millionen Legehennen im Kreis Osnabrück und 700 000 in Cloppenburg untergebracht hat. Nach statistischen Angaben aber wurden für Osnabrück insgesamt nur 1,6 Millionen Legehennen ausgewiesen. Die 2,4 Millionen Legehennen wurden dem Kreis Vechta zugerechnet.
2. Bei der Berechnung von Dungeinheiten auf Gemeindeebene bzw. Kreisebene kommt hinzu, daß Betriebe oft Eigentums- und Pachtflächen in anderen Gemeinden oder Kreisen haben. Betriebe zum Beispiel im Dammer-Raum, die mit 6 DE/ha ausgewiesen sind, bewirtschaften Flächen von ca. 2 000 bis 3 000 Hektar (in Wittlage) im südwestlichen Raum des Dümmersees. Etwa 3 000 Hektar wurden bereits in den sechziger und siebziger Jahren im Kreis Diepholz entweder hinzugekauft oder gepachtet. Landwirte aus Dinklage, Holdorf und Neuenkirchen bewirtschaften seit ca. 10 bis 12 Jahren 3 000 Hektar im Landkreis Bersenbrück. Diese Flächen liegen im Artland, wo eine Reihe von Landwirten ihre Betriebe aufgegeben hat.
3. Im Bereich der Geflügelhaltung gibt es mittlerweile ein Kotvortrocknungsverfahren, wodurch die Geflügelgülle in eine trockene, transportfähige Substanz umgewandelt wird. Verfahren dieser Art werden in drei Unternehmen der Legehennenhaltung praktiziert. Dieser Trockenkot wird laut Aussage von Meinders bis in eine Entfernung von 100 Kilometern ins westliche Emsland transportiert.

4. Die Firma Wesjohann verarbeitet Geflügeltrockenkot mit Stroh in einem Kompostierungsverfahren und setzt diese hergestellten Ballen im Bereich der Pilzzucht ein (Gespräch mit Meinders 1987; vgl. auch Windhorst 1986).

Tabelle C 8 Anzahl der Legehennenplätze auf Trockenkot im Landkreis Vechta

In Lohne/Kroge	200 000 Legehennenplätze
In Bakum	130 000 Legehennenplätze
	140 000 Legehennenplätze
Arkeburg	220 000 Legehennenplätze
	160 000 Legehennenplätze
Summe	850 000 Legehennenplätze

Quelle: Angaben von Meinders, Interview 1987

Zu den erwähnten Punkten folgende Anmerkungen:

1. Der Nachweis von Flächen in anderen Kreisen ist kein Beweis, daß die anfallende Gülle auch dorthin transportiert wird, insbesondere wenn die Flächen weit entfernt liegen.
2. Das Verfahren zur Herstellung von Geflügeltrockenkot findet als Innovation zum leichteren Transport der Gülle zwar immer wieder Erwähnung, wird aber bisher nur in drei Betrieben praktiziert. Eine solche Umstellung erfaßt dann ca. 1 Million Legehennenplätze, statistisch erfaßt sind für den Kreis Vechta 9 bis 10 Millionen Hennen.
3. Bei der Umstellung der Betriebe auf ein solches Verfahren wären noch die damit verbundenen Immissionen (Luftbelastungen) im Trocknungsverfahren zu bedenken.
4. Das Problem in der Weiterverarbeitung beispielsweise der Schweinegülle liegt darin, daß auch nach der Separierung und der Herstellung einer trockenen, transportfähigen Substanz die flüssigen Bestandteile übrig bleiben, deren Verbleib entweder ungelöst oder in einem weiteren Reinigungsverfahren vor dem Einleiten in das Gewässer zu kostspielig wird.

Trotz all dieser Angaben, die zu einer Entlastung der Flächen führen können, wird bei der Kreisverwaltung von einem offiziellen Überschuß an jährlich anfallender Gülle von 800 000 Kubikmetern gesprochen (Gespräch mit Eisenbart 1987). Sollte es zu einer Annäherung an einen maximal zulässigen Höchstwert von 2 DE/ha kommen, dann ist mit einem jährlichen Überhang von 1,6 Millionen Kubikmetern Gülle zu rechnen. Auf Kreisebene wird 1 DE mit ca. 700 000 bis 800 000 Kubikmeter Gülle veranschlagt. Dabei ist aber zu berücksichtigen, daß das Grünland als landwirtschaftliche Nutzfläche miteingerechnet wird, wohingegen es eigentlich mit geringeren Güllemengen zu düngen wäre.

Ferner ist zu berücksichtigen, daß bei Umsetzung des Dümmer-Sanierungskonzepts die dort anfallende Gülle auf die übrigen Flächen verteilt werden müßte. Dann entfällt auf die LN-Flächen rechnerisch noch mehr Gülle.

Einen genauen Überblick über den Transport von Gülleüberschüssen konnte bisher noch niemand so recht ermitteln. Es wird zu bedenken gegeben, daß der »freie Markt« nicht überschaubar sei. Es gibt im Kreis Vechta ca. 15 Unternehmen mit ungefähr 30 größeren Güllefahrzeugen (Gespräch mit Meinders 1987). Es ist aber auch bekannt, daß ein Geflügelhalter, der in das Güllegeschäft einsteigen wollte, sein Vorhaben wieder aufgegeben hat; das Güllegeschäft ließ sich nicht rechnen (Gespräch mit Geflügelhalter A., Juli 1987, und Bartels, November 1987).

Informationen über den Transport von Gülle jener Betriebe, die im Güllekataster erfaßt sind, dürfte es bei der Kreisverwaltung geben, nur habe ich genauere Angaben hierzu noch nicht erhalten.

Beim Flächennachweis muß sich die Kreisverwaltung auf die Glaubwürdigkeit der Angaben von Landwirten verlassen. Als Kriterium für die Glaubwürdigkeit machte die Kreisverwaltung folgende Anmerkungen: Bei der Überprüfung der nachgewiesenen Flächen werden auch die Entfernungen zum Hof mitberücksichtigt. Damit kann berechnet werden, ob der Transport der Gülle noch wirtschaftlich ist. Wenn der Transport 2 bis 10 DM kostet und der Mineraldünger Kosten von 30 DM verursacht, dann wäre der Transport wirtschaftlich noch zu vertreten. Es kann unterstellt werden, daß dann die Gülle vielleicht nicht nur auf die hofnahen Flächen kommt.

Abbildung C 7 Mögliche Absatzgebiete für Gülle aus den Landkreisen Südoldenburgs bei einer mittleren Transportdistanz von 60 Kilometern

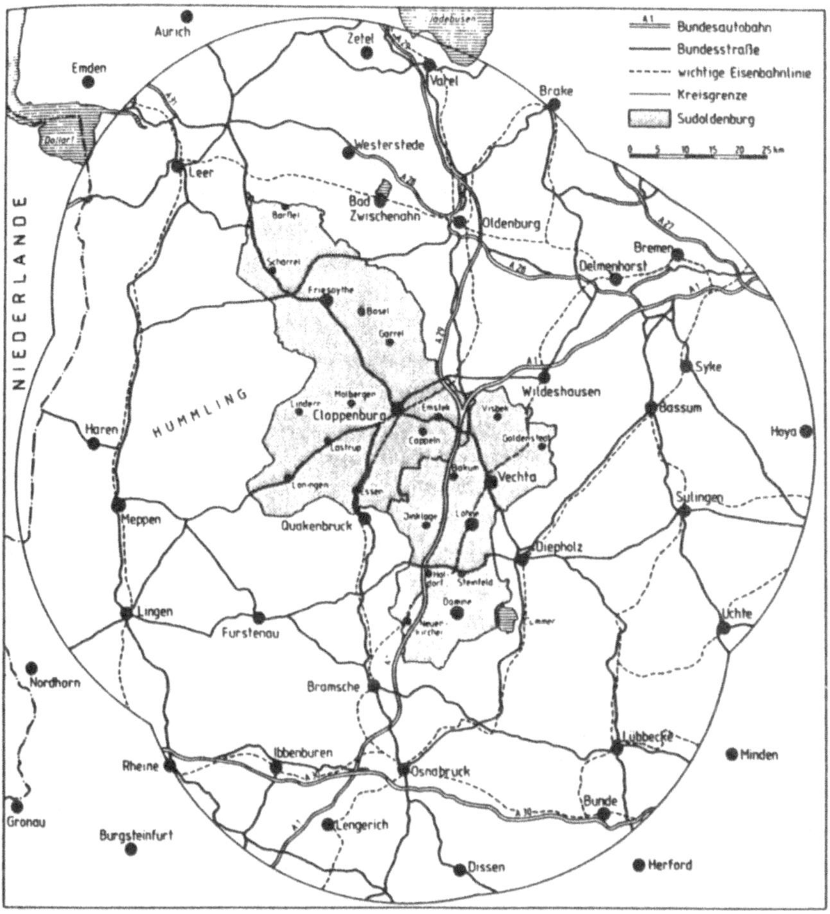

Quelle: Windhorst 1984: 33

Damit ist eine relative Kontrolle gegeben, nicht aber eine absolute Sicherheit, weil konkret nur Angaben zur anfallenden Gülle und Menge der erlaubten Gülleaufbringung pro Hektar vorliegen. Es wurden Tabellen erstellt, um feststellen zu können, daß dies wirtschaftliche Entfernungen seien, die aufgrund der bekannten Mineraldüngerpreise und der Transportkosten vertretbar wären (Auskunft der Kreisverwaltung 1987). Bei einem 8 Kubikmeter großen Transportgefäß liegt diese Entfernung für Hühnergülle bei 20 Straßenkilometern, für Rinder- und Schweinegülle bis 15 Straßenkilometer.

Wenn nun ein größeres Transportgefäß zur Verfügung steht, können auch weitere Entfernungen als rentabel angesehen werden. Bei einem 24 Kubikmeter großen Gefäß kann die Hühnergülle bis zu einer Entfernung von 60 Straßenkilometern sinnvoll sein. Es wird aber auch angemerkt, daß der Transport von Schweinegülle nicht wirtschaftlich ist (Gespräch mit Thomann 1987). Es ist bekannt, daß in den südlichen Bezirken viele Landwirte Flächen in den Nachbarkreisen gepachtet oder gekauft haben, um somit den Flächennachweis für die anfallende Schweinegülle zu erbringen.

6.6 Güllekataster: Instrument zur Überwachung?

Die Landkreise Vechta und Cloppenburg sind die einzigen, die ein Güllekataster auf EDV-Basis errichtet haben. Im Güllekataster des Landkreises Vechta sind mittlerweile von den 3 300 Betrieben 2 000 erfaßt. Es sind dies vorwiegend Betriebe, die entweder unter das Bundesimmissionsschutzgesetz fallen oder die seit 1975 eine Baugenehmigung beantragt haben. Darin werden Flur, Flurgemarkung und Flurstück sowie die Tierbestände festgehalten. Es sind 55 000 Flurstücke in den Dateien gespeichert. Diese Daten werden nunmehr mit den sogenannten güllespezifischen Angaben ergänzt. Darin enthalten sind das Vieh-/Flächenverhältnis, die maximale Nutzungsquote und die tatsächliche Auslastungsquote. Dabei werden Angaben der Landbauaußenstelle bei den Baugenehmigungsverfahren mitberücksichtigt. Bei grundwassernahen Flächen wird die Nutzungsquote dann zum Beispiel auf 2,6 DE/ha festgelegt. Im Schnitt liegen die neueren Empfehlungen bei 2,8 DE/ha. Bei der Kreisverwaltung wurde bei Überprüfung von Unterlagen seit 1979 festgestellt, daß in vielen (150) Fällen auch Doppelnachweise der Flächen erfolgt waren. Zunächst wurden die Angaben auf Gemeindekarten übertragen, später aber alle Daten sehr detailliert in eine Datenverarbeitungsanlage eingespeichert. Die Anlage arbeitet seit 1987 zufriedenstellend. Die Dateien sind mit Angaben des Landesverwaltungsamtes in Hannover angelegt worden.

Im Grunde wäre der Kreis Vechta nunmehr in der Lage, alle Betriebe, die unter das Bundesimmissionsschutzgesetz fallen, genau auszuweisen, zum anderen müßte es möglich sein, nach und nach auch die Altbestände in das Güllekataster mitaufzunehmen. Erfaßt sind bisher ja nur jene Betriebe, die in den vergangenen Jahren eine Baugenehmigung eingeholt haben und den Flächennachweis seit 1983 auch mit der Angabe von 3 DE/ha als Auflage zu beachten hatten. Dabei wurde aber auch von einem größeren Betrieb nur der Flächennachweis für die aufzustockenden Bestände gefordert (Interview mit Geflügelhalter A.). Für die übrigen Tiere lagen die Baugenehmigungen bereits vor.

Der Kreis will bei der Aufnahme der übrigen landwirtschaftlichen Betriebe nun gemeindeweise vorgehen und dabei zunächst die größeren Betriebe anschreiben, damit diese ihre Angaben vorlegen. Damit wäre nicht nur auf Gemeindeebene, sondern der Viehbestand auf Betriebsebene mit allen Angaben zu den zur Verfügung stehenden Flächen registrierbar. Die somit vorliegenden Informationen könnten zu sehr gezielten Verfügungen entsprechend des Gülleerlasses hinzugezogen werden. Damit aber würde die prekäre Lage jedes einzelnen Betriebes offenkundig werden.

> »Noch sind die Altanlagen nicht mit dem Flächennachweis konfrontiert worden. Die Situation wird anders aussehen, wenn in einigen Monaten der Kreis mit seiner EDV-Anlage soweit ist. Dann befürchten wir, daß es den Landwirten an den Kragen geht.« (Gespräch mit Höltermann, 1986).

Landwirte können somit von Glück reden, wenn es bis 1987 noch nicht soweit war. Nun aber gibt es einen verstärkten Druck auf die landwirtschaftlichen Betriebe, einen Ausweg aus dem Dilemma der Gülleüberschüsse zu finden. Sollten Landwirte bezogen auf ihre Tierbestände nicht den Nachweis der erforderlichen Fläche führen können, dann müßten sie theoretisch ihre Viehbestände abbauen. Insgesamt aber dürfte im Landkreis Vechta eine weitere Aufstockung der Tierbestände kaum noch zu vertreten sein. Zumindest für die flächenschwachen landwirtschaftlichen Betriebe - 40 % haben nicht mehr als 10 Hektar landwirtschaftliche Flächen - könnte dies einen beträchtlichen Einschnitt in die sogenannte »Veredelungswirtschaft« bedeuten: Die Tierbestände müßten reduziert werden. Das aber ist ein zu heißes Eisen, das trotz aller Bekenntnisse zum Umweltschutz politisch (noch) nicht durchsetzbar erscheint (vgl. auch Kapitel C 7.4: Die Güllegenossenschaft).

6.7 Vollzugsdefizit oder Vollzugsvorsprung und Erfolg?

Die im Gülleerlaß bestimmte Mengenbegrenzung der zulässigen Gülleaufbringung wurde noch nicht allgemein umgesetzt und überprüft; daher kann von einem weitgehenden Vollzugsdefizit ausgegangen werden. Mit der Anlage des Güllekatasters besteht in Zukunft die Möglichkeit der Überprüfung bzw. der Einschätzung, ob das »übliche Maß der landwirtschaftlichen Düngung« von den Landwirten eingehalten werden kann. Dieses verwaltungstechnische Instrumentarium bleibt aber in seiner Anwendung solange blockiert, wie die Normen gegenüber dem Landwirt rechtlich nicht verbindlich (zum Beispiel durch eine Verordnung) formuliert sind. Landwirte können bei Einzelverfügungen standortbedingte, anbautechnische oder sozialökonomische Kriterien im Widerspruchsverfahren geltend machen.

Dem bisherigen »Vollzugsdefizit« im Hinblick auf die Mengenbestimmung steht aber - und dies dürfte von hervorragender Bedeutung sein - ein »Vollzugsvorsprung« bezogen auf die Einhaltung der zeitlichen Aufbringungsbegrenzung vor. Der Ausdruck »Vollzugsvorsprung« wird als Gegensatz zum »Vollzugsdefizit«, das weitgehend zu einem festen Begriff in der Implementationsforschung etabliert ist, verwendet. Der Tatbestand, daß es bisher kein Antonym zum »Vollzugsdefizit« gibt, verweist auf ein Phänomen, das eine neue Begriffsbildung erforderlich macht. Daß hier ein Vollzugsvorsprung im Fall des Gülleerlasses als Novum auftritt, rührt nicht zuletzt daher, daß es sich um »Gülle« handelt (vgl. auch Kapitel C 9).

Da der Erlaß gegenüber den Landwirten keine Ge- und Verbote ausspricht, bräuchten Landwirte zum Aufbringen der Gülle in der vegetationslosen Zeit keine »Sondergenehmigungen« oder »Ausnahmegenehmigungen« einzuholen; dies aber war die Praxis. Angaben des Erlasses legen den Handlungsrahmen der Verwaltung fest. Die Kreisverwaltung kann nur über Einzelverfügungen tätig werden. Auch zeitliche Vorgaben müßten per Einzelverfügung an Landwirte ergehen. Die Verwaltung ist dazu aufgefordert, zunächst einmal den Landwirt anzuhören. Erst danach kann eine Verfügung erteilt werden. Eine Bekanntmachung der Aufbringungszeiten in den Medien wie durch Zeitungsanzeigen sind rechtlich nicht verbindlich. An die 3 300 landwirtschaftlichen Betriebe im Kreis Vechta sind aber keine Einzelverfügungen ergangen.

»Da Verordnungen nach § 15 (3, 4) AbfG bislang nicht bestehen, können Landwirte ausschließlich durch Verfügungen nach § 15 (5) AbfG zur Beachtung mengenmäßiger und zeitlicher Aufbringungsgrenzen angehalten werden ... Die festgestellte Praxis von Abfallbehörden, auf Verfügungen nach § 15 (5) AbfG zu verzichten und auf Antrag Ausnahmen von den zeitlichen Aufbringungsgrenzen der genannten Erlasse zuzulassen, ist wegen deren fehlender Bindungswirkung unzulässig.« (MU, 13.3.1987)

Eine Erwartungshaltung, daß die Verwaltung vor Ort an alle Landwirte im Kreis Einzelverfügungen richtet und unter Berücksichtigung der jeweiligen Situation des Betriebes, der Grundwasserbeschaffenheit und einer Vielzahl von Faktoren - Bodenart, Bodentyp, Bodenstruktur, C:N-Verhältnis, Fruchtfolge, Nährstoffbedarf der Pflanzen und der mineralischen Nährstoffzufuhr -, wie sie im Punkt 4 des Gülleerlasses für Aufbringungsverbote und -beschränkungen vorgesehen sind, Regelungen trifft, die auch noch nach Witterungsbedingungen jährlich für die zeitliche Aufbringungsbegrenzung zu überprüfen wären, erscheint mehr als utopisch. Angesichts des Aufwands könnte eine solche Verfügung nur mit Zwangsgeldandrohungen arbeiten und kein Bußgeld festlegen. Die personelle Ausstattung würde eine solche Vorgehensweise aber gar nicht ermöglichen.

Der unteren Abfallbehörde, zuständig für die Umsetzung des Gülleerlasses, bleibt eigentlich gar nichts anderes übrig, als gegenüber den Landwirten behutsam vorzugehen, da sie ansonsten mit einer Flut von Widerspruchsverfahren zu rechnen hätte. Wenn es dennoch, trotz des sehr schwachen rechtlichen Instrumentariums, zu einer teilweisen Befolgung der Vorgaben im Gülleerlaß, zumindest was die zeitliche Regelung betrifft, gekommen ist, so ist dies zum einem auf die Kooperationsbereitschaft der landwirtschaftlichen Organisationen und der Kammern zurückzuführen, die ihre Mitglieder dazu aufgefordert haben, im Erlaß gesetzte zeitliche Aufbringungsbeschränkungen zu beachten.

Zum anderen wurde durch den damaligen Minister der Gülleerlaß in der Öffentlichkeit als wirksames Mittel gegen die Grundwasserbelastung mit Nitrat propagiert und die gesetzten Normen verteidigt. Den Landwirten wurde dazu geraten, sich an die Regeln zu halten, da ansonsten die Regierung eine Gülleverordnung herausgeben würde. Somit wurde von Anfang an mit dem Erlaß einer Verordnung gedroht, um das Aufbringen der Gülle entsprechend den Vorgaben zu gestalten, auch wenn der Gülleerlaß eigentlich gegenüber den Landwirten keine rechtlich bindende Normen festlegt. Auf der kommunalen Ebene wurde die Beweispflicht quasi umgedreht. Nunmehr waren es die Landwirte selbst, die sich an die Kreisverwaltungen mit der Bitte um Ausnahmen gewandt haben, ohne daß ihnen zuvor eine Einzelverfügung erteilt wurde.

Aus der Handlungsanleitung für die Behörden wurde somit eine Anleitung zur Gülledüngung, die der Erlaß zunächst gar nicht beinhaltet. Aus der rechtlichen Norm gegenüber der Verwaltung ist eine Handlungsnorm für den Landwirt zustandegekommen.

Diese Auslegung eines Erlasses vor Ort kommt der Handhabung einer Verordnung gleich, wie sie in Nordrhein-Westfalen erlassen wurde, da die Gülleverordnung in Nordrhein-Westfalen bisher auch nicht bußgeldbewehrt ist (vgl. Teherani-Krönner 1987). Daher ist für die zeitliche Regelung im Prozeß der Implementation des Gülleerlasses von einem Vollzugsvorsprung auszugehen. Diese Verwaltungspraxis in Kreisen, die von der Gülleproblematik am stärksten betroffen sind, wurde auch von den Kammern und dem Landvolkverband mitunterstützt, auch im Hinblick darauf, daß im Falle einer Verordnung die Gülledüngung strenger gehandhabt werden könnte. Dieses Entgegenkommen, nämlich daß sich die Landwirte selbst beim Kreis melden, sollte dann aber auch durch Sonderregelungen belohnt werden, sofern ein Landwirt Probleme mit der Unterbringung seiner Güllemengen aufgrund fehlender Lagerkapazitäten hatte.

Bereits bei dem Entwurf zum Ausführungserlaß (1985) haben sich die Kreisverwaltungen dagegen ausgesprochen, daß die Rechtsgrundlage sehr deutlich formuliert wurde. Im Entwurf stand:

> Rechtsgrundlage für Einzelverfügungen zur Regelung des Aufbringens von Gülle und Geflügelkot ist § 15 AbfG. Danach kann das Aufbringen dieser Stoffe im Einzelfall beschränkt oder verboten werden. Ohne eine derartige Beschränkung oder ein Verbot im Einzelfall ist das Aufbringen zunächst grundsätzlich zulässig. Es bedarf hierfür keiner besonderen Ausnahmegenehmigung.

Von seiten der betroffenen Kreisverwaltungen wurde befürchtet, daß eine solche Formulierung die gesamten Bemühungen wieder auf Sand setzen würde (Auskunft Kreisverwaltung Osnabrück). Dieser Passus ist dann auch wieder aus dem Ausführungserlaß gestrichen worden. Doch auch im Jahre 1987 wurden die Kreisverwaltungen mit einem Schreiben des Umweltministeriums über die Regierungsbezirke darauf aufmerksam gemacht, daß die Praxis der Erteilung von Ausnahme- bzw. Sonderregelungen juristisch nicht korrekt sei (Schreiben des MU vom 13.3.1987). Dies mag ein Streit unter den Juristen bleiben, der Sache des Grundwasserschutzes wird er wenig dienlich sein. Vor Ort, wo die Verwaltungen mit den Gülleüberschüssen zu kämpfen haben, sollte nicht gewartet werden, bis die Lage jedes einzelnen Betriebs überprüft ist, damit endlich etwas geschieht. Insofern scheint Hannover weit weg von den Zentren der intensiven Tierhaltung zu liegen. Den kommunalen Behörden ist mit solchen Schreiben nicht gedient.

7. Zukünftige Maßnahmen

7.1 Forderung nach einer Gülleverordnung

Die Kreisverwaltungen und die Bezirksregierung Weser-Ems fordern von der Landesregierung eine Gülleverordnung. Eine Verordnung würde der unteren Abfallbehörde den mühsamen Vorgang von im Einzelfall zu verfügenden Aufbringungsverboten und -beschränkungen - wie es der Erlaß vorsieht - ersparen. Auch das Problem der bisherigen, an der Grenze der Legalität liegenden Praxis der Verwaltung im Umgang mit der zeitlichen Aufbringungsbegrenzung wäre gelöst.

Allgemeinverfügungen sind nicht bzw. vorläufig noch nicht möglich. Theoretisch kann das Umweltministerium in Hannover den Kreisen bzw. den Bezirksregierungen die Möglichkeit zum Erlaß von Gülleverordnungen einräumen, wie dies im § 5 Abs. 3 AbfG vorgesehen ist. Der Vorstoß des Landkreises Diepholz, mit einer Allgemeinverfügung die gesetzten Werte des Gülleerlasses für Landwirte als verbindlich zu formulieren, wurde auch mit der Begründung abgelehnt, daß von seiten des Ministeriums den Kreisen keine solche Befugnis erteilt worden sei. Eine Allgemeinverfügung käme einer Verordnung gleich, die eine besondere Anweisung durch das Ministerium erfordert. Die Formulierung einer Gülleverordnung von seiten des Umweltministeriums bedarf allerdings der politischen Entscheidung und Abstimmung mit dem Landwirtschaftsministerium, wenn es nicht zu einer offenen Konfrontation kommen soll. Dies aber wird zu vermeiden versucht.

In absehbarer Zeit wird es keine Gülleverordnung geben. Dies ist eine Zwischenentscheidung in Absprache mit dem Landwirtschaftsministerium. Es besteht eine Tendenz, von der maximal zulässigen Menge der aufzubringenden Gülle von bisher 3 DE/ha in Richtung auf 1,5 bis 2 DE/ha zu gehen, die Form eines Erlasses aber beizubehalten.

Damit aber werden Fragen der Umsetzung solcher Normen und die damit verbundenen administrativen Probleme auf die Ebene der jeweiligen Bezirksregierungen und Kreise abgewälzt. Dort, wo es bereits Probleme mit einer Beschränkung auf 3 DE/ha gibt, wie in den Kreisen Vechta und Cloppenburg, muß gefragt werden, wie eine weitere Aufforderung zur Reduzierung der Güllegaben zu bewerkstelligen sei. Immerhin könnte nach außen hin der mittlerweile wissenschaftlich vertretene Höchstwert von 2 DE/ha (SRU 1985) als Grundwasserschutzmaßnahme propagiert werden. Ob im gleichen Atemzug auch die Unverbindlichkeit dieses neuen Höchstwertes für das Handeln der Landwirte unterstrichen wird, bleibt abzuwarten. Die Kreisverwaltung in Vechta rechnete mit der Bekanntmachung eines neuen reduzierten Höchstwertes Anfang 1988 (Gespräch mit Eisenbart 1987).

Festzuhalten bleibt, daß im Fall der Implementation des Gülleerlasses, was die zeitliche Aufbringungsbegrenzung betrifft, nicht grundsätzlich von einem Vollzugsdefizit gesprochen werden kann, da hier die Beweislast, die eigentlich bei der Verwaltung hätte liegen müssen, den betroffenen Landwirten auferlegt wurde, auch wenn dies juristisch nicht ganz einwandfrei ist. Da die Praxis vor Ort einer Verordnung ohne Bußgeldbewehrung wie in Nordrhein-Westfalen gleichkommt, ist von einem Vollzugsvorsprung auszugehen. Bezogen auf die Mengenbegrenzung allerdings liegt ein Vollzugsdefizit insoweit vor, als die Verwaltung nur im Fall von Neubauanträgen diesen neuen Höchstwert hinzugezogen hat. Mit dem Ausbau des Güllekatasters dürfte der Kreis mittlerweile auch in der Lage sein, die mengenmäßigen Vorgaben gegenüber den Landwirten in Form von Einzelverfügungen auszusprechen. Wenn es in diesem Punkt zu Verzögerungen kommt, so auch deshalb, weil es noch keine technisch befriedigenden und ökonomisch vertretbaren Lösungen für Gülleüberschüse gibt. Zunächst einmal sollten die Voraussetzungen zur Einhaltung der Mengenauflagen geschaffen werden, um Auflagen in dieser Richtung durchsetzbar zu machen. Ein effektiver Grundwasserschutz vor Nitrateintrag aufgrund von Überdüngung wird wohl noch eine Weile auf sich warten lassen. Zunächst einmal sollen Güllegenossenschaften das Problem »bäuerlicher Familienbetriebe« lindern helfen.

7.2 Die Dümmer-Sanierung

7.2.1 Das Konzept zur Dümmer-Sanierung

Im südöstlichen Teil des Kreises Vechta, angrenzend an die Gemeinde Dammer, erstreckt sich der Dümmersee. Das östliche Ufer dieses Sees liegt im Kreis Diepholz, ein kleiner Uferstreifen gehört zum Landkreis Osnabrück. Probleme der intensiven Landwirtschaft in diesem Raum werden auch in der Eutrophierung des Oberflächengewässers, durch die hohe Phosphatfracht dieses flachgründigen Sees, deutlich.

Nach Ausführungen des Umweltschutzbeauftragten der Niedersächsischen Landesregierung, Redeker, am 28.8.1985 in Diepholz hat sich etwa seit 25 Jahren die Eutrophierung im Dümmer durch erhöhte Zufuhr von Pflanzennährstoffen außerordentlich verstärkt. Insbesondere die intensive landwirtschaftliche Nutzung wird als wesentlicher Einflußfaktor für die abnehmende Wassergüte angesehen. Bislang als Grünland genutzte Niedermoorflächen wurden umgebrochen, zu Maisfeldern und zur Unterbringung von Gülle herangezogen (Redeker 1985).

1966 hatte der Internationale Rat für Vogelschutz dem Gebiet um den Dümmersee aufgrund der Bedeutung für die Vogelwelt den Titel »Europareservat« verliehen. Die Bundesregierung hat sich 1971 international verpflichtet, Feuchtgebiete am Dümmer zu schützen. Aufgrund der ökologischen Bedeutung für feuchtgebietsabhängige Watt- und Wasservögel, besonders auch für Zug- und Gastvögel, wurde 1976 der Dümmer mit den umliegenden Feuchtwiesen als Feuchtgebiet von internationaler Bedeutung bei der UNESCO in Paris gemeldet. Teile des Dümmers wurden 1961 und 1976 als Naturschutzgebiet, im Jahre 1982 der gesamte See mit seinen angrenzenden Gebieten als Landschaftsschutzgebiet ausgewiesen (Redeker 1985).

Seit Anfang der achtziger Jahre wird an einer Konzeption zur Dümmer-Sanierung gearbeitet. Mehrere Gutachten wurden in Auftrag gegeben. 1982 erschien das landespflegerische Gutachten, ein limnologisches Gutachten folgte im Jahre 1983, und ein Jahr später, 1984, wurde ein Gülle-Gutachten fertiggestellt, das den jährlichen Gülleüberschuß in dem betroffenen Gebiet mit 180 000 Kubikmetern angab.

Verschiedene Naturschutzverbände organisierten sich 1984 in einem »Dümmer-Ausschuß« in Diepholz. Sie machten auf Mißstände wie Grünlandumbruch in der Umgebung des Dümmers aufmerksam und forderten die Durchsetzung konkreter Schutzmaßnahmen, so ein Verbot für Grünlandumbruch. Die Verabschiedung eines Dümmer-Sanierungskonzepts ließ zunächst auf sich warten und sollte wohl nicht vor den Landtagswahlen in Niedersachsen von 1986 vorgenommen werden.

Nach den Wahlen wurde ein Entwurf zum Dümmer-Sanierungskonzept vom neuen Landwirtschaftsminister Ritz in Lemförde vorgestellt und eine einstweilige Sicherstellung der künftigen Naturschutzgebiete angekündigt. Der Minister wurde von den Bauern angegriffen und beschimpft. Die Rede war von »kalter Enteignung« und »diktatorischen Maßnahmen«. Ein Betroffener kam sich gar wie ein rustikaler Indianer vor: »Dann bekommen wir die Holschen an, einen Hut auf und kommen ins Reservat.« (DK, 28.11.1986) Die betroffenen Landwirte der Kreise Vechta, Diepholz und Osnabrück schlossen sich dann in einem »Dümmer-Rat der Landwirte« zusammen, um gegen die geplanten Maßnahmen der Regierung vorzugehen. Etwa 480 Betriebe haben Flächen im Sanierungsgebiet, das sich über ca. 4 000 Hektar erstreckt. Etwa 2 000 Hektar werden als Kernzone bezeichnet, und weitere 2 000 Hektar sind als Pufferzone vorgesehen.

Der über die Landvolkvereine (das Pendant zum Bauernverband in Niedersachsen) gegründete Dümmer-Rat stellt folgende Forderungen:

- Es darf keine einstweilige Sicherstellung geben.
- Freiwilligkeit muß oberstes Gebot bei allen weiteren Maßnahmen und Verhandlungen sein.
- Das Kaufangebot muß für die Landwirte akzeptabel sein.

Nach Ausführungen von Wielenberg, Mitglied des Dümmer-Rats, sollen freiwillige, kündbare Entschädigungs- bzw. Nutzungsverträge abgeschlossen werden. Bezogen auf die Ausweisung von Naturschutzgebieten meint Wielenberg, daß die Entscheidungsfreiheit der Landwirte über die Flächen durch unaufhebbare Auflagen erheblich eingeschränkt und von jeder Zukunftsentwicklung abgeschnitten werde. Das sei der entscheidende Punkt für die Wertminderung (Gespräch mit Wielenberg, Juli 1987).

Nach mehreren Entwürfen und Absprachen mit den Kommunen und Verbänden liegt nunmehr seit Februar 1987 ein »Konzept zur langfristigen Sanierung des Dümmer-Raums« vor, dessen Umsetzung sich bis in die neunziger Jahre erstrecken wird.

7.2.2 Ziele und Maßnahmen zur Dümmer-Sanierung

In der Phase der Programmformulierung ist es zu erheblichen Interessenkollisionen gekommen. Das vorliegende Konzept versucht folgende Ziele miteinander in Einklang zu bringen:

1. Naturschutz
   Dauerhafte Erhaltung der für den Naturschutz wertvollen Bereiche des Dümmers und der Dümmer-Niederung mit den naturraumspezifischen Pflanzen- und Tierarten; dazu gehört auch die Wiederherstellung von Biotopen, soweit diese erheblich beeinträchtigt oder zerstört sind.
2. Wasserwirtschaft
   Erhaltung einer offenen Wasserfläche des Dümmers und die Verbesserung der Gewässergüte der Oberflächengewässer und des Grundwassers durch Verminderung der Nährstoffeinträge.
3. Landwirtschaft
   Sicherung der Existenz der betroffenen landwirtschaftlichen Betriebe unter Berücksichtigung einer an den Belangen von Naturschutz und Wasserwirtschaft orientierten Bodennutzung.
4. Erholung und Fremdenverkehr
   Erhaltung des Dümmers und der Dümmer-Niederung als Erholungsraum.

Nach Schätzungen aus dem Jahre 1987 wurden in den nächsten fünf Jahren ca. 100 Millionen DM für die langfristigen Sanierungen des Dümmer-Raums benötigt. Sie waren für folgende Maßnahmen vorgesehen:

- Landwirtschaft: rund 38 Millionen DM (Gülle, Bodenordnung u. a.)
- Naturschutz: rund 35 Millionen DM (Landankäufe, Erschwernisausgleiche u. a.)
- Wasserwirtschaft: rund 29 Millionen DM (Regelung der wasserwirtschaftlichen Verhältnisse, Kläranlagen, Kanalisation u. ä.).

Aus damaliger Sicht waren für fortlaufende Zahlungen (zum Beispiel Erschwernisausgleich/Pflege) 6,5 Millionen DM/Jahr erforderlich (ML, 27.2.1987).

»Besonderer Nachdruck ist auf die Lösung des Gülleproblems in der Dümmer-Region zu legen, das zur Zeit in diesem Raum eine standortgerechte Bodennutzung verhindert. Dadurch werden nicht nur die Oberflächengewässer und das Grundwasser mit Nitrat und Phosphaten verunreinigt, sondern auch die naturnahen Feuchtwiesen und -gebiete durch Überdüngung beeinträchtigt. In der Kernzone soll daher keine Gülle mehr ausgebracht werden. In der Pufferzone soll die Gülleausbringung entsprechend dem niedersächsischen Gülleerlaß auf ein bis zwei Dungeinheiten beschränkt bleiben. Für die überschüssige Gülle diese Gebietes sind andere Verwertungsmöglichkeiten zu schaffen. Es werden alle Anstrengungen unternommen, das Gülleproblem zunächst übergebietlich und so schnell wie möglich im Rahmen einer technischen Lösung zu regeln. Zielvorstellung des ML ist eine von der Landwirtschaft organisierte und - nach Erstinvestitionsförderungen durch das Land - sich langfristig selbst tragende Gülleverwertung.« (ML, 27.2.1987)

Eine extensive Nutzung der Flächen in der Kernzone soll von den bisher dort wirtschaftenden Landwirten vorgenommen werden, die für ihre Leistungen für den Naturschutz eine angemessene Vergütung erhalten. In der Pufferzone soll eine Nutzungseinschränkung durch Auflagen bezüglich der Anwendung von Düngemitteln und Einsatz von chemischen Mitteln, Mähen etc. durch Zahlung eines Erschwernisausgleichs mit den Landwirten vereinbart werden. Abstufungen und die Höhe der Ausgleichszahlungen sind noch festzulegen (ebenda).

7.2.3 Übergangsregelungen zugunsten der Landwirtschaft

Betroffen von den Sanierungsmaßnahmen sind ca. 480 landwirtschaftliche Betriebe, davon je zur Hälfte im Haupt- und im Nebenerwerb. Die durchschnittliche Betriebsgröße beträgt im Landkreis Diepholz 18,7 Hektar und im Landkreis Vechta 16,5 Hektar. 70 % der Betriebe haben durchschnittlich 11,9 Hektar bzw. zwei Drittel ihrer Wirtschaftsflächen zugepachtet. Das Acker-Grünland-Verhältnis beträgt 1:1.

»Auf eine einstweilige Sicherstellung von Kern- und Pufferzone wird zunächst verzichtet, da die Landvolkverbände mit ihren Mitgliedern zugesagt haben, auf jegliche Veränderung der derzeitigen Struktur zu verzichten. Die Landkreise und die Landvolkverbände beobachten gemeinsam, ob der freiwillige Verzicht auf Grünlandumwandlung eingehalten wird. Sie wird dann angewendet werden, wenn diese freiwillige Bindung durchbrochen wird.« (ML, 27.2.1987)

In diesem Punkt waren die Verhandlungen des Dümmer-Rats erfolgreich: Das in Aussicht gestellte Verbot des Grünlandumbruchs des Landwirtschaftsministers wurde zurückgestellt und der Eigenverantwortung der Landwirtschaft überlassen. Auch in bezug auf die geplanten Maßnahmen der Kern- und Pufferzone konnten die landwirtschaftlichen Interessenvertretungen durch Verhandlungen einige Erfolge erzielen und für eine Übergangszeit Entscheidungen zu ihren Gunsten erwirken. In einem Erlaß vom 13.10.1987 an die Bezirksregierung Weser-Ems und Hannover werden Bewirtschaftungsbedingungen der angekauften Flächen konkretisiert. Auch bei den angekauften Flächen in der Puffer- und Kernzone sollten die Landwirte einen Übergangspachtvertrag auch für eine Ackernutzung bis maximal zum 30.10.1989 - gegebenenfalls auch länger, soweit dies vereinbart oder zugesagt worden ist - erhalten.

Für Grünland in der Pufferzone sind folgende Bewirtschaftungsauflagen vorgesehen:

- keine Durchführung zusätzlicher Entwässerungsmaßnahmen
- keine Veränderung des Bodenreliefs
- kein Umbruch zum Zwecke der Narbenerneuerung oder der Ackerzwischennutzung
- Ausbringen von Gülle oder Jauche lediglich bis 2 DE
- kein Walzen, Schleppen, Mähen und Gülleausbringen in der Zeit vom 15. März bis 15. Juni oder 1. Juli eines jeden Jahres (bei späterem Zeitpunkt reduziert sich der Pachtpreis um ein Drittel)
- vor dem 1. Juli eines jeden Jahres Beweidung nur mit maximal zwei Stück Weidevieh/Hektar
- Anwendung von Pflanzenschutzmitteln nur mit Genehmigung des Verpächters.

Auflagen für die Bewirtschaftung bei Grünland in der Kernzone entsprechen jenen für die Pufferzone. Ziel ist es, daß keine Gülle ausgebracht wird. Allerdings wird eingeräumt, daß im Einzelfall abweichend eine Ausbringung bis maximal unter 2 Dungeinheiten vereinbart werden kann, soweit der Pächter auf die Gülleausbringung angewiesen ist (ML, Runderlaß vom 13.10.1987). Damit aber werden Naturschutzauflagen in Abhängigkeit von den betriebswirtschaftlichen Bedingungen der Pächter gesetzt. Die Möglichkeit der Ausbringung von bis zu 2 Dungeinheiten sogar in der Kernzone auf Grünland dürfte kaum mit den Zielen der Dümmer-Sanierung vereinbar sein. Grundsätzlich wird auf Grünland weit weniger Gülle ausgebracht als auf Ackerland. Es bleibt abzuwarten, ob die grundsätzliche Befürwortung der Umwandlung von Acker- in Grünland in der Puffer- und Kernzone in der Übergangszeit zustandekommt.

7.3 Hoffen auf technische Lösungen

Wenn es im Raum Vechta nicht zu einem Abbau der Tierbestände kommt - kommen soll -, entweder weil er politisch nicht vertretbar oder rechtlich nicht durchsetzbar erscheint, dann müssen andere Wege der Verarbeitung oder Verteilung der Gülle gefunden werden. Sowohl durch den Gülleerlaß als auch im Zuge der Diskussion um die Dümmer-Sanierung wurde der Handlungsdruck zur Verwertung von Gülleüberschüssen verstärkt. Ende der achtziger Jahre bestand seitens der Landesregierung die Bereitschaft, technische Verfahren auf diesem Gebiet zu finanzieren. Von den geplanten 100 Millionen DM zur Dümmer-Sanierung waren ca. 38 Millionen für den Bereich der Gülleverwertung, Bodenordnung usw. vorgesehen.

Geflügelgülle

Bei der Geflügelgülle besteht die größte Vermarktungschance. Betriebe ohne eigene Viehhaltung sind durchaus bereit, für die gelieferte Hühnergülle zu zahlen. Ferner ist es bei der Verwertung und Verarbeitung dieser Güllesorte zu bereits praktizierten technischen Innovationen wie dem Vortrocknungsverfahren und der Verarbeitung mit Stroh im Bereich der Pilzzucht gekommen. Eine Entlastung der Region kann aufgrund der Transportkosten von bis zu 100 Kilometern, die noch für vertretbar und lohnend angesehen werden, erreichbar sein (vgl. auch Abschnitt C 6.5).

Schweine- und Rindergülle

Für die Schweine- und Rindergülle gibt es noch keine ausgereiften Techniken, die wirtschaftlich vertretbar wären. Auch die Pilotanlage auf einem

130 Hektar großen Hof, die aufgrund von Plänen der Universität Oldenburg errichtet wurde, kann nach Auskunft von Lammerding nicht als zufriedenstellend beurteilt werden. Eine Kompostierung der Gülle mit Stroh wird auch nach Überwindung technischer Mängel nicht in großem Umfang durchführbar sein, weil in dieser Region die erforderliche Menge an Stroh nicht vorhanden ist (vgl. Gespräch mit Akkermann 1987). Bei der Separierungsanlage und Weiterverarbeitung der Gülle in eine streufähige geruchsfreie Substanz sind Probleme der restlichen flüssigen Bestandteile noch ungelöst. Sowohl in der Bundesrepublik als auch in Holland gibt es vermehrte Anstrengungen, Verfahren zur Gülleverarbeitung zu entwikkeln.

In Holland wurden Ende der achtziger Jahre verschiedene Verfahren praktiziert, die von der holländischen Regierung als potentiell förderungswürdig eingestuft wurden. Die Verarbeitungskapazität lag bei ca. 175 000 Tonnen Kälbergülle und 22 000 Tonnen Schweinegülle im Jahr. Die folgende Tabelle C 9 gibt einen Überblick über relativ fortgeschrittene Planungen im Bereich der Gülleverarbeitung mit Angaben über die Methode und die geschätzten Kosten.

Geflügelgülle zum Beispiel soll durch Mikrowellen behandelt werden. An der Universität in Nijmegen wurde ein Verfahren zur Verarbeitung der Gülle mit Altpapier zur Erzeugung von Biogas und Proteinen, die wieder als Futtermittel eingesetzt werden können, entwickelt (van der Kley/ Bennett 1987).

In Niedersachsen ist es im Zuge der Dümmer-Sanierungskonzeptionen zu einer Ausschreibung für Gülleverarbeitungsverfahren gekommen. Auch wenn solche Anlagen gebaut und erprobt wurden, war damit zu rechnen, daß eine zufriedenstellende Inbetriebnahme viel Zeit in Anspruch nehmen würde. Solange wie eine »Patentlösung« noch nicht vorliegt, sollte dafür Sorge getragen werden, daß durch eine geregelte Verteilung von Gülleüberschüssen der Überdüngung und Grundwasserbelastung mit Nitrat Einhalt geboten wird.

Sollte es in Zukunft möglich sein, das Gülleproblem technisch und wirtschaftlich zu lösen, könnte die Bindung der Tierproduktion an die landwirtschaftliche Fläche aufgehoben werden. Massentierhaltungsbetriebe könnten sich an den Importhäfen von Futtermitteln konzentrieren, eine Verlagerung der Tierproduktion aus dem ländlichen Raum würde

Tabelle C 9 Verfahren zur Verarbeitung der Gülle in Holland

Name of the Company/ location of the (future) factory or of the pilot experiments.	Method	Capacity per year	estimated costs per m^3	total estimated investment costs	end products
Promest B.V. Helmond	supply by tankers-fermentation-mechanical seperation-evaporation, water purification	100.000 m^3	Nfl. 20,-	Nfl. 21 million	fertilizer grains, biogas, effluent
Grontmij in cooperation with the Steering Comittee Central Manure Treatment, Ede	supply by means of a sewarage system- then: see Promest B.V.	100.000 m^3	?	Nfl. 70 million	see Promest B.V.
Institure for manure treatment Gelderland locations: Ede. Barneveld, Harderwijk	purification of calf manure with micro-organisms	100.000 m^3	Nfl. 10,-	Nfl. 2.5 million	effluent "clean"
Waste Treatment Systems (Vertech System) Dordrecht	Combustion under pressure at a great depth (approx. 1600 m)	350.000 m^3	Nfl. 20,-	Nfl. 40 million	fertilizer (ashes), gas, effluent
Derksen/ Liemers B.V. Schippers Best Arnhem	'micro-wave' treatment of chicken manure minerals → N_2 gas → carbon compounds ↑ gasification	50.000 m^3	Nfl. 30,-	Nfl. 25 million	carbon compounds
Department of Microbiology, Catholic University of Nijmegen	manure + waste paper —fermentative organisms→ biogas + proteins	?	?	?	biogas, proteins

Quelle: von der Kley/Bennett 1987: 46

Siedlungsstrukturen zerstören und der bäuerliche »Veredelungsbetrieb« wäre durch technische Innovationen im Bereich der Güllewirtschaft überholt (Gespräch mit Tornow 1987).

7.4 Die Güllegenossenschaft

7.4.1 Die Gülleverwertungsgenossenschaft in Vechta

Ende Oktober 1987 wurde die Gründung einer Gülleverwertungsgenossenschaft in der Presse bekanntgemacht. Ziel der Genossenschaft ist es, die gemeinschaftliche Verwertung der Gülle für die Mitglieder zu fördern. Dazu gehört:

(a) überbetriebliche Gülleverwertung
(b) Durchführung des Gülletransports
(c) Errichtung und der Betrieb von Güllelagerstätten
(d) Aufbringung von Gülle
(e) Beteiligung an Unternehmen zur technischen Verarbeitung von Gülle
(f) Beratung der Mitglieder über Gülledüngung.

Mit der Güllegenossenschaft soll den kleinen und mittleren Landwirten, die Probleme mit den Gülleüberschüssen haben, geholfen werden, ihre Existenz zu sichern (OV, 28.10.1987). Mitglieder können Inhaber viehhaltender Betriebe aus dem Landkreis Vechta, Körperschaften des öffentlichen Rechts und sonstige mit der Landwirtschaft verbundene Unternehmen sein. Der Geschäftsanteil beträgt 500 DM. Jedes Mitglied kann je Anteil jährlich bis zu 100 Kubikmeter, insgesamt jedoch höchstens 1 000 Kubikmeter Gülle an die Genossenschaft abgeben (Satzungsentwurf vom 17.9.1987).

Der Landkreis wollte dieses Vorhaben mit 500 000 DM (Starthilfe) aus Finanzzuweisungen des Landes, die zweckgebunden für Umweltbelange eingesetzt werden müssen, fördern. Die Entscheidung wurde vom Landvolk, Landkreis und von der CDU-Fraktion im Kreistag unterstützt. Der Einsatz von öffentlichen Mitteln sollte dadurch gerechtfertigt sein, daß hier ein wesentlicher Beitrag für den Umweltschutz, insbesondere zum Grundwasserschutz, geleistet wird (OV, 28.10.1987).

Überlegungen zu einer Gülleverwertungsgenossenschaft gibt es in Vechta seit dem Gülleerlaß. Bereits Mitte 1986 lag der fünfte Planungsentwurf einer solchen Genossenschaft vor (Gespräch mit Höltermann 1986). Dabei sollten die Kammer, das Ministerium und die Aufsichtsbehörden in die Organisation und Umsetzung einbezogen werden, nicht zuletzt, um eine finanzielle Unterstützung zu erhalten. Hierzu der Kreislandwirt Höltermann:

»Da gibt es einige Schwierigkeiten, die noch zu bedenken sind, so zum Beispiel, daß bei Agrarindustriellen eventuell die Gülle auch zum Preis von 3 DM/m^3 abgegeben wird. Der Landwirt würde dann lieber die billige Gülle anstelle der teuren der Kleinbauern kaufen ... Bei den kleinen landwirtschaftlichen Betrieben mit Flächen von 5 - 10 ha entstehen auch die Engpässe. Diese Betriebe sind zum Teil nicht in der Lage, die Finanzierung großer Güllebehälter aufzubringen. Zum Teil aber ist es auch gar nicht sinnvoll für einen Betrieb, der die erforderliche Fläche nicht hat, Lagerkapazitäten über den eigenen Flächenbedarf hinaus zu schaffen. Lagerkapazität muß dort geschaffen werden, wo auch die landwirtschaftliche Fläche vorliegt. Sinnvoll ist es daher, wenn der Landwirt, der die Gülle aufnehmen will, die Lagerkapazität schafft. Unsere Strategie ist es, nur soviel Lagerkapazität zu schaffen, wie auch landwirtschaftliche Flächen zur Verfügung stehen. Der Rest soll dann in Gemeinschaftsbehälter kommen. Das ist die Idee der Gülle-Genossenschaften; Gemeinschaftsanlagen sollen gebaut und gefördert werden. In der Zeit, wo die Gülle gebraucht wird, gibt es sonst gar nicht die Transportkapazität ... Wir sind daher gegen den Bau von großen Güllebehältern bei Landwirten, die nicht über genügend landwirtschaftliche Flächen verfügen.« (Gespräch mit Höltermann 1986)

Nunmehr, da die Finanzierung einer Güllegenossenschaft sichergestellt ist, bleibt abzuwarten, wie die Verwertung der Gülleüberschüsse konkret durchgeführt wird, wo und in welchem Umfang Güllebehälter gebaut, welche Betriebe ihre Gülle abgeben. Die große Frage bleibt aber, wer die Gülleüberschüsse aus Vechta abzunehmen bereit ist.

Seit der Dümmer-Konferenz im Jahr 1985 wurde auch von seiten des Landvolkverbands die Frage diskutiert, wie man das Problem der Gülleüberschüsse am Dümmer lösen könne. Vermittlungs- oder Vermarktungsgesellschaften sollten gegründet werden.

Wenn erst Ende 1987 eine Realisierung der Güllegenossenschaft in Vechta zustandegekommen ist, so kann dies auf einen verstärkten Handlungsdruck zurückgeführt werden. Neben dem bereits seit 1983 bestehenden Gülleerlaß wurden in der Dümmer-Sanierungskonzeption finanzielle Mittel zur Bewältigung der Gülleüberschußprobleme in Aussicht gestellt. Hinzu kommen ferner:

1. In das Güllekataster können jetzt auch Altanlagen aufgenommen werden. Der Flächennachweis für die überschüssige Gülle wird für alle landwirtschaftlichen Betriebe unumgänglich. »Durch die Genossenschaft hat das Mitglied die Möglichkeit, den Beweis zu erbringen, wo es seine überschüssige Gülle, nur um die geht es, läßt.« (OV, 28.10.1987)
2. Mit der Diskussion über eine Reduzierung der Dungeinheiten von bisher 3 in Richtung auf 2 bis 1,5 DE/ha wird der erforderliche Flächennachweis für landwirtschaftliche Betriebe im Kreis Vechta um ein Vielfaches schwieriger werden. Die Frage: wohin mit den Gülleüberschüssen? wird auf der Ebene einzelner landwirtschaftlicher Betriebe kaum zu beantworten sein.

Ende der achtziger Jahre war der Zeitpunkt gekommen, um in Vechta Güllegenossenschaften nach dem Modell holländischer Güllebanken zu errichten. Mit der Abnahmebeschränkung auf 1 000 Kubikmeter Gülle sollte sichergestellt werden, daß insbesondere kleinere Betriebe mit wenig eigenen landwirtschaftlichen Nutzflächen, die nicht in der Lage sind, den erforderlichen Nachweis für den Verbleib der anfallenden Gülleüberschüsse zu erbringen, in den Genuß der finanziellen Unterstützung kommen. Für viehstarke Betriebe mit geringen landwirtschaftlichen Flächen wäre ansonsten eine weitere Aufstockung der Tierbestände nicht möglich. Mit dem Aufbau eines Güllekatasters allerdings ist die indirekte Form der Flächenbindung der Tierbestände wieder aufgehoben worden. Es mußte nicht zum Abbau kommen, sondern eine weitere Aufstockung der Tierbestände blieb offen genauso wie die Frage, wo die nunmehr zu errichtende Güllegenossenschaft die Gülleüberschüsse unterbringen kann.

7.4.2 Güllebanken in Holland

Güllebanken gibt es in Holland in den drei tierstarken Provinzen Nordbrabant, Limburg und Gelderland. Aufgabe der Güllebanken ist es, den Transport von Gülle zu organisieren; dazu bedienen sie sich verschiedener Privatunternehmen.

Ein im größeren Umfang durchgeführter Gülletransport findet seit 1974 mit finanzieller Unterstützung des Landwirtschaftsministeriums statt. Zunächst sollte ein solches Programm nur über vier Jahre bezuschußt werden, mittlerweile aber hat es sich zu einer fest verankerten Institution im Rahmen der holländischen Tierhaltung etabliert. Subventioniert wurden zunächst Gülletransporte der Hühner- und Schweinegülle über eine Entfernung von 8 bis 10 Kilometern. Später wurde dann der Transport der Gülle von Geflügeln ab einer Entfernung von 75 Kilometern und bei Mastschweinen ab 50 Kilometer bezuschußt. Das Transportunternehmen erhält bei größeren Entfernungen eine höhere Summe als Entgelt. Einer Tabelle der Mest-Bank in Brabant, Stand 15. Mai 1986, ist zu entnehmen, daß die Abnehmer von Hühner- bzw. Geflügelgülle pro Kubikmeter einen Preis von ca. 15 Gulden und für die übrige Gülle ca. 7,5 Gulden zu zahlen haben. Bei Geflügelgülle staffelt sich die Subvention von 13,75 Gulden bei einer Entfernung von 75 Kilometern bis auf 20 Gulden bei einer Entfernung von 180 Kilometern. Bei der übrigen Gülle erhält das Transportunternehmen bei einer Entfernung von 50 Kilometern pro Kubikmeter Gülle 9,25 Gulden und bei einer Entfernung von 180 Kilometern 19 Gulden. Insgesamt gibt das Ministerium im Jahr 2,7 Millionen Gulden an Subventionen für den Gülletransport aus.

8. Problemperzeption: Die Nitrat- und Güllediskussion

8.1 Eine Verordnung gegen Geruchsbelästigung

Noch bevor in der Öffentlichkeit Grundwasserbelastungen mit Nitrat zur Sprache gekommen waren, gab es Probleme wegen des durch die Gülle entstehenden Geruchs. Beim Aufbringen dieses Gemischs von Harn- und Kotausscheidungen sind Geruchsbelästigungen kaum zu vermeiden. Auch der Misthaufen hatte seine besondere Duftnote (Landluft), doch das im Zuge der technischen Innovation unter den Spaltböden gesammelte Gemisch aus Harn- und Kotausscheidungen vermischt mit Wasser, das unbegrenzt auf landwirtschaftliche Flächen aufgebracht wurde, bekommt quantitativ wie qualitativ eine neue Dimension.

Der Gestank der auf landwirtschaftliche Flächen aufgebrachten Güllemenge führte nicht nur zum Naserümpfen der Bevölkerung und der Gäste in Fremdenverkehrsorten, sondern schürte auch ein gewisses Konfliktpotential zwischen Bauern und nicht in der Landwirtschaft tätigen Personen. Stein des Anstoßes war es, wenn Landwirte gerade an Sonn- und Feiertagen Schweine- oder Hühnergülle ausbrachten und die gesamte Umgebung mit einer stechenden Duftnote versahen.

Auf diesem Gebiet mußte etwas geschehen, darüber gab es einen gewissen Konsens innerhalb der Gesellschaft, auch unter den Landwirten und ihren Organisationen. In den siebziger Jahren wurden daher in mehreren Kreisen »Kreisgülleverordnungen« herausgebracht, die Vorgaben zur Aufbringung der Gülle enthielten. So durfte ab Samstagmittag keine Gülle mehr ausgefahren werden. Die Gülle sollte innerhalb von 24 Stunden in den Boden eingearbeitet und unter Berücksichtigung der Windrichtung und in einem gewissen Abstand zu bebauten Grundstücken und öffentlichen Einrichtungen aufgefahren werden. Die auf Kreisebene verabschiedeten »Gülleverordnungen« wurden weitgehend auch von den Landwirten respektiert. Dies unterstreicht die herausragende Bedeutung von Sonntagen für die Bevölkerung insgesamt und die Einigkeit, daß zu den Feiertagen die Luft nicht durch unangenehme Gerüche verpestet werden sollte.

Die Kreisgülleverordnungen beziehen sich nur auf die Geruchsimmissionen, Belastungen des Bodens und des Grundwassers werden darin nicht berücksichtigt. Das Problem der Geruchsbelästigung allerdings bleibt weiterhin bestehen. Dort, wo es bisher noch keine solche Regelungen gibt, kommt es immer wieder zu Beschwerden über die Gülleaufbringung an Feiertagen. Zur Harmonisierung in der Bevölkerung appellierte daher der ehemalige Landwirtschaftsminister Glup auf einer Diskussionsveranstaltung des Landvolkverbandes im November 1984 mit der Aussage: »Sonnabend ist kein Güllefahrtag« (Nordwest Zeitung, 22.11.1984).

8.2 Wie steht es um die Versorgung der Bevölkerung mit einwandfreiem Trinkwasser?

Eine öffentliche Diskussion über Grundwasserbelastungen mit Nitrat im Kreis Vechta begann Anfang der achtziger Jahre, auch wenn Probleme der Gülledüngung und der Grundwasserbelastung im Landkreis schon in den siebziger Jahren bekannt waren. Zwei markante Ereignisse können als auslösende Momente der öffentlichen Auseinandersetzungen ausgemacht werden: zum einen - aufgrund steigender Nitratwerte im Grundwasser - die Schließung zweier Entnahmebrunnen des Wasserwerks Holdorf durch den OOWV; zum anderen die Veröffentlichung eines Artikels in der Zeitschrift »natur« (6/1981), in dem auf den Zusammenhang zwischen Belastungen des Grundwassers mit Nitrat und der intensiven Tierhaltung, verbunden mit großen Mengen an aufgebrachter Gülle im Kreis Vechta, aufmerksam gemacht wurde. Einen genauen Überblick über die Situation der Trinkwasserversorgung und der Grundwasserbelastung mit Nitrat im Kreis Vechta gab es zu jener Zeit noch nicht. In »natur« heißt es:

> »Wo aber Gülledüngung zum grünbraunen Dauerregen wird, wo es einer ausufernden Massertierhaltung nicht mehr um Stickstoffzufuhr für den Boden, sondern nur noch darum geht, täglich neu auflaufende Kotfluten loszuwerden, wird aus einer landwirtschaftlichen Notwendigkeit ein landwirtschaftlicher Notstand auf Dauer.« (natur 6/1981)

In einer weiteren Ausgabe von »natur« wird Uwe Bartels, SPD-Landtagsabgeordneter aus Vechta und Mitglied des Agrar- und Umweltausschusses, zitiert:

> »Zwei Anfragen zu den Folgen extremer Massentierhaltung im südlichen Oldenburg wurden vom zuständigen Landwirtschaftsminister Gerhard Glup schon abwiegelnd beantwortet. Die in 'natur' berichtete Gefährdung des Grundwassers durch übermäßige Gülledüngung verlangt aber eine detaillierte Untersuchung.« (natur 8/1981)

Im Landtag hatte Bartels bereits 1978 auf negative Folgen der Konzentration der Agrarindustrie auf kleinere und mittlere landwirtschaftliche Betriebe hingewiesen und vor den Auswirkungen auf Boden und Grundwasser gewarnt. Vorwürfe der Nestbeschmutzung wurden gegen Bartels damals laut (Gespräch mit Bartels, November 1987).

Hintergrund der Anfragen war das vor 1978 vorhandene Wissen, daß das Grundwasser, insbesondere in höheren Schichten, belastet war. Die ersten Untersuchungen von Privatbrunnen basierten auf Eigeninitiativen; es wurde vermutet, daß der Tod von Kälbern mit Belastungen des Wassers zusammenhing (ebenda).

Bei der BSH bildete sich 1981 eine Arbeitsgruppe AG Trinkwasser. Gemeinsam mit den Grünen führte sie im Frühjahr 1982 Nitratmessungen bei Einzelversorgungsanlagen durch. Die ermittelten Werte schwankten zwischen 30 und 350 mg/l NO_3. Es wurde angenommen, daß etwa 20 % der Bevölkerung des Kreises Vechta ihren Bedarf aus Trinkwasser-Eigenversorgungsanlagen beziehen, aber die genaue Anzahl der Anlagen war nicht bekannt, weder den Grünen, noch der BSH, noch der Kreisverwaltung (vgl. Die Grünen 1982: 1 und 37).

Im September 1982 erschien eine umfangreiche Broschüre der AG Trinkwasser der BSH und der Grünen, Kreisverband Vechta, unter dem Titel »Nitrat im Trinkwasser - Zur Gülleproblematik im Kreis Vechta«. Darin wird dokumentiert, wie Anfragen der Grünen durch ihren Kreistagsabgeordneten beim Landkreis zur Trinkwasserversorgung und zum Nitrat im Grundwasser nicht zufriedenstellend beantwortet wurden. In der Kritik der BSH an der Antwort der Kreisverwaltung auf die Kreistagsanfrage der Grünen wird auf den § 19 der Trinkwasserverordnung hingewiesen.

> »Erlangt das Gesundheitsamt Kenntnis von Tatsachen, die geeignet sind, die vorgeschriebene Beschaffenheit des Trinkwassers oder des Brauchwassers für Lebensmittelbetriebe zu beeinträchtigen, so hat es, soweit erforderlich, zusätzliche Prüfungen oder Kontrollen durchzuführen. Dabei hat es die Untersuchungen auf alle Umstände auszudehnen, die für die vorgeschriebene Beschaffenheit des Trinkwassers und des Brauchwassers für Lebensmittelbetriebe von Bedeutung sein können. Es hat die zuständige Behörde zu unterrichten und geeignete Maßnahmen vorzuschlagen.«

Weiter wird argumentiert:

> »Da das Gesundheitsamt des Kreises Vechta offensichtlich selbst von außerordentlich hohen Nitratwerten weiß, sind die Aufgaben, die sich aus dem § 19 ergeben, in aller Konsequenz wahrzunehmen. Hierbei ist es nicht ausreichend, den wenigen Inhabern von Einzelversorgungsanlagen, bei denen man zufällig von höheren Nitratwerten Kenntnis hat, vorzuschlagen, sie sollten doch ihre Brunnen tiefer bohren.« (OV, 25.5.1982)

Da Bemühungen zur Durchsetzung einer umfassenden Untersuchung der Einzelversorgungsanlagen im Kreis wenig Hoffnung auf Erfolg hatten, erstatteten Mitglieder des Kreisvorstands der Grünen am 2. September 1982 bei der Staatsanwaltschaft in Oldenburg Strafanzeige gegen die beim Landkreis für die Trinkwasserüberwachung verantwortlichen Beamten. Der Kreisverwaltung bzw. dem Gesundheitsamt, das dem Kreis zugeordnet ist, wurde »Unterlassungstäterschaft« vorgeworfen. In der Presseerklärung der Grünen wurde betont, daß es nicht um die Anschuldigung bestimmter Personen beim Gesundheitsamt gehe, sondern durch das Einschalten der Staatsanwalt auf Versäumnisse der Kreisverwaltung aufmerksam gemacht werden sollte, die im Sinne des Allgemeinwohls und der Zukunft seien. Auf diese Anzeige wegen Unterlassungstäterschaft reagierte die Kreisverwaltung sehr schnell; bereits ab Oktober/November 1982 wurde eine umfangreiche Untersuchung des Grundwassers bei Privatbrunnenbesitzern im Kreis gestartet. Die Ermittlungen des Staatsanwalts wurden bald eingestellt (Gespräch mit dem Kreistagsabgeordneten der Grünen, November 1987).

8.3 Messung der Nitratwerte im Grundwasser

Die Informationen durch die Presse über hohe Nitratwerte im Grundwasser und die öffentliche Diskussion über die gesundheitliche Gefährdung durch Nitrat im Trinkwasser forcierten eine gewisse Beunruhigung und Verunsicherung der Bevölkerung, zumal erheblich mehr als die vermuteten 20 % ihr Trinkwasser aus eigenen Brunnenanlagen entnehmen.

Die Kreisverwaltung sah sich Ende 1982 unter dem Druck der Öffentlichkeit veranlaßt, eine Untersuchung des Trinkwassers durchzuführen. Der Bevölkerung wurde eine kostenlose freiwillige Untersuchung des Trinkwassers aus Eigenversorgungsanlagen angeboten, um einen Überblick über die Nitratwerte im Trinkwasser zu erhalten. Die Bereitschaft der Bevölkerung, dieses Angebot der Kreisverwaltung wahrzunehmen, war sehr groß. Von den 8 256 Einzelbrunnen (Trinkwasserversorgung von 41 % der Bevölkerung) wurden 6 981 Brunnen und somit 85 % erfaßt. Im Zeitraum von November 1982 bis August 1983 wurden 10 000 Wasserproben auf Nitratwerte anhand einer Farbskalascheibe untersucht. Der Landkreis schreibt in seinem Bericht über die Trinkwasserversorgung und Grundwassersituation im Landkreis Vechta:

> »Die Diskussionen in der Öffentlichkeit über die Wasserqualität haben Ende 1981/Anfang 1982 hinsichtlich der Nitratgehalte zugenommen. Der Landkreis Vechta hat daraufhin als erster und bislang einziger Landkreis im Bundesgebiet allen Privatbrunneninhabern angeboten, das Trinkwasser hinsichtlich des Nitratgehalts unentgeltlich untersuchen zu lassen.« (Interview mit Aumann, 1987)

Es wird vermerkt, daß nach der Trinkwasserverordnung Inhaber von Wasserversorgungsanlagen einer Untersuchungspflicht seit dem 1.1.1976 unterliegen. Eine Überprüfung durch das Gesundheitsamt erfolgte in den vorangegangenen Jahren allerdings nur bei Lebensmittelbetrieben und Gruppenversorgungsanlagen.

Diese freiwillige Aktion kann nicht als amtliche Untersuchung gelten, da sie nur mit einfachen Mitteln durchgeführt wurde. Die ermittelten Untersuchungsergebnisse wurden daher kritisiert, denn sie waren mit einer Reihe von methodischen Schwächen und Unzulänglichkeiten behaftet, was im nachhinein von der Kreisverwaltung zugestanden wurde. Dennoch verschaffte diese Analyse einen groben Überblick über das Ausmaß der Belastung des Trinkwassers im Kreis Vechta.

Auch wenn die Initiative zur Trinkwasseruntersuchung unter einem äußeren Druck (Klage der Grünen bei der Staatsanwaltschaft in Oldenburg) zustandekam, kann sie als schnelle unbürokratische Vorgehensweise der Verwaltung gewürdigt werden. Die nun laufenden amtlichen Untersuchungen sind mit hohem Kosten- und Zeitaufwand verbunden. Nach Auskunft des Gesundheitsamtes in Vechta werden die beiden Mitarbeiter, die mit den Probeentnahmen befaßt sind, noch einige Jahre damit beschäftigt sein, alle Einzelversorgungsanlagen zu überprüfen (Gespräch mit Aumann, 1987).

Aufgrund der Ergebnisse aus dem Jahre 1983 wurden Brunnen mit Nitratwerten von 300, dann 200 und mittlerweile 150 bis 90 mg/l NO_3 einer amtlichen Trinkwasseruntersuchung unterworfen. Sollten sich die hohen Nitratwerte bestätigen, wird die Entnahme von Trinkwasser untersagt. Hierzu heißt es in einem Runderlaß des Sozialministers:

> »Bei Nitratwerten von mehr als 90 mg/l ist dem Betreiber mitzuteilen, daß das Wasser nach dem derzeitigen Stand der Wissenschaft wegen der damit verbundenen gesundheitlichen Risiken für Trinkwasserzwecke nicht mehr genutzt werden darf. Dem steht grundsätzlich eine weitere Nutzung des Wassers als Brauchwasser aus gesundheitlicher Sicht nichts entgegen. Die Zapfstellen sollten jedoch mit dem Hinweis versehen werden: 'Kein Trinkwasser - der Genuß dieses Wassers gefährdet die Gesundheit'.« (Runderlaß des MS: Ausführungsbestimmungen zur Trinkwasser-Verordnung vom 22.5.1986)

Nach Auskunft der Kreisverwaltung Mitte 1987 ist es in 300 Fällen zu Brunnenschließungen gekommen. Einer Tabelle der Kreisverwaltung, Stand 1.12.1987, ist zu entnehmen, daß die untersagte Trinkwasserentnahme für den Kreis Vechta auf 520 Einzelbrunnen beziffert wird, wo Nitratwerte über 150 mg/l gemessen wurden. Es wird mit weiteren 1 200 Untersagungen gerechnet (vgl. Tabelle im Anhang: untersagte Trinkwasserentnahme, S. 324). Kosten zur Sanierung oder für den Anschluß an die öffentliche Trinkwasserversorgung sind von den Anlagenbetreibern zu tragen. Die mit den hohen Nitratwerten im Trinkwasser verbundenen Maßnahmen betreffen somit in erster Linie die Betreiber von Einzelbrunnenanlagen.

Die seinerzeit amtlich durchzuführenden und angeordneten Untersuchungen des Kreisgesundheitsamtes trafen mitunter auf den Widerstand der Betroffenen, die auch schon mal den Zugang zu ihren Brunnen untersagten (Gespräch mit Aumann, 1987). Eine Analyse und die Aufdeckung der Trinkwasserqualität sind zum Teil gar nicht gewünscht.

8.4 An der Nitratfront bleibt es ruhig

Landwirte, mit denen ich gesprochen habe, nahmen die Nitratwerte im Grund- und Trinkwasser nicht so ernst. »Auch unsere Großeltern haben doch das Wasser aus dem Brunnen getrunken, und es ist ihnen nichts passiert« - eine Argumentation, die mir häufig begegnet ist. Untersuchungsmethoden und -ergebnisse wurden kritisiert, aber auch keine genaueren Untersuchungen veranlaßt. Es muß angenommen werden, daß eine weitere Aufdeckung und genauere Analyse der Qualität des Trinkwassers eher gescheut wird, vor allem, wenn damit Kosten verbunden sind. Das hält die Betroffenen davor zurück, zu stark gegen die Nitratwerte im Grund- und Trinkwasser zu wettern und offensiver an die Belastungsquellen heranzugehen. Würde hier die Kritik zu laut, müßte mit einem Zwangsanschluß an die öffentliche Wasserversorgung gerechnet werden, deren Kosten dann vom Verbraucher selbst zu tragen wären.

Obwohl der Handlungsdruck in der Nitratdiskussion im Landkreis Vechta groß sein müßte - die Versorgung der Bevölkerung mit einwandfreiem Trinkwasser ist als kritisch zu bezeichnen -, kommt dies weniger dramatisch zum Vorschein als anzunehmen wäre. Eher halten sich die Betroffenen bedeckt. Unter Berücksichtigung der Tatsache, daß aufgrund der Untersuchungsergebnisse aus dem Jahre 1983 fast 70 % der untersuchten Einzelbrunnen den Grenzwert von 50 mg/l NO_3 überschritten und fast alle Privatbrunnenbesitzer und somit 40 % der Bevölkerung einen weiteren Anstieg zu befürchten haben, bleibt es bedenklich ruhig. Eigentlich müßten die Betroffenen auf die Barrikaden gehen.

Daß dies nicht in dem erwarteten Ausmaß und dem Handlungsdruck angemessen geschieht, mag mehrere Gründe haben, nicht zuletzt, weil viele der Einzelbrunnenbetreiber selbst Landwirte sind, die das Grundwasser auch für betriebliche Zwecke pumpen. Selbstanschuldigungen werden sich bei diesem Personenkreis gewiß nicht einstellen. Anders als in Regionen mit einer hohen Anschlußdichte und einer Trinkwasserversorgung durch kommunale oder überregionale Wasserverbände, wo die Wasserwirtschaft der Landwirtschaft gegenübertreten kann, sind es hier vereinzelte Grundwasserentnehmer, die sich gegenüber der Landwirtschaft durchsetzen müßten. Dies zeichnet das Dilemma der Nitratdiskussion im Landkreis Vechta und des Findens praktikabler Lösungen auf der lokalen Ebene aus.

Bartels meint, die Reaktionen der von der Grundwasserbelastung betroffenen Bevölkerung seien eher verhalten gewesen. Die direkt von der Schließung ihrer Brunnen Betroffenen ärgerten sich zwar, aber suchten bald schon nur nach Kostenträgern für den Anschluß an die öffentliche Wasserversorgung. Eine breite Solidarisierung der Bevölkerung mit der Opposition und kritischen Gruppierungen kam nicht zustande. Die Opposition agierte mit dem Rücken zur Wand, und auch kritische Stimmen aus der Bevölkerung konnten sich nicht wirklich durchsetzen. Bartels führt dies darauf zurück, daß es nicht gelungen sei, einen Bezug zwischen der Belastung und dem Verursacher bzw. der übermäßigen Gülleaufbringung herzustellen. Die organisierte Abwehrhaltung der Landwirtschaft wiegelte die Schuldzuweisung erfolgreich ab. Ferner muß bei der Betrachtung der Verhaltensweise der breiten Bevölkerung berücksichtigt werden, daß in Vechta die Kirche eine meinungsführende Rolle spielt und sich schützend vor die Landwirte stellt (Gespräch mit Bartels, November 1987).

Der Druck, erforderliche Maßnahmen zu ergreifen, kommt eher von außen, zum Beispiel durch Vorgaben der neuen Trinkwasserverordnung (TVO), die die Kreisverwaltung auf die Einhaltung der gegebenen Grenzwerte verpflichtet, und weniger durch die betroffene Bevölkerung. So wünschen zum Beispiel nach einer Anfrage bei den Grundstücksbesitzern der Osterberg-Siedlung in Steinfeld nur 50 % einen Anschluß an die öffentliche Wasserversorgung (OV, 18.1.1984). Einen weiteren Einfluß übt die in anderen Kreisen geführte Diskussion der Trinkwasserbelastung auf die Kreisverwaltung aus (Gespräch mit Bartels, November 1987).

Der OOWV hat mit den Gemeinden bereits Pläne erarbeitet, um auch in Außenbereichen einen Anschluß an sein Wassernetz auszubauen. Die Anschlußkosten bei verstreuten Siedlungen sind zum Teil sehr hoch und auch für den OOWV wirtschaftlich wegen geringer Abnahmemengen nicht besonders interessant. Der Verband räumt aber die Möglichkeit von Ratenzahlungen bei Neuanschlüssen ein und ist bereit, bei überdurchschnittlich hohen Anschlußkosten (über 3 500 DM) ein Drittel der Mehraufwendungen zu übernehmen (OV, 8.10.1985). Die Gemeinden scheuen noch einen Zuschuß zu den Anschlußkosten.

Angebote des OOWV, Anschlüsse an das Versorgungsnetz mitzufinanzieren, lassen sich nach Ansicht von Bartels auf eine Verschärfung des Nitratproblems zurückführen (Gespräch mit Bartels, November 1987). Zudem können höhere Kosten der öffentlichen Trinkwasserversorgung über den Wasserpreis auf die Verbraucher abgewälzt werden.

Dort, wo Landwirte über eine eigene Brunnenanlage verfügen, werden sie diese voraussichtlich nicht ganz stillegen, sondern auch bei einem Anschluß an die öffentliche Trinkwasserversorgung zur Förderung von Brauchwasser für den Betrieb nutzen. Damit wird zum Teil eine parallele Wasserversorgung (privat und öffentlich, Trinkwasser und Brauchwasser) aufrechterhalten.

8.5 Sorge um den Erhalt »bäuerlicher Familienbetriebe«

Zwar waren die Grundwasserwerte Ende 1983 bekannt, doch sie fanden kaum ein besonderes Echo in der Bevölkerung. Dies lag zum Teil auch daran, weil mit dem Gülleerlaß, der ja als Lösung des Problems angeboten wurde, die öffentliche Diskussion zum Trinkwasserproblem verblaßte. Sie konzentrierte sich vielmehr auf das oberflächlich sichtbare und sinnlich wahrnehmbare Problem der Gülledüngung und der festgeschriebenen zeitlichen Aufbringungsbegrenzungen. Daß der Gülleerlaß gar keine hinreichende Maßnahme zur Entlastung bereits bestehender Nitratwerte im Grundwasser sein konnte, fand kaum Beachtung. Wogegen die Bevölkerung in Vechta Ende 1983 demonstrierte, war dann auch weniger die Grundwasserbelastung mit Nitrat, sondern die Errichtung eines Großbestands von Zuchtsauen eines agrarindustriellen Unternehmers, gegen die sich die Bauern mit ihren Interessenvertretern einsetzten.

> »In Höhne war eigentlich der erste Fall, wo uns auch Landwirte anriefen und sagten, sie ließen sich das nicht mehr gefallen. Und jetzt im Dezember [1983] ist also ein Protestmarsch in der Stadt Vechta zum Kreistag erfolgt mit über 100 Bauern. Das ist hier eine Sensation gewesen, das kennt hier keiner sonst, daß hier irgendwo Kritik geübt wird! Man hat als guter Wähler und Volkszugehöriger seine Arbeit zu leisten und Ruhe zu bewahren.

Hier sind also wirklich mal Bauern, insbesondere Jungbauern, auf die Barrikaden gegangen und haben sich ausgesprochen gegen eine weitere Expansion und Umstellung von Hühnerbetrieben in Sauenhaltung.« (Akkermann, in: Kleinschmidt/Eimler 1984: 168 f.)

Die Umwandlung eines nicht mehr für rentabel erachteten Legehennenbetriebs in eine Sauenhaltung mit 4 100 Stallplätzen und im Anschluß daran eine Ferkelaufzucht mit etwa 7 100 Plätzen wurde von den kleineren bäuerlichen Betrieben als existenzbedrohende Konkurrenz befürchtet.

Zwar argumentiert Windhorst, daß in Südoldenburg wegen der geringen Sauenhaltung ein großes Defizit hinsichtlich der Versorgung mit Ferkeln bestehe und auch aufgrund hygienischer Gesichtspunkte der Ankauf von Ferkeln aus einem Stall und somit aus einem Großbetrieb sinnvoll sei. Es wurde jedoch bezweifelt, ob kleinere Betriebe in den Genuß auch der ökonomischen Vorteile eines großen Ferkelproduzenten kämen. Nach dem Motto »Kleine Tiere kleines Geld, große Tiere großes Geld« würde danach auch die Mast der Schweine angeschlossen und somit der Gewinn in einer Hand bleiben (Gespräch mit Neubauer, November 1987).

»Eine Alternative wäre im Zusammenschluß kleiner und mittlerer Betriebe mit Sauenhaltung zu einer Kooperation zu sehen, die dann gemeinsam eine größere Betriebseinheit einrichtet und betreibt, um in den Genuß der geringeren Festkosten und auch laufenden Kosten bei Bestandsausweitung zu gelangen.« (Windhorst 1984: 36)

Auch dort, wo die Landwirtschaft aufgrund der hohen Stickstoffdüngung kritisiert wird und die Probleme der Güllewirtschaft zur Sprache kommen, wie bei der BSH oder den Grünen in ihrer Broschüre »Nitrat im Trinkwasser«, richtet die Kritik sich in erster Linie gegen die Massentierhaltung von Agrarindustriellen. Die sogenannten »bäuerlichen Familienbetriebe«, deren Definition gerade im Bereich der intensiven Tierhaltung im Raum Vechta sich als sehr schwierig erweist, bleiben weitgehend von Angriffen verschont. Doch Gülleprobleme, wie auch Regelungen nach dem Gülleerlaß, betreffen nicht nur die »Großen«; zum Teil haben Betriebe mit mehr landwirtschaftlicher Fläche weniger Probleme mit der Einhaltung der vorgeschriebenen maximalen 3 DE/ha. Auch sind sie eher in der Lage, die Kosten für den Transport und für die Lagerung der Gülle zu tragen. Gerade flächenschwachen, aber viehstarken Betrieben mit geringen ökonomischen Handlungsspielräumen fällt es schwer, zeitliche und mengenmäßige Beschränkungen eines Gülleerlasses zu beachten. Dies waren dann auch die Argumente, Zuschüsse zum Bau von Güllebehältern von staatlicher

Seite bereitzustellen, wie auch Forderungen nach finanzieller Unterstützung einer Güllegenossenschaft bei der Kreisverwaltung durchzusetzen.

Der Erhalt kleiner und mittlerer bäuerlicher Betriebe in Südoldenburg konnte über den Weg der sogenannten »innerbetrieblichen Aufstokkung« erzielt werden (Averdam 1983: 45). Diese Betriebe sind auf Zukauf von Futtermitteln angewiesen, produzieren aber mit ihren Tierbeständen mehr Gülle, als sie ökologisch sinnvoll zur Pflanzenproduktion auf ihren landwirtschaftlichen Flächen einsetzen sollten. Bezogen auf die Güllewirtschaft und die Belastung des Grundwassers und des Bodens wirtschaften diese Betriebe nicht von vornherein umweltfreundlich. Wenn sie dennoch in Schutz genommen werden und weniger Zielscheibe der Kritik von Umweltschützern sind, so mag dies agrarsoziale oder agrarstrukturelle Gründe haben. Kleinbetriebe (bezogen auf die Fläche) mit einer umweltfreundlichen Agrarproduktion gleichzusetzen wäre im Bereich der intensiven Tierhaltung, wie sie im Raum Vechta gegeben ist, nicht korrekt. Für ihren Fortbestand mögen Argumente, wie die Erhaltung einer gewissen ländlichen Infrastruktur oder andere soziale Gesichtspunkte, sprechen. Doch solange die Verwertung der auch in diesen Betrieben anfallenden Gülleüberschüsse nicht geklärt ist, tragen auch bäuerliche Familienbetriebe zu den Umweltbelastungen bei. Aufgrund ihrer ökonomisch relativ schwachen Position erfüllen sie auch Alibifunktionen, wenn Umweltschutzauflagen gegenüber der Landwirtschaft nicht mit Nachdruck durchgesetzt werden. Hierzu der niedersächsische Umweltminister:

> »Ich wünsche mir als Umweltminister deshalb um so dringender, daß die Einkommenslage der Landwirtschaft bald insoweit zufriedenstellend gelöst wird, daß die Landwirte wieder in der Lage sind, umweltpolitische Verantwortung zu tragen. Derzeit steht die Einkommensfrage einem umweltpolitisch motivierten Strukturwandel in der Landwirtschaft im Wege. Die ständige einkommensbedingte Rücksichtnahme auf die Landwirtschaft führt im übrigen zu ungünstigen Signalwirkungen für die übrigen Wirtschaftsbereiche.« (Remmers 1987: 109)

Auch wenn es eine Kritik an die Adresse der Landwirtschaft gibt, so wird dabei unterschieden zwischen den »guten Kleinen« und den »großen Bösen«, das sind die Agrarfabriken, die den Kleinen das Leben schwer machen und nun auch noch durch die Gülleregelung Rückendeckung von der Regierung mit dem Gülleerlaß bekommen haben. Zum Teil stimmt die landwirtschaftliche Interessenvertretung in den Chor der Kritiker mit ein; sie machen die Großbetriebe für die ganze Misere verantwortlich, die die

»bäuerliche Landwirtschaft« in dieser Region bereits aus der Geflügelwirtschaft verdrängt hat und nun auch noch in die Schweinezucht und Schweinemast übergreift - eine Kritik, wie sie zwar, bezogen auf den Strukturwandel, berechtigt sein mag, aber im Hinblick auf die Umweltbelastung, speziell bezüglich der Gülleüberschüsse, pauschal nicht zutrifft. Insgesamt bleibt es aber bei einem großen Zusammenhalt der Bevölkerung in Südoldenburg. Kritiker aus den Reihen der SPD, der Grünen oder der wenigen Ökobauern im Landkreis Vechta werden als »Nestbeschmutzer« verdammt.

8.6 Kritik kommt von außen

Da Solidarität in Südoldenburg groß geschrieben wird - irgendwie sind alle mit der Landwirtschaft verwoben -, werden Kritik und Meldungen der lokalen Presse weniger ernstgenommen. Die bedeutendste Zeitung im Kreis Vechta, die »Oldenburgische Volkszeitung«, die in Diepholz oder Osnabrück schon nicht mehr gelesen wird, verfügt über ein umfangreiches Pressearchiv mit Artikeln über Nitratbelastungen im Grundwasser, insbesondere aber zur Gülleproblematik. Über den Gülleerlaß und die Vorgaben des Ministeriums zum Aufbringen der Gülle wurde kontinuierlich berichtet und die damit einhergehende turbulente Diskussion im Kreis sehr ausführlich dokumentiert. Auch gibt es immer wieder Berichte über Belastungen von Oberflächengewässern durch das unsachgemäße Aufbringen von Gülle und Meldungen zu Verstößen gegen zeitliche Aufbringungsbegrenzungen. Artikel oder Mitteilungen von seiten der Grünen, der BSH oder Mitarbeiter des »Bauernblatts« aus Goldenstedt wurden aufgenommen und veröffentlicht, nur scheinen sie wenig Beachtung zu finden und kaum etwas zu bewegen. Beunruhigender ist es, wenn Berichte in überregionalen Medien auf Mißstände im Kreis Vechta aufmerksam machen. Kritik an den Verhältnissen im Landkreis, ein Handlungsdruck und Anstöße, um Maßnahmen zu ergreifen, kommen eher von außen:

- Auf Nitratwerte im Grundwasser machen überregionale Zeitschriften aufmerksam. Der Artikel in »natur« (6/1981) setzt ein Zeichen für darauf folgende Aktivitäten im Kreis.
- Erst nach Einschaltung der Staatsanwaltschaft in Oldenburg werden Grundwasseruntersuchungen von der Kreisverwaltung durchgeführt.

- Die Trinkwasserverordnung (TVO) der Bundesregierung legt neue Grenzwerte fest. Mit einer Reduzierung des Höchstwerts von Nitrat im Trinkwasser mußte seit Bekanntwerden der EG-Trinkwasserrichtlinie im Jahre 1980 gerechnet werden.
- Regelungen der Güllewirtschaft werden mit dem Gülleerlaß im Landwirtschaftsministerium in Hannover beschlossen.
- Gegen die Abnahme von Gülleüberschüssen aus dem Kreis Vechta protestieren die Nachbarkreise und Gemeinden.
- Im Kreis Diepholz sind Umweltschutzorganisationen weitaus aktiver und kritisieren besonders die Situation im Bereich des Dümmer-Raums.
- Offene Kritik über Umweltbelastungen im Kreis wird von seiten der BSH formuliert, die ihren Sitz in Wardenburg außerhalb Südoldenburgs hat.
- Journalistische Arbeiten von Kleinschmidt/Eimler: »Wer hat das Schwein zur Sau gemacht?«, »Tierische Geschäfte« wie auch der Film »Und ewig stinken die Felder« machen auf Mißstände in der Tierhaltung unter gesundheitlichen Aspekten, auf Umweltbelastungen und auf die Verflechtung von Wirtschaft und Politik in Südoldenburg aufmerksam. Der vom deutschen Volkshochschulverband preisgekrönte Film »Und ewig stinken die Felder« wird im Dezember 1985 in vielen Nachbarkreisen und Gemeinden von Vechta gezeigt und mit Teilnehmern diskutiert. Nur in der Volkshochschule Vechta selbst wird eine Vorführung erst abgesagt, später aber aufgrund einer Privatinitiative doch noch aufgeführt und diskutiert (Kleinschmidt/Eimler 1987: 71 f.).
- Das Konzept zur Dümmer-Sanierung und die Errichtung von Naturschutzgebieten wird von der Landesregierung vorgelegt.

Der Kreis Vechta (zum Teil gemeinsam mit Cloppenburg) ist über die öffentlichen Medien ein Negativsymbol der Massentierhaltung und Umweltzerstörung durch die Landwirtschaft geworden. Von Vechta wird als »Gülleland« gesprochen. Hierzu schreiben Kleinschmidt und Eimler:

> »Als das Gülleland richtig unter Beschuß ist, beauftragt der Vorstand des Heimatbundes für das 'Oldenburger Münsterland' (so nennen die Traditionalisten ihre Region) den Vechtaer Geographieprofessor Windhorst, die negativen Publikationen über Südoldenburg zu analysieren. Unter dem Titel 'Eine Region droht ihren Ruf zu verlieren' schreibt Windhorst: er habe sich bei vielen Gelegenheiten davon überzeugen können, 'daß sich in zunehmendem

Maß eine Abwehrhaltung gegenüber Südoldenburg ausbreitet (...)' und weiter: 'das Klischee (Südoldenburger Verhältnisse) ist völlig hinreichend, um bestimmte Abwehrreaktionen in Gang zu setzen.«' (Kleinschmidt/Eimler 1987: 70)

Auf meine Frage, was die Kreisverwaltung gegen die Vorwürfe und das entstandende negative Image zu tun beabsichtige, wurde mir mitgeteilt, daß der Kreis eine Werbefirma damit beauftragt hat, ein Konzept zur Wiederherstellung des beschädigten Images des Kreises Vechta zu erarbeiten (Auskunft Kreisverwaltung 1987). Hierzu wurde ein Etat von 1 Million DM eingeplant.

9. Akzeptanz von Gülleregelung und Hemmnisse zur Gülleabnahme

9.1 Empfehlungen der Kammern

Ein Tierhaltungsbetrieb mit bis zu 20 Hektar landwirtschaftlicher Fläche konnte seine Tierbestände bis zu 10 Vieheinheiten pro Hektar nach dem Bewertungsgesetz (BEWG) aufstocken und dennoch als landwirtschaftlicher Betrieb in Abgrenzung zur gewerblichen Tierhaltung gelten und damit in den Genuß steuerlicher Vorteile eines Landwirtschaftsbetriebes kommen. Nach dem Bewertungsgesetz werden folgende Abgrenzungen für die landwirtschaftliche Viehhaltung in Vieheinheiten (VE) pro Hektar landwirtschaftlicher Fläche (LF) vorgenommen:

für die ersten	20 ha/LF:	10,0 VE/ha
für die nächsten	10 ha/LF:	7,0 VE/ha
für weitere	10 ha/LF:	3,0 VE/ha
für jeden weiteren	ha/LF:	1,5 VE/ha

Bei der Einstufung als »gewerbliche Tierhaltung« wird trotz der relativen Regression in der Anzahl der Tiere bei steigender landwirtschaftlicher Fläche der erforderliche Flächennachweis zur Aufbringung der Gülle nicht erreicht. Bei 80-Hektar-Betrieben, die nur Rindviehhaltung haben, gleichen sich Flächenanforderungen nach dem Gülleerlaß den Grenzen für einen Gewerbebetrieb an. Bei der Schweinehaltung aber dürften alle Betriebe, die als Gewerbebetriebe eingestuft werden, auch dann, wenn sie über 100 Hektar Land haben, als Gülleüberschußbetriebe zu identifizieren sein. Insgesamt dürften Betriebe mit größeren landwirtschaftlichen

Flächen günstiger dastehen als Betriebe mit weniger als 30 bis 40 Hektar Land. Aus Tabelle C 10 wird ersichtlich, bis zu welcher Grenze landwirtschaftliche Betriebe ihre Tierbestände nach § 51 BEWG aufstocken könnten, mit welchen Gülleüberschüssen dann aber möglicherweise zu rechnen wäre.

Tabelle C 10 Gülleüberschüsse in der gewerblichen Tierhaltung

BEWG-Grenze VE/ha	bis ... ha LF	VE-Grenze	DE-Grenze	Gülleüberschüsse Schweinemast (DE)	Rinderhaltung (DE)
10	1	10	3	7	3
10	10	100	30	70	30
10	20	200	60	140	76
7	30	270	90	180	90
3	40	300	120	180	80
1,5	50	315	150	165	60
1,5	60	330	180	150	40
1,5	80	360	240	120	0
1,5	100	390	300	190	-40

Quelle: Teherani-Krönner 1987: 134

Für flächenschwache Betriebe gab es im Raum Vechta nur die Möglichkeit, den Weg einer »innerbetrieblichen Aufstockung« zu gehen und über die »flächenunabhängige Tierproduktion« den Fortbestand ihres Betriebes sicherzustellen. Die vorwiegend betriebswirtschaftlich orientierte Beratung der Kammern ist in diese Richtung gegangen und wurde zunächst auch als Erfolg verbucht. Die nunmehr entstandene Misere aufgrund der Gülleüberschüsse kann somit nicht einzelnen landwirtschaftlichen Betrieben angelastet und nur auf ihrem Rücken ausgetragen werden.

Seit längerem wird an der LUFA (Landwirtschaftliche Untersuchungs- und Forschungsanstalt der Landwirtschaftskammer Weser-Ems) in Oldenburg über die Gülledüngung geforscht, doch die Erkenntnisse wurden bis zum Zeitpunkt der Herausgabe des Gülleerlasses weniger in der landwirtschaftlichen Praxis berücksichtigt. Die zunächst auf das Pflanzenwachstum und auf Produktionssteigerung hin orientierten Untersuchungen haben auf Probleme der Überdüngung beim Einsatz bestimmter Güllesorten über Jahrzehnte aufmerksam gemacht:

»... zu starke Kupferanreicherungen durch Schweinegülle können langfristig Phosphatmangel oder auch zu starke Kupferanreicherungen in den Pflanzen verursachen.

Der Einfluß der Gülledüngung auf den Boden und den Ertrag läßt sich sachgerecht nur beurteilen, wenn man in Zeiträumen von mehreren Jahrzehnten denkt und nicht aus dem Auge verliert, daß mit der Gülle in der Regel wesentlich größere Nährstoffmengen in unsere Böden gebracht werden als mit der Mineraldüngung.« (Vetter 1983: 7)

Hohe Kupfergehalte bei Futterpflanzen für Schafe und hohe Nitratgehalte bei Futterpflanzen für Rinder führen zu Gesundheitsschäden bei diesen Tieren. Als Symptome bei Rindern wurden beobachtet: Atemnot, Taumeln, Niederfallen der Tiere und manchmal auch Todesfälle (ebenda). Diese auf die Qualität von Pflanzen und Boden orientierten Untersuchungen wurden Ende der siebziger und Anfang der achtziger Jahre insbesondere unter dem Aspekt der Nitratverluste und Belastungen des Grundwassers bei unsachgemäßer Stickstoffaufbringung ergänzt. Weiterhin aber ist die landwirtschaftliche Forschung zur Stickstoffdüngung und Nitratbelastung im Grundwasser darauf ausgerichtet, die Möglichkeit der Verringerung des Nitrateintrags ins Grundwasser bei gleichzeitiger Aufrechterhaltung hoher Pflanzenerträge zu ermitteln und den Interessenkonflikt zwischen Ökonomie und Ökologie auszugleichen.

»Zu den Widersprüchen kommt es, weil Gülle ein neuer Dünger ist, dessen Eigenschaften bisher nicht ausreichend bekannt sind und daher mit Gülle nicht immer richtig gedüngt wird.« (ebenda)

Somit wurde lange Zeit die Gülle als kostbarer Wirtschaftsdünger angepriesen, der fachgerecht eingesetzt als Ersatz für mineralischen Dünger verwertbar sein sollte. »Gülle ist Gold«, hieß es, und es wurden Anstrengungen unternommen, den ökonomischen Vorteil einer zeitgerechten und korrekt dosierten Anwendung der Gülle herauszustellen.

Noch vor dem Gülleerlaß wurde von der Landbauaußenstelle der Landwirtschaftskammer Weser-Ems in Bramsche bei Baugenehmigungen eine Empfehlung zum Flächennachweis ausgesprochen, die bei ca. 4,5 und mehr Großvieheinheiten lag. Mit dem Gülleerlaß wurde die maximale Grenze bei 3 DE festgesetzt, mittlerweile wird aber dieser Höchstwert bereits als zu hoch eingestuft. Insbesondere nachdem der Sachverständigenrat für Umweltfragen (SRU 1985) in seinem Gutachten die Grenze der maximalen Gülleaufbringung bei 2 DE/ha angesetzt hat, ist dieses Maß als ökologisch sinnvoll kaum noch wissenschaftlich umstritten (Gesprächsrunde niedersächsischer Wissenschaftler beim ML, Juni 1987).

Insgesamt wird nunmehr von der Notwendigkeit einer Kombination des Einsatzes von Gülle und einer mineralischen Ergänzungsdüngung ausgegangen. Auch wenn sich die Empfehlungen der Kammern im Laufe der Jahre immer wieder verändert haben sollten, so wäre doch zu hoffen, daß die Gülle durch den Spruch »Gülle ist Gold« eine solche Wertschätzung erfährt, daß sie nicht unbegrenzt und unberechnet auf Äcker und Wiesen vergeudet wird. Allerdings weist die ablehnende Haltung gegenüber der Gülleabnahme darauf hin, daß es noch nicht zu einer solchen Wertschätzung gekommen ist.

Für das gesamte Weser-Ems-Gebiet liegt, trotz hoher Gülleüberschüsse in einigen Kreisen, der Einsatz von mineralischem Stickstoffdünger höher als die Zufuhr von Stickstoff über Mist und Gülle. Sogar im Kreis Vechta wurden im Durchschnitt je Hektar landwirtschaftliche Nutzfläche über 60 Kilogramm reinen Stickstoffs im Jahre 1982 hinzugekauft (Averdam 1983: 47).

Abbildung C 8 Nährstoffzufuhr je Hektar landwirtschaftlicher Fläche in Weser-Ems in Kilogramm Reinnährstoff

Düngeform	N	P_2O_5	K_2O
Mist und Gülle	104	69	97
Mineraldünger	144	51	64

Quelle: Vetter 1987, Anhang

9.2 Argumente der Landwirte gegen den Gülleerlaß

Der Gülleerlaß wurde von den landwirtschaftlichen Organisationen, dem Landvolkverband, insbesondere den Vertretern aus den Kreisen Vechta und Cloppenburg, stark kritisiert, wie es bei der Podiumsdiskussion im Waldhof in Vechta am 27. August 1983 auf Einladung des Heimatbunds für das Oldenburger Münsterland zur Sprache kam. Dokumentiert ist dies in »Die violette Reihe, Heft 2: Ordnungsgemäße Landwirtschaft - Überdüngung landwirtschaftlicher Nutzflächen in Südoldenburg?«. Dabei wurden zum Teil die Rücknahme des Gülleerlasses, zumindest aber die Umwandlung des Höchstwerts von 3 DE/ha in einen Richtwert gefordert, zeitliche Ausbringungsbegrenzungen aber als berechtigte Forderungen akzeptiert, wofür die Erweiterung der Lagerkapazitäten erforderlich wäre. Hierzu der Geschäftsführer des Kreislandvolkverbands Vechta:

»Im Gegensatz zu den Aussagen des Ministers stärkt der Gülleerlaß nicht den klein- und mittelbäuerlichen Betrieb; der Vorteil liegt einseitig bei den Großbestandshaltern. Die Großbestandshalter (es handelt sich überwiegend um Geflügelhalter) besitzen das nährstoffmäßig wertvollere Material, das sich wirtschaftlich über größere Entfernungen transportieren läßt.

Die Erfahrung zeigt, daß eingeschaltete Lohnunternehmer Betriebe suchen, die über große Güllemengen verfügen. Es ist leichter und wirtschaftlicher, große Flächen in weiteren Entfernungen zu bewirtschaften, als wenn kleinere Betriebe einzelne Parzellen benötigen.« (Averdam 1983: 48)

Auch kritische Landwirte und Mitarbeiter des »Bauernblattes« wenden sich massiv gegen den Gülleerlaß, der ja als Maßnahme zum Schutz des Grundwassers verstanden werden sollte. Die Bauernblattgruppe Weser-Ems sieht im Gülleerlaß eine neue gesetzliche Maßnahme, die den Strukturwandel, sprich: das Sterben der kleinen landwirtschaftlichen Betriebe und die Industrialisierung der Veredelungswirtschaft, beschleunigt (OV, 29.7.1983). In ihrer Stellungnahme heißt es:

»Nur flächenstarke Betriebe über 100 ha, wie sie von Minister Glup selbst und Bauernpräsident Heeremann bewirtschaftet werden, würden auch in Zukunft mit diesem Erlaß gut leben und weiter wachsen können.« (ebenda)

»Nur über eine zentrale Vermittlungsstelle (Güllebank) könnte die überschüssige Gülle aus diesem Raum herausgebracht werden. Falls dies nicht geschehe, seien etliche Betriebe gezwungen, ihren Viehbestand zu verringern. Eine Existenzgefährdung dieser Betriebe sei dann nicht mehr ausgeschlossen.« (ebenda)

Trotz der Zuschüsse zum Bau von Güllebehältern werden sich Investitionen nur in wenigen Fällen rentieren. Ein Landwirt im Dümmer-Sanierungsgebiet teilte mir mit, daß er sich aufgrund seiner ökonomisch unsicheren Lage - er rechnet damit, daß er den Betrieb eventuell ganz aufgeben muß - nicht in der Lage sehe, den Bau eines Güllebehälters zu finanzieren. Im vorangegangenen Jahr, als seine Speicherkapazität ausgeschöpft war und er die Gülle noch nicht ausbringen konnte, mußte er 60 Kubikmeter Gülle zu einem Preis von 600 DM durch ein Lohnunternehmen abfahren lassen. »Den Bau eines größeren Güllebehälters kann ich mir einfach nicht leisten.« (Gespräch mit Landwirt B., November 1987)

Es ist ökonomisch nicht sinnvoll, einem Betrieb anzuraten, sich mit Kosten zum Bau großer Güllebehälter oder für Transportgeräte zu belasten, sofern sein Fortbestand nicht gewährleistet ist. Auf auslaufende Betriebe ist in den bisherigen Regelungen nur stillschweigend Rücksicht genommen worden; sie explizit zu benennen, wurde weitgehend vermieden. Hingegen sind in den Ausführungsvorschriften zur Gülleverordnung in Nordrhein-Westfalen spezielle Regelungen für Übergangsbetriebe vorgesehen, so zum Beispiel der Einsatz von nitrifikationshemmenden Substanzen zur Gülle, sofern die erforderliche Lagerkapazität nicht gegeben ist. Auslaufende Betriebe wie Übergangsbetriebe wären als real gegebene und daher mitzuberücksichtigende Kategorie zu benennen, um keine Fehlinvestitionen vorzunehmen.

Seit dem Gülleerlaß gab es Forderungen nach staatlichen Unterstützungen zur Errichtung von Güllegenossenschaften, um neben dem Zuschuß zum Bau von Güllebehältern auch den Transport der Gülle, die im Bereich der Schweine- und Rindergülle als nicht wirtschaftlich anzusehen ist, auch über größere Entfernungen hin zu organisieren. Dabei bestehen zum Teil unterschiedliche Auffassungen bezüglich der Beschaffung von Lagerraum. Zum einen gibt es von seiten der landwirtschaftlichen Interessenvertretung wie dem Landvolkverband die Forderung, Lagerraum dort zu schaffen, wo die erforderlichen landwirtschaftlichen Flächen zur Verfügung stehen. Auf der anderen Seite ist der Landkreis darum bemüht, eine Lagerkapazität im Kreis Vechta zu beschaffen, die die anfallende Gülle bis zu zehn Monaten zu lagern in der Lage sein soll, um dann die Gülle an Abnehmer im Bedarfsfall zu übergeben. Ferner bestand der Landkreis zunächst auf Gülleabnahmeverträgen, die langfristig den Verbleib der Gülle belegen sollten. Der Kreislandwirt allerdings war der Ansicht, daß es ausreichend sei, wenn der Verbleib der Gülle jährlich nachgewiesen werde.

Mit der Bewilligung von Zuschüssen zur Errichtung von Güllegenossenschaften ist der Kreis Forderungen der landwirtschaftlichen Organisationen zur Unterstützung des Gülletransports und der Güllelagerung nachgekommen. Es bleibt die Frage, wer die Gülle aus dem Kreis Vechta abzunehmen bereit ist.

9.3 Sozialer Druck zur Gülleregulierung

Das »Umweltbewußtsein« von Landwirten, nach dem häufig gefragt wird, kann über weite Strecken durch die ökonomische Situation des Betriebs und die regionalen Gegebenheiten (Bodenbeschaffenheit, Intensität der Tierhaltung) aufgeschlüsselt werden. Jene Landwirte, die keine Gülleüberschüsse haben, können bezüglich der Aufbringung von Stallabfällen »umweltfreundlich« handeln, ohne daß es hierzu eines besonderen Bewußtseinsprozesses bedürfte - ihre ökonomischen Rahmenbedingungen erlauben dies. Auf der anderen Seite wird es denjenigen Landwirten, die Probleme mit der Verteilung und Abgabe der Gülle haben, schwerfallen, sich aufgrund eines abstrakten »Umweltbewußtseins« umzustellen, wenn die Auflagen sie existentiell belasten. Dabei wird ihr Handeln nicht nur von ihrer momentanen Situation, sondern entscheidend von der Einschätzung ihrer zukünftigen Entwicklung abhängen. Insofern sind es nicht nur die ökonomischen Gegebenheiten, sondern in entscheidender Weise auch die jeweiligen Zukunftsperspektiven, die das aktuelle Handeln beeinflussen. Ein Betrieb, der in Zukunft seine Tierbestände aufstocken möchte, wird eher auf bestehende Restriktionen und weitere Auflagen stoßen und diese in seine Planung einbeziehen (Interview mit Geflügelhalter A.) als ein Landwirt, der einen auslaufenden Betrieb bewirtschaftet (Interview mit Landwirt B.). Dabei müssen Fremdeinschätzung und Selbsteinschätzung nicht immer miteinander übereinstimmen (vgl. Fietkau/Glaeser u. a. 1982).

Ein junger Landwirt erzählte mir, daß er über einen gewissen Zeitraum täglich für die Zubereitung der Babynahrung im Austausch gegen eine Kanne Milch Wasser von seinem Nachbarn, der einen Anschluß an die öffentliche Wasserversorgung hatte, geholt habe. Der junge Landwirt hatte die Nitratdiskussion ernstgenommen und den Arzt konsultiert. Er war um das Wohl und die Gesundheit seiner Kinder besorgt und ist auf den Naturalientausch Milch gegen Wasser eingegangen. Einem solchen Landwirt kann nun nicht ein »Umweltbewußtsein« abgestritten werden, obwohl er den Bau eines Güllebehälters für ausgeschlossen hielt. Investitionen zur Erweiterung der Speicherkapazität für die Güllelagerung lehnte er ab, da er sich seiner Existenz als Landwirt mit Flächen im Dümmer-Sanierungsgebiet nicht mehr sicher sein konnte. Umweltschutzauflagen stoßen somit dort auf Grenzen, wo der ökonomische Handlungsspielraum der Betriebe zukunftsorientierte Investitionen nicht erlaubt.

Befolgen können Landwirte die Vorgaben des Gülleerlasses, solange sie eine Perspektive für ihren Betrieb sehen und mit Umweltschutzauflagen verbundene Investitionen als betriebswirtschaftlich tragbar beurteilen. Landwirte, die in erster Linie die Ertragssteigerung im Auge haben, schätzen den Einsatz von 3 DE/ha und mehr nicht als Überdüngung ein. Im Falle einer Vorgabe von geringeren Güllemengen sehen sie nicht ein, warum sie den eigenen Güllenährstoff teuer abgeben und auf der anderen Seite zusätzlichen mineralischen Dünger kaufen sollen.

Insgesamt wird es kaum möglich sein, auf allen Standorten sowohl hohe landwirtschaftliche Erträge als auch den Schutz von Grundwasser vor Nitrateintrag zu gewährleisten. Dies ist insbesondere in Wasserschutzgebieten, aber auch im Bereich der Dümmer-Sanierung offenkundig geworden und hat zu Diskussionen über Ausgleichszahlungen geführt (vgl. auch 5. Novelle des WHG; Schäfer 1987).

Landwirtschaftskammer wie auch Landvolkverband appellieren an ihre Mitglieder, die zeitliche Aufbringungsbegrenzung einzuhalten und die erforderliche Lagerkapazität zur Speicherung der Gülle zu beschaffen. Dadurch ist es zu einer gewissen Akzeptanz von Regelungen im Bereich der Güllewirtschaft gekommen. Wohl oder übel müssen Landwirte sich an diese Vorgaben halten, zumindest in dem Bereich, der überprüfbar und kontrollierbar ist. Ansonsten haben sie auch noch die Möglichkeit, Ausnahmegenehmigungen beim Kreis einzuholen, um somit Engpässe zu überwinden.

Die mit den höheren Güllemengen steigende Geruchsbelästigung läßt die Bevölkerung sensibler auf die Gülleausbringung reagieren. Ein Landwirt berichtete mir, daß er im Winter 1986/1987 einen mit Wasser vollgelaufenen Behälter mit dem Gülletank aufs Feld fahren wollte und beim Ausbringen Herzklopfen hatte, daß ihn ja keiner anzeigt, obwohl er zuvor beim Kreis nachgefragt habe. Auch wenn nicht auszuschließen ist, daß Landwirte Gülle zur Unzeit aufs Feld bringen, haben sie doch mittlerweile ein schlechtes Gewissen bei einer solchen Aktion, die sie nicht mehr als selbstverständlich betrachten können. Ihr Verhalten wird stärker unter die Lupe genommen.

Unabhängig von der Durchsetzungskraft der rechtlichen Rahmenbedingungen ist mittlerweile ein sozialer Druck von seiten der Bevölkerung entstanden, die zwar das Güllen nicht verbieten kann, wohl aber die gesetzten Normen einzuhalten fordert. Die über den Gülleerlaß festgelegten rechtlichen Normen, die sich in erster Linie an die Verwaltung richten, sind zu einer »sozialen Norm« im Umgang mit Stallabfällen geworden und stärker als über juristische Wege gesellschaftlich wirksam. Allein die Tatsache, daß ein Landwirt ein schlechtes Gewissen beim Ausbringen einer wie auch immer gearteten Substanz in den Wintermonaten bekommt, weist auf den sozial bindenden Charakter dieser Norm und die Anerkennung einer gesellschaftlichen Verpflichtung des Landwirtes beim Umgang mit der Gülle hin.

Bemühungen zur Regulierung von Exkrementen im Bereich der Landwirtschaft dürften als ein über jahrhundertelang andauerndes Problem angesehen werden. Konflikte auf diesem Gebiet bestanden bereits im 18. und 19. Jahrhundert. Sie werden von Alain Corbin in seiner Geschichte des Geruchs beschrieben.

> »Natürlich impliziert der Fortschritt auch einen Anschluß an die allgemeine Wasserversorgung; die zahlreichen Hindernisse, die einer Ausweitung dieser Praxis im Wege stehen, sind bekannt.
>
> Auf dem Lande und in vielen Kleinstädten führt der Kampf gegen den Gestank der Exkremente zu einer endlosen Schlacht zwischen den Behörden und denen, die Stalldung besitzen oder benutzen. Der Widerstand gegen die Entfernung der Misthaufen ist lebhaft, manchmal sogar verzweifelt und daher erbittert ... Meist ziehen die Hygieniker den kürzeren. Ihr Ziel, den Mist in Gruben unterzubringen, sollten sie nie erreichen.« (Corbin 1984: 210)

Zwar sind einige Erfolge mit dem Bau von Güllebehältern in den achtziger Jahren des 20. Jahrhunderts zu verzeichnen, aber der mit der Gülleaufbringung verbundene stechende Geruch bleibt ein Stein des Anstoßes auch unter der Landbevölkerung, die sich städtischen Normen angeglichen hat.

9.4 Barrieren bei der Abnahme von Gülleüberschüssen

Solange Gülle technisch nicht aufbereitet und verwertet wird, besteht die einzige Möglichkeit zur Vermeidung einer Überdüngung mit Gülle in Überschußregionen darin, die Gülle in Gebiete zu transportieren, die weniger hohe Tierbestände haben. Daß dies in den vergangenen Jahren nicht im gewünschten und erforderlichen Umfang durchgeführt wurde, hat mehrere Gründe. Einige Probleme wurden im Jahre 1987 von Vetter in einem Artikel »Hemmnisse für eine bedarfsgerechte Gülleverteilung beseitigen« angesprochen. Dabei stellt er die Frage: Warum wird die Gülle nicht besser verteilt, welche Hemmnisse stehen einer besseren Gülleverteilung entgegen?

Unter *A - Hemmnisse beim Abnehmen von Gülle* nennt Vetter:

1. die Sorge, daß ein Abnehmen von Gülleüberschüssen ein Abwandern der Viehhaltung aus den bäuerlichen Betrieben fördert;
2. Proteste von Nichtlandwirten gegenüber dem überbetrieblichen oder übergebietlichen Gülleeinsatz;
3. Angebot von Gülleüberschüssen zum ungeeigneten Zeitpunkt;
4. Fehlen geeigneter Güllewagen;
5. die Sorge, ein Abnehmen von Gülleüberschüssen könne die eigene Möglichkeit einer Aufstockung der Viehbestände in der Zukunft begrenzen;
6. andere Hemmnisse.

B - Hemmnisse beim Abgeben von Gülle:

1. Überschätzung des Eigenbedarfs;
2. Neigung, mit Gülle nicht nur den Bedarf eines Nährstoffs abzudecken;
3. es wird zu wenig beachtet, daß die Kombination von Gülle mit Mineraldünger-N zu höheren Ernteerträgen führt;
4. Gülle hat bisher keinen angemessenen Preis;
5. ungenügende Information über den Nährstoffanfall mit Gülle.

Ein Teil der Argumente unterstellt Unkenntnis der Landwirte im Umgang mit Gülle, die durch Information und Aufklärung sowie die Propagierung von Gülle als kostbarem Wirtschaftsdünger zu überwinden wäre - wobei dann immer noch die Frage offenbleibt, warum dies nicht schon längst über die Offizialberatung der Kammer in Oldenburg, der die LUFA angeschlossen ist, erfolgt ist, wo diese Erkenntnisse bereits seit Jahren vorliegen. Als größte Hemmschwelle beim Abnehmen von Gülle nennt Vetter den Punkt A 1 - Abwanderung der Viehhaltung aus den bäuerlichen Betrieben, wie sie in der Hühnerhaltung vonstatten gegangen ist - auch in der Schweine- und Kälberhaltung.

> »Sie möchten diese Fehlentwicklung durch einen Abnahmeboykott für Gülle verhindern. Sie erschweren damit ungewollt auch die Abnahme von Gülleüberschüssen aus bäuerlichen Betrieben. Es wird zu wenig gesehen, daß die in

Weser-Ems insgesamt anfallende Menge an Gülleüberschüssen aus bäuerlichen Betrieben wesentlich größer ist als die aus gewerblichen Tierhaltungen.« (Vetter 1987)

Demnach wäre auch dieses Argument über Aufklärung zu beseitigen. Neben den über eine Verbesserung der technischen Möglichkeiten zu behebenden Problemen bleiben Argumente, wie sie unter A 2, A 5 und A 6 vorgebracht wurden, bestehen.

Diese Argumente spielen gewiß beim Protest der Nachbarkreise und -gemeinden gegen die Gülleabnahme aus Südoldenburg eine Rolle. Wenig Beachtung finden bei Vetter Befürchtungen der Nachbarkreise, über die Gülleabnahme die eigenen Tierbestände einer größeren Seuchengefahr auszusetzen. Subsumiert unter Punkt A 6 - Andere Hemmnisse - schreibt er:

»Die Möglichkeit der Übertragung von Seuchen spricht gegen den Einsatz von Fremdgülle auf Grünland, nicht gegen die Abnahme von Gülleüberschüssen für die Düngung von Ackerland.« (ebenda)

Das Veterinäramt des Kreises Osnabrück zum Beispiel gibt seuchenhygienischen Gefahren ein weitaus größeres Gewicht bei der Abwehrhaltung gegen Fremdgülle. Schon vor Jahren wurden diese Gesichtspunkte im Zusammenhang mit Gülleproblemen behandelt (Gespräch mit Lehmann 1987).

»Mit der Intensivierung der Nutztierhaltung und Aufstockung der Tierbestände ist die Krankheitserregervielfalt bei den Nutztieren enorm gewachsen. Der Verbreitung von Krankheitserregern durch die herkömmliche Verwertung von Gülle ist deshalb erhöhte Aufmerksamkeit zu widmen. Eine Desinfektion des Flüssigmistes ist nur bei Feststellung anzeigepflichtiger Tierseuchen vorgeschrieben, mit den heute gebräuchlichen Methoden aber nicht einmal praktikabel.« (Günther 1987; vgl. auch Best/Neppen/Strauch 1975)

Die gesamte Argumentation über Hemmnisse ist bisher ökonomisch und technisch ausgerichtet; dabei werden von den Nachbarkreisen Osnabrück und Diepholz zum Teil gesundheitliche und hygienische, zum Teil ökologische Kriterien hinzugefügt. Die Erklärungen bleiben technisch, ökonomisch oder ökologisch dominant, ohne die damit verbundenen kulturellen Barrieren anzusprechen. Sie können aber auch als Bemühung um die Rationalisierung emotionaler Hemmschwellen interpretiert werden.

Gerade dort, wo es um einen relativ sensiblen Bereich der Empfindungen von Sauberkeit - auf den die Deutschen besonders viel halten - geht, wo sich tierische Fäkalien als Ursache von Belastungen des Wassers, als Symbol für Reinheit, herausgestellt hat und wo Gesundheitsgefährdungen oder Ansteckungsgefahren durch Seuchen nicht auszuschließen sind, kann Gülle nicht als beliebiges Gut angesehen werden, das es nunmehr zu verteilen gilt. Die Bewertung der Gülle wird in diesem Bereich auch mit kulturellen Barrieren und Hemmschwellen (Vorurteilen) kämpfen müssen. Assoziationen, die mit Gülle geweckt werden, schwingen im Umgang mit dieser Substanz immer unterschwellig mit.

Ohne Berücksichtigung des kulturell geprägten normativen Systems innerhalb der Gesellschaft, das gerade im Zusammenhang mit Fäkalien steht, ist es unerklärbar, warum dieses Gut, das zum Teil mit Gold verglichen wird, so wenig Interessenten findet, wo doch der Wert der Gülle stark propagiert und auch kostengünstig angeboten wird. Schließlich handelt es sich hierbei um eine anrüchige, gar ekelerregende Substanz. Nicht zuletzt dürfte dieser Tatbestand neben den auch berechtigten rationalen Argumenten die Verhandlungen über Abnahme und Annahme der Gülle belasten, ihre Mißachtung wird das Finden von Lösungen nicht erleichtern.

Zur Geschichte des Geruchs seit dem 18. Jahrhundert schreibt Corbin:

> »Desinfizieren - und folglich auch Desodorisieren - ist überdies Teil einer großen Utopie, die darauf abzielt, alle Zeugnisse der organischen Zeit unsichtbar zu machen, die unwiderlegbaren Zeichen der Dauer zu verdrängen . . .« (Corbin 1984: 122)

> »Die genannten Tatsachen erklären sowohl die sinkende Toleranz gegenüber dem Gestank als auch die neue Mode der zarten Düfte und die - wenngleich beschränkten - Fortschritte der Körperhygiene. Über den anschwellenden medizinischen Diskurs hinaus, der zugleich als Instrument der Desodorisierung und als Preis für die damit zusammenhängenden anthropologischen Umwälzungen erscheint, ist die weitreichende Bedeutung dieser Revolution der Wahrnehmung nicht zu unterschätzen: sie gibt Aufschluß über die gesamte Gesellschaft.« (ebenda, S. 118)

Bei Corbin werden die Verbannung von Gerüchen und die Sensibilität gegen Ausdünstungen zum Kennzeichen eines sozialhistorischen Prozesses. Unter diesem Blickwinkel wird Gülle zu einem nicht gebändigten Relikt aus der Vergangenheit, zum zivilisatorischen Schandfleck. Eine Reglementierung der Güllewirtschaft findet daher - über Umweltschäden, Gesundheitsgefährdung und Geruchsimmissionen hinaus - auf der einen Seite einen hohen gesellschaftlichen Konsens; auf der anderen Seite stehen Vorbehalte gegen die Gülleabnahme der Lösung des Überschußproblems durch Umverteilung im Weg.

Die Nachbarkreise zeigen nicht nur ein zögerndes Verhalten gegenüber der Gülleabnahme: Es gibt verdeckten, aber auch lauten Protest gegen die Gülle aus Südoldenburg, und zwar auch von seiten der landwirtschaftlichen Interessenvertretungen, beispielsweise dem Landvolkverband (Gespräch mit von Hagen, 1987, und Kiesekamp, 1987).

Soziokulturelle Barrieren können wichtige Momente zur Erklärung der Hemmschwelle bei der Abnahme und Abgabe von Gülleüberschüssen in Nachbarregionen sein, und dies in mehrfacher Hinsicht:

1. Wer bietet schon gern tierische Exkremente als Wirtschaftsgut auf dem Markt an. Lieber möchte ein Landwirt selbst mit diesen Problemen fertig werden, am besten gar nicht darüber sprechen; Fäkalien feilzubieten ist keine einfache Sache.
2. Wer möchte solch anrüchiges Gut abnehmen, wenn es billigere, insbesondere aber saubere Alternativen gibt, wie den Handelsdünger mit einfacher Anwendungsmöglichkeit.
   Zur Abgabe von Pachtflächen und Abnahme von Fremdgülle könnten Landwirte sich überwinden, wenn ein relativ hoher Preis bezahlt wird; dies spiegelt sich in hohen Pachtpreisen in den Nachbarkreisen von Vechta wider, wogegen der Landvolkverband in Osnabrück protestiert, da die eigenen Landwirte bei gestiegenen Pachtpreisen nicht mithalten können (Gespräch mit van Hagen, November 1987). Es wurde mir mitgeteilt, daß Landwirte sich zur Abnahme von einigen Fässern Gülle überreden ließen, dabei aber den Wunsch äußerten, die Gülle bei Dämmerung anzuliefern, um nicht aufzufallen. Bliebe noch die Möglichkeit, daß Landwirte aus Solidarität zu Betrieben im Raum Vechta die Gülle abzunehmen bereit sind. Dies wiederum wirft die Frage auf, ob es Gemeinsamkeiten oder Abgrenzungsmechanismen gibt, die einem Gülletransport im Wege stehen.
3. Wer will Gülleüberschüsse aus Südoldenburg abnehmen, wo die Konkurrenz befürchtet wird und der Expansionsdrang der Betriebe in Vechta und Cloppenburg schon immer ein Dorn im Auge der Nachbarkreise war. Zum anderen gibt es eine kulturelle Abgrenzung Südoldenburgs, die historisch-konfessionell geprägt ist.
   Hierzu meint Bartels:

   »Beim Lösungsansatz des Landkreises, Güllegenossenschaften zu fördern, bleibt die Gülleumverteilung problematisch. Die Kreistage der Landkreise Osnabrück, Friesland und Diepholz haben eine politische Willenserklärung abgegeben, keine Gülle abzunehmen. Die Landwirte befürchten eine verstärkte Seuchengefahr bei der Gülleabnahme. Desweiteren stellen sie sich auf den Standpunkt, nicht mit ihren Flächen die Probleme der Agrarindustriellen lösen zu wollen. Sie hoffen, daß sie selbst durch Veränderungen der Bundesgesetzgebung eventuell durch die Festsetzung von Bestandsobergrenzen, sprich durch eine Produktionsumverteilung, aufstocken können. Besonders in Gebieten, in denen Milchviehhaltung vorherrscht, wollen sich die Landwirte diese Aussicht offen halten. In dieser Haltung werden sie auch von den jeweiligen Landvolkverbänden unterstützt. Es kann durchaus in diesem Zusammenhang von einer Splitterung des Landvolks im Weser-Ems-Bereich gesprochen werden. Dabei solidarisieren sich die Landkreise gegen Südoldenburg.

Die Solidarisierung der Landkreise gegen Südoldenburg läßt sich auf die Form der Landwirtschaft, auf den Umgang mit der Natur und dem Tier der Südoldenburger zurückführen. Die Skandale im Raum Südoldenburg haben die Landwirtschaft insgesamt in Verruf gebracht.« (Gespräch mit Bartels, November 1987)

9.5 Die kulturelle Abgrenzung kommt zum Tragen

Eine starke kulturelle Abgrenzung kennzeichnet bis heute die wirtschaftliche und politische Entwicklung und prägt den Alltag im Oldenburger Münsterland.

»Nach dem Verlust der staatlichen Einheit ist eine zeitweise in den Hintergrund getretene territoriale und föderalistisch orientierte Linie der deutschen Überlieferung wiederentdeckt worden, die Bausteine für die Gestaltung der Gegenwart, für die Entwicklung 'politischer Kultur' liefern kann. Wenn wir das Oldenburger Münsterland in diesen Kontext einordnen, so hat die über Jahrhunderte währende politische Randlage seine Eigenentwicklung begünstigt und seine religiös-kulturelle Andersartigkeit in einem toleranten Staatswesen zur Ausbildung eines Eigenbewußtseins geführt, das, abgestützt durch besondere kulturelle Institutionen, gemeinsame Konflikt- und Solidaritätserfahrungen ein eigenes historisch fundiertes Selbstverständnis hervorgebracht hat.« (Kuropka 1982: 64 ff.)

»Das preußifizierte Hannover war für die Münsterländer keine angenehme Perspektive. Hatte man in Oldenburg das Gewicht eines Landesdrittels in die Waagschale werfen können, so bedurfte es nun im Großstaat Niedersachsen anderer Anstrengungen, sich zu Gehör zu bringen. Dafür allerdings bot auch der demokratische Staat immer wieder vor allem auf dem Feld der Kulturpolitik Gelegenheit. Die Forderung nach der katholischen Schule, nach katholischen Lehren, nach ausreichender Unterstützung der Privatschulen fand das Münsterland nach wie vor 'einig im Kampf für unsere heiligsten Güter'.« (ebenda, S. 57 f.)

»Die Nachkriegszeit brachte dem Oldenburger Münsterland die fast vollständige Wiederherstellung seiner Rechte: die geschlossenen Privatschulen wurden wieder eingerichtet, die Konfessionsschule wiederhergestellt, die katholische Lehrerbildung in der Pädagogischen Hochschule in Vechta wieder aufgenommen.« (ebenda, S. 57)

Bis heute gibt es in einer Stadt wie Vechta neben einem staatlichen Gymnasium zwei konfessionelle katholische Gymnasien, ein Mädchengymnasium und ein Gymnasium für Jungen, streng nach Geschlechtern getrennt. Der Einfluß der Kirche durchzieht das gesamte Leben vom Kindergarten, der Schule, über Jugendverbände bis ins hohe Alter.

Kathe bezeichnet die Abgrenzungsmechanismen zu den Nachbarkreisen als eine Mentalitätssache. Auch heute noch fahren Personen aus den Randgebieten des Kreises Vechta eher in die Stadt Vechta zum Einkaufen, die Bevölkerung liest vorwiegend die lokale Zeitung. Es existiert von alters her eine Grenze nach Diepholz und nach Osnabrück. Es gibt wenig soziale Kontakte und Verbindungen zu den Nachbarkreisen. Vechtaraner haben keine Verwandtschaft oder familiäre Verbindungen zu den Nachbarkreisen. Es wurde nicht ausgeschlossen, daß historisch gewachsene konfessionelle Grenzen unterschwellig immer noch eine Rolle spielen, die nicht gerade ein solidarisches Verhalten gegenüber Landwirten aus Vechta begünstigen (Gespräch mit Kathe und Bartels, November 1987).

Bei einem Volksentscheid am 19. Januar 1975 sprachen sich 31 % der Abstimmungsberechtigten für ein selbständiges Land Oldenburg aus. Der Anteil in den Kreisen Cloppenburg und Vechta, der gegen den Verbleib bei Niedersachsen stimmte, war weit höher. 62 % der Abstimmungsberechtigten und über 90 % der abgegebenen Stimmen votierten für die Wiederherstellung eines eigenständigen Oldenburgs. Zum Volksentscheid hatte der Heimatbund Oldenburger Münsterland mit Flugblättern und Veranstaltungen (vgl. Abbildung C 9) aufgerufen.

Autonomiebestrebungen des Oldenburger Münsterlands mit besonderer religiöser Prägung haben einen starken kulturellen Einfluß auf Verhaltensweisen, aber auch auf Abgrenzungen gegenüber den Nachbarn. Auf alle Fälle dürfte das Binnen- und Außenverhältnis dieses Kreises, auch wenn es um Probleme mit Gülleüberschüssen und der Verteilung auf landwirtschaftliche Flächen der Nachbarkreise geht, zum Tragen kommen. In den Nachbarkreisen werden die Vechtaraner als »tüchtige Bauern« bezeichnet. Darin kommt zum einen die Bewunderung, nicht zuletzt aber auch der Groll über die dadurch relativ ungünstigere Situation der eigenen Landwirte zum Ausdruck. Hierin mag mit ein Grund für den Protest gegen die Abnahme von Gülleüberschüssen durch die Nachbarn lie-

Abbildung C 9 Flugblatt zum Volksentscheid vom 19.1.1975

Aufruf

ZUM VOLKSENTSCHEID

am 19. Januar 1975

Stimmen Sie am 19. Januar 1975 für OLDENBURG

Wir sind legitimiert, die gesamte wahlberechtigte Bevölkerung Südoldenburgs aufzurufen, am 19. Januar 1975 die Ja-Stimme dafür abzugeben, „daß das frühere Land Oldenburg als selbständiges Land wiederhergestellt wird," denn

- **Wir Oldenburger können den Bundesgesetzgeber zwingen, endlich eine gerechtere und für uns vorteilhaftere Einteilung der Bundesländer zu beschließen.**
- **Wir verhindern das Abtrennen von Gebietsteilen der Landkreise Cloppenburg und Vechta von Oldenburg zu Osnabrück.**
- **Wir bekennen uns als Oldenburger Münsterland zu unseren Landkreisen Cloppenburg und Vechta.**
- **Wir erhalten unsere bestehenden und bewährten regionalen Einrichtungen wie: Kirchen, Kammern, Sparkassen, Brandkassen, Bibliotheken, Museen etc.**

STIMMZETTEL
für den Volksentscheid
im Verwaltungsbezirk Oldenburg
des Landes Niedersachsen

Nur in einem Kreis ankreuzen!

Ich will,

daß das Gebiet des früheren Landes Oldenburg beim Land Niedersachsen verbleibt.

daß das frühere Land Oldenburg als selbständiges Land wiederhergestellt wird.

Nutzen Sie die Chance für alle Bürger! –

Stimmen Sie für Oldenburg! Es geht um unsere Zukunft in Land und Kreis.

Heimatbund Oldenburger Münsterland Aktionskomitee: Landkreis Vechta Landkreis Cloppenburg

Wer am 19. Januar keine Zeit hat, kann jetzt durch Briefwahl wählen.

Wahlrecht ist Wahlpflicht – auch am 19. Januar

Quelle: Kuropka 1982: 59

gen. »Sollen die Vechtaraner doch selbst sehen, wo sie mit ihrer Gülle (Scheiße) bleiben.« Ökonomische Erwägungen allein würden das Ausmaß der Konflikte mit der Verteilung in Nachbarkreisen nicht hinreichend erklären.

Bartels und Kathe stimmten der Annahme zu, daß bei der Polarisierung zwischen Südoldenburg und den anderen Landkreisen der Region auch die unterschiedliche Konfession, so erstaunlich dies auch klingen mag, eine Rolle spielt. Niemand würde diese Vermutung öffentlich aussprechen, aber alltägliche Gewohnheiten und Kommunikationsbeziehungen unterstützen die These, daß alte Ressentiments noch tief im Verhalten der Bevölkerung verankert sind (Gespräch mit Bartels und Kathe, November 1987).

Von meinen Gesprächspartnern verwies Akkermann am deutlichsten auf die Bedeutung des soziokulturellen, speziell des religiösen Hintergrunds für die wirtschaftliche und politische Entwicklung in Südoldenburg, der aber auch das Verhältnis zur Natur, vor allem den Umgang mit Tieren, geprägt hat. Er kritisiert eine Tierhaltungsform, die »einzig wirtschaftlichen Gesichtspunkten zu genügen braucht« (Interview mit Akkermann, Juli 1987).

Zwar mag es anachronistisch erscheinen, wenn in einem technisch hochentwickelten Land wie der Bundesrepublik regionale Abgrenzungen und Abwehrmechanismen auf einen konfessionellen Hintergrund zurückgeführt werden, und zwar in einem Gebiet mit einem hohen technischen Niveau der Agrarproduktion; doch sind diese kulturellen Hintergründe nicht von der Hand zu weisen, mögen sie nun als Mentalitäts- oder als Identitätsfrage behandelt werden. Die Protestantismusthese Max Webers müßte bezogen auf diese katholische Diaspora in einem evangelisch-lutherisch geprägten Umland für die Kreise Cloppenburg und Vechta und somit für das Oldenburger Münsterland in eine Katholizismusthese umgeschrieben werden.

Tabelle C 11 Abstimmungsergebnisse des Volksentscheids vom 19.1.1975 im Oldenburger Münsterland

	Stimm-berechtigte	Abgegebene Stimmen	Beteiligung %	Gültige Stimmen	Für Verbleib bei Nieder-sachsen	%	Für Wiederherstellung Oldenburgs	%
Stadt Vechta	12 858	8 870	68,96	8 829	533	4,15	8 296	64,52
Stadt Lohne	10 743	6 707	62,43	6 655	531	4,94	6 124	57,0
Damme	7 212	4 983	70,5	4 959	457	6,34	4 502	62,42
Dinklage	5 363	3 522	65,67	3 495	276	5,15	3 219	60,02
Visbek	4 441	2 933	66,04	2 925	123	2,77	2 802	63,09
Steinfeld	4 103	3 025	75,9	3 012	165	4,02	2 847	69,39
Goldenstedt	4 384	2 953	67,36	2 928	174	3,97	2 754	62,82
Holdorf	3 036	1 875	63,04	1 871	160	5,27	1 711	56,36
Neuenkirchen	2 089	1 352	64,72	1 344	139	6,65	1 205	57,68
Bakum	3 018	2 295	76,04	2 280	87	2,88	2 193	72,66
Briefwahl		1 427		1 384	189		1 195	
Kreis Vechta	58 901	39 942	67,81	39 682	2 834	4,81	36 848	62,56
Stadt Cloppenburg	13 043	6 365	48,8	6 312	893	6,85	5 414	41,51
Molbergen	2 771	1 772	63,95	1 746	102	3,68	1 644	59,33
Löningen	6 754	3 987	59,03	3 959	356	5,27	3 603	53,35
Lindern	2 391	1 732	72,44	1 706	57	2,38	1 649	68,97
Saterland	6 393	2 738	42,83	2 716	195	3,05	2 521	39,43
Lastrup	3 451	2 298	66,59	2 275	149	4,32	2 126	61,61
Garrel	4 633	3 066	66,18	3 031	198	4,27	2 833	61,15
Emstek	4 543	2 836	62,43	2 809	265	5,83	2 544	56,0
Cappeln	2 580	1 777	68,88	1 765	92	3,57	1 673	64,84
Bösel	3 010	1 907	63,36	1 892	139	4,62	1 753	58,24
Barßel	5 712	2 367	41,44	2 351	222	3,89	2 129	37,22
Friesoythe	8 757	4 787	54,66	4 730	337	3,85	4 393	50,12
Essen	4 319	3 144	72,79	3 120	288	6,67	2 832	63,57
		1 183		1 173	208		965	
Kreis Cloppenburg	68 357	38 776	58,46	38 412	3 293	4,82	35 119	52,79
Oldenburger Münsterland	127 258	78 718	61,86	78 094	6 127	4,81	71 967	56,55

Ergebnisse in Nordoldenburg

Stadt Oldenburg	98 509	26 014	26,41	25 885	6 651	6,75	19 234	19,53
Kreis Oldenburg	62 665	25 782	41,14	25 615	4 979	7,95	20 636	32,93
Stadt Wilhelmshaven	73 914	11 439	15,48	11 363	5 709	7,72	5 654	7,65
Stadt Delmenhorst	50 806	30 114	59,27	29 938	2 830	5,57	27 100	53,34
Kreis Ammerland	59 205	22 808	38,52	22 645	4 485	7,58	18 160	30,67
Kreis Wesermarsch	68 986	14 877	21,57	14 760	6 489	9,4	8 271	11,99
Kreis Friesland	65 291	20 941	32,07	20 829	5 326	8,16	15 503	23,74
Land Oldenburg	604 876	231 901	38,34	230 302	42 808	7,8	187 494	31,00

Ergebnisse des Volksbegehrens vom 9. bis 22. April 1956
(in % der Abstimmungsberechtigten)

Kreis Vechta	35,1
Kreis Cloppenburg	40,9
Stadt Oldenburg	10,1
Kreis Oldenburg	8,6
Stadt Wilhelmshaven	0,3
Stadt Delmenhorst	2,9
Kreis Ammerland	15,5
Kreis Wesermarsch	5,8
Kreis Friesland	3,7

Quelle: Kuropka 1982: 60, 61

10. Abschließende Betrachtung

Zur Darstellung der Ergebnisse der lokalen Fallstudie wird im folgenden in zusammenfassender Form auf die am Anfang des Teils C in der Übersicht gestellten Leitfragen eingegangen, wie sie ausführlich im Text behandelt worden sind.

Zur Frage A: Regionales Profil
Welche Faktoren prägen das Profil des Landkreises Vechta und können zur Erklärung seiner ökonomischen, ökologischen und kulturellen Entwicklung hinzugezogen werden?
Auf den sandigen, unfruchtbaren Geest-Böden konnten früher nur geringe Ernteerträge erwirtschaftet werden. Erst durch den Import von Futtermitteln, der mit dem Anschluß an das Eisenbahnnetz Ende des vergangenen Jahrhunderts einsetzte, gelang es, die Tierhaltung auszubauen und die landwirtschaftliche Produktion zu steigern, die auch flächenschwachen Betrieben ein relativ hohes Einkommen ermöglichte.

Bereits um die Jahrhundertwende gab es in diesem Raum Betriebe mit einer Anzahl von 1 000 Schweinen, wie sie andernorts undenkbar gewesen wären. Die Schweinemast ging von den Heuerlingen aus, die zuvor in sehr ärmlichen Verhältnissen leben mußten. Die wirtschaftliche Not ließ soziale Barrieren gegenüber der verachteten Schweinemast mit geringem Sozialprestige überwinden und wurde dann auch von den Bauern, die darin eine Quelle des Gelderwerbs erkannten, übernommen. Neuerungen erfuhren in diesem Raum eine schnelle Übernahme und Diffusion; Erfahrungen bei der Mast in Großbeständen blieben aber auf die Landkreise Vechta und Cloppenburg beschränkt und gelangten nur zögernd nach außen.

Sowohl in der Produktion als auch bei der Vermarktung haben die beiden Landkreise Südoldenburgs, also Vechta und Cloppenburg, ihre Vorrangstellung bis jetzt bewahrt. Diese Kreise zeichnen sich durch einen hohen Grad an Modernisierung der agrarischen Produktion, der Innovation, insbesondere der Rationalisierung im Bereich der Tierhaltung, aus. In Vechta erreichen die Tierbestände die höchste Konzentration im Vergleich zur gesamten Bundesrepublik, das Vieh-Flächen-Verhältnis ist im Schnitt über 4 DE/ha. In einigen Gemeinden liegt der Durchschnitt des Gülleanfalls über 6 DE/ha, auf einzelbetrieblicher Ebene sogar erheblich darüber. Ertragsschwache Böden, die ein Grund für die Hinwendung zur intensiven Tierproduktion waren, bergen aber auch aufgrund ihrer geringen Sorptionskapazität, insbesondere bei zu hohen Stickstoffgaben, eine Gefahr für das Grundwasser. Der hohe Anfall von Gülle in diesem Raum führt zur Belastung der Umwelt: des Bodens, der Luft und der Gewässer. Die Nitratwerte im Grundwasser sind weit über dem in der Trinkwasserverordnung (TVO) festgelegten Höchstwert von 50 mg/l.

Nicht nur im Hinblick auf ihre agrarische Produktion (der Massentierhaltung) weisen die Landkreise Südoldenburgs eine Reihe von Gemeinsamkeiten auf, die in ihrer geschichtlichen Entwicklung und kulturellen Tradition begründet liegen. Die Bevölkerung des Oldenburger Münsterlands ist streng katholisch, Vechta ist Sitz eines bischöflichen Offizialat, es hat sich traditionell weitgehend isoliert vom evangelisch-lutherisch geprägten Umland entwickelt. Kommunikationsbeziehungen im Binnen- und Außenverhältnis dieser katholischen Enklave kennzeichnen bis heute das politische, wirtschaftliche sowie soziale und kulturelle Leben im Oldenburger Münsterland. Noch in den siebziger Jahren votierte ein Großteil der Bevölkerung für einen Freistaat Oldenburg. Auch im Alltag, in den Kommunikationsbeziehungen, den Einkaufsgewohnheiten und der Präferenz für die lokale Presse sind alte traditionelle Identitäten und Abgrenzungen lebendig.

Auf jeden Fall hat sich vor dem Hintergrund der Solidarität einer religiösen Minderheit in konfessioneller und politischer Abgrenzung zu den Nachbarn eine auffällige wirtschaftliche Entwicklung der intensiven Tierproduktion angebahnt, wie wir ihr historisch über die Kreisgrenzen des Oldenburger Münsterlands hinaus, mit ähnlichen geographischen, geologischen und klimatischen Verhältnissen, nicht begegnen. Somit werden neben den naturräumlichen Bedingungen kulturelle Faktoren, die Solidarität und Identität im Oldenburger Münsterland in Abgrenzung zu den Nachbarkreisen und -gemeinden geprägt haben, zu beachten sein. Zu berücksichtigen ist ferner die konfessionelle Ethik auch in ökologischer Hinsicht, im Umgang mit der Natur und der Tierwelt, die das Wirtschaftsethos dieser Diaspora gekennzeichnet hat.

Zur Frage B: Problemperzeption
Erfolgt aufgrund eines Problemsdrucks vor Ort - beispielsweise hohe Belastungen des Grundwassers durch Nitrat bei nur geringer Anschlußdichte an die öffentliche Wasserversorgung im Kreis - ein entsprechender Handlungsdruck von seiten der betroffenen Bevölkerung auf die zuständige Behörde?

Von der Belastung des Grundwassers durch erhöhte Nitratwerte sind Bewohner des Landkreises Vechta in besonderer Weise betroffen, da über 40 % der Bevölkerung ihr Trinkwasser aus flachen Privatbrunnen beziehen. Zwar gab es bereits in den siebziger Jahren Anzeichen dafür, daß das Grundwasser in Vechta belastet war, Kritiker im Kreis wurden jedoch entweder ignoriert oder als Nestbeschmutzer dargestellt, die die Solidarität der Gemeinschaft gefährdeten. Eine gewisse Beachtung fanden Probleme der Gülleüberschüsse und Belastung von Gewässern erst 1981, als sie in einer überregionalen Zeitschrift publiziert wurden.

Da Bemühungen zur Durchsetzung einer umfassenden Untersuchung der Einzelversorgungsanlagen im Kreis wenig Hoffnung auf Erfolg hatten, gingen Umweltschutzverbände und die Grünen soweit, daß sie 1982 eine Strafanzeige gegen die für die Trinkwasserüberwachung verantwortlichen Beamten des Kreises erstatteten. Als daraufhin die Kreisverwaltung der Bevölkerung eine kostenlose Untersuchung des Trinkwassers anbot, wurde das Verfahren eingestellt.

Die Ergebnisse der ersten nichtamtlichen Untersuchung (1983) waren zwar beunruhigend - 70 % des untersuchten Trinkwassers wiesen Nitratwerte über 50 mg/l auf -, doch an der Nitratfront blieb es bedenklich ruhig. Zeitungsartikel und kritische Stimmen aus der Opposition fanden kaum ein Echo. Die Bevölkerung zeigte wenig Interesse an den folgenden amtlichen Untersuchungen, da sie im Falle der Feststellung erhöhter Nitratwerte die Sanierung ihrer Privatbrunnen oder den Anschluß an das öffentliche Wasserversorgungsnetz zu zahlen gehabt hätte. Die damit verbundenen Kosten aber wurden gescheut; somit reagierten die betroffenen Personen eher zurückhaltend und reserviert.

Die Frage B muß daher mit »nein« beantwortet werden. Aus dem Problemdruck der hohen Nitratwerte im Grund- und Trinkwasser vor Ort erfolgt kein entsprechender Handlungsdruck auf die kommunale Verwaltung. Eher trinkt die Bevölkerung Wasser mit erhöhten Nitratwerten, als daß sie - aus Furcht vor einem Anschluß- und Benutzungszwang - Maßnahmen zur Beseitigung des Problems fordert oder gar die Landwirtschaft als Emittenten angreift. Vielmehr wird die Bedeutung des Agrarsektors für das wirtschaftliche Leben und den hiervon direkt oder indirekt betroffenen Arbeitsplätzen in Südoldenburg hervorgehoben. Auch ist zu beachten, daß in Vechta die Kirche eine meinungsbildende Rolle spielt und sich schützend vor die Landwirte stellt.

Insgesamt formiert sich die Kritik an den Verhältnissen in Vechta, der Tierhaltung und den Umweltbelastungen der Landwirtschaft außerhalb des Kreises. In Südoldenburg selbst kommt es kaum zu einem starken Protest. Das in den überregionalen Medien nunmehr entstandene angekratzte Image des Landkreises soll durch eine Werbekampagne mit 1 Million DM aufpoliert werden. Angesichts der geringen Problemperzeption bezüglich der Belastung des Grund- und Trinkwassers mit Nitrat und des hohen Maßes an Solidarität im Kreis müssen Regelungen, die von »oben« und »außen« an den Kreis herangetragen werden, als hilfreiche Anstöße zum Ergreifen von konkreten Maßnahmen angesehen werden. Durch die TVO, über den Gülleerlaß sowie durch Pläne zur Sanierung des Dümmersees von seiten der Landesregierung ist ein gewisser Handlungsdruck auf die Kreisverwaltung und die Landwirtschaft in Südoldenburg entstanden.

Eine Sensibilität gegen die Geruchsbelastung durch Gülle ist allerdings auch im Landkreis Vechta nicht neu. So wurde bereits 1971 eine Kreisgülleverordnung verabschiedet, die sich aber nur auf die Geruchsimmission bezog und das Aufbringen von Gülle an Sonn- und Feiertagen untersagte. Auch bezogen auf die zeitliche Regelung des Gülleerlasses hat sich eine gewisse soziale Kontrolle im Kreis selbst entwickelt. Der beobachtbare und sinnlich wahrnehmbare Bereich der Gülleregelung wird nicht nur von der Umweltschutzorganisation (BSH), der Polizei und der Presse registriert, es kommt hin und wieder zu anonymen Anzeigen, wenn Landwirte im Herbst und Winter Gülle auf die Felder bringen.

Zur Frage C: Vollzugsdefizit
Zu fragen ist, ob auch im Fall der Gülleregulierung das häufig konstatierte Vollzugsdefizit im Bereich der Umweltpolitik anzutreffen ist.

Die Implementationsstudie über den Gülleerlaß im Landkreis Vechta macht deutlich, daß das Landwirtschaftsministerium von Niedersachsen 1983 nur eine halbherzige Entscheidung getroffen und die Probleme der Gülleregulierung auf die kommunale Ebene verschoben hat. Der Gülleerlaß richtet sich als Ausführungsvorschrift von § 15 Abs. 5 des Abfallgesetzes an die Vollzugsbehörde und hat - im Gegensatz zu einer Verordnung - für das Handeln der Landwirte zunächst keinen rechtlich bindenden Charakter. Die Formulierung von Beschränkungen der Aufbringungsmenge auf maximal 3 DE/ha und die Festlegung eines zeitlichen Aufbringungsverbots von etwa Ende Oktober bis Ende Februar obliegen der Kreisverwaltung. Damit ist ein sehr aufwendiges und kompliziertes Verfahren verbunden, da die Behörde nur unter Berücksichtigung der örtlichen Verhältnisse und einer Vielzahl von Faktoren (vgl. Punkt 4 des Gülleerlasses im Anhang) Auflagen gegenüber dem jeweiligen landwirtschaftlichen Betrieb formulieren kann. Im Falle eines Widerspruchsverfahrens hätte die Verwaltung im einzelnen den Nachweis der Überdüngung und der Gewässerbelastung zu führen. Daher bietet der schwache rechtliche Rahmen eines Erlasses für die Vollzugsbehörde nur die Möglichkeit einer behutsamen Vorgehensweise gegenüber den Landwirten.

Der Vorstoß des Landkreises Diepholz im Jahre 1984, per Allgemeinverfügung dieses Vollzugsproblem zu überwinden, mußte im selben Jahr rückgängig gemacht werden, weil diese Vorgehensweise einer Verordnung gleichgekommen wäre, eine Ermächtigung hierzu aber von der Landesregierung nicht erteilt worden war. Wenn jährlich nicht an alle Landwirte - es gibt über 3 000 Betriebe - im Kreis Vechta Einzelverfügungen ergangen sind, die in standardisierter Form einer unzulässigen Allgemeinverfügung entsprächen, so ist dies weniger als Vollzugsdefizit auf der Ebene der Kreisverwaltung denn vielmehr als Schwäche der rechtlichen Regelung und Programmformulierung anzusehen. Unerfüllt wird in absehbarer Zeit die Forderung der Kreisverwaltungen und Bezirksregierung Weser-Ems nach einer die Vollzugspraxis vereinfachenden Gülleverordnung bleiben, die zum Teil auch auf Meinungsunterschiede im Kompetenz- und Zuständigkeitsbereich der Ministerien in Hannover stößt. Herausgegeben wurde der Gülleerlaß vom ehemaligen Landwirtschaftsministerium (ML). Seit 1986 ist aber für den Bereich der Wasser- und Abfallregulierung das Umweltministerium (MU) zuständig. Zur Vermeidung von Konflikten werden Veränderungen der Gülleregulierung jedoch nicht ohne Absprache mit dem ML erfolgen.

Die schwer überprüfbare mengenmäßige Norm von maximal 3 DE/ha ist in diesem Gülleüberschußgebiet nicht einzuhalten und nur im Fall von Neubauanträgen bei der Kreisverwaltung durch Flächennachweise eingefordert worden. Doch mit dem Aufbau eines EDV-gestützten Güllekatasters in Vechta hat die Verwaltung ein Instrument zur Ermittlung des Vieh-Flächen-Verhältnisses jedes einzelnen Betriebes entwickelt. Damit werden Gülleüberschußbetriebe in Zukunft eindeutig identifizierbar sein, gegen die dann auch Einzelverfügungen ausgesprochen werden könnten. Auf der kommunalen Ebene sind die informationstechnischen Voraussetzungen zur Umsetzung der mengenmäßigen Norm geschaffen worden. Bereits dieser Tatbestand hat den Handlungsdruck verstärkt, auch in Vechta eine Güllegenossenschaft nach holländischem Modell zu gründen. Sie soll flächenschwache Betriebe vor dem Abbau ihrer Tierbestände bewahren, indem sie ihnen die Gülle abnimmt und die Verteilung der Überschüsse in Nachbargebiete mit finanzieller Unterstützung durch den Kreis organisiert.

Bei einer Gülleregelung per Erlaß ist es nicht verwunderlich, wenn Landwirte auch nach Oktober hin und wieder Gülle auf die Felder gebracht haben. Zum Teil waren sie im Besitz einer schriftlichen Ausnahmegenehmigung. Bemerkenswert ist vielmehr, daß es bereits in den vorangegangenen Herbst- und Wintermonaten zu einer weitgehenden Beachtung der Sperrzeiten gekommen ist. Unter rein rechtlichen Gesichtspunkten ist das Aufbringen von Gülle in den Wintermonaten grundsätzlich zulässig, solange der Landwirt keine Einzelverfügung mit genauen Beschränkungen oder einem Verbot erteilt bekommen hat. Es bedarf hierfür keiner besonderen »Ausnahmegenehmigung«. Dies wurde sowohl vom Landwirtschaftsministerium im Jahre 1985, als auch später, im Jahre 1987, vom zuständigen Umweltministerium gegenüber den Vollzugsbehörden explizit hervorgehoben. Daß eine weder rechtswidrige noch strafrechtlich zu belangende Tat, die eine Einschränkung der bisherigen Handlungsfreiheit landwirtschaftlicher Betriebe darstellt, dennoch befolgt wurde, kann einerseits als Zeichen des guten Willens der Landwirte interpretiert, andererseits auf folgende Umstände zurückgeführt werden:

Zunächst ist anzumerken, daß der Gülleerlaß mit seinen zeitlichen und mengenmäßigen Vorgaben vom damaligen Landwirtschaftsminister als effektive Maßnahme gegen die Grundwasserbelastung propagiert und zeitweise sogar mit dem Erlaß einer Gülleverordnung gedroht wurde. Ferner gab es Zuschüsse zum Bau von Güllebehältern, die eine Erweiterung der Lagerkapazität zur Einhaltung der Sperrfristen unterstützt haben. Die Presse stellte bis 1987 die Vorgaben des Erlasses so dar, als seien sie für das Handeln der Landwirte verbindlich; dadurch wurde in der Öffentlichkeit der Eindruck erweckt, als sei das Aufbringen von Gülle in den Wintermonaten verboten. Unter der Bevölkerung entwickelte sich eine erhöhte Sensibilität gegenüber der steigenden Geruchsbelästigung; sie reagierte nunmehr empfindlicher auf die Gülleausbringung (Frage B). Dadurch ist ein gewisser Handlungsdruck sowohl für die Verwaltung als auch für Landwirte und deren Organisationen entstanden. Daß dieser Erlaß eigentlich zahnlos war, wollte öffentlich keiner so recht zugeben.

Als nach anfänglich heftigen Protesten der Landwirte klar war, daß der Erlaß nicht mehr rückgängig zu machen war, lenkten die landwirtschaftlichen Organisationen im Weser-Ems Gebiet ein. Sie forderten ihre Mitglieder zur Einhaltung der zeitlichen Vorgaben des Erlasses auf: zum einen, um Gülle dem Pflanzenbedarf entsprechend auszubringen, zum anderen, um nicht aufzufallen, da sie ansonsten den Erlaß einer Gülleverordnung befürchteten. Darüber hinaus wurden Absprachen mit der Kreisverwaltung getroffen und die Möglichkeit geschaffen, daß Landwirte, die Schwierigkeiten mit der Güllelagerung hatten, sich selbst bei der Verwaltung meldeten, um Ausnahmeanträge zu stellen, die ihnen dann auch bewilligt wurden.

Die unter dem Problemdruck entstandene Verwaltungspraxis der Erteilung von Ausnahmegenehmigungen auf Antrag der Landwirte in Vechta - wie auch in anderen Kreisen - ist im Vollzug eines ministeriellen Erlasses, wie zuvor dargestellt, im Grunde nicht korrekt und daher juristisch umstritten. Sie kommt der Handhabung einer Gülleverordnung gleich, wie sie in Nordrhein-Westfalen umgesetzt wurde.

All diese Faktoren haben dazu beigetragen, daß aus der Rechtsnorm gegenüber der Verwaltung eine quasi soziale Norm im Umgang mit Stallabfällen geworden ist, zumindest was den überschaubaren und nicht zu »überriechenden« Aspekt der Gülleregelung anbelangt. Neben einem partiellen Vollzugsdefizit im Bereich der mengenmäßigen Norm - das allerdings mit dem Aufbau eines Güllekatasters zu überwinden wäre - kann daher im Prozeß der Implementation dieser umweltschutzpolitischen Maßnahme das Phänomen eines »Vollzugsvorsprungs« beobachtet werden.

Dieser Vollzugsvorsprung wäre ohne die Berücksichtigung soziokultureller Dimensionen - die historisch gewachsene Sensibilität gegenüber dem Geruch tierischer Fäkalien und der Umweltverschmutzung, aber auch Vorstellungen von Reinheit und Sauberkeit im normativen System der Gesellschaft - nicht denkbar. So liegt der Grund für die Akzeptanz der Gülleregulierung nicht zuletzt darin, daß Gülle mittlerweile als besonders anrüchiger Aspekt der Massentierhaltung wahrgenommen wird. Gegenüber der Güllewirtschaft (als »Schweinerei in der Landwirtschaft«) ist ein sozialer Druck zur Regulierung entstanden, der stärker ist als der rechtliche Rahmen eines ministeriellen Erlasses.

Zur Frage D: Lösungsstrategien und Barrieren
Welche Argumente werden zur Ablehnung von Fremdgülle vorgebracht, und welche Barrieren bestehen gegenüber der Gülleabnahme aus Vechta?

Nach offiziellen Angaben fallen im Landkreis Vechta nach Abzug von 3 DE/ha jährlich Gülleüberschüsse in einem Umfang von 800 000 bis 1 Million Kubikmetern an. Mittlerweile wird aber nur noch das Aufbringen von maximal 2 DE/ha (SRU 1985) als ökologisch vertretbar angesehen und auch von einer Expertenrunde beim ML (1987) einhellig empfohlen. Unter Zugrundelegung einer solchen Mengenbegrenzung wäre mit einem jährlichen Gülleüberschuß von 1,6 bis 2 Millionen Kubikmetern zu rechnen. Für Geflügelgülle gibt es bereits technische Verarbeitungsmöglichkeiten zur Herstellung von Trockenkot mit Absatzmärkten bis zu einer Entfernung von 100 Kilometern und der Weiterverarbeitung im Bereich der Pilzzucht. Doch bei Rinder- und Schweinegülle stellt sich eine Reihe ungelöster Probleme. Die im Landkreis Vechta errichtete Güllegenossenschaft soll Abhilfe schaffen. Hierfür wurde eine Summe von 500 000 DM - nur die Hälfte der Ausgaben für die Imagepflege (vgl. Frage B) - von der Kreisverwaltung bewilligt.

Mit dieser Organisation sollen zum einen technische Einrichtungen zur Verarbeitung der Gülle gefördert, zum anderen die Umverteilung der Gülle in andere Regionen organisiert und finanziell unterstützt werden. Solange die technischen Anlagen noch nicht in Betrieb sind, die unter Kostengesichtspunkten bisher als unvertretbar gelten, wird unter den gegebenen Umständen zur Vermeidung einer weiteren Überdüngung die Umverteilung von Gülleüberschüssen in Nachbargebiete angestrebt. Dabei ist noch offen, wer die Gülle aus Südoldenburg abzunehmen bereit ist, denn mit dem Export von Gülleüberschüssen aus Südoldenburg gibt es Schwierigkeiten vor allem mit den Nachbarkreisen, die sich gegen die Gülleabnahme aus Vechta und Cloppenburg solidarisiert haben. Sogar in der landwirtschaftlichen Organisation, dem Landvolkverband (niedersächsischer Bauernverband), die ansonsten eher geschlossen auftritt, ist es zu einer Spaltung gekommen.

Seit Jahren propagiert die landwirtschaftliche Forschungs- und Untersuchungsanstalt in Oldenburg Gülle als kostbaren Wirtschaftsdünger. Gülle wird mit Gold verglichen und ihre ertragsteigernden Wirkungen zusammen im Einsatz mit Mineraldünger gelobt, aber auch vor Überdüngung mit Gülle gewarnt. Wenn es dennoch nicht zu einer erhöhten Nachfrage gekommen ist, dann wird dies auf die Unkenntnis im Umgang mit diesem Stoff zurückgeführt. Dieses Defizit - des nicht hinreichend anerkannten Wertes der Gülle - soll durch Aufklärung behoben werden. Abwehrhaltungen gegen die Gülle werden als unbegründet dargestellt.

Konkret verweisen aber die Nachbarkreise auf ökologische und gesundheitliche Probleme der Gülleabnahme. So unterstreicht zum Beispiel das Veterinäramt in Osnabrück die seuchenhygienischen Gefahren, die gegen eine Abnahme von Fremdgülle sprechen. Auch gibt es wirtschaftliche Erwägungen der landwirtschaftlichen Organisationen der Nachbarkreise. Landwirte sollen sich die Option auf eigene zukünftige Aufstokkungen der Tierbestände durch Pacht- oder langfristige Gülleabnahmeverträge nicht verbauen. Schließlich wollen die Nachbarn nicht zur Gülledeponie Südoldenburgs verkommen und mißbraucht werden, indem sie Landwirten aus Vechta und Cloppenburg die Stallabfälle abnehmen und sich selbst damit belasten. Ansonsten würden sie mit ihren Flächen auch noch zur Aufrechterhaltung wirtschaftlicher Vorteile in der intensiven Tierhaltung Vechtas beitragen und eigene Entwicklungsmöglichkeiten vertun. Auch ökologisch spricht vieles gegen die Gülleabnahme. Gestiegene Nitratwerte im Grundwasser wurden auch in den Nachbarregionen gemessen, obgleich im Schnitt die Dungeinheiten weit geringer sind als in den Kreisen Südoldenburgs.

Die vorgetragenen Argumente sind entweder ökonomisch, technisch oder ökologisch ausgerichtet, können aber auch als Bemühung zur Rationalisierung emotionaler und ästhetischer Hemmschwellen interpretiert werden, die einer Abnahme von Gülle aus Südoldenburg im Wege stehen.

- Zum einen geht es um die ablehnende Haltung gegenüber Fäkalien, insbesondere denen von Schweinen, da es sauberere Alternativen in der Anwendung von Mineraldünger gibt.
- Zum anderen besteht eine Abwehrhaltung gegen Gülle aus Vechta. Da mögen Skandale - neueren Datums - über Tierhaltungspraktiken in einigen Betrieben der Massentierhaltung, die die gesamte Landwirtschaft in Mißkredit gebracht haben, auch eine Rolle spielen. Darüber hinaus aber wirken historisch geprägte kulturelle und konfessionelle Abgrenzungen. Alte Ressentiments kommen - nun, wo es um die Abnahme tierischer Exkremente geht - zum Tragen. Die Landwirtschaft in Vechta ist zur Bewältigung der Gülleprobleme zur Zeit auf die Solidarität der Landwirte in den Nachbarkreisen angewiesen. Die isolierte Lage dieser katholischen Enklave, die mit wirtschaftlichen Erfolgen einherging, erscheint nunmehr als Barriere und wenig tragfähig für kooperative Aktionen. Divergenzen, die auf den ersten Blick problemfremd anmuten, entpuppen sich als Hindernis bei der Lösung von Umweltbelastungen. Süldoldenburg hat sich in seiner wirtschaftlichen Entwicklung auch politisch und kulturell immer schon vom protestantischen Umland distanziert (vgl. Frage A).

Abschließend ist anzumerken, daß die Güllereguliering in der Bundesrepublik auf allen Stufen - des rechtlichen Rahmens, der Programmformulierung bis zur Implementation - von einem hohen gesellschaftlichen Konsens getragen wird. Unterstrichen wird dies auch durch den Tatbestand, daß es bisher nur in diesem Bereich - und nicht bei der Anwendung von Mineraldünger - zu einer Regulierung der Stickstoffdüngung in der Landwirtschaft als Ursache der Nitratbelastung des Grundwassers gekommen ist. Ein effektiver Grundwasserschutz müßte aber auch den Einsatz von Mineraldünger mitberücksichtigen. Der gleiche Grund, der zum Wegbereiter einer Güllereguliering wurde, wendet sich jedoch gegen eine Strategie, die das Problem von Gülleüberschüssen auf dem Wege der Umverteilung zu lösen trachtet, die Probleme auf ökonomische und technische Faktoren reduziert und die damit verbundenen soziokulturellen Dimensionen unterschätzt (vgl. Douglas 1966/1976).

Wenn ein Abbau bestehender Tierbestände zur Zeit direkt oder indirekt über die Güllereguliering politisch nicht opportun und durchsetzbar erscheint, so dürfte es unter Berücksichtigung der Struktur der Wasserversorgung und dem Aspekt der Umsetzung der Trinkwasserverordnung im

Landkreis Vechta angesichts der gegebenen Nitratwerte im Grundwasser auf keinen Fall zu einer weiteren Aufstockung von Viehbeständen kommen, solange der Verbleib von Stallabfällen nicht geklärt ist. Technische Lösungen zur Verarbeitung der (Rinder- und Schweine-)Gülle in eine geruchlose, streufähige Substanz sind noch nicht greifbar oder wirtschaftlich vertretbar. Die in Vechta gegründete Güllegenossenschaft aber könnte, sofern sie den Weg zu einer weiteren Aufstockung nicht verbaut, sondern begünstigt, sogar zu einer Verschärfung der Lage in dieser Region führen. Die Dümmer-Konzeption mit der Absicht, die Gülle aus dem Sanierungsgebiet mit finanziellen Mitteln fernzuhalten, bringt ohne Abbau der Tierbestände keine Entlastung, höchstens eine Verdrängung und Verlagerung der Probleme in andere Gemeinden. Die Gülle-Genossenschaft intendiert zwar die Unterstützung flächenschwacher Betriebe, um den negativen Strukturwandel in der Landwirtschaft in diesem Raum abzufangen, langfristig aber bietet sie weder eine ökologische noch eine agrarsozialpolitische Lösung. Als Umweltschutzausgaben deklarierte staatliche Mittel sollten zur Vermeidung von Gülleüberschüssen eingesetzt werden und nicht in abfalltechnische Anlagen fließen. Auch aufgrund der Abwehrhaltung gegen Fremdgülle ist in Zukunft ein ökologisch vertretbares Vieh-Flächen-Verhältnis herzustellen. An diesem Ziel könnten agrarsozialpolitische Pläne ihre Orientierung finden.

11. Liste der aufgesuchten Einrichtungen und Personen

Landkreis Vechta:

Kreisverwaltung: Eisenbart (Kreisdirektor); Thomann und Wehebrink (Ordnungsamt); Feige und Aumann (Gesundheitsamt)

Polizei in Vechta: Schlicker (zuständig für Umweltschutzdelikte)

Wasserwerk Vechta: Muhle (Geschäftsführer)

Abgeordneter der Grünen: Neubauer (Arzt)

Abgeordneter der SPD: Bartels (Umweltpolitischer Sprecher der SPD)

Universität Vechta: Prof. Windhorst und Mitarbeiter (Abteilung Geographie) und Prof. Kuropka

Biologische Schutzgemeinschaft Hunte Weser-Ems (BSH): Akkermann (Vorsitzender)

Oldenburgische Volkszeitung: Kathe

Landwirtschaftskammer Vechta: Brüse (Geschäftsführer)

Landbauaußenstelle der Landwirtschaftskammer in Bramsche: Kempchen (Leiter) und Meinders (Beratung im Landkreis Vechta)

Kreislandvolkverband Vechta: Averdam (Geschäftsführer)

Kreislandwirt von Vechta: Höltermann

Dümmerrat der Landwirte: Schildmeyer (Vorsitzender), Wielenberg (Mitglied des Dümmerrats und Ortslandwirt von Osterfeine)

Landwirte: (Geflügelhalter/Tierzüchter und -mäster, Gemischtbetriebe, ökologisch wirtschaftende Betriebe)

Landkreis Osnabrück:

Kreisverwaltung: Heiter (Kreisrat, Dezernat III Wasser und Abfallbeseitigung), Bonika (Tiefbauamt), Nikolay (Hochbauamt)

Veterinäramt: Lehmann (Leiter) (telefonische Auskunft)

Bauamt in Bersenbrück: Held

Gesundheitsamt: Wedegärtner (Leiter) (telefonische Auskunft)

Wasserbeschaffungsverband Bersenbrück: Usselmann (Leiter)

Abgeordneter der Grünen: Bartelt (Sprecher der Grünen)

Kreislandwirt: Kiesekamp

Landwirtschaftlicher Berufsverband Bersenbrück: von Hagen (Geschäftsführer des Landvolkverbands Bersenbrück)
Landwirte: (Gemischtbetriebe und ökologisch wirtschaftende Betriebe)

Landkreis Diepholz:
Dümmerausschuß: Tornow (Umweltschutzbeauftragter im Kreis)

Bezirksregierung Weser-Ems in Oldenburg:
Bezirksregierung Weser-Ems: Eilers und Diepholz (Abteilung Wasser und Abfallbeseitigung, Ausweisung von Wasserschutzgebieten)
Landwirtschaftskammer Weser-Ems, Oldenburg: Vetter (Präsident der VDLUFA), Steffens, Klasens, Früchtenicht (Gülledüngung, Bodenuntersuchung, Forschung und Beratung)

Fortbildungseinrichtung der Kammer Weser-Ems und Hannover in Göttingen
Beraterseminar: Goffmann (Leiter)

Landesregierung in Hannover:
Umweltministerium: Zimmermann und Rüdiger (juristische Fragen der Güllereguliering, des Wasser- und Abfallrechts), Nordbruch (Wasser und Abfall)
Ministerium für Ernährung, Landwirtschaft und Forsten: Hesse (Gülleerlaß), Lampe (landwirtschaftliche Beratung)

12. Liste der Abkürzungen

AbfG	Abfallgesetz
Abs.	Absatz
AID	Auswertungs- und Informationsdienst für Ernährung, Landwirtschaft und Forsten
BEWG	Bewertungsgesetz
BImSchG	Bundesimmissionsschutzgesetz
BSH	Biologische Schutzgemeinschaft Hunter Weser-Ems
DK	Diepholzer Kreisblatt
DE	Dungeinheit (1 DE entspricht 80 kg Stickstoff oder 70 kg Phosphat)
ha	Hektar
LF	Landwirtschaftliche Fläche
LN	Landwirtschaftliche Nutzfläche
LUFA	Landwirtschaftliche Untersuchungs- und Forschungsanstalt
MAB	Man and Biosphere
ML	Niedersächsischer Minister für Ernährung, Landwirtschaft und Forsten
MU	Niedersächsischer Umweltminister
NO_3	Nitrat
Nfl.	Niederländische Gulden
Nov.	Novelle
o. J.	ohne Jahresangabe
OOWV	Oldenburgisch-Ostfriesischer Wasserverband
OV	Oldenburgische Volkszeitung
SRU	Der Rat von Sachverständigen für Umweltfragen
TVO	Trinkwasserverordnung
UNESCO	Organisation der Vereinten Nationen für Erziehung, Wissenschaft und Kultur
VE	Vieheinheit
VDLUFA	Verein Deutscher Landwirtschaftlicher Untersuchungs- und Forschungsanstalten
WHG	Wasserhaushaltsgesetz

13. Anhang

1. **Vollzug des § 15 Abs. 5 des Abfallbeseitigungsgesetzes; hier: Maßnahmen gegen die Überdüngung mit Gülle und Geflügelkot**

RdErl. d. ML v. 13. 4. 1983 — 318.2 — 03 14 55

— GültL 78/35 —

Durch Art. 1 Nr. 5 des Zweiten Gesetzes zur Änderung des Abfallbeseitigungsgesetzes vom 4. 3. 1982 (BGBl. I S. 281) ist § 15 des Abfallbeseitigungsgesetzes (AbfG) i. d. F. vom 5. 1. 1977 (BGBl. I S. 41), geändert durch Art. 13 des Gesetzes zur Bekämpfung der Umweltkriminalität vom 28. 3. 1980 (BGBl. I S. 373), neu gefaßt worden. Nach § 15 Abs. 5 AbfG kann die zuständige Behörde im Einzelfall u. a. das Aufbringen von Gülle und Stallmist auf landwirtschaftlich, forstwirtschaftlich oder gärtnerisch genutzte Böden verbieten oder beschränken, wenn das übliche Maß der landwirtschaftlichen Düngung überschritten wird und dadurch insbesondere eine schädliche Beeinflussung von Gewässern zu besorgen ist. Eine derartige Grundlage zum Erlaß von Verfügungen fehlte bisher im Abfallrecht. Bei der Anwendung der Vorschrift sind die nachfolgenden Hinweise zu beachten:

1. Anwendungsbereich

Die in § 15 AbfG angesprochenen Gefahren sind in der Praxis vor allem bei überhöhtem und unsachgemäßem Einsatz von Gülle und Geflügelkot gegeben. Der RdErl. erfaßt deshalb nur diese Wirtschaftsdünger.

2. Begriffsbestimmungen

Gülle ist das Gemisch der Kot- und Harnausscheidungen von in Ställen gehaltenen Huf- oder Klauentieren — auch vermischt mit Wasser —, Ausscheidungen von Geflügel unter Zusatz von Wasser, Gemische der Ausscheidungen dieser Tierarten sowie deren Umwandlungsprodukte.

Das übliche Maß der landwirtschaftlichen Düngung ist eine Düngergabe, die die Nährstoffversorgung von Boden und Pflanze gewährleistet, ohne negative ökologische Auswirkungen nach sich zu ziehen.

Dungeinheit ist die von einer bestimmten Anzahl von Tieren einer Tierart während eines Jahres erzeugte Dungmenge.

3. Festlegung der Tierzahlen pro Dungeinheit

Der Berechnung der Dungeinheit sind folgende, während eines Jahres gehaltene Tierarten und Tierzahlen zugrunde zu legen:

Tierart bzw. Tiergruppe	Zahl der Tiere je Dungeinheit
Rinder (über 2 Jahre)	1,5
Jungrinder (über 3 Monate bis 2 Jahre)	3,0
Kälber (bis 3 Monate)	9,0
Zuchtsauen mit Ferkeln bis 20 kg	3,0
Schweine über 20 kg	7,0
Legehennen	100,0
Junghennen	200,0
Masthähnchen	300,0
Mastenten	150,0
Mastputen	100,0

Die Berechnung der Dungeinheit basiert auf einer Menge an Gülle oder Geflügelkot, die nicht mehr als 80 kg Stickstoff, bewertet als Gesamtstickstoff, oder nicht mehr als 70 kg Phosphat, bewertet als Gesamtphosphat, enthält. Diese Werte sind bei einer Erweiterung der Tabelle um andere Tierarten zu beachten.

Wird ein Tier nicht während des ganzen Jahres gehalten oder sind Tiere während des Jahres infolge Alterung oder Nutzungsänderung einer anderen Tiergruppe zuzuordnen, so wird die in der jeweiligen Tierart bzw. Tiergruppe im Jahresdurchschnitt vorhandene Anzahl der Tiere der Berechnung der Dungeinheit zugrunde gelegt.

Bei Dung von verschiedenen Tierarten sind die der jeweiligen Tierart entsprechenden Dungeinheiten oder Bruchteile davon zusammenzuzählen.

4. Aufbringungsverbote und -beschränkungen

Die Einhaltung des üblichen Maßes der landwirtschaftlichen Düngung erfordert die Beachtung mengenmäßiger und zeitlicher Aufbringungsgrenzen. Das übliche Maß hängt — ebenso wie eine mögliche Gefährdung von Gewässern — von einer Vielzahl von Faktoren ab, insbesondere von der Bodenart, dem Bodentyp, der Bodenstruktur, dem Humusgehalt, dem C : N-Verhältnis, der Witterung, der Fruchtfolge, dem Nährstoffbedarf der Pflanzen und der mineralischen Nährstoffzufuhr. Es ist daher unter besonderer Berücksichtigung der örtlichen Verhältnisse für den Einzelfall von der nach Abfallrecht zuständigen Behörde im Benehmen mit der jeweiligen landwirtschaftlichen Fachdienststelle (Landwirtschaftskammer) festzulegen. Im einzelnen gilt:

5. Zulässige Aufbringungsmenge

Als Höchstwert für das übliche Maß der landwirtschaftlichen Düngung ist eine Düngergabe von drei Dungeinheiten je Hektar und Jahr anzusehen. Je nach den örtlichen Verhältnissen sind unter Beachtung der vorstehend genannten entscheidungserheblichen Faktoren Abminderungen vom Höchstwert vorzunehmen.

Dies gilt insbesondere für leichtere Böden sowie grundwassernahe Standorte. Bereits vorhandene Grundwasserbelastungen sind zu berücksichtigen.

6. Zeitliche Aufbringungsgrenzen

Gülle und Geflügelkot dürfen in der Zeit der überwiegenden Grundwasserneubildung etwa ab Ende Oktober bis Ende Februar nicht ausgebracht werden.

7. Hinweis

Für die Einhaltung der in den Nrn. 5 und 6 festgesetzten Aufbringungsmengen und -zeiten sind die notwendigen Speicherkapazitäten zu schaffen; hierfür sind entsprechende Zeitpläne aufzustellen.

An die
Bezirksregierungen,
Landkreise und kreisfreien Städte,
Landwirtschaftskammern.

— Nds. MBl. Nr. 22/1983 S. 437

DER NIEDERSÄCHSISCHE MINISTER FÜR ERNÄHRUNG, LANDWIRTSCHAFT UND FORSTEN

Postanschrift:
Niedersächsischer Minister für Ernährung, Landwirtschaft und Forsten
Postfach 243 3000 Hannover 1

Adressaten
gemäß Verteiler

Ihr Zeichen, Ihre Nachricht vom	(Bitte bei Antwort angeben) Mein Zeichen	☎ (0511) Bearbeiter	Hannover
	318-62820 GültL 78/43	120-322 Vermittlung 120-1	7.10.1985

Vollzug des § 15 Abs. 5 des Abfallbeseitigungsgesetzes (AbfG);
Maßnahmen gegen die Überdüngung mit Gülle und Geflügelkot
- Erläuterungen zum RdErl. d. ML vom 13.4.1983 -

Als Anlage übersende ich Erläuterungen zu meinem Runderlaß vom 13.4.1983 (Gülleerlaß) mit ~~der Bitte um~~ Kenntnisnahme und Beachtung. Ich bitte, die Erläuterungen an die Landkreise und kreisfreien Städte bzw. die Landbauaußenstellen Ihres Bezirks weiterzuleiten. Überdrucke liegen an.

Im Auftrage

Richter

022018001
10.82

Dienstgebäude
Calenberger Straße 2
Hannover

Telex
922 709
922 709 melfh d

Paketanschrift
Calenberger Straße 2
3000 Hannover 1

Überweisung an Niedersächsische Landeshauptkasse Hannover
Konto-Nr. 25001567 Landeszentralbank Hannover (BLZ 25000000)
Konto-Nr. 35927 Nordd. Landesbank Hannover (BLZ 25050000)
Konto-Nr. 90-304 PSchA Han (BLZ 25010030)

Vollzug des § 15 Abs. 5 des Abfallbeseitigungsgesetzes (AbfG)
Maßnahmen gegen die Überdüngung mit Gülle und Geflügelkot

Erläuterungen zum RdErl. d. ML vom 13.04.1983 - 318-62820 - (GültL 78/43)

Die Umsetzung des RdErlasses vom 13.04.1983 (Gülleerlaß) ist von den zuständigen Behörden nach hier vorliegenden Berichten unterschiedlich gehandhabt worden. Dies hat nicht nur bei den betroffenen Landwirten, sondern auch bei den Behörden selbst zu Unklarheiten und Verunsicherung geführt. Aus diesem Grunde wird der Gülleerlaß nachstehend nochmals erläutert. Gleichzeitig ist der Entwurf eines Verfügungsmusters nach § 15 Abs. 5 AbfG als Anlage beigefügt. Es wird empfohlen, den Musterentwurf bei den Einzelfallentscheidungen zugrunde zu legen. Der RdErlaß vom 31.10.1983 - 318.2-031455 - ist nicht mehr anzuwenden.

1. Gesetzliche Grundlage

Die gesetzlichen Bestimmungen zur Einzelfallregelung nach § 15 Abs. 5 AbfG in Verbindung mit dem Gülleerlaß gelten, "wenn das übliche Maß der landwirtschaftlichen Düngung überschritten wird und dadurch insbesondere eine schädliche Beeinflussung von Gewässern zu besorgen ist". Das bedeutet, daß neben ein festgestelltes Überschreiten zusätzlich noch die Besorgnis einer Beeinträchtigung des Wohls der Allgemeinheit treten muß. Das Gesetz selbst nennt als nächstliegenden Beispielsfall die Besorgnis einer schädlichen Gewässerbeeinflussung.

2. Besorgnis einer schädlichen Gewässerbeeinflussung

Für die Annahme einer Besorgnis im Sinne des § 15 Abs. 5 AbfG genügt es bereits, daß der Eintritt schädlicher Veränderungen von Gewässern (Grundwasser, oberirdisches Gewässer, Küstengewässer) eine gewisse Wahrscheinlichkeit für sich hat. Eine konkret

- 2 -

Gefahr im Sinne des Polizei- und Ordnungsrechts braucht nicht zu bestehen. Es genügt vielmehr bereits, wenn die Möglichkeit eines entsprechenden Schadenseintritts nach den gegebenen Umständen und im Rahmen einer auf sachlich vertretbaren Feststellungen beruhenden Prognose nicht von der Hand zu weisen ist (BVerwG, ZfW 1981, 89). Dabei ist auf die Beurteilung durch die für die Wasserwirtschaft Verantwortlichen abzustellen.

3. Anwendungsbereich

Der Gülleerlaß gilt ausschließlich für die Aufbringung von Gülle und Geflügelkot auf landwirtschaftlich genutzte Flächen. Jauche und Stalldung werden durch den Erlaß nicht erfaßt. Geflügelkot umfaßt die festen Ausscheidungen von Geflügel, wie sie z. B. bei Käfighaltung und Haltung auf Rosten anfallen. Bei Bodenhaltung mit Einstreu anfallender Geflügelmist unterliegt nicht der Aufbringungsregelung nach dem Gülleerlaß.

4. Übliches Maß der landwirtschaftlichen Düngung

Im Gülleerlaß wird das übliche Maß der landwirtschaftlichen Düngung definiert: "Die Einhaltung des üblichen Maßes der landwirtschaftlichen Düngung erfordert die Beachtung mengenmäßiger und zeitlicher Aufbringungsgrenzen." Das heißt, nicht nur wer zu viel, sondern auch wer zur falschen Zeit Gülle oder Geflügelkot aufbringt, überschreitet das übliche Maß der Düngung.

a) Zulässige Aufbringungsmenge

Bei der nach dem Gülleerlaß zulässigen Aufbringungsmenge von 3 Dungeinheiten pro Hektar handelt es sich nicht um eine Düngungsempfehlung, sondern um die maximal zulässige Festsetzung des üblichen Maßes der landwirtschaftlichen Düngung für Gülle und Geflügelkot. Bei der Festlegung des üblichen Maßes der Düngung im Einzelfall sind neben den in Nr. 6 des Gülleerlasses beispielhaft aufgeführten Kriterien insbesondere die

- 3 -

Nährstoffversorgung des Bodens und die Zufuhr organischer Substanz durch nicht dem Gülleerlaß unterliegende Wirtschaftsdünger, z. B. Jauche, Stalldung oder Geflügelmist aus Tiefstreuhaltung, sowie die landbauliche Verwertung von Siedlungsabfällen, z. B. Klärschlamm, zu berücksichtigen.

b) Zeitliche Aufbringungsmengen

Das grundsätzliche Aufbringungsverbot für die Zeit etwa ab Ende Oktober bis Ende Februar dient als zeitlicher Orientierungsrahmen und läßt standort-, bewirtschaftungs- und witterungsbedingte Abweichungen in begrenztem Umfange zu. So kann auf Ackerland unter bestimmten Voraussetzungen eine Gülleaufbringung bereits ab Anfang Februar, in Ausnahmefällen - insbesondere auf schweren Böden - auch noch bis zum 15. November gestattet werden. Auf Grünlandflächen kann in Ausnahmefällen - z. B. bei geringer Tragfähigkeit auf Moorstandorten - eine Aufbringung bereits ab Mitte Januar toleriert werden.

5. Einzelverfügungen nach § 15 Abs. 5 AbfG i. V. m. dem Gülleerlaß

Rechtsgrundlage für Einzelverfügungen zur Regelung des Aufbringens von Gülle und Geflügelkot ist § 15 Abs. 5 AbfG. Danach kan das Aufbringen dieser Stoffe im Einzelfall beschränkt oder verboten werden.

Ein Verbot oder eine Beschränkung des Aufbringens von Gülle und Geflügelkot hat die in Nrn. 4 bis 6 des Gülleerlasses aufgezeig ten Voraussetzungen zu beachten. In dem zu erlassenden Bescheid sind, um dem Bestimmtheitsgrundsatz zu genügen, sowohl die Flächen als auch die Zeiten, für die das Verbot/die Beschränkung gelten soll, aufzuführen. Die zuständige Behörde ist hierzu berechtigt und verpflichtet, entsprechende Auskünfte von den betroffenen Landwirten einzuholen. Sie muß vor Erlaß der Verfügur

- 4 -

ferner sorgfältig prüfen, welche Speicherkapazitäten vorhanden und noch frei sind (vgl. VG Stade, Beschluß vom 11.05.1985, Az. 5 VG D 5/85).

In vielen Fällen dürfte bei den betroffenen Landwirten noch immer nicht genügend Güllestauraum vorhanden sein, um eine Übergangszeit zu überbrücken. In diesen Fällen kann das Wirksamwerden des auszusprechenden Verbotes gemäß § 36 Abs. 2 Nr. 1 Verwaltungsverfahrensgesetz (VwVfG) auf einen bestimmten Zeitpunkt festgelegt werden. Bis zum Eintritt dieses Zeitpunktes sollten aber in jedem Falle Beschränkungen für das Aufbringen von Gülle und Geflügelkot ausgesprochen werden.

6. Beteiligung landwirtschaftlicher Fachdienststellen

Bei der Durchführung des § 15 Abs. 5 AbfG und der Umsetzung des Gülleerlasses sind in jedem Fall die landwirtschaftlichen Fachdienststellen (Landwirtschaftskammern) zu beteiligen. Im Interesse einer reibungslosen Durchführung ist eine rechtzeitige Einschaltung vorzunehmen.

Musterverfügung nach § 15 Abs. 5 Abfallbeseitigungsgesetz (AbfG)

Aufbringen von Gülle und Geflügelkot auf landwirtschaftlich genutzte Böden

Sehr geehrte(r) Herr/Frau ...!

Aufgrund von § 15 Abs. 5 des Abfallbeseitigungsgesetzes (AbfG) in der Fassung der Bekanntmachung vom 5. Januar 1977 (Bundesgesetzblatt - BGBl. I S. 41, berichtigt S. 288), zuletzt geändert durch Gesetz vom 31. Januar 1985 (BGBl. I S. 204), ergeht folgender Bescheid:

1. Auf die nachfolgend genannten, von Ihnen landwirtschaftlich genutzen Flächen dürfen in den unten aufgeführten Zeiten Gülle ur Geflügelkot nicht aufgebracht werden:

   a) Fläche: ... Zeit: von ... bis ...
   b) Fläche: ... Zeit: von ... bis ...
   c) ...

2. Dieses Verbot wird wirksam, sobald der für die Übergangszeiten erforderliche Güllestauraum oder eine andere Möglichkeit einer schadlosen Unterbringung der Gülle in diesem Zeitraum von Ihne geschaffen worden ist, spätestens jedoch mit Ablauf von ... (hier ist die Anzahl von Monaten einzusetzen, innerhalb derer der Güllestauraum geschaffen werden soll), gerechnet ab Bekanr gabe dieses Bescheides.

3. Bis zum Wirksamwerden des unter Nr. 1 ausgesprochenen Verbotes wird das Aufbringen von Gülle und Geflügelkot auf den nachstehend aufgeführten, von Ihnen landwirtschaftlich genutzten Flächen in den ebenfalls nachstehend aufgeführten Zeiten wie folgt eingeschränkt:

   a) Fläche: ...
      Zeit : ...
      Menge : ...

   b) Fläche: ...
      Zeit : ...
      Menge : ...

   c) ...

4. Unabhängig von Nrn. 1 bis 3 dürfen Gülle und Geflügelkot auf die nachstehend genannten Flächen in folgenden Zeiten nicht aufgebracht werden:

   a) Fläche: ... Zeit: ...
   b) ...

5. Die Kosten dieses Bescheides haben Sie zu tragen.

Begründung:

...

V e r o r d n u n g

zur Vermeidung von gesundheitsgefährdenden Geruchsbelästigungen durch Lagern und Ausbringen von Jauche, Flüssig- und Festmist vom 29. Juni 1971 (Amtsblatt für den Nieders. Verwaltungsbezirk Oldenburg Seite 165) in der Fassung der 2. Änderungsverordnung vom 10. September 1981

Auf Grund der §§ 1, 15, 16 Abs. 1 und 45 Abs. 1 des Nieders. Gesetzes über die öffentliche Sicherheit und Ordnung in der Fassung vom 31. März 1978 (Nds. GVBl. S. 280) und des § 36 Abs. 2 der Nieders. Landkreisordnung in der Fassung vom 18.1o.1977 (Nds. GVBl. S. 497), zuletzt geändert durch Gesetz vom 18.10.1980 (Nds. GVBl. S. 385), hat der Kreistag des Landkreises Vechta am 29. Juni 1981 folgende Verordnung für den Landkreis Vechta beschlossen:

§ 1

Flüssigmist von Geflügel, Schweinen und Rindern darf nicht ausgebracht werden

1.) an Sonntagen und gesetzlichen Feiertagen sowie dem diesen vorausgehenden Wochentag;

2.) auf nicht landwirtschaftlich genutzte Flächen;

3.) innerhalb von im Zusammenhang bebauten Ortsteilen;

4.) in einer Entfernung bis zu 100 m von Krankenhäusern, Schulen, Kindergärten, Alters-, Kur- und Erholungsheimen, Sport- und Vergnügungsstätten sowie ähnlichen Einrichtungen.

§ 2

In einem Umkreis von 300 m um die in § 1 Ziffer 3 genannten Ortsteile sowie in einer Entfernung von 100 m - 300 m von den in § 1 Ziffer 4 genannten Einrichtungen darf Flüssigmist nicht ausgebracht werden, es sei denn,

- daß zur Zeit des Ausbringens Regenwetter herrscht,
- der Wind nicht auf die oben genannten Gebiete und Einrichtungen gerichtet ist und
- der Flüssigmist nicht fein versprüht wird.

Ferner muß abweichend von § 4 der Flüssigmist am gleichen Tage in den Boden eingearbeitet werden.

§ 3

In den übrigen Gebieten darf Flüssigmist nicht ausgebracht werden, wenn dadurch für die umwohnenden Menschen gesundheitsgefährdende Gerüche entstehen.

§ 4

Flüssigmist, der auf Ackerland aufgebracht worden ist, muß am gleichen Tage, spätestens am folgenden Tage, an Samstagen und dem den gesetzliche Feiertagen vorhergehenden Wochentag jedoch bis 12.00 Uhr, durch Eingrubbern, Eintellern, Eineggen oder Einpflügen in den Boden eingearbeitet werden, soweit der Bodenzustand es erlaubt.

Flüssigmist darf auf Grünland nur bei geschlossener Wolkendecke aufgebracht werden.

§ 5

Die Bestimmungen der §§ 1 bis 4 dieser Verordnung gelten auch für Jauche sowie für Festmist von Geflügel und Schweinen.

§ 6

(1) Jauche und Flüssigmist darf nur in dichtverschlossenen, außen saube ren Behältern befördert werden.

(2) Wegen der Lagerung von Jauche, Flüssig- und Festmist wird auf die Bestimmungen der Nieders. Bauordnung vom 23. Juli 1973 (Nds. GVBl. S. 259) verwiesen.

(3) Lagerstätten und Transportbehälter, die den in den Absätzen 1 und 2 genannten Vorschriften nicht entsprechen, dürfen 6 Monate nach Inkrafttreten dieser Verordnung nicht mehr benutzt werden.

§ 7

In begründeten Fällen kann der Landkreis Vechta Ausnahmen zulassen.

§ 8

Ordnungswidrig nach § 22 des Gesetzes über die öffentliche Sicherheit und Ordnung handelt, wer vorsätzlich oder fahrlässig den Geboten oder Verboten der §§ 1, 2, 3, 4, 5 und 6 Abs. 1 und 3 dieser Verordnung zuwiderhandelt. Die Ordnungswidrigkeit kann mit einer Geldbuße bis zu 5.000,-- DM geahndet werden.

§ 9

Diese Verordnung tritt nach Ablauf des Tages in Kraft, an dem das Amtsblatt für den Nieders. Verwaltungsbezirk Oldenburg, in dem diese Verordnung verkündet worden ist, ausgegeben worden ist.

(Landrat) (Oberkreisdirektor)

Stand: 01.11.87

Stadt/ Gemeinde	Einwohner 31.12.86	Anzahl der Haushalte	öffentliche Wasserversorgung angeschlossene Haushalte	v. H.
Bakum	4.627	1.181	483	40.90
Damme	13.264	3.544	1.658	46.78
Dinklage	9.063	2.625	2.262	86,17
Goldenstedt	6.641	1.968	924	46,95
Holdorf	4.852	1.411	731	51.81
Lohne	19.568	5.148	3.707	72,0
Neuenkirchen	5.964	1.836	1.224	66,67
Steinfeld	6.417	1.817	829	45,62
Vechta	24.220	7.800	5.026	64,43
Visbek	7.881	2.000	621	31,05
Landkreis	102.497	29.330	17.465	59,55

Stand der zentralen Wasserversorgung im Versorgungsgebiet des Oldenburgisch-Ostfriesischen Wasserverbandes am 31. Dezember 1986	OOWV 1 B-STATISTIK 1 84 02 22 - 54

Reg.-Bezirk	Landkreis	Anzahl der Gemeinden [1]	Ganz oder zum Teil versorgte Gemeinden	zu versorgende Einwohner [2]	Vom OOWV versorgte Einwohner [3]	
					Anzahl [4]	%
1	2	3	4	5	6	7
WESER-EMS	Ammerland	6	6	83.365	83.214	99,8
	Aurich	15	13	133.569	130.429	97,6
	Cloppenburg	13	13	109.584	86.804	79,2
	Friesland	8	8	72.097	71.806	99,6
	Oldenburg	8	8	100.268	92.858	92,6
	Vechta	10	10	81.763	49.715	60,8
	Wesermarsch	9	9	90.669	89.898	99,2
	Wittmund	6	5	50.552	49.741	98,4
	Summe	75	72	721.867	654.390	90,7
HANNOVER	Diepholz	3	3	40.841	36.889	90,3
	Ges. Summe	78	75	762.708	691.354	90,6

1) Ammerland ohne die Ortschaft Bad Zwischenahn
Aurich ohne das Gebiet der Stadtwerke Norden sowie die Inseln Juist, Memmert und Norderney
Cloppenburg ohne die Gebiete um Gehlenberg
Friesland ohne die Stadtgebiete von Jever und Varel
Vechta ohne die Stadt Vechta und die Umgebung von Vörden
Wittmund ohne die Insel Langeoog
Diepholz nur Gem. Bassum, Twistringen u. ein Teil von Stuhr

2) Bevölkerungsstand am 30.06.1986 lt. Verbandssatzung
§ 23 - Beitragsverhältnis Statistik Bl 01 - 85 04 30 - 04

3) Verwendete Unterlage: St 86 06 03

4) Die vom OOWV versorgten Einwohner in den Städten Emden, Delmenhorst, Oldenburg, Wilhelmshaven sowie in dem Landkreis Leer sind in dieser Aufstellung nicht erfaßt

Aufgestellt:

Brake, den 14. Mai 1987

OLDENBURGISCH - OSTFRIESISCHER
WASSERVERBAND

Verbandsvorsteher

Gemeinde	Anzahl der Einzelbrunnen über 150 mg/l Stand: 01.10.1983				Untersagte Trinkwasserentnahme Stand: 01.12.1987			
	Gesamt-zahl	davon			Gesamt-zahl	davon		
		151 - 200 mg/l	201 - 300 mg/l	über 300 mg/l		151 - 200 mg/l	201 - 300 mg/l	über 300 mg/l
1	2	3	4	5	6	7	8	9
Bakum	87	43	40	4	43	15	20	8 (463)
Damme	158	75	76	7	158	68	64	26 (618)
Dinklage	6	4	2	-	9	5	2	2 (312)
Goldenstedt	36	19	16	1	10	7	3	-
Holdorf	79	38	36	5	42	22	13	7 (473)
Lohne	156	100	52	4	55	32	13	10 (416)
Neuenkirchen	59	31	23	5	36	23	8	5 (382)
Steinfeld	95	60	33	2	67	28	31	8 (519)
Vechta	54	35	17	2	29	9	11	9 (420)
Visbek	179	83	89	7	71	33	32	6 (508)
Landkreis	909	488	384	37	520	242	197	81

C	8.03.
	Seite: 1

Anteil der Nutzungsarten an der Gesamtfläche des Landkreises Vechta 1979

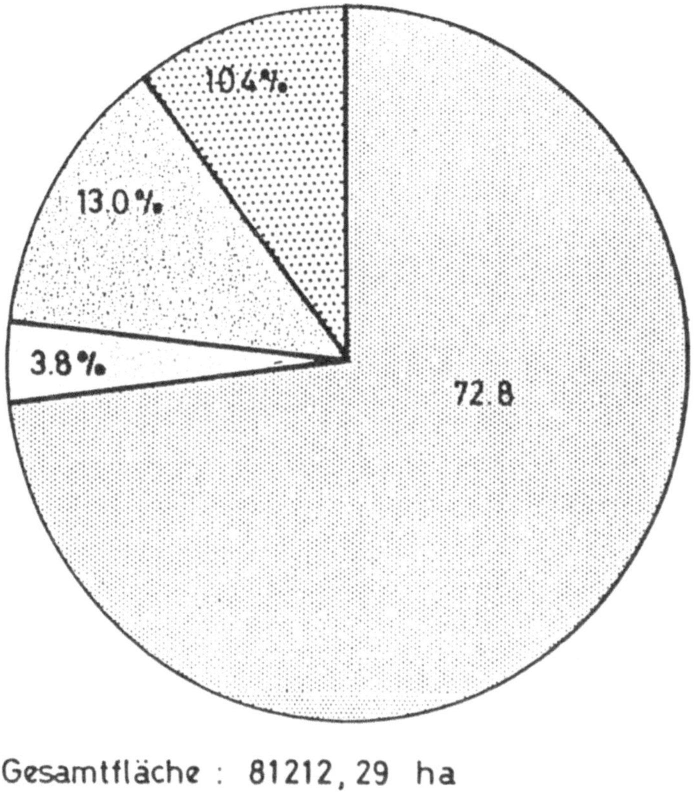

Gesamtfläche : 81212,29 ha

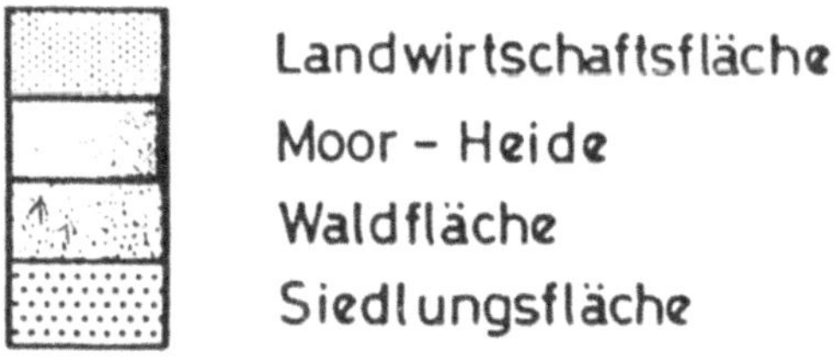

Teil D

Zusammenfassende Interpretation der empirischen Befunde und ihre theoretische Einbettung

1. Schlußfolgerungen aus der empirischen Fallstudie

Im Gegensatz zum deduktiven Gesamtaufbau der Arbeit, die ihren Ausgangspunkt in theoretischen Modellen genommen hatte und über methodische Ansätze zur Empirie führte, wird in diesem Abschlußkapitel der Weg von der Empirie über einen induktiven Prozeß wieder zur Theorie verfolgt, um Schlußfolgerungen für die Umweltsoziologie aufzuzeigen.

Mit der empirischen Fallstudie zur Grundwasserbelastung und Gülleregulierung im Landkreis Vechta wurde gezeigt, wie ökologische, sozioökonomische und soziokulturelle Wechselwirkungen ineinandergreifen und zu Umweltbelastungen führen. Dabei wurde deutlich, daß Erklärungsmodelle und Problemlösungen für anthropogen verursachte Umweltbelastungen nicht im Rahmen naturwissenschaftlicher Forschung über ökologische Kreisläufe allein zu gewinnen sind; es bedarf der Einbeziehung kulturökologischer Dimensionen des gesellschaftlichen Handelns, um Entstehung, Problemperzeption und Veränderungsmöglichkeiten zu erkennen und zu verstehen.

Die Ergebnisse lassen sich entsprechend den Untersuchungsbereichen und den in dieser Arbeit entwickelten analytischen Ebenen wie folgt zusammenfassen.

I. Objektebene

1. Naturräumliche Gegebenheiten: Unfruchtbarer Geest-Boden

   Auf den sandigen, unfruchtbaren Geest-Böden im Landkreis Vechta konnten bis zur Jahrhundertwende nur geringe Ernteerträge erwirtschaftet werden. Dies zwang die anwachsende Bevölkerung zur Auswanderung oder zur Übernahme von saisonalen Arbeiten außerhalb des Kreisgebiets. Erst mit dem Anschluß an das Eisenbahnnetz und dem Import von Futtermitteln gelang es, die Tierhaltung auszubauen und die landwirtschaftliche Produktion zu steigern, die auch flächenschwachen Betrieben ein relativ hohes Einkommen sicherte.

2. Der ökologische Kreislauf ist gestört

Mit dem Anstieg der Tierbestände und der Umstellung der Tierhaltung auf die Güllewirtschaft als Rationalisierungsmaßnahme in der Stallhaltung wurde in den achtziger Jahren mehr als 1 Million Tonnen Futtermittel jährlich ins Kreisgebiet importiert. Nur 10 % des Futtermittelbedarfs kann im Kreisgebiet selbst abgedeckt werden. Nach dem Export von Fleisch und tierischen Produkten bleibt Gülle, die Fäkalien der Tiere, im Kreisgebiet zurück. Die Überdüngung mit Gülle führt auf den sorptionsschwachen Böden zur Belastung des Grundwassers mit Nitrat.

II. Strukturebene

1. Ökonomische Entwicklung: »Geld stinkt nicht«

Die »Veredelungswirtschaft« kann in diesem Raum auf eine lange Tradition zurückblicken. In der Gegend des Dümmers existierten bereits zur Jahrhundertwende Betriebe mit einer Anzahl von 1 000 Schweinen, die andernorts undenkbar gewesen wären (Windhorst 1975).

Die ersten Ansätze zur Schweinemast werden dem Heuerlingswesen und der Arbeit von Frauen zugeschrieben, die fast keine eigenen landwirtschaftlichen Flächen zur Verfügung hatten. Die bis heute auffällig hohe Geburtenrate in diesem Kreis zwang zur Auswanderung oder zur Übernahme von saisonaler Arbeit in Holland. Die zurückbleibenden Frauen sahen in der Schweinemast einen Ausweg aus ihrer Not.

Die Schweinemast, die zunächst Frauenarbeit war, wurde später auch von Großbauern als lukratives Geschäft erkannt. Bis heute wird von Schweinemästern selbst das Sozialprestige von Großviehbesitzern höher als das eigene eingestuft (Interview mit Kreislandwirt von Vechta und Landwirten aus Borken). Rinder bzw. Großviehbestände, die - vor der Einführung einer ganzjährigen Stallhaltung - mehr Weideflächen erforderten, waren im Besitz der wohlhabenden Bauern mit mehr landwirtschaftlichen Flächen und somit höherem Sozialprestige; mit der Schweinemast gaben sie sich nicht ab. Da sich jedoch auch mit »stinkenden Schweinen« Geld machen ließ, wurde zumindest in einigen Regionen das gesellschaftliche Tabu gegenüber der Schweinemast unter der landwirtschaftlich tätigen Bevölkerung überwunden, wenn auch nicht völlig gebrochen. In Vechta jedenfalls muß eine solche Überwindung den Landwirten - auch aufgrund des ökonomischen Drucks - leichter gefallen sein als zum Beispiel den Großbauern im Artland, der Nachbarregion, die eher ihre Betriebe aufgeben, als dem Beispiel von Vechta zu folgen.

2. Politische Entwicklung: Die katholische Diaspora

Zum Verstehen der agrarwirtschaftlichen Prozesse in Vechta, die zu ökologischen Belastungen in diesem Raum geführt haben, ist die Berücksichtigung soziokultureller Zusammenhänge mindestens genauso wichtig wie die naturräumlichen Gegebenheiten dieser Region, zum Beispiel der sandige, relativ unfruchtbare Boden. Dies zu erwähnen scheint wichtig, da die kulturelle Abgrenzung dieser katholischen Diaspora sowohl in ökonomischer als auch in politischer Hinsicht die historische Entwicklung und Sonderstellung dieses Kreises in den vergangenen Dekaden begleitet hat. Autonomiebestrebungen des Oldenburger Münsterlands (Vechta und Cloppenburg) machen sich - nun, wo es auf die Solidarität mit Landwirten aus Vechta ankommt - auch bei der Implementation des Gülleerlasses und Bemühungen zur Gülleumverteilung in die Nachbargemeinden bemerkbar.

Die relativ abgeschottete historische Entwicklung des Oldenburger Münsterlands als katholische Diaspora in einem protestantischen Umland hat zu einer sozialen und politischen Distanzierung zu den Nachbarn geführt. Noch in den siebziger Jahren votierte ein Großteil der Bevölkerung in Vechta für einen Freistaat Oldenburg. Im Alltag, in den Kommunikationsbeziehungen, den Einkaufsgewohnheiten und der Präferenz für die lokale Presse sind alte traditionelle Identitäten und Abgrenzungen lebendig.

3. Umweltpolitische Regulierung: Der Gülleerlaß

Mit dem Gülleerlaß von 1983 wurden mengenmäßige und zeitliche Empfehlungen zur Gülleaufbringung (3 DE/ha, Vermeidung der Düngung in den Wintermonaten) an die Kreisverwaltungen weitergeleitet. Landwirte haben die leichter kontrollierbaren, weil sinnlich eher wahrnehmbaren zeitlichen Vorgaben des Erlasses weitgehend berücksichtigt, die mengenmäßige Gülleaufbringung blieb aber eher im dunkeln.

Mit dem Aufbau eines Güllekatasters im Landkreis Vechta ist es theoretisch möglich, auch mengenmäßige Normen des Gülleerlasses (seit 1990 gibt es auch eine Gülleverordnung in Niedersachsen) zu überprüfen. Dies hat den Handlungsdruck erhöht, eine Güllegenossenschaft nach holländischem Modell zu errichten und den Transport von Gülleüberschüssen in die Nachbarregionen zu organisieren und finanziell zu unterstützen.

III. Handlungsebene

1. Die kulturelle Abgrenzung kommt zum Tragen

   Der Export von Gülle in die Umgebung macht Schwierigkeiten. Nachbarkreise haben sich gegen die Gülleabnahme aus Südoldenburg (Vechta und Cloppenburg) solidarisiert. Sogar die landwirtschaftlichen Organisationen, die ansonsten geschlossen auftreten, rufen in den Nachbarkreisen zum Boykott der Gülleabnahme aus Vechta auf. Der Landkreis Diepholz hatte die Erteilung von Baugenehmigungen zur Errichtung von Güllelagerbehältern verweigert, obgleich die Landwirtschaftskammer 31 Standorte als geeignet ausgewiesen hatte. Die Gülle aus Vechta will keiner haben, obwohl Vetter, Vorsitzender der VDLUFA (Verein landwirtschaftlicher Untersuchungs- und Forschungsanstalten in Oldenburg), sie als »Gold« anpreist.

IV. Kulturökologische Handlungsspielräume für Ökologisierungsprozesse

Nicht einzelne Faktoren - hohe Geburtenrate, sandiger Boden, billige Futtermittelimporte, Konzentration auf intensive Tierhaltung und konfessionelle Abgrenzung zu den Nachbarregionen -, sondern deren Zusammenspiel haben das besondere Profil des Landkreises Vechta und das Handeln der Bevölkerung in diesem Kulturraum geprägt.

Insgesamt ist der Handlungsspielraum für Ökologisierungsprozesse in dieser Region, die sich auf die intensive Tierhaltung spezialisiert hat, als gering einzuschätzen. Der Handlungsdruck kam auch eher von außen: durch den Gülleerlaß, aber auch durch die Kritik an den Tierhaltungspraktiken in diesem Kreis in Presse und Medien. Vechta wurde als Gülleland durch Filme wie »... und ewig stinken die Felder«, mit Berichten von Eimler und Kleinschmitt: »Wer hat das Schwein zur Sau gemacht« und »Tierische Geschäfte« bekannt.

Über Hindernisse und Barrieren einer ökologisch verträglichen Agrarproduktion in diesem Raum können viele Punkte aus den Untersuchungsbereichen I und II zusammengetragen werden. Auf einen nicht unwichtigen »positiven« Anknüpfungspunkt zur Gülleregulierung in Vechta möchte ich an dieser Stelle besonders aufmerksam machen. Es geht um den entscheidenden Handlungsspielraum auf der Erfahrungsebene und im Alltagshandeln (Untersuchungsbereich III; vgl. Modell kulturökologischer Handlungsspielräume Teil B).

1. Anknüpfen an bestehende Erfahrungen

   Trotz des schwachen Vollzugsinstrumentariums eines Gülleerlasses in Niedersachsen wurden die zeitlichen Vorgaben weitgehend eingehalten, obwohl dies mit erheblichem Kostenaufwand für die Errichtung von Speicherkapazitäten für die landwirtschaftlichen Betriebe verbunden war. Zwar gab es hierfür auch Zuschüsse (bis zu 25 % der Baukosten) seitens der Landesregierung, doch waren die restlichen 75 % der Kosten von den Betrieben selbst zu tragen.

   Zu beachten ist, daß seit den siebziger Jahren in diesem Raum bereits ein Gülleausbringungsverbot wegen der Geruchsbelästigung an Sonn- und Feiertagen durch eine spezielle »Gülleverordnung« institutionalisiert war. Diese Bestimmung richtete sich nur gegen die Geruchsbelästigung an symbolisch (religiös) wichtigen Wochentagen und zu bestimmten Zeiten; ökologische Kriterien der Belastung von Wasser und Boden spielten dabei keine Rolle. Diese Reglementierung wurde von seiten der Landwirte ohne Protest akzeptiert, da der Gestank der Gülle offensichtlich auch von ihnen als unverträglich mit der kulturellen Symbolik und Wertschätzung von Feiertagen angesehen wurde. An eine solche Erfahrung in diesem besonders betroffenen Landkreis konnte der Gülleerlaß (1983) von Niedersachsen zur Durchsetzung zeitlicher Vorgaben im Umgang mit Stallabfällen anknüpfen. Der Gülleerlaß wurde dann mit dem Schutz des Grundwassers vor Nitrateintrag begründet. Bei einer Mengenbegrenzung auf 3 DE (Dungeinheiten) bzw. 2,5 DE/ha seit 1990 auf leicht durchlässigen Böden ist ein positiver Effekt zum Grundwasserschutz mehr als fraglich (SRU 1985).

Die Gülleregulierung ist somit eher der Symbolpolitik als einer substantiellen Agrarumweltpolitik zuzurechnen.

2. Symbolebene: Kulturelle Normen im Umgang mit Fäkalien - Die Symbolik von »Gülle« und »Wasser«

Auf kommunaler Ebene wurde der Gülleerlaß teilweise ernster genommen, als er von seiten der Landesregierung gemeint war (Teherani-Krönner 1989c). Aus der rechtlichen Norm der zeitlichen Ausbringungsbeschränkung ist unter dem Druck der Öffentlichkeit eine soziale Norm im Umgang mit Stallabfällen geworden (zum »Kampf« gegen den Gestank von Exkrementen und der Beseitigung von Misthaufen vgl. auch Corbin 1984: 210). Von der Einhaltung der beobachtbaren - sinnlich wahrnehmbaren - zeitlichen Beschränkungen zur Gülleausbringung ist auch das gesellschaftliche Ansehen von Landwirten abhängig.

Im Umgang mit ökologischen Belastungen kommt es auch auf die Problemperzeption, normative Bewertung und Vorstellungen über Sauberkeit, Reinheit, Dreck und Gefahren an (Douglas 1966/1976, Harris 1989c). Dies wird gerade bei der Regulierung tierischer Fäkalien und der Einschätzung der Risiken für die Grundwasserqualität und Gesundheit deutlich. Es ist auffällig, daß bisher in der Bundesrepublik zwar der Umgang mit Gülle, nicht aber die mineralische Stickstoffanwendung einer Reglementierung zugeführt wurde, obgleich auch diese Düngung aus ökologischer Sicht als Ursache steigender Nitratwerte im Grundwasser zu identifizieren ist. Die kulturelle Symbolik von »Gülle« und »Wasser« mit all den Assoziationen, die damit geweckt werden, hat den gesamten Diskurs über Nitratbelastung des Grund- und Trinkwassers in der Bundesrepublik geprägt.

2. Die analytischen Ebenen

Bezogen allein auf die Gülle und Gülleregulierung lassen sich die Ergebnisse der Fallstudie in der Zuordnung zu den unterschiedlichen analytischen Ebenen folgendermaßen zusammenstellen:

1. Objektebene

   Zwar kann die Gülle im Labor auf ihre Bestandteile hin analysiert und ihr Düngewert ermittelt werden, doch damit werden weder ihre Auswirkungen auf den ökologischen Kreislauf noch ihre Bedeutung im Kontext gesellschaftlicher Interaktion faßbar.

2. Strukturebene

   Die Güllewirtschaft hat sich als Rationalisierung im Bereich der Tierproduktion, die zu einem wichtigen wirtschaftlichen Faktor in diesem agrarisch strukturierten Raum geworden ist, durchgesetzt. Dennoch war es möglich, eine rechtliche Regulierung der Gülleaufbringung zu implementieren, obwohl dies mit erheblichem Aufwand und Kosten zur Errichtung von Güllebehältern für die Landwirte verbunden war. Ihr Effekt auf den Grundwasserschutz aber bleibt umstritten.

3. Handlungsebene

   Eine Reglementierung der Landwirte im Bereich der Gülleaufbringung bedeutet einen Eingriff in die Handlungsfreiheit landwirtschaftlicher Betriebe. Anknüpfen konnte eine solche Maßnahme jedoch auf vorangegangene Erfahrungen der Landwirte und der Bevölkerung mit einer Gülleverordnung, die auf Vermeidung der Geruchsbelästigung an Sonn- und Feiertagen gerichtet war.

4. Symbolebene

   Ohne Berücksichtigung der Symbolik der Gülle im Kontext kultureller Normen und Wertvorstellungen lassen sich Potentiale, aber auch Barrieren zur Durchsetzung diesbezüglicher umweltschutzbezogener Auflagen nicht verstehen. Sowohl die Programmformulierung eines Gülleerlasses oder einer Gülleverordnung als auch die Schwierigkeiten bei der Umverteilung der Gülle in Nachbargemeinden um Vechta bleiben unverständlich, wenn Bedeutung und Symbolik der Gülle im normativen System der Gesellschaft vernachlässigt werden.

   Auch der zuvor genannten Erfahrung mit der Gülleverordnung gegen Geruchsbelästigung liegt die kulturelle Symbolik der Gülle zugrunde, wenn diese zu einem »falschen« Zeitpunkt - nämlich an den Sonn- und Feiertagen, die einen hohen rituellen Wert haben - ausgebracht wird.

Anknüpfend an Mary Douglas besagt dies, daß nicht nur das, was am falschen Ort, sondern auch das, was zur falschen Zeit in Erscheinung tritt, als »Dreck« gelten kann und als Fehlverhalten interpretiert wird. Gülle wurde als besonders abstoßend empfunden, als sie mit dem Trinkwasser in Verbindung gebracht wurde. Dabei spielen wiederum Vorstellungen über das Wasser als Symbol für Reinheit eine sensibilisierende Rolle bei der Problemwahrnehmung. Die Regulierung der Gülle in der Bundesrepublik konnte mit einem hohen gesellschaftlichen Konsens rechnen. Dies hat den Handlungsdruck verstärkt, Maßnahmen zu ergreifen, auch wenn es sich hier um »Symbolpolitik« handelt.

Gülle, dies wurde in der Fallstudie im Landkreis Vechta deutlich, hat verschiedene Bedeutungen, je nachdem, aus welchem Blickwinkel und von welchen Akteuren sie beschrieben wird. Damit gibt es nicht *die* Gülle, sondern Gülle als wertvollen Stickstoffdünger, als lästiges Abfallprodukt, als ekelerregende Geruchsbelästigung oder in umgewandelter Form als Nitrat im Grundwasser, das als Risiko für den Trinkwasserverbraucher eingeschätzt wird. Nitrat im Grundwasser konfrontiert Wasserwerke mit technischem und finanziellem Aufwand, der Errichtung von Denitrifizierungsanlagen oder der Umstrukturierung der Wasserversorgung.

Diese unterschiedlichen Eigenschaftsbestimmungen lassen an die Beschreibung des Waldes bei Sombart oder der Blume bei Uexküll erinnern (vgl. Teil A I). Auf einer abstrakten Ebene kann das Gülleproblem im Landkreis Vechta mit der bildhaften Darstellung der Blume bei Uexküll im Rahmen seiner Bedeutungslehre verglichen werden. Die Symbolik (Bedeutung) des Objekts (Umwelt/Natur) ist für die mit einem Objekt in Interaktion tretenden Subjekte von entscheidender Bedeutung.

3. Schlußfolgerungen für die Umweltsoziologie

3.1 Ergänzung der analytischen Ebenen

Diese Aspekte der Gülleproblematik können als Exemplifizierung der analytischen Ebenen in Teil B angesehen werden, wobei die eingangs genannten drei Ebenen

I. Objektebene
II. Strukturebene
III. Handlungsebene

durch eine weitere, vierte Ebene ergänzt werden:

IV. Symbolebene.

Die Einführung dieser vierten Ebene erscheint angebracht, da ihr in der Umweltforschung eine gesonderte Gewichtung zukommt. Die Symbolebene soll nicht nur unter der Rubrik Handlungsebene, die sich auch auf ein rein empirisch beobachtbares Routinehandeln beziehen läßt, subsumiert werden. Vielmehr wird zur Betonung der kulturellen Symbolik der Umwelt eine ihr eigene analytische Ebene eingeräumt, um dem kulturell-normativen Aspekt von Weltbildern, Werten, Normen, Riten und Tabus gerecht zu werden. In der Symbolwelt trifft die Faktizität sozialer Systeme mit der Sinnkonstruktion der Handelnden zusammen (Berger/Luckmann 1980, Teherani-Krönner 1989b). Daher liegt in der Ermittlung der Symbolebene ein Zugang zu Handlungsspielräumen für Ökologisierungsprozesse.

Würden wir die vier analytischen Ebenen in einer horizontalen Einteilung nach Objekt und Subjekt, nach Beziehung und Bedeutung eingruppieren, entsteht eine Vierfelder-Matrix. Merkwelt und Wirkwelt des Uexküll'schen Funktionskreises, an dem Subjekt und Objekt gleichermaßen teilhaben, lassen sich als gedankliche Mittelachse im kulturökologischen Handlungsmodell bzw. dem Modell kulturökologischer Handlungsspielräume konstruieren. Sie läßt sich aber auch den vier analytischen Ebenen zuordnen, wenn sie aufeinander projiziert werden.

Die Objektebene kann unter exakt definierbaren Kriterien bezüglich ihrer physikalischen, physiologischen oder chemischen Beschaffenheit und ihrer Gesetzmäßigkeiten analysiert werden. Auf der Strukturebene lassen sich Beziehungen von Elementen nach bestimmten Gesichtspunkten und Merkmalen untersuchen. Beide Ebenen haben eine eher statische, materialisierte bzw. institutionalisierte Form, die einer Zergliederung und Analyse zugänglich ist.

Hingegen ist die Symbol- und Handlungsebene, die vom Subjekt ausgeht, dynamisch; sie unterliegt einem ständigen Wandel. Die Handlungsebene ist beobachtbar, die Symbolebene nur über die anderen drei Bereiche rekonstruierbar. Handlungs- und Symbolebene unterliegen einem Sinnzusammenhang, ihre Bedeutung ist interpretativ zu ergründen.

Kombination der Beziehungs- und Bedeutungslehre mit analytischen Ebenen zur Umweltforschung[1]

	Wirkwelt	**Merkwelt**	
Beziehung Elemente physikalische Gesetze	*Objektebene*	*Strukturebene*	**Objekt** Materie (eher statisch)
Bedeutung Leben Reziprozität Austausch Wandel	*Symbolebene*	*Handlungsebene*	**Subjekt** (aktiv dynamisch)

3.2 Beiträge der Uexküll'schen Umweltlehre und der Humanökologie von Park für die Umweltsoziologie

Im Funktionskreis von Uexküll werden physikalische, physiologische oder chemische Gesetze nicht abgestritten; sie dienen als Grundlage der Umweltlehre. Doch will Uexküll mit seiner Betrachtungsweise über diese feststehenden Gesetzmäßigkeiten hinausgehen und die Bedeutung der Umwelt bzw. Objektwelt für das Subjekt hervorheben. Auf einer abstrakten Ebene läßt sich die Bedeutungslehre von Uexküll, aufbauend auf der Beziehungslehre der Ökologie, als integrative Umweltlehre ansehen, die eine Kombination von naturwissenschaftlichen Betrachtungsweisen und sozialwissenschaftlichen Ansätzen ermöglicht.

Zum Funktionskreis von Uexküll ist anzumerken, daß die Komplementarität und die Reziprozität seines Modells eine wichtige paradigmatische Ausgangslage für die Umweltsoziologie bieten können, die auf dem Fundament von physikalischen und physiologischen Erkenntnissen aufbaut, darüber hinaus aber auch noch auf Bedeutungs- und Wirkungszusammenhänge eingeht. Auch wenn die Bedeutungslehre von Uexküll mei-

1 Die sich aus der Kombination verschiedener Ansätze herausentwickelte Vierer-Matrix erinnert an das bekannte AGIL-Schema von Parsons. Die Beziehung zum systemfunktionalen Schema bei Parson bedarf noch der Klärung.

nes Erachtens eine besondere Würdigung verdient, ist dennoch die stark funktionalistische Ausrichtung seines Ansatzes kritisch zu beleuchten. Die von Uexküll beschriebenen Funktionskreise mit ihrer ineinandergreifenden Verzahnung aller Organismen, des Lebens und der Ordnung in der Welt werden als abgestimmte Komposition betrachtet. Uexküll geht von einem stark harmonischen Modell aus, das Trepl als konservatives »Naturideal« kritisiert (Trepl 1988: 61 f.).

Konflikte und Krisen kommen in diesem Modell nicht vor. Wollten wir dieses Modell auf die Reziprozität von Natur und Kultur mit der Beziehungs- und Bedeutungslehre übertragen, wäre unter den Bedingungen der Umweltveränderung mittlerweile eine stärkere Betonung des Konflikts, der Disharmonie und gestörter ökologischer Kreisläufe in den Funktionskreis von Uexküll aufzunehmen.

Zu berücksichtigen ist ferner, daß der Funktionskreis im Bereich der biologischen Forschung sich nicht einfach auf Prozesse der Interaktion von Natur und Kultur übertragen läßt, da Gesetze der biologischen Evolution nicht die des kulturellen Wandels sind (vgl. Teil A II; Steward 1955/1972). Wenn eine solche Parallelität hier angesprochen wird, dann im Sinne einer wissenschaftstheoretisch abstrakten Modellierung von Interaktionsprozessen, die nicht mit der Realität identisch ist, sondern immer nur kulturelles Abbild des Geschehens bzw. gesellschaftliche Konstruktion der Wirklichkeit (Berger/Luckmann) sein kann.

Auf die inhaltliche wie begriffliche Differenzierung zwischen Anpassung in der Bio-Ökologie und Akkommodation in der Human- und Kulturökologie hatte bereits Park verwiesen. Dies wurde ausführlich im Abschnitt »Rückblick auf die Humanökologie« (Teil A II) behandelt. Selbst wenn ein Prozeß der Anpassung in der Biologie als Prämisse angenommen wird, gilt für die kulturelle Auseinandersetzung mit der Natur die Akkommodation als gestalterische Variante im aktiven Interaktionsprozeß der Aneignung und Umgestaltung von Naturgegebenheiten.

Park verweist in seinem humanökologischen Ansatz auf soziologisch wichtige Kategorien wie Konflikt und Konsens in der Interaktion zwischen Natur und Kultur. Auch wenn um die Jahrhundertwende das Ausmaß von Umweltbelastungen, wie sie heute diskutiert werden, nicht bestand, wurde die Balance zwischen Natur und Kultur als Akkommodationsaufgabe der Humanökologie definiert. Daher ist es möglich, aus der Kombination der

Uexküll'schen Bedeutungslehre und anknüpfend an den Begriff Akkommodation unter Berücksichtigung gestörter ökologischer Kreisläufe, die als Konflikt und Kulturaufgabe anzusehen sind, ein kulturökologisches Handlungsmodell zugrundezulegen. Die vier analytischen Ebenen dienen der Umweltsoziologie dann zur Untersuchung von Umweltproblemen und zur Ermittlung von Handlungsspielräumen für Akkommodationsprozesse der Gesellschaft.

Die verschiedenen Formen der Interaktion lassen sich zwei Varianten von Akkommodation und Anpassung zuordnen:

A Biologische Anpassung

1. Anpassung im Bereich der Biologie im Prozeß der Evolution ohne menschlichen Eingriff
2. Anpassung biologischer Prozesse aufgrund anthropogener Eingriffe in die Natur

B Kulturelle Akkommodation

3. Akkommodation im Bereich der kulturellen Tradition in der Auseinandersetzung und der Aneignung von Natur
4. Akkommodation im Gesellschaftssystem aufgrund der Prozesse, die unter 1. und 2. stattfinden und auf 3. als kulturökologischem Handlungsspielraum gründen.

Dies ist eine Spezifizierung und Ergänzung zu den beiden Anpassungsformen, wie sie im Bereich der Human- und Kulturökologie angesprochen und auch bei Eisel (1989b) umschrieben wurden.

3.3 Perspektiven der Umweltsoziologie

Wichtig ist es, in der Analyse der Handlungsspielräume positive Anknüpfungspunkte zu ermitteln, wie dies am zuvor genannten Beispiel im Landkreis Vechta demonstriert wurde. Sollte es im Rahmen kultureller Entwicklungen - in der Auseinandersetzung mit der Naturumwelt - keine positiven Anknüpfungspunkte zur Ökologisierung geben, dann sind die Voraussetzungen zur Herstellung einer Balance zwischen Natur und Kultur als eher negativ einzustufen.

Zwar ist die Geschichte der westlichen Welt weitgehend vom »Fortschrittsoptimismus« - vom teleologischen zum utopischen Zustand der Geschichte - geprägt (vgl. auch das Klimax-Konzept in der Ökologie, Exkurs im Teil A I sowie Park, Teil A II), doch ist auf der Grundlage bisheriger Entwicklungsprozesse Skepsis angebracht. Nach den neuesten WHO-Meldungen lebt mittlerweile von den 5,3 Milliarden Menschen fast die Hälfte, nämlich 2,5 Milliarden, in extremer Armut. Gemessen an diesen Zahlen ist der Fortschritt für die Menschheit marginal, er gilt, wenn überhaupt, nur für einen geringen Anteil der Weltbevölkerung.

Auch aus einer anthropozentrischen Perspektive werden gleichwertige primäre Kulturaufgaben und Grundbedürfnisse, Sicherung der Existenzgrundlage, soziale Anerkennung und ein akkommodatives Arrangement mit der Natur nicht hergestellt. Es bedarf nicht erst einer weitsichtigen Zukunftsperspektive oder gar eines ökozentrierten Paradigmas, um kulturökologische Aufgaben zu definieren. Ein wirklich »anthropozentrisches« - und nicht etwa »eurozentrisches« - Weltbild brächte grundlegende Veränderungen mit sich. Ob es hierzu aber einen Handlungsspielraum im Rahmen der westlichen »Zivilisation« gibt, bleibt eine offene, in ihrer Tragweite allerdings die gesamte Menschheit betreffende Fragestellung.

Schlußfolgernd ist festzuhalten, daß es zur sozialwissenschaftlichen Untersuchung von Umweltproblemen, insbesondere im Rahmen der sich erst in Ansätzen abzeichnenden Umweltsoziologie, erforderlich sein wird, Verbindungen zwischen der sozialen Interaktion der Menschen zur Gesellschaft (kommunikatives Handeln) und zur Naturumwelt (über das instrumentale Handeln hinaus) herzustellen, weil diese biologisch-physikalische Umwelt eine gesellschaftlich überformte ist. Um das Handeln der Menschen auch in bezug auf diese kulturell gestaltete Naturumwelt angemessen zu verstehen, gilt es nicht nur ihre historischen Gesetzmäßigkeiten im Hinblick auf den technologischen Wandel und die Entwicklung der Produktivkräfte zu analysieren, sondern die unintendierten Folgen dieser Entwicklungsdynamik auf den Naturhaushalt - mit ihren Grenzen und Gesetzmäßigkeiten - kennenzulernen und theoretisch-konzeptionell zu verarbeiten. Diese Folgen und entsprechende Dimensionen des Handelns sind weder in den Gesellschaftstheorien noch begrifflich in den Handlungskategorien der Soziologie präsent.

Erweitert habe ich bisherige Ansätze sozialwissenschaftlicher Ökologieforschung, Humanökologie und Kulturökologie, indem ich diese zum einen mit handlungstheoretischen Ansätzen verbunden und zum anderen auf methodologische Bezüge zur naturwissenschaftlich orientierten Ökologieforschung, insbesondere der Umweltlehre von Uexküll, verwiesen habe. Aus der Verbindung einer subjektbezogenen Ökologieforschung und der Kulturökologie mit handlungstheoretischen Ansätzen läßt sich ein kulturökologisches Handlungsmodell konstruieren. Damit werden Schwächen bisheriger soziologischer Theorien und methodischer Konzepte und Betrachtungsweisen, infolge der Ausklammerung ökologischer Dimensionen des Handelns, hervorgehoben. Durch Hinzuziehung human- und kulturökologischer Ansätze wurde ein methodisches Konzept zur Ermittlung von Handlungsspielräumen für Ökologisierungsprozesse erarbeitet und exemplarisch in der Fallstudie zum Landkreis Vechta aufgezeigt.

In Ergänzung der Habermas'schen Handlungstypologie von instrumentalem und kommunikativem Handeln wurde in dieser Arbeit mit Rückgriff auf die Humanökologie von Park der Begriff »akkommodatives Handeln« eingeführt. Akkommodatives Handeln kennzeichnet das kulturelle Arrangement und die reziproke Auseinandersetzung mit der Naturumwelt in Abgrenzung zur Anpassung (»adaptation«) im Bereich der Biologie und Genetik. Im Rahmen einer sozialwissenschaftlichen Umweltforschung - Umweltsoziologie - wird mit dem Begriff »Akkommodation« eine bisher vernachlässigte Handlungsdimension hervorgehoben und als analytische Kategorie für sozialwissenschaftliche Untersuchungen ökologischer Belastungen aufgenommen. Gesellschaftliche Umweltkrisen erfordern eine »akkommodative Rationalität«, die auf die Herstellung der Balance zwischen Natur und Kultur ausgerichtet ist und immer wieder, je nach kulturökologischer Entwicklung, neu zu definieren und herzustellen ist.

Literatur

Al Ahmad, J. (1974) (1353 nach iranischer Zeitrechnung): *tat neshinan* (persisch; Die seßhaften Landbewohner. Das Alltagsleben in zwei Dörfern aus der Umgebung von Gazvin). Teheran

AID/Auswertungs- und Informationsdienst für Ernährung, Landwirtschaft und Forsten (Hg.) (1984): *Gülle - ein wertvoller Wirtschaftsdünger.* AID 149. Bonn

Altner, G. (1979): »Wahrnehmung der Interessen der Natur - Bestimmung des Eigenrechts der Natur und Möglichkeiten, dieses im Zivilisationsprozeß zur Geltung zu bringen«. In: Meyer-Abich (Hg.), S. 112-130

Amery, C. (1978): *Natur als Politik. Die ökologische Chance des Menschen.* Reinbek

Amery, C. (1980): *Das Ende der Vorsehung. Die gnadenlosen Folgen des Christentums.* Reinbek

Anderson, J. N. (1973): »Ecological Anthropology and Anthropological Ecology«. In: Honigmann (Hg.), S. 179-239

Arbeitsgruppe Bielefelder Soziologen (Hg.) (1976): *Alltagswissen, Interaktion und gesellschaftliche Wirklichkeit*, Bd. 2. Reinbek

Arbeitsgruppe Bielefelder Soziologen (1976): *Kommunikative Sozialforschung.* München

Arbeitsgruppe Bielefelder Soziologen (Hg.) (1978): *Alltagswissen, Interaktion und gesellschaftliche Wirklichkeit*, Bd. 1. Reinbek

Arbeitsgruppe Systemforschung der Universität Osnabrück (1985): *Intensivlandwirtschaft und Nitratbelastung des Grundwassers im Kreis Vechta. Erstellung eines multidisziplinären Modellsystems zur Abschätzung der Auswirkungen von Handlungsstrategien im Umweltschutz.* Beschreibung des Vorhabens zum Finanzierungsantrag an das BMFT. Osnabrück

Arensberg, C. (1962/1974): »Gemeinde als Objekt und als Paradigma«. In: R. König (Hg.), *Handbuch der empirischen Sozialforschung*, Bd. 4. München, S. 82-116

Aron, R. (1967/1971): *Hauptströmungen des soziologischen Denkens.* 2 Bände. Köln

Atteslander, P. / Hamm, B. (1974) (Hg.): *Materialien zur Siedlungssoziologie.* Köln

Atteslander, P. / Hamm, B. (1974): »Grundzüge einer Siedlungssoziologie«. In: Atteslander/Hamm (Hg.), S. 11-32

Averdam, P. (1983): »Die Konsequenzen des 'Gülleerlasses' für klein- und mittelbäuerliche Betriebe«. In: *Die violette Reihe*, 2, S. 45-49

Badura, B. (Hg.) (1976): *Seminar: Angewandte Sozialforschung. Studien über die Voraussetzungen und Produktion, Diffusion und Verwertung sozialwissenschaftlichen Wissens.* Frankfurt a. M.

Bahr, H. E. (1977/78): »Alternative Lebensformen in der Ersten Welt«. In: Bahr/ Gronemeyer (Hg.), S. 9-15

Bahr, H. E. / Gronemeyer, R. (Hg.) (1977/1978): *Anders leben - überleben.* Frankfurt a. M.

Bahro, R. (1977): *Die Alternative. Zur Kritik des real existierenden Sozialismus.* Freiburg

Balandier, R. (1967/1972): »Die Dynamik der Primitivgesellschaften«. In: Dreitzel (Hg.)

Balla, B. (1978): *Soziologie der Knappheit*. Stuttgart

Bargatzky, Th. (1986): *Einführung in die Kulturökologie, Umwelt, Kultur und Gesellschaft*. Berlin

Barth, F. (1961): *Nomads of South Persia*. Oslo

Bateson, G. (1972): *Steps to an Ecology of Mind*. New York

Bateson, G. (1983): *Ökologie des Geistes. Anthropologische, psychologische, biologische und epistemologische Perspektiven*. Frankfurt a. M.

Bechmann, A. (1979): »Nutzwertanalysen und soziale Indikatoren«. In: Klages/Kmieciak (Hg.), S. 517-529

Bechmann, A. (1984): *Leben wollen. Anleitungen für eine neue Umweltpolitik*. Köln

Beck, U. (1986): *Risikogesellschaft. Auf dem Weg in eine andere Moderne*. Baden-Baden

Behrens, H. (1984): »Die gegenwärtige Situation der Landwirtschaft in Nordwest-Niedersachsen«. In: *Die violette Reihe*, 4, S. 7-25

Bell, D. (1976/1979): *Die Zukunft der westlichen Welt. Kultur und Technik im Widerstreit*. Frankfurt a. M.

Bendix, R. (1979): »Westeuropa als Gegenstand und Quelle sozialwissenschaftlicher Forschung«. In: Matthes (Hg.), S. 11-24

Bennett, J. W. (1977): »Anthropological Contributions to the Cultural Ecology«. In: Deutsch (Hg.), S. 131-168

Bennett, J. W. (1976): *The Ecological Transition: Cultural Anthropology and Human Adaptation*. New York u. a.

Berger, H. (1974): *Untersuchungsmethode und soziale Wirklichkeit*. Frankfurt a. M.

Berger, L. / Luckmann, T. 1980: *Die gesellschaftliche Konstruktion der Wirklichkeit*. Frankfurt a. M.

Bernsdorf, W. (Hg.) (1969/1972): *Wörterbuch der Soziologie*. Stuttgart

Best, E. / Meppen, U. / Strauch, D. (1975): »Zur Frage einer möglichen Umweltbelastung durch Wirtschaftsdünger, dargestellt am Beispiel des Regierungsbezirks Osnabrück sowie der Kreise Cloppenburg und Vechta des Verwaltungsbezirks Oldenburg«. In: *Tierärztliche Umschau*, 3, S. 118-127

Bezirksregierung Hannover (1985): *Aufbringen von Gülle, Jauche und Geflügelkot. Widerspruch gegen die Allgemeinverfügung des Landkreises Diepholz*. Hannover

Bick, H. u. a. (1983): »Bevölkerungsentwicklung und Welternährung«. In: Universität Tübingen (Hg.), *Ökologie und ihre biologischen Grundlagen*. Heft 7b. Tübingen

Bilsky, L. J. (Hg.) (1980): *Historical Ecology, Essays on Environment and Social Change*. Port Washington, N. Y., London

Binswanger, H. Ch. (1979): »Natur und Wirtschaft. Die Blindheit der ökonomischen Theorie gegenüber der Natur und ihrer Bedeutung im Wirtschaftsprozeß«. In: Meyer-Abich (Hg.), S. 149-173

Birnbacher, D. (1979): »Was kann Verantwortung für die Natur heißen?«. In: Meyer-Abich (Hg.), S. 91-111

Blau, P. M. / Moore, J. W. (1965): »Sociology«. In: Hoselitz (Hg.), S. 158-187

Blumer, H. (1978): »Der methodologische Standort des symbolischen Interaktionismus«. In: Arbeitsgruppe Bielefelder Soziologen (Hg.), S. 80-146

Boehnke, L. / Merkens, H. u. a. (1987): »Ausländer und Wertwandel. Hat die 'Stille Revolution' auch bei Arbeitsmigranten stattgefunden?« In: *KZfSS*, Jg. 39, S. 330-346

Bogdan, R. / Taylor, J. (1975): *Introduction to Qualitative Research Methods. A Phenomenological Approach to the Social Sciences*. New York u. a.

Bosse, H. (1980): »Innere Kolonisierung und antikolonialer Kampf - zur ethno-hermeneutischen Interpretation von Autobiographien und zur Problematik selbstbestimmter Entwicklung«. In: Grohs u. a. (Hg.), S. 280-291

Bosse, H. (1979): *Diebe, Lügner, Faulenzer. Zur Ethno-Hermeneutik von Abhängigkeit und Verweigerung in der Dritten Welt*. Frankfurt a. M.

Boulding, K. E. (1966/1973): »The Economics of the Coming Spaceship Earth«. In: Enthoven/Freeman (Hg.), S. 14-24

Boulding, K. E. (1978): *Ecodynamics. A New Theory of Societal Evolution*. Beverly Hill, London

Boyden, St. (1976): »Suggestions for a Conceptual Basis of a Programme of International Ecological Studies on Human Settlements«. In: Jones/Rogers (Hg.), S. 101-122

Böhme, G. (1981): »Die Frage nach einem neuen Naturverständnis«. In: *Zeitschrift für die Didaktik der Philosophie*, 3 (4), S. 187-196

Bronfenbrenner, U. (1979): *The Ecology of Human Development, Experiments by Nature and Design*. Cambridge/Mass., London

Bruckmeier, K. (1987): *Umweltberatung in der Landwirtschaft. Die Wahrnehmung ökologischer Beratungsaufgaben in der Landwirtschaftlichen Offizialberatung*. IIUG dp 87-18. Wissenschaftszentrum Berlin für Sozialforschung

Bruckmeier, K. (1988): *Kritik der Organisationsgesellschaft. Wege der systemtheoretischen Auflösung der Gesellschaft von M. Weber, Parsons, Luhmann und Habermas*. Münster

Bruckmeier, K. / Teherani-Krönner, P. / Uka, W. (1989): »Nitratbelastung des Grundwassers - die Entwicklung eines umweltpolitischen Problems«. In: *ZAU*, 2, S. 153-166

Burrell, B. / Morgan, G. (1979): *Sociological Paradigms and Organizational Analysis*. London

Buttel, F. H. (1987): »New Directions in Environmental Sociology«. In: *Ann. Rev. Sociology*, 13, S. 465-488

Capra, F. (1982/1985): *Wendezeit. Bausteine für ein neues Weltbild*. Bern, München, Wien

Carson, R. (1962/1987): *Der stumme Frühling*. München

Catton, W. R. Jr. (1984): »Human Ecology and Social Policy«. In: Micklin/Choldin (Hg.), S. 385-426

Catton, W. R. Jr. / Dunlap, R. E. (1978): »Paradigms, Theories, and the Primacy of the HEP-NEP distinction«. In: *Am. Sociol.*, 13, S. 256-259

Catton, W. R. Jr. / Dunlap, R. E. (1980): »A New Ecological Paradigm for Post-Exuberant Sociology«. In: *Am. Behav. Sci.*, 24, S. 15-47

Chamboredon, J.-C. / Lemairem, M. (1974): »Räumliche Nähe und soziale Distanz«. In: Atteslander/Hamm (Hg.), S. 196-214

Cicourel, A. (1978): »Basisregeln und normative Regeln im Prozess des Aushandelns von Status und Rolle«. In: Arbeitsgruppe Bielefelder Soziologen (Hg.), S. 147-188

Clifton, J. A. (Hg.) (1968): *Cultural Anthropology, Essays in The Scope and Methods of the Science of Man*. Boston u. a.

Conrad, J. (Hg.) (1988): *Wassergefährdung durch die Landwirtschaft*. Berlin

Conrad, J. (1988): »Präventive Umweltpolitik im Agrarsektor«. In: U. E. Simonis (Hg.), *Präventive Umweltpolitik*. Frankfurt a. M., New York

Conrad, J. (1990): *Nitratdiskussion und Nitratpolitik*. Berlin

Conrad, J. / Gitschel, M. (1988): »Rechtliche Regulierung der Stickstoffdüngung, nur ein Sturm im Wasserglas?« In: *Natur und Recht*, 1

Corbin, A. (1984): *Pesthauch und Blütenduft. Eine Geschichte des Geruchs*. Berlin

Coser, L. (1967/1972): »Sozialer Konflikt und sozialer Wandel«. In: Dreitzel (Hg.), S. 279-294

Culbertson, J. M. (1980): »Ecology, Economics, and the Quality of Life«. In: Bilsky (Hg.), S. 156-170

Darwin, Ch. R. (1977): *The Collected Papers of Charles Darwin*. Vol. 1 and 2 (hrsg. von P. H. Barrett). Chicago

Deutsch, K. W. (Hg.) (1977): *Ecosocial Systems and Ecopolitics, a Reader on Human and Social Implications of Environmental Management in Developing Countries*. UNESCO. Paris

Deutsch, K. W. (1977): »On the Interaction of Ecological and Political Systems: Some Potential Contributions of the Social Sciences«. In: Deutsch (Hg.), S. 32-32

Deutsche UNESCO-Kommission (Hg.) (1978): *Stadtökologie*. Bericht über ein Kolloquium der Deutschen UNESCO-Kommission veranstaltet in Zusammenarbeit mit der Werner-Reimers-Stiftung vom 23. - 26. Februar 1977 in Bad Homburg. München, New York, London, Paris

Devereux, G. (1976): *Angst und Methode in den Sozialwissenschaften*. München, Den Haag, Paris

Doll, H. (1984): *Zum betrieblichen und regionalen Dungaufkommen in Niedersachsen*. Institut für Strukturforschung in Niedersachsen, Bundesforschungsanstalt für Landwirtschaft (FAL). Braunschweig-Völkenrode

Doll, H. / Neander, E. (1979): »Zur Entstehung von Umweltkonflikten durch betriebliche und räumliche Konzentration der landwirtschaftlichen Tierbestände«. In: *Colloquiumsvorträge umweltrelevante Agrarforschung*, FAL. Braunschweig-Völkenrode

Douglas, M. (1966/1976): *Purity and Danger. An Analysis of Concepts of Pollution and Taboo*. London

Douglas, M. (1970/1973): *Natural Symbols. Explorations in Cosmology*. New York

Douglas, M. (1985): *Risk Acceptability According to the Social Sciences*. New York

Dreitzel, H. P. (Hg.) (1967/1972): *Sozialer Wandel*. Neuwied, Berlin

Drouin, J.-M. (1989): *Un Equilibre Controverse*. Contribution à l' Histoire du Concept Climax. Colloque International: Les experts sont formels: Controverses scientifiques et décisions politiques dans le domaine de l'environnment, Arc et Senans, Septembre 1989

Dünckmann, M. / Ehrhardt, H.-J. / Gross, R. / Schulz, W. u. a. (1983): *Genetik und Evolution*, Universität Tübingen (Hg. und Bearb.). Beiheft 8. Tübingen

Duensing, O. (1985): »Wenn sich die Schweine drängeln - Die Konzentrationen von Zuchtbetrieben im Raum Vechta belasten die Umwelt«. In: *Die Zeit*, Nr. 4, 18. Januar 1985

Duerr, H. P. (1988): *Der Mythos vom Zivilisationsprozeß*, Bd. 1: Nacktheit und Scham. Frankfurt a. M.

Duncan, J. Jr. (1976): »Landscape and the Communication of Social Identity«. In: Rapoport (Hg.), S. 392-401

Duncan, O. D. (1959): »Human Ecology and Population Studies«. In: Hauser (Hg.), S. 678-716

Duncan, O. D. (1969/1972): »Humanökologie (Human Ecology)«. In: Bernsdorf (Hg.), S. 342-346

Dunlap, R. E. / Catton, W. R. Jr. (1983): »What Environmental Sociologists Have in Common (Whether Concerned with 'Built' or 'Natural' Environment)«. In: *Sociol. Inq.*, 53, S. 113-135

Duve, F. (1978): *Technologie und Politik 12. Das Magazin zur Wachstumskrise*. Reinbek

Eder, K. (1990): *The Spirit of Environmentalism. Cultural Aspects of Environmental Politics*. Ms. Fiesole

Ehrlich, P. / Ehrlich, A. H. (1972): *Bevölkerungswachstum und Umweltkrise. Die Ökologie des Menschen*. Stuttgart

Eimler, W.-M. / Kleinschmidt, N. (1987): *Tierische Geschäft, barbarische Methoden im Fleisch- und Eierland*. München

Eisel, U. (1980): *Die Entwicklung der Anthropogeographie von einer »Raumwissenschaft« zur Gesellschaftswissenschaft*. Kasseler Schriften zur Geographie und Planung. Kassel

Eisel, U. (1989a): *Gesellschaftswissenschaftliche Grundlagen der Landschaftsplanung*. Fachbereich 14: Landschaftsentwicklung, Institut für Landschaftsökonomie, Fachgebiet: Sozialwissenschaftliche Humanökologie. Technische Universität Berlin

Eisel, U. (1989b): »Brauchen wir Ökologie - Welche Ökologie brauchen wir?« In: *Kommune*, 10, S. 71-77

Eisenbart, J. B. (1988): »Erfahrungen mit dem Gülleerlaß in Niedersachsen«. In: Conrad (Hg.), S. 87-94

Eisenhardt, P. / Kurth, D. (1989): »Politische Ökologie oder naturalistischer Fehlschluß«. In: *Freibeuter*, 40, S. 66-78

Eisermann, G. (1962/1974): »Soziologie und Geschichte«. In: R. König (Hg.), *Handbuch der empirischen Sozialforschung*, Bd. 4. München, S. 340-404

Elias, N. (1978): *Über den Prozess der Zivilisation*, Bd. 1. Frankfurt a. M.

Enthoven, A. / Freeman, A. (Hg.) (1973): *Pollution, Resources, and the Environment*. New York, London

Esser, A. H. (1976): »Design for Man-Environment Relations«. In: Rapoport (Hg.), S. 127-143

Etzioni, A. / Etzioni-Halevy, E. (Hg.) (1964/1973): *Social Change. Sources, Patterns, and Consequences*. New York

Fietkau, H.-J. / Glaeser, B. u. a. (1982): *Umweltinformation in der Landwirtschaft*. Frankfurt a. M., New York

Firey, W. (1974): »Gefühl und Symbolik als ökologische Variable«. In: Atteslander/ Hamm (Hg.), S. 140-153

Fischer, M. / Seeberg, E. (1985): *Humanökologie, Umwelt-, Innenraum- und Siedlungshygiene*. Schriftenreihe des Vereins für Wasser-, Boden- und Lufthygiene 63. Stuttgart, New York

Frank, E. H. / Heß, C. (1988): »Kultur und Kognition. Zur Kritik der mentalistischen Kulturkonzeption«. In: *Anthropos*, 83, S. 511-526

Freedgood, H. B. (1972): »Unmenschliche Menschlichkeit (Man's Inhumanity to Man Why?)«. In: Weizsäcker (Hg.), S. 13-35

Freisitzer, K. (1970): »Soziologie und Raumordnung«. In: *Handwörterbuch der Raumforschung*. Akademie für Raumforschung und Landesplanung. Hannover, Sp. 2999-3006

Fremuth, W. / Weinzierl, H. (1989): »Bundesnaturschutzgesetz: Natur ohne Schutz?« In: *ZAU*, 2, S. 113-118

Friedrichs, J. (1977): *Stadtanalyse. Soziale und räumliche Organisation der Gesellschaft*. Reinbek

Galtung, J. (1977/1978): »Weltproduktion für Grundbedürfnisse«. In: Bahr/Gronemeyer (Hg.), S. 89-111

Garaudy, R. (1980): *Plädoyer für einen Dialog der Zivilisationen*. Wien u. a.

Garfinkel, H. (1978): »Das Alltagswissen über soziale und innerhalb sozialer Strukturen«. In: Arbeitsgruppe Bielefelder Soziologen (Hg.), S. 189-262

Gerdes, K. (1979): *Explorative Sozialforschung*. Stuttgart

Gert, B. (1990): »Rationality, Human Nature, and Lists«. In: *Ethics*, 100 (2), S. 279-300

Gesellschaft für Symbolforschung Bern (Hg.) (1984): *Symbolforschung*. Bern u. a.

Giddens, A. (1976/1984): *Interpretative Soziologie*. Frankfurt a. M., New York

Giddens, A. (1984): *The Constitution of Society. Outline of the Theory of Structuration*. Glasgow

Gitschel, M. (1985): *Rechtliche Regelungen im Schnittpunkt von Agrarrecht und Umweltrecht*. IIUG rep 85-9. Wissenschaftszentrum Berlin

Glaeser, B. (1989): »Entwurf einer Humanökologie«. In: Glaeser (Hg.), S. 25-43

Glaeser, B. (Hg.) (1989): *Humanökologie: Grundlagen präventiver Umweltpolitik*. Opladen

Glaser, B. / Strauss, A. (1974): *The Discovery of Grounded Theory: Strategies for Qualitative Research*. Chicago

Glaser, H. (1978): «Kulturökologie«. In: Deutsche UNESCO-Kommission (Hg.), S. 49-55

Glick, Th. F. (1980): »Science, Technology and the Urban Environment: The Great Stink of 1858«. In: Bilsky, J. (Hg.), S. 122-139

Global 2000 (1980): *Report to the President*. Council on Environmental Quality. Washington, Frankfurt a. M.

Göttke-Krogmann, J. (1983/84): »Landespflegerische Probleme und Aufgaben in agrarischen Intensivgebieten - Das Beispiel Südoldenburg«. In: *Die violette Reihe*, 4, S. 151-189

Goffman, E. (1967/77): *Stigma. Über Techniken der Bewältigung beschädigter Identität*. Frankfurt a. M.

Greverus, I.-M. (1976): »Human Territoriality as an Object of Research in Cultural Anthropology«. In: Rapoport (Hg.), S. 145-157

Greverus, I.-M. (1978): *Kultur und Alltagswelt*. München

Grohs, G. u. a. (Hg.) (1980): *Kulturelle Identität im Wandel*. Stuttgart

Gronemeyer, R. (1977/1978): »Aufbau einer neuen politischen Kultur«. In: Bahr/ Gronemeyer (Hg.), S. 17-23

Die Grünen, Kreisverband Vechta, und AG Trinkwasser in der BSH (Hg.) (1982): *Nitrat im Trinkwasser. Zur Gülleproblematik im Kreis Vechta*. Vechta

Günther, B. (1987): *Die Haltung landwirtschaftlicher Nutztiere im Verhältnis zur der für eine ordnungsgemäße Dungbeseitigung erforderlichen landwirtschaftlichen Nutzfläche (LN) im Landkreis Osnabrück*. Ms. Osnabrück

Haag, F. u. a. (Hg.) (1972): *Forschungsstrategien, Forschungsfelder und Forschungspläne*. München

Haber, W. (1983): »Ökosysteme I«. In: Universität Tübingen (Hg.), Heft 4. Tübingen

Haber, W. (1989): »Zur Problematik der Landwirtschaftsklausel im Naturschutzrecht«. In: *ZAU*, 1, S. 103-106

Habermas, J. (1968/1979): *Technik und Wissenschaft als »Ideologie«*. Frankfurt a. M.

Habermas, J. (1981): *Theorie des kommunikativen Handelns*. 2 Bände. Frankfurt a. M.

Haeckel, E. (1866): *Generelle Morphologie der Organismen*, Bd. 2: *Allgemeine Entwicklungsgeschichte der Organismen*. Berlin

Hahn, A. (1979): »Basis und Überbau und das Problem der begrenzten Eigenständigkeit der Ideen«. In: *KZfSS, Schwerpunktheft Kultursoziologie*, 3, S. 485-506

Hamm, B. (1978): »Prozesse der sozialräumlichen Differenzierung in Städten«. In: Deutsche UNESCO-Kommission (Hg.), S. 69-84

Hanken, K.-H. (1984): *Die Industrialisierung der landwirtschaftlichen Produktion*. NVN/ BSH. Wardenburg

Hard, G. (1973): *Die Geographie. Eine wissenschaftstheoretische Einführung*. Berlin, New York

Harris, M. (1968): *The Rise of Anthropological Theory*. New York

Harris, M. (1989a): *Wohlgeschmack und Widerwillen. Die Rätsel der Nahrungstabus*. Stuttgart

Harris, M. (1989b): »Heilige Kühe«. In: Harris, S. 44-65

Harris, M. (1989c): «Das abscheuliche Schwein«. In: Harris, S. 66-88

Hartmann, H. (Hg.) (1967): *Moderne amerikanische Soziologie. Neuere Beiträge zur soziologischen Theorie*. Stuttgart

Hauser, Ph. / Duncan, O. (Hg.) (1959): *The Study of Population - An Inventory and Appraisal*. Chicago

Hawley, A. H. (1950): *Human Ecology. A Theory of Community Structure*. New York

Hawley, A. H. (1962/1974): »Theorie und Forschung in der Sozialökologie«. In: R. König (Hg.), *Handbuch der empirischen Sozialforschung*, Bd. 4. München, S. 51-116

Hawley, A. H. (1968): »Vorwort« zu McKenzie 1968

Hawley, A. H. (1971): *Urban Society. An Ecological Approach*. New York

Hawley, A. H. (1974): »Ökologie und Sozialökologie«. In: Atteslander/Hamm (Hg.), S. 113-124

Hawley, A. H. (1984): »Human Ecology: Past, Present and Future«. In: Hicklin/Choldin (Hg.), S. 1-15

Heereman, C. Frhr. von (1989): »Naturschutz und Landwirtschaft«. In: *ZAU*, 2, S. 107-112

Heimatbund für das Oldenburger Münsterland, Ausschuß für Umweltschutz und Landschaftspflege (Hg.) (1983): »Ordnungsgemäße Landwirtschaft - Überdüngung landwirtschaftlicher Nutzflächen in Südoldenburg?« In: *Die violette Reihe*, 2

Heimatbund für das Oldenburger Münsterland, Ausschuß für Umweltschutz und Landschaftspflege (Hg.) (1984): »Landwirtschaft im Spannungsfeld von Ökonomie und Ökologie«. In: *Die violette Reihe*, 4

Heimatbund für das Oldenburger Münsterland, Ausschuß für Umweltschutz und Landschaftspflege (Hg.) (1985): »Agrarpolitische Zielperspektiven. Haben bäuerliche Familienbetriebe noch eine Zukunft?« In: *Die violette Reihe*, 5

Hettlage, R. (1979): »Modernität als Post-Traditionalität«. In: *Die Dritte Welt*, 1, S. 38-57

Hickel, R. (1989): *Finanzpolitik für Arbeit und Umwelt*. Köln

Hoffmann, G. (1984): »Maisanbau in Weser-Ems - Der Siegeszug einer Anbaupflanze und seine Ursachen«. In: *Die violette Reihe*, 4, S. 99-115

Hoffmann-Riem, Ch. (1980): »Die Sozialforschung einer interpretativen Soziologie - Der Datengewinn«. In: *KZfSS*, Jg. 32, S. 339-372

Holtmeier, E. L. (1984): »Der Schutz des Grundwassers vor Nitratbelastung«. In: *gwf-wasser/abwasser*, 10, S. 482-487

Honigmann, J. J. (Hg.) (1973): *Handbook of Social and Cultural Anthropology*. Chicago

Hopf, Ch. / Weingarten, E. (1979): *Qualitative Sozialforschung*. Stuttgart

Hopf, Ch. (1978): »Die Pseudo-Exploration - Überlegungen zur Technik qualitativer Interviews in der Sozialforschung«. In: *Zeitschrift für Soziologie*, Jg. 7, S. 97-115

Hoselitz, B. F. (Hg.) (1965): *A Reader's Guide to the Social Sciences*. New York, London

Huber, J. (1989): »Eine sozialwissenschaftliche Interpretation der Humanökologie«. In: Glaeser (Hg.), S. 57-75

Hünermann, G. / Bruckmeier, K. / Conrad, J. / Teherani-Krönner, P. (1987): *Nitratforschung in der Bundesrepublik*. IIUG rep 87-12. Wissenschaftszentrum Berlin für Sozialforschung

Hughes, E. C. (1952): *Vorwort* zu Robert Ezra Park: Human Community. Glencoe, Ill.

Immler, H. (1989): *Vom Wert der Natur. Zur ökologischen Reform von Wirtschaft und Gesellschaft*. Opladen

Ingelhart, R. (1977): *The Silent Revolution - Changing Values and Political Styles Among Western Publics*. Princeton, N. J.

Janowitz, M. (1969): *Vorwort* zu Park/Burgess, S. I-X

Joas, H. (1988): »Symbolischer Interaktionismus«. In: *KZfSS*, 3 (40), S. 417-446

Joerges, B. (1977): *Gebaute Umwelt und Verhalten: Über das Verhältnis von Technikwissenschaften und Sozialwissenschaften am Beispiel der Architektur und der Verhaltenstheorie*. Baden-Baden

Jones, J. O. / Rogers, P. (Hg.) (1976): *Human Ecology and the Development of Settlements*. New York, London

Kamper, D. (Hg.) (1975): *Abstraktion und Geschichte. Rekonstruktionen des Zivilisationsprozesses*. München, Wien

Kamper, D. (1975): »Das Ende der bürgerlichen Revolution. Grundlinien einer Logik der Geschichte«. In: ders. (Hg.), S. 180-204

Kathe, A. (1986): »Zur Frostzeit der Bauer die Gülle ausführt ... Warum ein Thema einfach keine Ruhe gibt«. In: *Oldenburgische Volkszeitung* vom 17.12.1986

Kelly, G. (1965): »Anthropology«. In: Hoselitz (Hg.), S. 188-209

Kiefer, K. W. (1978): »Die Stiftung 'Mittlere Technologie' und 'Ökologischer Landbau'«. In: *Technologie und Politik*, 11, Das Magazin zur Wachstumskrise, S. 84-91

Kielstra, N. O. (1975): *Ecology and Community in Iran*. Amsterdam

King, A. D. (1976): »Values, Science, and Settlement: A Case Study in Environmental Control«. In: Rapoport (Hg.), S. 365-389

Klages, H. / Kmieciak, P. (Hg.) (1979): *Wertwandel und gesellschaftlicher Wandel*. Frankfurt a. M.

Kleinschmitt, N. / Eimler, W.-M. (1984): *Wer hat das Schwein zur Sau gemacht? Mafia-Methoden in der deutschen Landwirtschaft*. München

Knötig, H. (Hg.) (1976): *Internationale Tagung für Humanökologie 1975 in Wien*. Humanökologische Gesellschaft, Bd. 1 und 2. St. Saphorin, Schweiz

Knötig, H. (1978): »Zum humanökologischen Begriff 'Habitat'«. In: Deutsche UNESCO-Kommission (Hg.), S. 19-34

Kölsch, O. (1989): »Humanökologische Forschung für Landwirtschaft und Agrarpolitik«. In: Glaeser (Hg.), S. 178-190

König, R. (Hg.) (1962/1974): *Handbuch der empirischen Sozialforschung. Komplexe Forschungsansätze*, Bd. 4. Stuttgart

König, R. (1978): »Die Pioniere der Sozialökologie in Chicago«. In: Deutsche UNESCO-Kommission (Hg.), S. 56-68

Kreislandvolkverband Vechta (1987): *Entwurf einer Satzung der Gülle-Verwertungsgenossenschaft*, Stand 17.9.1987 (ohne Ortsangabe)

Kreistag des Landkreises Vechta (1981): *Verordnung zur Vermeidung von gesundheitsgefährdenden Geruchsbelästigungen durch Lagern und Ausbringen von Jauche, Flüssig- und Festmist vom 29. Juni 1971, in der Fassung der zweiten Änderungsverordnung vom 10. September 1981*. Amtsblatt für den niedersächsischen Verwaltungsbezirk Oldenburg. Oldenburg

Krolzik, U. (1979): »Machet Euch die Erde untertan ...! und das christliche Arbeitsethos«. In: Meyer-Abich (Hg.), S. 174-195

Krysmanski, H. J. (1971/1972): *Soziologie des Konflikts. Materialien und Modelle*. Reinbek

Küchler, M. (1980): »Qualitative Sozialforschung, Modetrend oder Neuanfang?« In: *KZfSS*, Jg. 32, S. 373-386

Kuhn, Th. S. (1973): *Die Struktur wissenschaftlicher Revolutionen*. Frankfurt a. M.

Kuropka, J. (1982): *Zur historischen Identität des Oldenburger Münsterlandes*. Münster

Kuros, Gh. H. (1969): *Altiranische Wasserbaukunst im Lichte neuerer Forschung*. Ms. Teheran

Lachenmann, G. (1987): »Ökologische Entwicklung zur Krise und Strategien angepaßter Entwicklung im Sahel«. In: B. Lutz (Hg.), *Technik und sozialer Wandel*. Verhandlungen des 23. Deutschen Soziologentages in Hamburg 1986. Frankfurt a. M., New York, S. 390-404

Lachenmann, G. (1990): *Ökologische Krise und sozialer Wandel in afrikanischen Ländern*. Saarbrücken, Fort Lauderdale

Landkreis Osnabrück - Gesundheitsamt (Hg.) (1986): *Private Trinkwasserbrunnen*. Dokumentation der Untersuchung des Gesundheitsamtes 1983 - 1986. Osnabrück

Landkreis Vechta (1980), (1984) und (1986): *Kurzinformationen*. Statistiken zum Kreis. Vechta

Landkreis Vechta (1983): *Bericht über die Trinkwasserversorgung und Grundwassersituation im Landkreis Vechta*. Vechta

Landkreis Vechta (1984): *Untersagung der Trinkwasserentnahme aus Eigenversorgungsanlagen*. Vechta

Landkreis Vechta (1987a): *Umweltschutz im Landkreis Vechta*. 1. Bericht. Vechta

Landkreis Vechta (1987b): *Aufbringung von Gülle und Geflügelkot - Ausnahmeregelung*. Vechta

Lauf, D. I. (1984): »Das Symbol in seiner Wirkung - Phänomene der Transzendenz«. In: Gesellschaft für Symbolforschung Bern (Hg.), S. 37-53

Leipert, Ch. (1978): »Alternative Wege künftiger Wirtschaftspolitik«. In: *Technologie und Politik*, 12, S. 16-55

Levi-Strauss, C. (1962/1979): *Das wilde Denken*. Frankfurt a. M.

Lewin, K. (1917): »Kriegslandschaft«. In: *Zeitschrift für Angewandte Psychologie*, 12, S. 440-447

Lieckfeld, C. P. (1981): »Ein Land bekommt den Schwedentrunk«. In: *Natur*, 6, S. 58-65

Linde, H. (1970): »Raumbezogene und raumplanungsorientierte Konzeptionen in der Soziologie«. In: *Handwörterbuch der Raumforschung*. Akademie für Raumforschung und Landesplanung, Hannover, Sp. 3007-3018

Lindner, R. (1981): »Die Angst des Forschers vor dem Feld«. In: *Zeitschrift für Volkskunde*, Jg. 77, S. 51-66

Linton, R. (1936): *The Study of Man*. New York

Lipp, W. (1979): »Kulturtypen, kulturelle Symbole, Handlungswelt«. In: *KZfSS*, Schwerpunktheft Kultursoziologie, 3 (31), S. 450-484

Lipp, W. / F. H. Tenbruck (1979): »Zum Neubeginn der Kultursoziologie«. In: *KZfSS*, Schwerpunktheft Kultursoziologie, 3 (31), S. 393-398

Luckmann, T. (1980): *Lebenswelt und Gesellschaft. Grundstrukturen und geschichtliche Wandlungen*. Paderborn, München, Wien, Zürich

MAB-Deutsches Nationalkomitee (Hg.) (1981): *Wechselwirkungen zwischen ökologischen, ökonomischen und sozialen Systemen agrarischer Intensivgebiete*. MAB-Mitteilungen 7. Bonn

Mackensen, R. (1978): »Ökologische Aspekte der Stadtplanung«. In: Deutsche UNESCO-Kommission (Hg.), S. 159-179

Mann, G. (1991): *Erinnerungen und Gedanken. Eine Jugend in Deutschland*. Frankfurt a. M.

Mannheim, K. (1936): *Ideology and Utopia. An Introduction to the Sociology of Knowledge*. Translated from the German by Luis Wirth and Edward Shils. New York

Mannheim, K. (1964/1970): *Wissenssoziologie*. Auswahl aus dem Werk, eingeleitet und hrsg. von Kurt H. Wolff. Neuwied, Berlin

Marcuse, H. (1973a): *Konterrevolution und Revolte*. Frankfurt a. M.

Marcuse, H. (1973b): »Natur und Revolution«. In: ders., S. 72-89

Markl, H. (1986): *Natur als Kulturaufgabe: Über die Beziehung des Menschen zur lebendigen Natur*. Stuttgart

Matthes, J. (1979): *Sozialer Wandel in Westeuropa*. Frankfurt a. M.

Matthes, J. / Schütze, F. (1978): »Zur Einführung: Alltagswissen, Interaktion und gesellschaftliche Wirklichkeit«. In: Arbeitsgruppe Bielefelder Soziologen (Hg.), S. 11-53

Mayer-Tasch, P. C. (Hg.) (1976): *Kulturlandschaft in Gefahr*. München

Mayntz, R. (1983): »Implementation von regulativer Politik«. In: R. Mayntz (Hg.), *Implementation politischer Programme II*. Opladen

McCarthy, Th. (1980): *Kritik der Verständigungsverhältnisse. Zur Theorie von Jürgen Habermas*. Frankfurt a. M.

McKenzie, R. D. (1968): *On Human Ecology*. Chicago, London

McKenzie, R. D. (1936/1968): »The Ecology of Institutions«. In: McKenzie (1968), S. 102-117

McKenzie, R. D. (1924/1968): »The Ecological Approach to the Study of the Human Community«. In: McKenzie (1968), S. 3-18

McKenzie, R. D. (1933/1968): »The Rise of Metropolitan Communities«. In: McKenzie (1968), S. 244-305

McKenzie, R. D. (1934/1968): »Demography, Human Geography, and Human Ecology«. In: McKenzie (1968), S. 33-48

McKenzie, R. D. (1974): »Konzepte der Sozialökologie«. In: Atteslander/Hamm (Hg.), S. 101-112

Mead, G. H. (1934/1980): *Geist, Identität und Gesellschaft*. Frankfurt a. M.

Mead, G. H. (1980): *Gesammelte Aufsätze*, Bd. 1, hrsg. von Hans Joas. Frankfurt a. M.

Meadows, D. L. u. a. (1972): *Die Grenzen des Wachstums*. Stuttgart

Meggers, B. J. (1954): »Environmental Limitation on the Development of Culture«. In: *American Antropologist*, 56, S. 801-824

Merforth, M. (1985): »Agrarpolitische Maßnahmen zum Schutz des bäuerlichen Familienbetriebs in Niedersachsen«. In: *Die violette Reihe*, 5, S. 45-66

Merton, R. K. (1957): *Social Theory and Social Structure*. Glencoe

Merton, R. K. (1968): »Sozialstruktur und Anomie«. In: Sack/König (Hg.), S. 283-313

Merton, R. K. / Broom, L. / Cottrell, L. S. (Hg.) (1958): *Sociology Today*. New York

Merton, R. (1974): »Zur Sozialpsychologie des Wohnens«. In: Atteslander/Hamm (Hg.), S. 164-182

Meyer, K. (1970): »Humanökologie«. In: *Handwörterbuch der Raumforschung*. Akademie für Raumforschung und Landesplanung. Hannover, Sp. 1224-1228

Meyer-Abich, K. M. (Hg.) (1979): *Frieden mit der Natur*. Freiburg

Meyer-Abich, K. M. (1979a): »Die Zukunft des Menschen in der Geschichte der Natur«. In: ders. (Hg.), S. 11-37

Meyer-Abich, K. M. (1979b): »Zum Begriff einer Praktischen Philosophie der Natur«. In: ders. (Hg.), S. 237-261

Meyer-Abich, K. M. / Schefold, B. (1981): *Wie möchten wir in Zukunft leben. Der »harte« und der »sanfte« Weg*. München

Micklin, M. / Choldin, H. M. (Hg.) (1984): *Sociological Human Ecology: Contemporary Issues and Applications*. Boulder, Co.

Miller, G. T. (1975): *Living in the Environment. Concepts, Problems and Alternatives*. Wadsworth, Belmont, Calif.

Mischung, R. (1980): »Meo und Karen: Die Umwelt-Anpassung zweier hinterindischer Bergvölker. Ein Beitrag zur etnologischen Ökologie-Diskussion«. In: *Paideuma*, 26, S. 141-56

Mishan, E. J. (1978): »Wachstum oder Antiwachstum?« In: *Technologie und Politik*, 12, S. 56-86

ML - Der Niedersächsische Minister für Ernährung, Landwirtschaft und Forsten (1983): *Maßnahmen gegen die Überdüngung mit Gülle und Geflügelkot*. 13.4.1983 (Gülleerlaß). Hannover

ML - Der Niedersächsische Minister für Ernährung, Landwirtschaft und Forsten (1983): *Erläuterungen zum Gülleerlaß*. Hannover

ML - Der Niedersächsische Minister für Ernährung, Landwirtschaft und Forsten (1985): *Erläuterungen zum Gülleerlaß*. Hannover

Mlinar, Z. (1978): »A Theoretical Transformation of Social Ecology: From Equlibrium to Development«. In: Mlinar/Teune (Hg.), S. 11-32

Mlinar, Z. / Teune, H. (Hg.) (1978): *The Social Ecology of Change. From Equilibrium to Development*. London

Mlinar, Z. / Teune, H. (1978): »Theory, Methodology, Research and Application: Assessment and Future Directions«. In: dies., S. 33-60

Mlinar, Z. / Tramupuz, C. / Ferligoj, A. (1978): »The Social Ecology of Developmental Change: An Exploration of Some Hypotheses«. In: Mlinar/Teune (Hg.), S. 77-92

Moneyhon, C. H. (1980): »Environmental Crisis and American Politics, 1860 - 1920«. In: Bilsky (Hg.), S. 140-155

Montgomery, E. / Bennett, J. W. / Scudder, T. (1977): »The Impact of Human Activities on the Physical and Social Environment«. In: Deutsch (Hg.), S. 77-114

Moser, H. (1975): *Aktionsforschung als kritische Theorie der Sozialwissenschaft*. München

MS - Der Niedersächsische Sozialminister (1986): *Ausführungsbestimmungen zur Trinkwasser-Verordnung vom 22.5.1986*. Hannover

MU - Der Niedersächsische Umweltminister (1987): *Gegenüberstellung von Gülleerlaß und Gülleverordnung*. Hannover

Müller, K. E. (Hg.) (1983): *Menschenbilder früher Gesellschaften: Ethnologische Studien zum Verhältnis von Mensch und Natur*. Gedächtnisschrift für Hermann Baumann. Frankfurt a. M., New York

Müller-Schwefe, H.-R. (1979): »Materie, Opfer, Sakrament«. In: Meyer-Abich (Hg.), S. 196-218

Münch, R. (1986): *Die Kultur der Moderne*, Bd. 1 und 2. Frankfurt a. M.

Mumford, L. (1956): »The Natural History of Urbanization«. In: Thomas (Hg.), S. 308-398

Murdock, G. P. (1960): *Ethnographic Bibliography of North America. Human Relations Area Files*. New Haven

Musil, J. (1988): »Der Status der Sozialökologie«. In: *KZfSS*, Sonderheft 29, Soziologische Stadtforschung, S. 18-34

Nader, L. (1964/1977): »Perspectives Gained From Fieldwork«. In: Tax/Freeman (Hg.), S. 187-198

Neander, E. (1987): *Räumliche Auswirkungen neuerer agrarwirtschaftlicher Entwicklungen*. Landkreis Vechta, FAL. Braunschweig-Völkenrode

Niedersächsisches Landesverwaltungsamt, Statistik (1984): *Bodennutzung und Ernte 1983*. Hannover

Niedersächsisches Landesverwaltungsamt, Statistik (1985): *Agrarberichterstattung 1983*. Hannover

Niedersächsisches Landesverwaltungsamt, Statistik (1987): *Öffentliche Wasserversorgung und Abwasserbeseitigung 1983*. Hannover

NVN / BSH - Naturschutzverband Niedersachsen und Biologische Schutzgemeinschaft Hunte Weser-Ems (Hg.) (1984): *Gülle-Mais-Bodenfruchtbarkeit*. Wardenburg

NVN / BSH (1988): *Gülle oder Flüssigmist, Dünger - Abfall - Umweltgift*. Wardenburg

Odum, E. P. (1969): »The Strategy of Ecosystem Development«. In: *Science*, 164, S. 262-270

Odum, E. P. (1975): *Ecology. The Link between the Natural and Social Sciences*. New York

Odum, E. P. (1980): *Grundlagen der Ökologie*, 2 Bände. Stuttgart

Ogburn, W. F. (1922): *Social Change*. New York

Ogburn, W. F. (1964/1973): »The Hypotheses of Cultural Lag«. In: Etzioni/Etzioni-Halevy (Hg.), S. 375-480

Otte, W. (1981): »Ihr seid Götter auf Erden . . .« In: *E + Z*, 7/8

Park, R. E. (1952): *Human Communities. The City and Human Ecology*. Glencoe, Ill.

Park, R. E. (1916/1952): »The City: Suggestions for the Investigation of Human Behavior in the Urban Environment«. In: Park (1952), S. 13-51

Park, R. E. (1923/1952): »Magic, Mentality, and City Life«. In: Park (1952), S. 102-117

Park, R. E. (1925/1952): »The Urban Community as a Spatial Pattern and a Moral Order«. In: Park (1952), S. 165-177

Park, R. E. (1933/1952): »Newspaper Circulation and Metropolitan Regions«. In: Park (1952), S. 210-222

Park, R. E. (1936/1952a): »The City and Civilization«. In: Park (1952), S. 128-141

Park, R. E. (1936/1952b): »Human Ecology«. In: Park (1952), S. 145-164

Park, R. E. (1936/1952c): »Succession, an Ecological Concept«. In: *American Sociological Review*, 1, 1936, S. 171-179, und in: Park (1952), S. 223-239)

Park, R. E. (1939/1952a): »The City as a Natural Phenomenon«. In: Park (1952), S. 118-127

Park, R. E. (1939/1952b): »Symbiosis and Socialization: A Frame of Reference for the Study of Society«. In: *American Journal of Sociology*, XLV, 1939, S. 1-25, und in: Park (1952), S. 240-262

Park, R. E. (1950/1973): »The Race-Relations Cycle«. In: Etzioni/Etzioni-Halevy (Hg.), S. 393-395

Park, R. E. (1974): »Die Stadt als räumliche Struktur und als sittliche Ordnung«. In: Atteslander/Hamm (Hg.), S. 90-100

Park, R. E. / Burgess, E. W. (1921/1969): *Introduction to the Science of Sociology*. Chicago

Park, R. E. / Burgess, E. W. / McKenzie, R. D. (1925/1967): *The City*. Chicago, London

Parsons, T. (1951): *Toward a General Theory of Action*. Cambridge, Mass.

Parsons, T. (1975): *Gesellschaften*. Frankfurt a. M.

Parsons, T. (1958): »General Theory in Sociology«. In: Merton u. a. (Hg.), S. 3-38

Parsons, T. (1979): »Evolutionäre Universalien der Gesellschaft«. In: Zapf (Hg.), S. 55

Peinemann, B. (1975): »Rechtsfragen im Zusammenhang mit § 15 Abfallbeseitigungsgesetz«. In: *Agrarrecht*, S. 277-279

Pellenwessel, A. (1981): *Sozialgeographische Aspekte des Heiratsverhaltens der Bevölkerung im Kreis Vechta*. Abschlußarbeit an der Universität Osnabrück, Abteilung Vechta. Vechta

Pflüger, P. M. (Hg.) (1987): *Wendepunkte Erde Frau Gott. Am Anfang eines neuen Zeitalters*. Olten, Freiburg

Planck, U. / Ziche, J. (1979): *Land- und Agrarsoziologie. Eine Einführung in die Soziologie des ländlichen Siedlungsraumes und des Agrarbereichs*. Stuttgart

Polanyi, K. (1978): »Kritik des ökonomischen Menschenbildes«. In: *Technologie und Politik*, 12, S. 109-127

Polanyi, K. (1979): *Ökonomie und Gesellschaft*. Frankfurt a. M.

Polgar, St. (1964/1974): »Population and Environment«. In: Tax/Freeman (Hg.), S. 355-371

Portmann, A. (1956): »Ein Wegbereiter der neuen Biologie«. Vorwort zu: Uexküll/Kriszat, S. 7-17

Poston, D. L. Jr. / Frisbie, W. P. / Micklin, M. (1984): »Sociological Human Ecology: Theoretical and Conceptual Perspecitives«. In: Micklin/Choldin (Hg.), S. 91-123

Poston, D. L. Jr. (1984): »Regional Ecology: A Macroscopic Analysis of Sustenance Organization«. In: Micklin/Choldin (Hg.), S. 323-381

Rapoport, A. (Hg.) (1976): *The Mutual Interaction of People and Their Built Environment. A Cross Cultural Perspective*. The Hague, Paris

Rapoport, A. (1976): »Sociocultural Aspect of Man-Environment Studies«. In: Rapoport (Hg.), S. 3-35

Rappaport, R. A. (1967): *Pigs for the Ancestors. Ritual in the Ecology of a New Guinea People*. New Haven, London

Redclift, M. (1984): *Development and the Environmental Crisis. Red or Green Alternatives*. London, New York

Redeker, P. (1985): »Vortrag am 28.8.1985 in Diepholz«. In: Dümmerausschuß 1987, *Der Dümmer, eine Zwischenbilanz aus der Sicht des Dümmerausschusses der Naturschutzverbände*. Diepholz

Remmers, W. (1987): »Gülle und Grundwasser«. In: *Entsorgungs-Praxis*, 4, S. 109 und 112

Rindos, D. (1985): »Darwinian Selection, Symolic Variation, and the Evolution of Culture«. In: *Current Anthropology*, 1 (26), S. 65-88

Rittner, K. (1975): »Die Marxsche Konzeption vom Zivilisationsprozeß und das Fortschreiten der Realabstraktion«. In: Kamper (Hg.), S. 13-38

Roberts, J. (1976): »Human Ecology, Society and Communication«. In: Jones/Rogers (Hg.), S. 9-22

Röpke, J. (1970): *Primitive Wirtschaft, Kulturwandel und die Diffusion von Neuerungen*. Tübingen

Rogers, E. H. / Shoemaker, E. F. (1971): *Communication of Innovation*. New York

Rohmann, U. / Sontheimer, H. (1985): *Nitrat im Grundwasser*. Karlsruhe

Rose, A. (1965/1973): »The American Negro Problem in the Context of Social Change«. In: Etzioni/Etzioni-Halevy (Hg.), S. 396-409

Rose, P. I. / Glazer, M. / Glazer, P. M. (1982): *Sociology, Inquiring into Society*. New York

Rosow, I. (1974): »Die sozialen Wirkungen der physischen Umwelt«. In: Atteslander/ Hamm (Hg.), S. 183-195

Rudofsky, B. (1987): *Sparta/Sybaris. Keine neue Bauweise, eine neue Lebensweise tut not*. Salzburg

Ruppert, K. (1976): »Kulturlandschaft erhalten heißt Kulturlandschaft gestalten«. In: Mayer-Tasch (Hg.), S. 37-47

Sachs, I. (1977): »Environment and Planning: A few Directions for Research and Planning«. In: Deutsch (Hg.), S. 33-44

Sachsse, H. (1984): *Ökologische Philosophie. Natur - Technik - Gesellschaft*. Darmstadt

Sack, F. / König, R. (Hg.) (1968): *Kriminalsoziologie*. Frankfurt a. M.

Sahlins, M. (1964/1977): »Culture and Environment: The Study of Cultural Ecology«. In: Tax/Freeman (Hg.), S. 215-231

Sahlins, M. (1976/1981): *Kultur und praktische Vernunft*. Frankfurt a. M.

Sahlins, M. (1978): »Ökonomie der Fülle - Die Subsistenzwirtschaft der Jäger und Sammler». In: *Technologie und Politik*, 12, S. 154-204

Schäfer, H. (1986): *Todeskandidat Wasser*. Report über das Lebensmittel Nummer 1. München

Schäfer, W. (1987): *Landwirtschaftliche Interessen und Gewässerschutz. Die fünfte Novelle des Wasserhaushaltsgesetzes.* IIUG rep 87-13. Wissenschaftszentrum Berlin für Sozialforschung

Schlicker, H. (1985): *Aufgaben der Polizei im Umweltschutz.* Ms. Vechta

Schmidt, P. (Hg.) (1976): *Innovation- Diffusion von Neuerungen im sozialen Bereich.* Hamburg

Schumacher, E. F. (1973/1981): *Die Rückkehr zum menschlichen Maß. Alternativen für Wirtschaft und Technik* (Small is Beautiful. A Study of Economics as if People Mattered). Reinbek

Schütz, A. (1932/1973): *Collected Papers*, Bd. 1. Den Haag

Schütze, F. u. a. (1976): »Grundlagentheoretische Voraussetzungen methodisch kontrollierten Fremdverstehens«. In: Arbeitsgruppe Bielefelder Soziologen (Hg.), S. 433-495

Schwarz, H. / Jacobs, J. (1979): *Qualitative Sociology. A Method to a Madness.* New York u. a.

Schwirzer, S. (1983): *Der Einfluß von Futtermittelimporten auf die Organisation der landwirtschaftlichen Produktion und die umweltbelastenden Konsequenzen für die BRD, dargestellt am Beispiel des Südoldenburger Raums.* Diplomarbeit, Technische Universität Berlin

Sieferle, R. P. (1989): »Die universalgeschichtliche Struktur des Umweltproblems«. In: *Freibeuter*, 40, S. 41-55

Siegel, P. M. (1984): »Human Ecology and Ecology«. In: Micklin/Choldin (Hg.), S. 21-49

Silverman, S. (1979): »The Peasent Concept in Anthropology«. In: *The Journal of Peasant Studies*, 1 (7), S. 49-69

Simonis, U. E. (Hg.) (1988): *Präventive Umweltpolitik.* Frankfurt a. M., New York

Soeffner, H.-G. (Hg.) (1984): *Beiträge zu einer Soziologie der Interaktion.* Frankfurt a. M., New York

Spengler, O. (1923/1979): *Der Untergang des Abendlandes. Umrisse einer Morphologie der Weltgeschichte.* München

Spoehr, A. (1956): »Cultural Differences in the Interpretation of Natural Resources«. In: Thomas (Hg.), S. 93-102

SRU - Der Rat von Sachverständigen für Umweltfragen (1985): *Umweltprobleme der Landwirtschaft.* Sondergutachten. Stuttgart, Mainz

Staudinger, M. (1978): »Der Mensch zwischen Technosphäre und Biosphäre«. In: Deutsche UNESCO-Kommission (Hg.), S. 193-200

Steward, J. H. (1955/1972): *The Theory of Culture Change. The Methodology of Multilinear Evolution.* Urbana

Steward, J. H. (1964/1973): »A Neo-Evolutionist Approach«. In: Etzioni/Etzioni-Halevy (Hg.), S. 131-139

Strauss, A. L. (1978): *Negotiations. Varieties, Contexts, Processes, and Social Order.* San Francisco, Washington, London

Strauss, A. L. (1987): *Qualitative Analysis for Social Scientists.* Cambridge u. a.

Summerer, S. (1989): »Voraussetzungen einer Umweltethik«. In: Glaeser (Hg.), S. 97-112

Tax, S. (1964/1977): »Anthropological Tradition«. In: Tax/Freeman (Hg.), S. 1-20
Tax, S. / Freeman, G. (Hg.) (1964/1977): *Horizons of Anthropology*. Chicago
Teherani-Krönner, P. (1982a): *Qualitative Sozialforschung: Begriff, Anwendungsgebiete und Problem*. Ms. Berlin
Teherani-Krönner, P. (1982b): *Sozio-kulturelle Implikationen technologischer Wandlungsprozesse*. Magisterarbeit, Technische Universität Berlin
Teherani-Krönner, P. (1985): *Tauziehen um eine agrarumweltpolitische Regulierung. Die Gülleverordnung in Nordrhein-Westfalen*. IIUG rep 85-8. Wissenschaftszentrum Berlin
Teherani-Krönner, P. (1987): *Implementation der Gülleverordnung in Nordrhein-Westfalen*. IIUG rep 87-4. Wissenschaftszentrum Berlin für Sozialforschung
Teherani-Krönner, P. (1988a): *Nitratpolitik vor Ort. Wohin mit den Gülleüberschüssen aus Vechta?* FS II 88-305. Wissenschaftszentrum Berlin für Sozialforschung
Teherani-Krönner, P. (1988b): »'Kuhhandel': Umweltpolitische Regulierung und agrarische Interessen«. In: Conrad (Hg.), S. 115 -128
Teherani-Krönner, P. (1989a): »Humanökologisch orientierte Entwicklungsprojekte«. In: Glaeser (Hg.), S. 194-208
Teherani-Krönner, P. (1989b): »Islamische Symbole im Kulturkontakt«. In: Waldmann/Elwert (Hg.), S. 207-221
Teherani-Krönner, P. (1989c): *Nitratpolitik im Landkreis Osnabrück. So ernst war der Gülleerlaß nicht gemeint!* Wissenschaftszentrum Berlin für Sozialforschung
Teherani-Krönner, P. / Michel-Kim, H. / Weiler, D. (1981): *Sozio-kulturelle Faktoren im Entwicklungsprozeß und deren Berücksichtigung im Rahmen der Entwicklungspolitischen Zusammenarbeit. Interne Entwicklungsansätze und Self-Reliance*. Ms. Berlin
Tenbruck, F. H. (1975): »Das Werk Max Webers». In: *KZfSS*, S. 663-702
Tenbruck, F. H. (1979): »Die Aufgaben der Kultursoziologie«. In: *KZfSS*, Schwerpunktheft Kultursoziologie, 3 (31), S. 399-421
Thomas, W. I. (1907/1909): *Source Book for Social Origins. Ethnological Materials, Psychological Standpoint. Classified and Annotated Bibliographies for the Interpretation of Savage Society*. Boston
Thomas, W. I. / Znaniecki, F. (1918): *The Polish Peasant in Europe and America*. Chicago
Thomas, W. L. Jr. (Hg.) (1956): *Man's Role in Changing the Face of the Earth*. Chicago, Ill.
Thurn, H. P. (1979): »Kultursoziologie - Zur Begriffsgeschichte der Disziplin«. In: *KZfSS*, Schwerpunktheft Kultursoziologie, 3 (31), S. 422-449
Tischler, W. (1955): *Synökologie der Landtiere*. Stuttgart
Toynbee, A. J. (1949): *Kultur am Scheideweg*. Zürich, Wien
Toynbee, A. J. (1969): *Menschheit - woher und wohin? Plädoyer für den Weltstaat*. Stuttgart, Berlin, Köln, Mainz
Toynbee, A. J. (1971): *Unaufhaltsam wächst die Stadt*. Stuttgart, Berlin, Köln, Mainz
Traube, K. (1979): *Wachstum oder Askese?* Reinbek
Treinen, H. (1974): »Symbolische Ortsbezogenheit«. In: Atteslander/Hamm (Hg.), S. 234-259

Treinen, H. (1978): »Kulturökologische Probleme in soziologischer Sicht«. In: Deutsche UNESCO-Kommission (Hg.), S. 35-48

Trepl, L. (1987): *Geschichte der Ökologie. Vom 17. Jahrhundert bis zur Gegenwart.* Frankfurt a. M.

Trepl, L. (1988): »Natur als konservatives Ideal und die Rolle der ökologischen Wissenschaft«. In: Fachschaft Ökologie Tübingen (Hg.), *Ökologie und Politik*, S. 67-75, abgedruckt in: Eisel 1989a

Tretter, F. (1977): »Was bedeutet Umwelt?» In: *Humanökologische Blätter*, 6, S. 93-111

Tretter, F. (1988): »Humanökologie - ein Forschungsansatz und Handlungsansatz im Umgang mit Mensch-Umwelt-Beziehungen«. In: *Psychosozial*, 35, S. 22-29

Tretter, F. (1989): »Grundprobleme des Begriffs 'Umwelt'«. In: *Natur und Ganzheitsmedizin*, 7, S. 193-201

Uexküll, J. von (1913): *Bausteine zu einer biologischen Weltanschauung. Gesammelte Aufsätze*. Hrsg. und eingeleitet von Felix Groß. München

Uexküll, J. von (1936/1949): *Niegeschaute Welten. Die Umwelten meiner Freunde.* Berlin, Frankfurt a. M.

Uexküll, J. von (1980): *Kompositionslehre der Natur. Biologie als undogmatische Naturwissenschaft. Ausgewählte Schriften.* Hrsg. und eingeleitet von Thure von Uexküll. Frankfurt a. M., Berlin, Wien

Uexküll, J. von / Kriszat, G. (1933/1956): *Streifzüge durch die Umwelten von Tieren und Menschen. Ein Bilderbuch unsichtbarer Welten, Bedeutungslehre.* Hamburg

Uexküll, J. von / Kriszat, G. (1933/1970): *Streifzüge durch die Umweltwelten von Tieren und Menschen, Bedeutungslehre.* Stuttgart

Uexküll, J. von / Woltereck, W. (1931/1980): »Der Organismus und die Umwelt«. In: J. von Uexküll, S. 305-342

Uexküll, Th. von (1970): »Die Umweltforschung als subjekt- und objektumgreifende Naturforschung«. Einleitung zu: Uexküll/Kriszat, S. XXIII-XLVIII

Uexküll, Th. von (1980): »Plädoyer für eine sinndeutende Biologie. Die Bedeutung der Lehre Jakob von Uexkülls für die Wissenschaften vom Menschen«. Einleitung zu J. von Uexküll: Kompositionslehre der Natur, S. 17-85

Ulrich, O. (1979/80): *In der Sackgasse des Industriesystems.* Berlin

Ulrich, O. (1979): *Technik und Herrschaft. Vom Handwerk zur verdinglichten Blockstruktur industrieller Produktion.* Frankfurt a. M.

Universität Tübingen (Hg.) (1982-1985): *Ökologie und ihre biologischen Grundlagen.* Institut für Chemische Pflanzenphysiologie der Universität Tübingen, Hefte 0-12 und Beihefte 1-8. Tübingen

van der Kley, L. / Bennett, G. (1987): *Nitrate Policy in the Netherlands.* Institute for European Environmental Policy. Ms. Nejmegen

Vayda, A. P. / Rappaport R. A. (1968): »Ecology, Culture and Noncultureal«. In: Clifton (Hg.), S. 477-497

Vetter, H. (1983): *Richtige Gülledüngung.* Sonderdruck aus Landwirtschaftsblatt Weser-Ems, Nr. 49, 50, 51

Vetter, H. (1987): »Hemmnisse für eine bedarfsgerechte Gülleverteilung beseitigen». In: *Landwirtschaftsblatt Weser-Ems*, 19, S. 24-27

Vetter, H. / Steffens, G. (1983): »Werden in Südoldenburg landwirtschaftliche Nutzflächen überdüngt? In: *Die violette Reihe*, 2, S. 28-32

Vetter, H. / Steffens, G. (1984): »Ökologische Probleme in viehstarken Betrieben oder Gebieten mit konzentrierter Tierhaltung«. In: *Die violette Reihe*, 4, S. 58-98

Vester, F. (1978/1981): *Denken, Lernen, Vergessen*. Stuttgart

Vester, F. (1978/1983): *Unsere Welt - ein vernetztes System*. Stuttgart

Wagner, Ph. L. (1960): *The Human Use of the Earth*. New York, London

Waldmann, P. / Elwert, G. (Hg.) (1989): *Ethnizität im Wandel*. Spektrum 21, Berliner Reihe zu Gesellschaft, Wirtschaft und Politik in Entwicklungsländern. Saarbrücken, Fort Lauderdale

Wax, R. H. (1971): *Doing Field Work: Warnings and Advice*. Chicago

Weber, M. (1904/1988): »Die 'Objektivität' sozialwissenschaftlicher und sozialpolitischer Erkenntnis«. In: ders., *Gesammelte Aufsätze*. Tübingen, S. 146-214

Weber, M. (1964): *Soziologische Grundbegriffe*, Bd. 1. Köln, Berlin

Weber, M. (1975): *Die protestantische Ethik I*. Hamburg

Weichhart, P. (1989a): »Die Rezeption des humanökologischen Paradigmas«. In: Glaeser (Hg.), S. 44-54

Weichhart, P. (1989b): »Werte und die Steuerung von Mensch-Umwelt-Systemen«. In: Glaeser (Hg.), S. 74-91

Weichhart, P. (1990): »Humanökologische Modelle als Ansätze der Territorialprognose«. In: *PGM*, Gotha 1, S. 11-19

Weingarten, E. u. a. (Hg.) (1976): *Ethnomethodologie. Beiträge zu einer Soziologie des Alltagshandelns*. Frankfurt a. M.

Weizsäcker, E. von (Hg.) (1972): *Humanökologie und Umweltschutz*. München

Wenzel, H.-J. u. a. (1988): *Agrarstrukturen und ihre Problemwahrnehmung bei Landwirten, Untersuchungen in 3 Gemeinden des Landkreises Cloppenburg/Südoldenburg*. Osnabrücker Studien zur Geographie, 05613. Osnabrück

Williams, O. P. (1978): »Urbanism and Socio-Economic Processes in Space«. In: Mlinar/Teune (Hg.), S. 65-75

Wilson, Th. P. (1978): »Theorie der Interaktion und Modelle soziologischer Erklärung«. In: Arbeitsgruppe Bielefelder Soziologen (Hg.), S. 54-79

Windhorst, H.-W. (1975): *Spezialisierte Agrarwirtschaft in Südoldenburg, eine agrargeographische Untersuchung*. Leer

Windhorst, H.-W. (1979): »Die sozialgeographische Analyse raum-zeitlicher Diffusionsprozesse auf der Basis der Adaptorkategorien von Innovationen - die Ausbreitung der Käfighaltung von Hühnern in Südoldenburg«. In: *Zeitschrift für Agrargeschichte und Agrarsoziologie*, 2, S. 244-266

Windhorst, H.-W. (1983): »Die gegenwärtige Belastung landwirtschaftlicher Flächen durch Gülle in Südoldenburg«. In: *Die violette Reihe*, 2, S. 14-27

Windhorst, H.-W. (1984): »Der Agrarwirtschaftsraum Südoldenburg im Wandel«. In: *Die violette Reihe*, 3

Windhorst, H.-W. (1986): »Champignonkulturen auf der Basis von Geflügeltrockenkot«. In: *BGS*, 36, S. 1061-1064

Windhorst, H.-W. (1989): *Industrialisierte Landwirtschaft und Agrarindustrie*. Vechta

Wittfogel, K. A. (1957/1977): *Die Orientalische Despotie. Eine vergleichende Untersuchung totaler Macht*. Frankfurt a. M., Berlin, Wien

Wohlleben, J. (1989): *Goethes Begegnung mit Hafis: Der west-östliche Divan*. Vortragsmanuskript zur Hafis Gedächtnisfeier. Berlin

Wolf, E. R. (1964/1977): »The Study of Evolution«. In: Tax/Freeman (Hg.), S. 33-45

Yengoyan, A. A. (1964/1977): »Man, Culture, and Biology«. In: Tax/Freeman (Hg.), S. 75-87

Zapf, W. (Hg.) (1979): *Theorien des sozialen Wandels*. Königstein/Ts.

Zweig, A. (1984): »Vorschlag für ein umfassendes Symbolmodell«. In: Gesellschaft für Symbolforschung Bern, S. 103-128

Verzeichnis der Abbildungen

Verzeichnis der Tabellen

GPSR Compliance

The European Union's (EU) General Product Safety Regulation (GPSR) is a set of rules that requires consumer products to be safe and our obligations to ensure this.

If you have any concerns about our products, you can contact us on ProductSafety@springernature.com

In case Publisher is established outside the EU, the EU authorized representative is:

Springer Nature Customer Service Center GmbH
Europaplatz 3
69115 Heidelberg, Germany

Batch number: 10815974

Printed by Printforce, the Netherlands